Linux

综合实训案例教程

陈智斌 梁鹏 肖政宏 编著

U0341324

清华大学出版社

北 京

内 容 简 介

本书以案例式实训教学为中心,全面、系统地介绍了 Linux 操作系统管理的知识内容。本书共包括 18 个实训,涵盖了 Linux 系统安装与基本使用、shell 命令运用、shell 脚本编写、用户管理、文件系统管理、存储管理、进程与作业管理、软件安装与维护、网络基本配置与安全管理以及典型网络服务器搭建等各方面的内容;每个实训均包括实训要点、基础实训内容、综合实训案例及实训练习题四大部分;全书的基础实训内容共配有 200 多个示例讲授知识重点和难点。为帮助教师在课堂展开教学以及学生课后自学,本书最大的特点是提供了 40 多个大型的综合实训案例,在案例中精心设计了具有实际应用意义的实训任务,以清晰具体的操作步骤带领读者综合运用所学知识和技能完成任务。每个实训均配有难度适中的实训练习题并附有参考答案,用于帮助学生巩固和提高知识和技能水平,也便于教师安排实训作业。

本书可作为高等院校计算机类、信息类相关专业的本科生和专科生教材,也可供所有对 Linux 操作系统感兴趣的系统管理员、开发人员和科研人员自学和参考。

图书在版编目(CIP)数据

Linux 综合实训案例教程/陈智斌,梁鹏,肖政宏编著.—北京:清华大学出版社,2016(2022.1 重印)
ISBN 978-7-302-43230-2

Ⅰ.①L… Ⅱ.①陈… ②梁… ③肖… Ⅲ.①Linux 操作系统 - 高等学校 - 教材 Ⅳ.①TP316.89

中国版本图书馆 CIP 数据核字(2016)第 041739 号

责任编辑: 刘向威　王冰飞
封面设计: 文　静
责任校对: 李建庄
责任印制: 丛怀宇

出版发行: 清华大学出版社
网　　址: http://www.tup.com.cn, http://www.wqbook.com
地　　址: 北京清华大学学研大厦 A 座　　　　　　邮　　编: 100084
社 总 机: 010-62770175　　　　　　　　　　　邮　　购: 010-83470235
投稿与读者服务: 010-62776969, c-service@tup.tsinghua.edu.cn
质量反馈: 010-62772015, zhiliang@tup.tsinghua.edu.cn
课件下载: http://www.tup.com.cn, 010-83470236
印 装 者: 三河市龙大印装有限公司
经　　销: 全国新华书店
开　　本: 185mm×260mm　　　　印　　张: 24　　　　字　　数: 601 千字
版　　次: 2016 年 7 月第 1 版　　　　　　　　　　印　　次: 2022 年 1 月第 7 次印刷
印　　数: 6501~7500
定　　价: 59.00 元

产品编号: 068010-02

前　言

互联网与大数据时代造就了 Linux 的高速发展及其广泛的行业应用,包括 IBM、Oracle 在内的知名计算机企业纷纷推出了相关产品和支持服务,而互联网与计算机行业对于 Linux 专业技术人才的需求也呈逐年上升的趋势。鉴于 Linux 的重要性和发展前景,同时也为进一步培养学生的工作能力,各高校的计算机类专业均开设了 Linux 相关课程,其主要教学目的在于培养学生的 Linux 系统应用与管理技能,同时也为后续的大数据应用、Linux 程序设计、嵌入式系统开发等相关课程提供必要的技术准备。

笔者从 2005 年开始讲授与 Linux 操作系统有关的课程。从长期的教学实践来看,Linux 操作系统是一门强调实验和训练的课程,即需要让学生在实训中理解知识和锻炼技能。然而 Linux 操作系统的教学内容有两个重要特点:一是知识点众多且彼此分散,知识点间缺乏明显的组织结构;二是许多知识点的内容十分庞杂,一个话题,甚至一个命令或者软件的内容足以展开为一本书、一门课程来详细讨论。为此,如何针对高校计算机类相关专业的实训教学需要,恰当地选取且有机地组织教学内容,是 Linux 操作系统课程教学的重要问题。

在此背景之下,我们以案例式实训教学为出发点编写了本书。实训教学首先需要有大量可供练习的示例,为此本书总共提供了 200 多个示例供教学中学生操作和练习。而且,本书还给出了 40 多个综合实训案例,目的是希望学生在练习时不仅仅停留在对简单示例的模仿,更强调通过具体的案例综合运用已学的知识和技能来分析和解决问题,完成实际任务。本书的综合实训案例既是对某个实训专题内容的综合,也是对所学知识内容的综合。许多案例之间前后连贯,彼此呼应,逐步深入,以使学生对 Linux 操作系统有一个渐进的、系统性的认识。

本书共分 18 个实训,每个实训均包括以下 4 个部分。

(1) 实训要点:该部分指出本实训的内容提纲和知识重点。教师可就此向学生提出学习目标和介绍实训的初步安排。

(2) 基础实训内容:该部分围绕某个实训专题介绍应用背景及预备知识,学生可通过具体示例的学习初步掌握一些基础知识和技能,为后面的案例学习做准备。

(3) 综合实训案例:每个实训均安排 2 ~ 3 个综合实训案例。每个综合实训案例设定一个具体的实训任务,在简要回顾相关知识以及对实训准备作基本说明后,给出了详细的操作步骤。教师可在课堂上根据步骤指引带领学生练习案例,学生也完全可以依据操作步骤自行完成案例学习。案例最后还给出必要的总结、对比和讨论,帮助学生理解前面操作的依据及其结果。

(4) 实训练习题:每个实训将安排若干练习题,练习题是基础实训内容以及综合实训案例的加强或延伸,便于学生进一步巩固所学知识和提高技能水平。本书附有实训练习题参考答案,以便于学生自学和教师检查其学习情况。

在利用本书开展教学时,可采取如下两种形式安排授课。第一种授课形式是每周安排学生学习一个实训专题,前半部分可先介绍基础实训内容,期间学生可通过基础实训内容中的示例进行练习。后半部分可根据每周课时的情况有选择地安排练习综合实训案例,也可安排学生在课后根据案例自行练习。第二种授课形式是在课程的前半部分安排学习基础实训内容和一部分的综合实训案例,在课程的后半部分或者学期末安排集中式综合实训,完成剩余的综合实训案例内容。全书内容可分为如下三大部分,可根据实际课时计划有所选择地安排讲授和学习。

(1)第一部分(实训1~实训5):介绍 Linux 的基本使用、shell 命令运用与 shell 脚本的编写。其中,shell 脚本的编写属于高级系统管理的重要内容,在课时充足的情况下,建议全部讲授。也可先介绍 shell 脚本编程基础(实训4)。在后续实训内容中涉及 shell 脚本编程进阶(实训5)时再有选择地补充介绍。

(2)第二部分(实训6~实训13):介绍了系统管理中各个方面的基础内容,建议全部讲授。

(3)第三部分(实训14~实训18):介绍了网络配置、网络安全及3种典型的网络服务器应用。实训16可作为机动内容视课时是否充足再作安排。

本书假设读者已有操作系统、计算机网络等基础理论的相关知识。为便于读者自学,本书已在必要的地方介绍了与本书有关的预备知识。读者只需具备基本的计算机操作知识和技能即可按照本书的编排顺序完成自学。由于每个实训练习题均为基础实训内容和综合实训案例的加强或延伸,因此首先应以基础实训内容中的示例及综合实训案例进行练习,然后再完成附加的实训练习题。为便于教学活动开展以及读者自学,木书是以 VMware 虚拟机为基础运行 Linux 系统,书中所有示例及案例均已在 RedHat Enterprise Linux 6.0 系统中完成并通过测试。

本书由陈智斌负责主要的编写工作,梁鹏和肖政宏参与了实训1、实训2的讨论和编写工作。林智勇教授对本书的编写工作提出了许多宝贵的意见,曾文老师为本书的出版工作提供了帮助,在此表示衷心的感谢。最后应感谢所有致力于自由软件开发与传播的志愿者们的无私奉献。由于作者水平所限,疏漏之处在所难免,恳请广大读者批评指正。

编　者

2016 年 5 月

目　　录

实训 1   Linux 基础

1.1   实 训 要 点

（1）了解 Linux 的起源和发展历史。

（2）了解 Linux 的基本构成。

（3）了解 Linux 的主要发行版本。

（4）创建 VMware 虚拟机并安装 Linux 系统。

（5）安装 VMware Tools。

（6）配置 Linux 系统连接互联网。

（7）掌握 Linux 桌面软件的基本使用。

1.2   基础实训内容

1.2.1   Linux 起源和发展的三要素

    Linux 是一个著名的类 UNIX（Unix-like）操作系统,起初它由 Linus Torvalds 于 1991 年编写并发布。随后在互联网众多志愿合作者的共同努力下,时至今日已获得巨大的成功,被广泛应用于网络服务器、嵌入式设备、个人计算机等领域。

    理解 Linux 的起源和发展有 3 个最为重要的要素：UNIX 操作系统、自由软件（Free Software）与互联网。首先,Linux 的本质就是一个类 UNIX 操作系统。说它是一个类似于 UNIX 的操作系统,原因在于 Linus Torvalds 最初所编写的 Linux 是以 Minix 为基础的,而 Minix 是另一个由 Andrew S. Tanenbaum 所编写的类 UNIX 操作系统,主要用于教学和科研用途。然而,为什么 Linux 能够从众多操作系统中脱颖而出,由一个源于学生作业的试验性作品发展成为一个被全世界普遍接受并使用的操作系统？又为什么 Linux 能够在竞争激烈的计算机行业中获得广泛应用并取得巨大的成功？要回答上述问题就需要讨论关于 Linux 起源和发展的另外两个要素：自由软件与互联网。

    Linux 是最具代表性的自由软件。Linux 的诞生和发展是在自由软件推广运动的时代背景下进行的。Linux 的成功可以说跟它是一个自由软件密不可分。那么什么是自由软件？自由软件是一种可以不受限制地自由使用、复制、研究、修改和分发的软件。自由软件的思想由 Richard Stallman 提出,他成立自由软件基金会（Free Software Foundation）并撰写了公共通用许可证（General Public License,GPL）。关于自由软件的详细定义可参考 GNU 项目（一个著名的关于自由软件的大规模协作项目）的官方网页：

2

> https://www.gnu.org/philosophy/free-sw.html

Linux 是自由软件发展历史中最典型的例子。它遵循通用公共许可证,任何个人和机构都可以自由地使用 Linux 的所有源代码,包括对源代码的修改和再发布,由此出现了众多 Linux 发行版本。与此同时,许多自由软件借助各种 Linux 发行版本作为平台向外推广和传播。Linux 就像自由软件的一个巨大的温床,在它的基础之上衍生出大量的自由软件作品。也就是说,Linux 的发展驱动了一大批自由软件的发展,而各类自由软件的发展又进一步充实和完善了 Linux。这种良性的互动式发展吸引了一大批的自由软件开发者投入到 Linux 及其相关自由软件的开发和维护等活动中,形成了 Linux 发展的根本动力。

Linux 能够得到发展并取得成功的另一个关键,是在于它正好切合了互联网发展的时代脉搏。互联网的发展历程,本身就伴随着 Linux 的不断发展和完善的过程,互联网发展最为蓬勃的二十多年,也正是 Linux 不断得到应用及推广的二十多年。

大家可以看到,一方面 Linux 的成功其大背景在于互联网的兴起,互联网为 Linux 的开发和完善提供了必要的平台,Linux 本身正是互联网发展的产物。无数参与者通过互联网加入到与 Linux 有关的各种活动中,不仅仅是软件开发和维护,更多的参与者通过 Linux 进行学习、工作乃至创业,这些参与者通过互联网构成了庞大的合作性群体。另一方面,由于 Linux 是一个自由的类 UNIX 操作系统,它是互联网发展所需要的基础性软件,也是最为关键的软件之一。Linux 为无数有想法且欲付诸实践,但又缺乏资金的计算机专业人员、互联网创业者提供了操作系统平台以及一系列的工具软件,它对于计算机以及互联网行业的创业活动来说是至关重要的。可以说,互联网造就了 Linux,而互联网也依赖于 Linux。

由此可知,UNIX、自由软件和互联网是 Linux 起源和发展的三要素,也是 Linux 获得巨大成功的 3 个重要因素。

1.2.2 Linux 简介

关于 Linux 的各种内容和话题十分繁杂,下面针对初学者在作为普通用户使用 Linux 之前介绍一些基本的预备知识,也为后面展开实训做初步的知识准备。在以后的各个实训中,将陆续介绍各种与 Linux 有关的内容和话题。

1. 内核

当人们讨论 Linux 时,其实所指有两个含义,一个是指独立维护和发布的 Linux 内核,而另一个则是指各种 Linux 的发行版本,即由 Linux 内核、shell 环境、桌面软件、各类系统管理软件和应用软件共同构成的一个完整的 Linux 操作系统。Linux 内核一直备受关注,关于 Linux 内核的官方网站是:

> http://www.kernel.org/

用户可以在该网站中获取最新的 Linux 内核。

Linux 内核一直在发展。Linux 内核的第一个版本 0.01 版于 1991 年发布,而在本书基本成稿的时候(2015 年 11 月),Linux 内核的最新稳定版本已是 4.3。不过,尽管 Linux 内核发展速度很快,但一些旧有的内核版本至今仍然被广泛地使用和研究。例如,Linux 内核的

2.6 版本,它是使用时间最长(2003—2011 年)的一个内核版本,这与一些重要的 Linux 发行版本在行业中的广泛应用不无关系。

2. 发行版本

目前 Linux 的发行版本数不胜数,原因在于 Linux 本身的自由性和开放性,使得各种企业、组织、团队甚至个人都可通过现有的自由软件平台和工具,根据实际目的发行出各具特色的 Linux 发行版本。经过了二十多年的发展和选择,一些发行版本最终得到了用户及行业的认可。它们分别应用在服务器、个人计算机、移动设备等场合。

Linux 发行版本可分为企业版本、企业支持的社区版本及完全社区驱动版本 3 种。企业版本由某个商业企业发行并向用户提供完整的维护和支持服务。为了促进 Linux 事业的发展,许多从事 Linux 业务的公司会向某些 Linux 社区提供支持,由此开发出企业支持的 Linux 社区版本。企业支持的社区版本和完全社区驱动版本都是由网络社区团队负责开发和维护的,相关企业不对其提供商业服务。下面列举部分较为流行的 Linux 发行版本,留待读者后续了解和比较。

(1) Red Hat Enterprise Linux (http://www.redhat.com):Red Hat Enterprise Linux 是由红帽公司(Redhat Inc.)提供的 Linux 企业发行版本,也是当今最为重要和流行的 Linux 发行版本。

(2) Fedora(https://getfedora.org/)。Fedora 是由红帽公司支持的社区发行版本。

(3) CentOS(https://www.centos.org/)。CentOS 是指 Community Enterprise Operating System,它属于 Linux 社区发行版本,但它与其他社区版本不同,社区支持版本往往侧重于桌面应用,而 CentOS 则是与 Red Hat Enterprise Linux 联系紧密的,面向企业级应用的 Linux。实际上,CentOS 往往与 RHEL 同步发行。

(4) Ubuntu(http://www.ubuntu.com)。Ubuntu 是一款由 Canonical 公司支持,基于 Debian 的社区支持版本。Debian 是另一款知名的 Linux 发行版本。Ubuntu 长期致力于 Linux 桌面操作系统的开发和推广活动。

更为详尽的 Linux 发行版本的比较和受关注程度的排名可参考网站:

http://distrowatch.com/

3. 桌面及应用软件

与 Windows 操作系统不一样,Linux 桌面由一组自由软件所组成,它们与 Linux 内核是分离而相互独立的。这对用户来说意味着 Linux 桌面就像普通的应用软件一样只是可选项,而且可以自行决定安装哪个版本的 Linux 桌面软件。Linux 桌面建立在 X-Window (http://www.x.org/)的基础之上。X-Window 也并非 Linux 所独有,其实质是一套图形化用户界面的标准。于是不同的组织根据 X-Window 开发出适合 Linux 的桌面系统。GNOME (http://www.gnome.org/)和 KDE(http://www.kde.org/)是两款最为常用的桌面。许多 Linux 发行版本默认选择安装 GNOME,用户也可以选择安装和使用 KDE 等其他桌面。

过去商业 UNIX 操作系统由于主要用在服务器以及大规模计算环境,支持的应用软件往往十分单一。Linux 在发展初期也主要应用在上述领域。但是由于其开放性,逐渐发展出一批稳定、易用的应用软件,它们在各大 Linux 发行版本中都能找到,成为 Linux 操作系统普及化的重要动力。

与 Windows 桌面类似,Linux 桌面也会附有一些日常软件,如文件管理器、归档和压缩软件等。用户可以根据个人需要额外安装一些应用软件,表 1.1 列出与人们日常生活和学习密切相关的、较为流行和常用的 Linux 应用软件,它们都具有友好和便于操作的图形化界面,读者可以有所选择地安装和使用。需要注意的是,对于图形用户界面的应用软件,需要运行在某个特定的桌面系统之上,因此部分应用软件只能在 GNOME 桌面或 KDE 桌面上运行。此外,随着 Linux 的推广和流行,许多知名软件不仅只支持 Windows 操作系统,也会支持 Linux。

表 1.1　部分较为流行和常用的 Linux 应用软件

软 件 类 别	常 用 软 件
办公软件	OpenOffice、WPS Office、LibreOffice
文本编辑器	vim、gedit、Emacs
浏览器	Firefox、Chrome
PDF 阅读器	Document Viwer、Adobe Reader、Foxit Reader
图像浏览与编辑	GThumb、GWenView

1.3　综合实训案例

学习 Linux 的最佳途径永远是使用它,不仅仅是在课堂,或者在自学本课程时,更重要的是在平时利用一切机会使用 Linux。对于初学者来说,尽管现在 Linux 软件很丰富,用户界面也较为友好,但是在使用习惯上始终与 Windows 操作系统有所差异,由于学习和适应本身需要有一个过程,在该过程中会遇到各种各样的问题需要解决,因此初学者需要有一定的耐心来去适应新的环境。以下 3 个案例包括了 Linux 系统和虚拟机工具的安装,以及基本的网络环境设置等,通过对这 3 个案例的学习和实践,能够初步搭建一个便于后面学习和使用的 Linux 实验环境。

案例 1.1　在 VMware 虚拟机中安装 Linux

学习 Linux 的第一件事情往往是安装系统。与 Linux 发展早期不一样,如今以默认方式安装某个 Linux 发行版本变得极为简便,Linux 本身与众多硬件的兼容性也比以往有了大幅提高。即使是初学者,按照引导提示一步步操作即可完成 Linux 系统的安装,而在安装过程中一些较为高级的配置内容(如硬盘分区设置等)可以按默认方式设置或跳过,后续课程将有所介绍。

为便于后续各种实训内容的开展,推荐读者在虚拟机上安装和使用 Linux。本书所指的虚拟机是指关于计算机裸机的虚拟环境,即由某种软件,如 VMware、Virtualbox 等,提供一个可安装并运行某种操作系统的虚拟硬件平台。VMware 等软件一般可安装在 Windows 操作系统,在 VMware 等软件之上可创建虚拟机并在虚拟机之中安装 Linux 操作系统。这时运行 Windows 操作系统的计算机被称为宿主机(Host Computer)。

本书将以 VMware workstation10.0(后面简称 VMware)为基础,介绍如何安装 RedHat

Enterprise Linux 6.0(后面简称 RHEL)操作系统。在以后的各实训内容中,也将以 VMware 和 RHEL 为基础展开讨论。其余与 RHEL 关系较为密切的 Linux 发行版本,如 CentOS、Fedora 等 Linux 操作系统的安装以及使用基本均可参考 RHEL 系统的情况进行。读者可以自行选择它们进行安装和使用。

第 1 步,启动 VMware,选择"文件"→"新建虚拟机"命令,启动新建虚拟机向导,如图 1.1 所示。可按典型配置创建虚拟机,也可以按自定义配置创建虚拟机。本案例选择自定义配置创建虚拟机,然后单击"下一步"按钮。

图 1.1 启动新建虚拟机向导

第 2 步,设置安装来源。如图 1.2 所示,可选择稍后安装操作系统,也可指定安装光盘的所在路径。此处选中"稍后安装操作系统"单选按钮,然后单击"下一步"按钮。

图 1.2 设置安装来源

第3步,选择所要安装的操作系统类型,如图 1.3 所示,然后单击"下一步"按钮。

图 1.3　选择所要安装的操作系统类型

第4步,设定虚拟机名称和系统安装路径,如图 1.4 所示。通过 VMware 虚拟机所安装的操作系统并不依赖于宿主机的物理硬件,已经安装好的操作系统在宿主机中被保存为一组文件,可直接将其复制或移动到任意位置,重新利用 VMware 打开其中的 .vmx 文件即可使用。为方便日后维护和管理,因此建议不要安装在 Windows 操作系统所在的分区中。

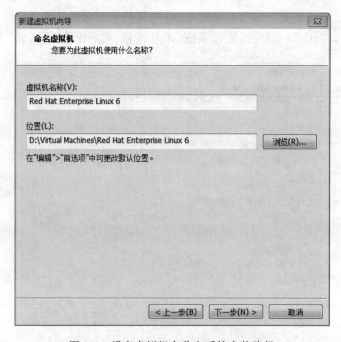

图 1.4　设定虚拟机名称和系统安装路径

第 5 步,设置 CPU 数量、内存大小、联网方式以及虚拟硬盘(Virtual Disk)类型和大小等,均可按默认设置,如果后面有需要可再做调整。建议可取较大的虚拟硬盘容量,如图 1.5 所示。注意选中"将虚拟磁盘拆分成多个文件"单选按钮,这样为日后移动虚拟机文件提供方便。

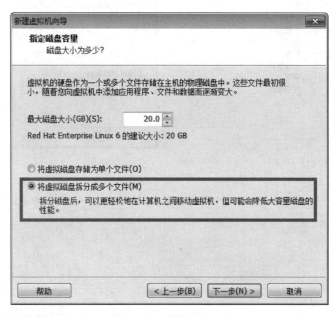

图 1.5　指定磁盘容量

第 6 步,确认虚拟机配置。一系列的配置已经完成,VMware 将出示配置列表,确认无误后单击"完成"按钮即可生成虚拟机。在虚拟机未有启动的情况下,可通过菜单"虚拟机"→"设置"命令调用"虚拟机设置"对话框,并对虚拟机各项硬件参数重新进行配置。

第 7 步,设置 Linux 安装光盘 ISO 映像文件路径。在启动虚拟机之前需要指出 Linux 系统安装光盘的 ISO 映像文件(.iso 文件)的路径位置。如图 1.6 所示,在第 6 步中的"虚拟机设置"对话框处选择"硬件"列表中的"CD/DVD(SATA)"项,然后在"连接"选项区域中选中"使用 ISO 映像文件"单选按钮,单击"浏览"按钮后通过弹出的"文件"对话框选择所要使用的 Linux 系统安装光盘。注意设置 CD/DVD 设备状态为"启动时连接"。

第 8 步,利用 VMware 菜单"虚拟机"→"电源"→"启动客户机"命令启动刚创建的虚拟机。虚拟机将根据设定的安装光盘进行引导并进入系统安装启动界面,如图 1.7 所示。单击该界面后即进入虚拟机环境,可以通过快捷键(Ctrl + Alt)返回 Windows 操作系统。通过上下键选择 Install or upgrade an existing system 选项,然后按 Enter 键正式进入安装过程。

第 9 步,安装程序将询问是否检查光盘,可跳过并进入安装向导界面。然后单击 Next 按钮,进入语言选择界面,选择安装过程所要显示的语言类型,如图 1.8 所示,可选择简体中文项。

第 10 步,选择键盘布局,默认选取美式英文键盘。然后进入存储设备类型选择界面,同样按默认选取"基本存储设备"项即可。由于使用的是一个全新的虚拟硬盘,因此将会出现如图 1.9 所示的警告信息,可单击"重新初始化所有"按钮。

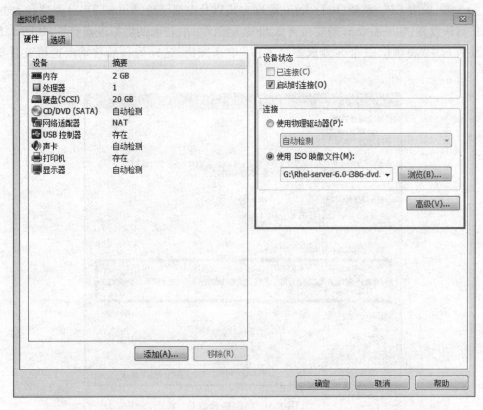

图 1.6　设置安装光盘的路径位置

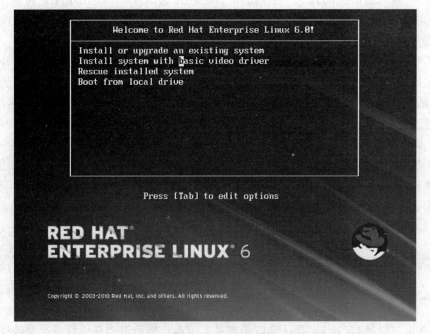

图 1.7　系统安装启动界面

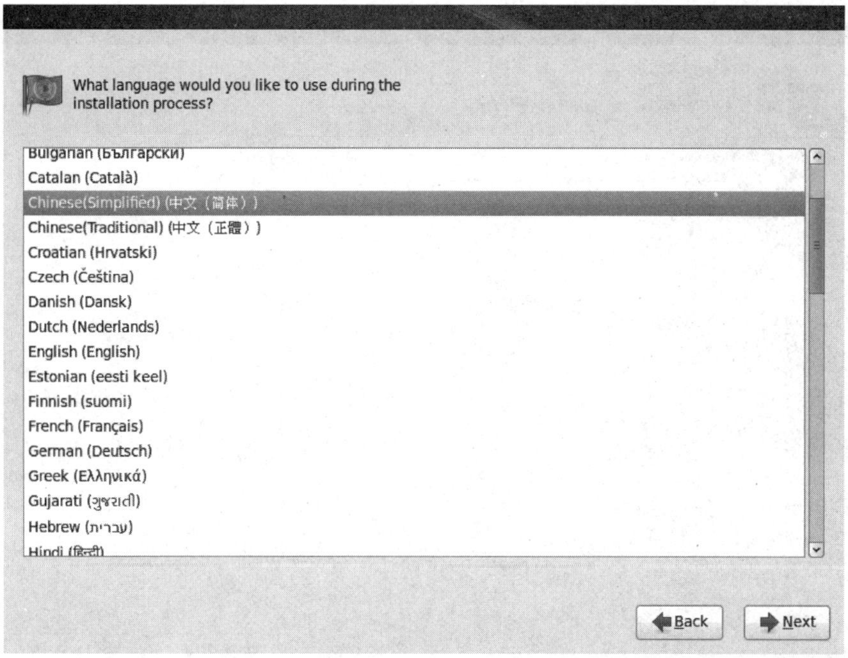

图 1.8　选择安装过程所要显示的语言类型

图 1.9　初始化驱动器警告信息

　　第 11 步,定义计算机名称,可按默认取 localhost 为计算机名称,也可以为系统自取一个名字。下一步是选择时区,可根据实际自行设定。然后进入设定根用户密码界面,如图 1.10 所示。根用户(root)是 Linux 中具有最高权限的用户账号,因此需要设定较强的密码以保护系统安全。

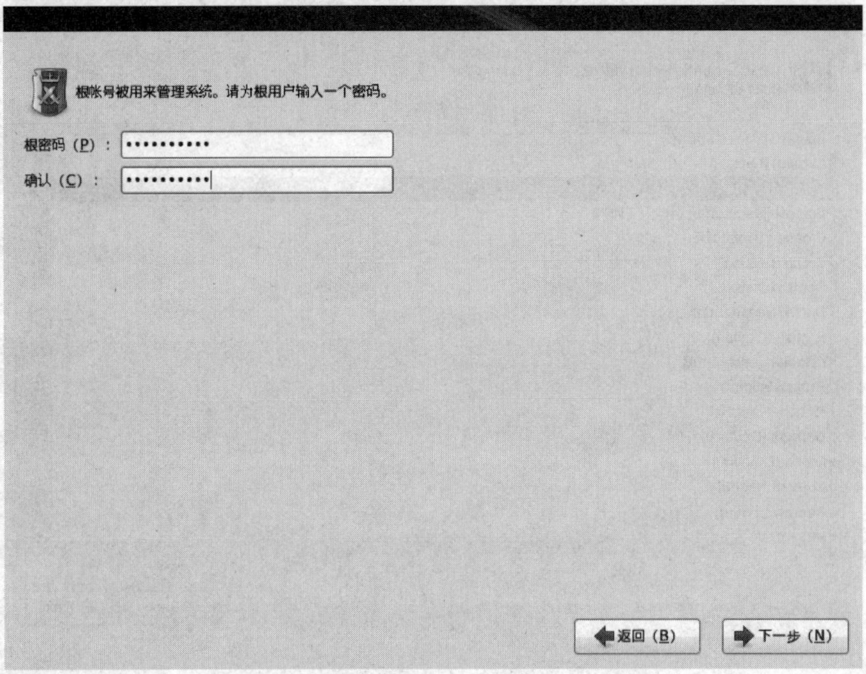

图 1.10　设置根用户密码

第 12 步，选择安装类型和分区布局。如图 1.11 所示，对于初学者在 VMware 上安装 Linux，建议可直接使用安装程序所提供的默认分区布局，即选中"使用所有空间"单选按钮，且不要选中"查看并修改分区布局"复选框以跳过后面的硬盘分区设置步骤。单击"下一

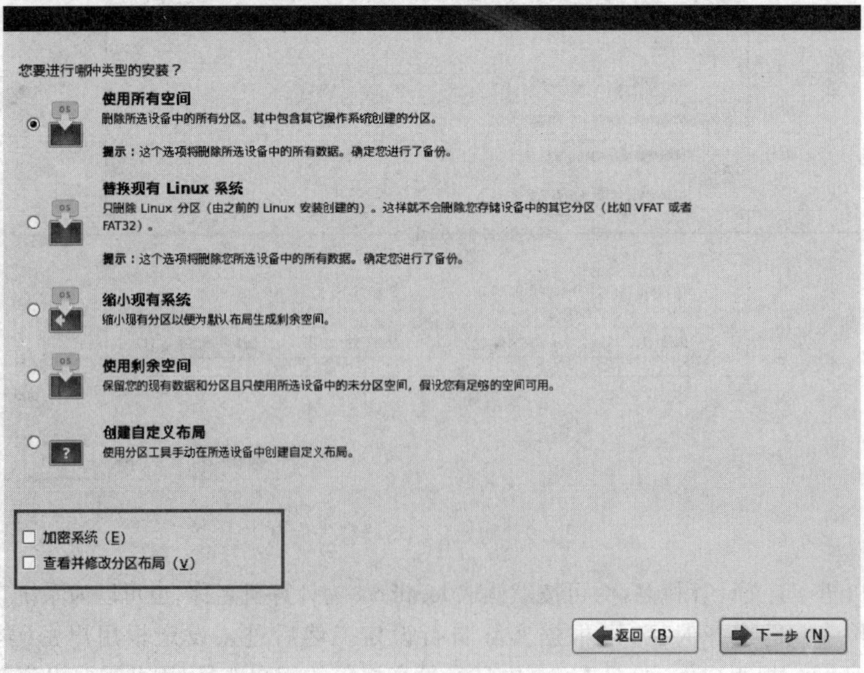

图 1.11　选择安装类型和分区布局

步"按钮后,安装程序将弹出"警告"对话框,单击"将修改写入磁盘"按钮后安装程序将会为用户创建硬盘分区及格式化文件系统。

第13步,选择系统安装类型。如图1.12所示,安装程序列出了Linux系统的若干安装类型(软件组)。默认安装类型为"基本服务器",因此并不安装桌面以及各种具有图形化界面的常用软件,如浏览器、输入法等。然而这样并不利于初学者使用,因此建议选择"基本服务器"安装类型后,要继续选择下面的"现在自定义"项,然后单击"下一步"按钮,选择各类软件进行安装。也可在安装类型列表中直接选择"桌面"项,然后再选择下面的"以后自定义"项,这样就会跳过第14步的设置步骤。

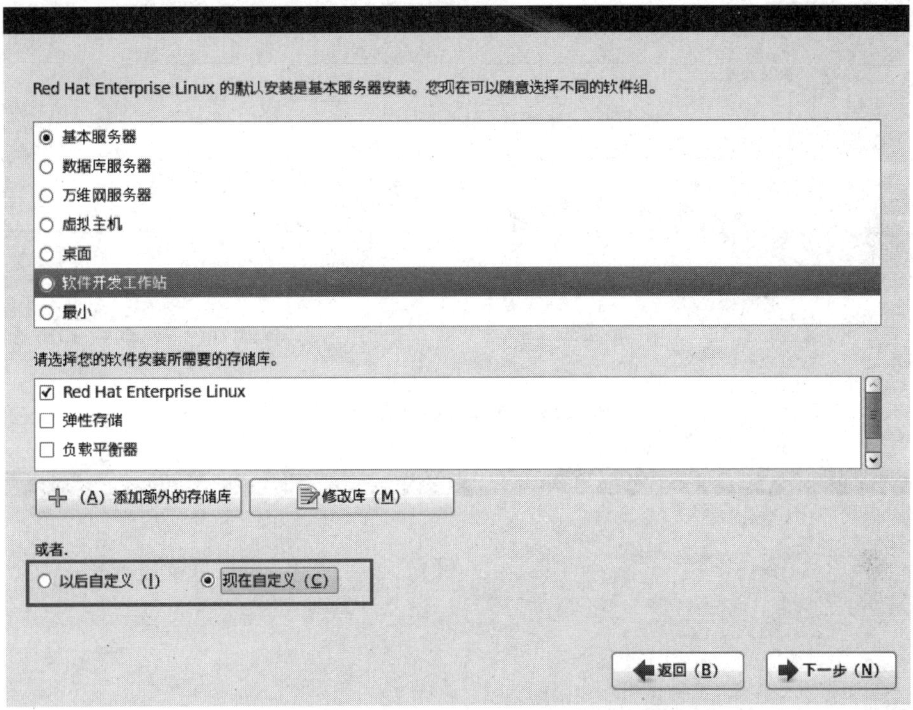

图1.12　选择系统安装类型

第14步,选择所要安装的软件。尽管在安装系统后仍可再添加新软件,但如前所述对于初学者建议最好首先安装好Linux桌面。如图1.13所示,在左侧分类列表中选取"桌面"项,然后在右侧软件列表中选取"桌面"等选项。如果想体验KDE桌面、输入法等工具也可以选取。此外也可自行选择其他类别的软件进行安装。选择好所要安装的软件后,至此所有设置都已经完成,即将进入安装阶段。

第15步,安装过程是自动完成的,安装结束后,将提示重新引导系统,如图1.14所示。

第16步,系统重新引导后,系统进入初始化欢迎界面,如图1.15所示。用户需要同意许可证协议才能进一步完成系统初始化。软件更新设置暂时按默认即可。

第17步,为保护根用户的安全,系统将要求创建普通用户账号供日常使用,如图1.16所示。本书设置了一个普通用户账号"study"供后续的实训案例演示中使用,请在安装系统时设置用户账号与密码。

图 1.13　选择所要安装的软件

图 1.14　Linux 安装完成

图 1.15　初始化欢迎界面

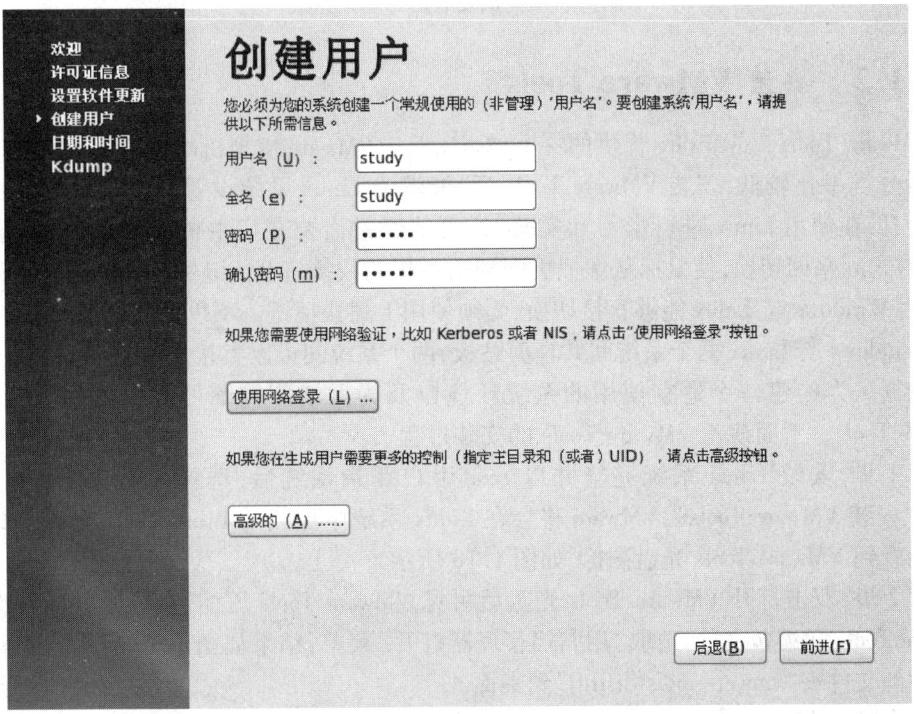

创建用户界面内容如下（图1.16描述）：

图 1.16　普通用户的创建

第 18 步,按默认设置系统时间以及 kdump(一种内核崩溃转储机制),即可完成系统安装的全过程,进入登录界面,如图 1.17 所示。可选择"其他"选项后,输入用户名 root 及其密码后登录系统,或者选择以普通用户 study 的身份登录系统。

图 1.17　完成安装后的登录界面

案例 1.2　安装 VMware Tools

VMware Tools 是 VMware 提供的一个增强工具。VMware 虚拟机的虚拟显卡所提供的默认显示分辨率比较低,安装 VMware Tools 后,能够为 Linux 系统设置一个较好的显示分辨率。而且,在使用 Linux 进行学习和实验时,可能经常需要在宿主机(Windows)与虚拟机(Linux)之间来回切换,使鼠标从虚拟机回到宿主机的快捷键是 Ctrl + Alt 键。安装 VMware Tools 后 Windows 与 Linux 能够直接切换,无须使用上述快捷键。不仅如此,VMware Tools 还支持 Windows 与 Linux 两个系统间共享剪贴板,两个系统间可以直接通过复制、粘贴的方式共享数据。为构建一个适宜使用的系统环境以及为后续实验练习提供便利,建议安装 VMware Tools。下面演示 VMware Tools 的安装过程。

第 1 步,安装 Linux 系统完毕并以 root 用户登录系统后,选择 VMware 菜单"虚拟机"→"安装 VMware Tools",VMware 将会在 Linux 系统中加载 VMware Tools 光盘。此时可在桌面看到 VMware Tools 光盘图标,如图 1.18 所示。

第 2 步,双击打开 VMware Tools 光盘后可见 VMware Tools 压缩包,可用鼠标右键选中 VMware Tools 压缩包文件,选取"用归档管理器打开"菜单,结果如图 1.19 所示。用鼠标拖动其中的文件夹"vmware-tools-distrib"到桌面。

第 3 步,打开"vmware-tools-distrib"文件夹,双击 vmware-install. pl 文件,弹出如图 1.20 所示的对话框,单击"在终端中运行"按钮执行安装程序,此时将会弹出一个字符终端界面。

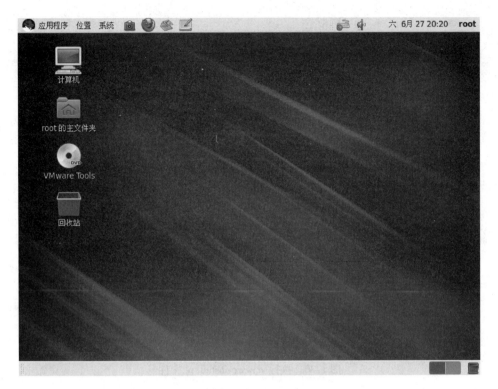

图 1.18　加载 VMware Tools 光盘

图 1.19　用归档管理器打开 VMware Tools 压缩包

图 1.20　执行 vmware-install. pl 文件

第 4 步,在终端中执行 vmware-install. pl 的结果如图 1.21 所示,然后以默认参数安装程序直至结束,最后重启系统。重启系统可通过选择桌面面板(即位于桌面顶部的工具栏)中的菜单"系统"→"关机"后,单击"重启"按钮完成操作。

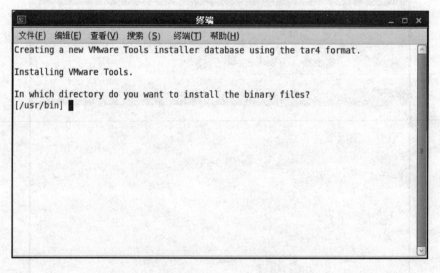

图 1.21　在终端中执行 vmware-install. pl 的结果

第 5 步,重新登录后,可利用桌面面板中的菜单"系统"→"首选项"→"显示"调用"显示首选项"对话框,设置合适的系统分辨率,如图 1.22 所示。完成了以上配置后,可以自行测试 VMware Tools 的共享剪贴板等功能。

图 1.22　设置系统分辨率

案例 1.3　配置 Linux 连接互联网

本案例主要演示如何利用 VMware 所提供的虚拟网络设备为 Linux 系统配置一个可连接互联网的环境。下面介绍 VMware 为虚拟机提供的 3 种联网方式。

（1）桥接（Bridge）模式：VMware 提供虚拟交换机为虚拟机及宿主机组建虚拟网络，可以看作虚拟机与宿主机共存于同一个物理局域网中。注意同一局域网中的其他计算机中运行的虚拟机如果也采用桥接模式联网，则这些虚拟机之间也相当于通过物理局域网相连。

（2）网络地址转换（Network Address Translation，NAT）模式：VMware 提供了 NAT 设备以及 DHCP（Dynamic Host Configuration Protocol）服务器组建虚拟网络，虚拟机通过 NAT 设备与宿主机在虚拟网络中相连，也即虚拟机并不与宿主机共存于物理局域网。使用 NAT 模式联网的虚拟机能从虚拟 DHCP 服务器自动获得虚拟网络中的 IP 地址。

（3）仅主机（Host-only）模式：仅有虚拟网络内的机器能访问虚拟机，即该虚拟网络是私有的，外网不能访问。

上述 3 种方式中最为常用的是桥接模式和网络地址转换模式。其中桥接模式适合宿主机已连接到局域网，且局域网中有空闲的 IP 地址可供分配的情形。本书后面所讨论的内容，如果没有特别指出，虚拟机均默认采用桥接模式联网。下面讨论桥接模式下的 Linux 网络环境配置的操作步骤。

第 1 步，为使 Linux 能连接互联网，需要确认 Windows 已能连接互联网。在 Windows 7 中，可打开"控制面板"中的"网络和共享中心"，然后单击"更改适配器配置"，选择用于连接到外网的网络连接（注意并非 VMware Network Adapter 类型的网络连接）后查看相关设置参数（即 IP 地址、子网掩码、默认网关及 DNS 服务器等）并做记录，如图 1.23 所示。后面需要使用这些参数设置 Linux 网络环境。

图 1.23　查看 Windows 系统的网络连接参数

　　第 2 步,通过菜单"虚拟机"→"设置"调出"虚拟机设置"对话框,选取"网络适配器项",选择"桥接模式",在"设备状态"栏选取"启动时连接"状态,然后单击"确定"按钮退出,如图 1.24 所示。

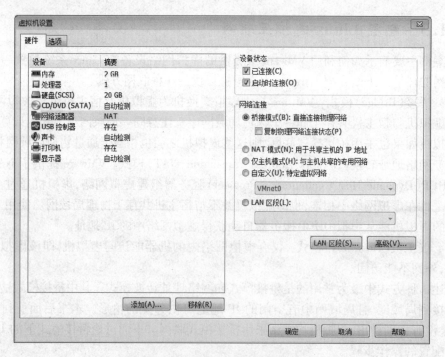

图 1.24　选择桥接模式联网

　　第 3 步,进入 Linux 系统,在桌面面板中选取菜单"系统"→"首选项"→"网络连接",在弹出如图 1.25 所示的"网络连接"对话框中选取网络接口"System eth0"并单击"编辑"按钮,调出"正在编辑 System eth0"对话框并选择"IPv4 设置"选项卡,参考第 1 步设置网络参数。由于当前 Windows 系统的 IP 地址设置为 192.168.2.22,因此可以分配一个局域网的

IP 地址（如 192.168.2.5）给虚拟机的 Linux 系统,子网掩码及（默认）网关等需要与Windows 的网络设置一致。

图 1.25　设置 Linux 网络连接参数

特别指出的是,对于后面实训中所有与网络配置有关的示例或案例所使用的 IP 地址不一定适用于练习时所在的实际网络环境,需要根据实际网络环境自行设置。

第 4 步,重新连接网络,如图 1.26 所示,以此激活使用上一步所设置的网络连接参

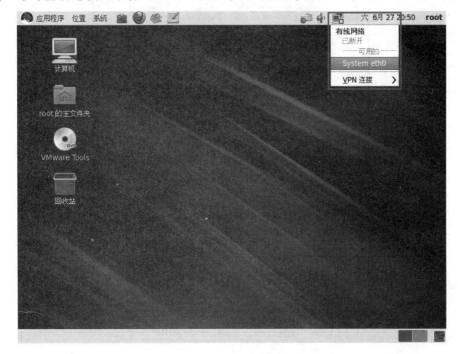

图 1.26　激活网络连接参数

数；也可通过注销账号后重新登录激活网络连接参数。至此便可利用新的网络连接上网。

接着讨论 NAT 模式下的网络环境配置，实际设置更为便捷，可利用 NAT 模式所提供的 DHCP 服务快速设置网络连接。NAT 模式适合于局域网没有空闲的 IP 地址可供分配或者宿主机直接通过拨号等方式连接互联网等情况。

第 5 步，检查 Windows 服务中的 VMware NAT Service 以及 VMware DHCP Service 这两个服务是否已经启动，如果没有则需要启动。具体方法是在"控制面板"中选择"管理工具"，然后双击"服务"快捷方式启动配置，如图 1.27 所示，找到对应服务后启动它们。

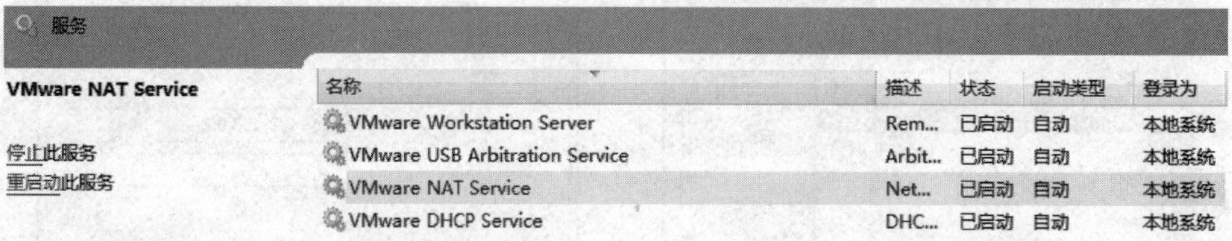

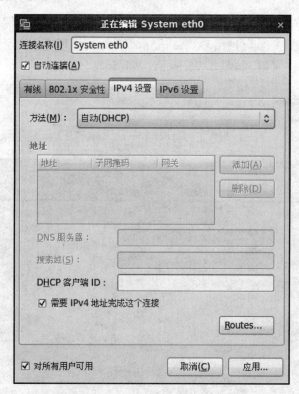

图 1.27　启动 NAT 服务及 DHCP 服务

第 6 步，参考第 2 步，设置虚拟机的虚拟连接为 NAT 模式。

第 7 步，参考第 3 步，在 Linux 中设置连接方法为"自动(DHCP)"方式，如图 1.28 所示；然后参考第 4 步重启网络即可。

图 1.28　设置连接方法为"自动(DHCP)"方式

1.4　实训练习题

（1）什么是 GNU？它与自由软件和 Linux 有什么关系？

（2）国内有哪些重要的 Linux 发行版本？请列举并谈谈它们的基本情况。

（3）自行选择一个 Linux 发行版本，下载该发行版本的 Linux 安装光盘并安装系统。要求安装完毕后对其初步进行使用，包括使用网页浏览器访问 http://www.kernel.org/、利用 gedit 等工具编辑文档、利用 PDF 阅读器浏览 PDF 文件。

实训2 初步使用 shell

2.1 实 训 要 点

（1）了解 Linux shell 的基本概念。
（2）理解根文件系统的基本结构。
（3）掌握基本 shell 命令的使用。
（4）掌握文件操作命令的综合运用。
（5）利用 SSH 服务远程连接 Linux 系统。
（6）使用 vim 编辑器查看或修改文件内容。
（7）查看并设置系统的运行级。

2.2 基础实训内容

2.2.1 Linux 的基本结构

1. 内核与 shell

如果要对 Linux 系统结构做一个最简单的划分,那就是将 Linux 分为内核(kernel)和"外壳"(shell)两部分。可以通过图 2.1 了解 Linux 内核与 shell 之间的关系。Linux 的内核负责系统资源的分配与管理,其中包括了进程控制子系统、文件系统、设备管理子系统等,它们分别负责某一方面的工作。在内核之外,有应用程序和用户需要使用系统资源。对于应

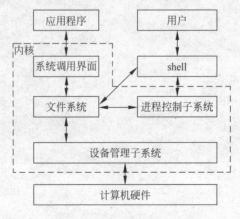

图 2.1 Linux 的基本结构图

用程序,它通过系统调用界面获得内核的服务,而用户则通过 shell 向内核发出各种命令,以此使用各种系统资源。因此,对于系统管理员来说,许多工作都需要通过 shell 来完成。本书中的大部分实训内容,也是通过 shell 来完成的。shell 就是用户使用 Linux 各种功能的基本界面。

Linux 系统初始化时就会自动启动 shell。用户可通过字符终端登录系统并使用 shell。从用户登录到用户退出系统,用户输入的每个命令都要由 shell 接收,并由 shell 负责解释。如果用户提交的命令是正确的,shell 会调用相关的命令及程序并由内核负责执行。

与图形桌面相类似,shell 实际是一种独立于内核的软件。关于 shell 这种软件实际有许多种,如 Bourne-Again shell(简称 Bash,最流行的 shell)、Bourne shell(简称 sh)、c shell(简称 csh)、korn shell(简称 ksh)等。Linux 默认使用 Bash,也有一些 Linux 发行版本使用 ksh 等其他的 shell。要知道现在所在系统的 shell 类型,可利用字符终端登录系统后用命令查看当前系统使用的 shell 类型,实际得到的结果是 shell 的程序文件位置:

```
[root@ localhost ~]# echo $SHELL
/bin/bash
```

2. 根文件系统结构

要理解 Linux 的基本结构,除了要理解 Linux 内核与 shell 之间的关系之外,根文件系统也是一个重点内容。文件系统是用于组织文件的一种软件机构,它利用俗称"文件夹"的目录对文件进行组织和归类,目录之间存在某种结构,由此形成了整个文件系统的结构。与 Windows 操作系统形式上类似(实质有很大差异),Linux 也通过树结构的文件系统组织文件,并称这种文件系统为"根文件系统(Root File System)",因为它是寻找所有文件以及其他文件系统的起点。如图 2.2 所示,根文件系统的顶端是根目录(Root Directory),以/表示,它有时会被简称为"根"。在根目录之下有若干子目录,如/root、/home、/etc 等,从树的递归结构可知这些子目录下面同样会有低一级的子目录,而文件应在树结构中的叶结点处。

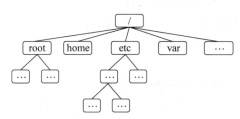

图 2.2　根文件系统的树状结构示意图

图 2.2 中的根文件系统结构广泛使用在各种版本的 UNIX 及类 UNIX 操作系统,它们都基本符合文件系统层次结构标准(Filesystem Hierarchy Standard,FHS),但存在着一些差异。

【示例 2.1】　对比 RHEL 与 Ubuntu 这两种 Linux 发行版本的根文件系统结构。以 RHEL 6.0 为例,可以通过如下命令查看根文件系统的基本结果,显示的结果是根以下的子目录

```
[ root@ localhost ~] # ls /
bin      cgroup    etc      lib            media    mnt    opt      root      selinux    sys    usr
boot     dev       home     lost + found   misc     net    proc     sbin      srv        tmp    var
```

再以 Ubuntu12.04.02 为例,查看其根文件系统基本结构:

```
cc@ cc-virtual-machine:~$ ls /
bin      dev      initrd. img     media     proc     sbin      sys        var
boot     etc      lib             mnt       root     selinux   tmp        vmlinuz
cdrom    home     lost + found    opt       run      srv       usr
```

选取了部分重要的二级目录以黑体显示。读者可自行对比这两种 Linux 发行版本的根文件系统,不难发现其基本结构有许多相似之处。

根据文件系统层次结构标准所提供的官方文件(http://www. pathname. com/fhs/),结合本书所讨论的内容,这里列出一些根文件系统中较为重要的二级目录,其中的一些术语将在后续各个实训中详细介绍,在此可先有一个基本认识。

(1) /boot:存放系统引导时所需的文件,包括 Linux 内核以及引导装载程序(Boot Loader)等。

(2) /bin(binary):存放可执行程序。

(3) /dev(device):存放设备文件和特殊文件。

(4) /etc:存放系统配置文件。

(5) /home:普通用户的主目录所在位置。

(6) /lib:存放基本共享库文件和内核模块。

(7) /mnt(mount):用于为需要挂载的文件系统提供挂载点。

(8) /proc(process):存放与内核和进程有关的信息。

(9) /root:根用户的主目录。

(10) /tmp(temporary):存放临时性文件。

(11) /usr(user):存放可共享的只读数据文件。

(12) /var(variable):存放各类数据文件。

3. 文件路径的表示

使用文件系统或对文件进行某种操作时经常需要确定两点信息。一是当前目录,也称为工作目录。用户登录系统后,系统将会设定一个目录作为浏览文件系统内容的起始点,这个目录就是用户登录后的当前工作目录。用户可以使用 cd 命令将当前目录切换为其他的目录。例如,root 用户登录系统后默认将以"/root"为当前目录,但用户可以通过 cd 命令切换至"/etc"目录,此时 root 用户的当前目录为"/etc"。

另一个需要确定的信息则是文件路径。文件在文件系统中的位置可以通过文件路径来表示。对于树状结构的文件系统,文件路径可表示为从某一树结点出发,沿树的分支到达目标文件或目录所在结点的路径。初学者在使用 Linux 文件系统时,要注意绝对路径与相对路径的区别。绝对路径是指在根文件系统结构中,从根目录(/)出发直到目标文件或目录的路径,如"/etc/inittab"。相对路径是指从当前所在目录出发直到目标文件或目录的路径,假如当前目录为"/etc"目录,那么要找到 inittab 文件只需要直接给出文件名即可,可不给出前面的"/etc/",也就是说此时的文件路径实际可表示为文件名。关于绝对路径与相对路径的区别可参考本实训中关于 cd 命令的示例。在文件路径表示中有几个表示目录的特殊符号需要注意:

(1)~:表示用户的主目录,也即以用户名称命名的,专属于该用户的目录。

(2).:表示当前目录。

(3)..:表示上一级目录。

2.2.2 字符终端与 shell 命令

1. 字符终端的概念

前面已经指出,shell 是一个用于解释用户命令的软件。但用户在什么地方输入命令?又是从什么地方获取执行命令过程中的输出信息? 这里需要引出字符终端的概念。用户是通过字符终端使用 shell 的,或者说 shell 运行在字符终端中。例如,Linux 中默认使用的 shell 是 Bash,它的执行文件是"/bin/bash",称运行在字符终端中的"/bin/bash"程序为 bash 进程。

下面再来对字符终端进行详细讨论。终端原指用户与计算机系统交互的一整套设备,包括了键盘和显示器等。Linux 对终端设备进行模拟,为用户提供了与计算机系统交互的虚拟界面,并称其为虚拟终端(Virtual Terminal),这些虚拟终端各自独立,但共享着同一套键盘和显示器等输入输出设备。Linux 默认有 7 个虚拟终端,可以通过按 Ctrl + Alt + F1~F7 键实现虚拟终端间的切换。默认情况下虚拟终端是字符界面的,所以也被称为字符终端。虚拟终端可以被 X-Window 占用,此时看到的是具有图形化界面的桌面。字符终端也被称为 tty,原来是指电传打字机(Teletypes)的意思。7 个字符终端有时会被分别表示为 tty1~tty7。如图 2.3 所示,可通过上述快捷键切换至某个字符终端并登录系统,注意在字符终端中输入密码时密码并不可见。

图 2.3　从 Linux 的字符终端登录系统

许多人会对字符终端贴上"落后"的标签,毕竟图形界面已经广泛被使用,有许多用户已不能接受输入命令的方式。事实上,随着现今 Linux 桌面的不断发展和应用程序的逐渐丰富,对于普通用户来说字符终端在许多场合中的确并不是必须的。甚至即使需要输入命令,也可以使用图形化界面下所提供的"伪字符终端"(被表示为 pts,pseudo-terminal slave)。该终端程序可通过桌面面板中的菜单"应用程序"→"系统工具"→"终端"调用,或通过右击桌面后选择快捷菜单中的"打开字符终端"项启动程序。伪字符终端的外观如图 2.4 所示,它的使用更为方便,而且还提供复制、粘贴文本等多种功能。

不过,由于 shell 在 Linux 中的重要性使得字符终端仍然是 Linux 系统管理工作中用得最多的工具。从图 2.1 所示的 Linux 基本结构中可发现 shell 在 Linux 中的作用远非一个用

图 2.4　具有图形化界面的伪字符终端

户操作界面那么简单。总体来说,shell 首先是一个解释器,对命令进行解释并交由内核执行,与命令有关的输入和输出处理就需要依靠字符终端来实现。此外,用户还能利用 shell 脚本编程语言写出具有强大系统管理功能的程序,这将在后续的实训中介绍。由于 shell 必须运行在某种字符终端下,因此系统管理工作就离不开字符终端了。再者,在后面学习中可发现,Linux 中许多软件实际并不提供图形界面,必须通过这些软件在字符终端中提供的命令行界面进行操作。由此可见字符终端工具对于学习 Linux 的必要性。

2. shell 命令的基本格式

当用户通过字符终端登录系统后,shell 便显示命令行界面并等待用户的输入。在 shell 中,命令行界面往往是一条字符串,它用于提示用户输入命令,因此这条字符串也被称为命令提示符(Command Prompt)。命令提示符有许多表达形式,可以附带用户名和主机名称等信息,但也可以很简洁,一般通过#、$、%、> 等符号来表示结尾。例如,Bash 默认的提示符是#或 $等符号,注意不同的 Linux 发行版本其默认的命令提示符可能也会有所不同。以下是 RHEL 中一个典型的命令提示符:

```
[ root@ localhost etc] #
```

其中"root@ localhost"是指 root 用户通过主机名为 localhost 的机器登录到系统,也即通过本地使用 Linux,而当前目录为"/etc"。

Linux 中一个命令包含 3 个基本要素:命令名、选项和参数。本质上命令名是指用户要运行的某个程序的名称。用户通过设定选项指出命令要执行的特定功能,参数是执行命令或指定某个选项时所需要的输入值,因此参数需要放在命令名或某个选项的后面。选项和参数不是一定要填写的,许多命令有默认的选项和参数,当不给出特定选项和参数时,就会以默认选项和参数来执行命令。

命令名、选项、参数都区分大小写,它们通过空格或制表符(按 Tab 键)隔开。初学者经常容易犯的一个错误是把选项和参数混淆。一般来说,选项带有符号-,如-a,而参数没有,但也有特例,在学习具体示例时会指出。此外,命令的选项和参数是可以有多个的。如果需要指定多个选项,可把后面不接参数的选项组合在一起来表示,如"-abc"。但是,对于后面需要给出参数的选项要单独分开表示,如:

```
命令名　-a　参数 1　-b　参数 2　-c　参数 3
```

后面教材中所给出的每个命令的定义会特别说明其选项后面是否需要给出参数以及参数的类型和格式。注意这时选项间需要用空格或制表符区分开来。多个参数也是需要用空格或制表符隔开。为什么要用空格或制表符把命令名、选项和参数隔开？因为 shell 作为命令的解释器，以空格或制表符作为间隔标志来读取命令行，如果它们没有用空格或制表符隔开，从语法上就会被 shell 认为是一个独立的整体，然而显然无法解释而只能返回错误提示。

一条完整的命令输入完毕后即可通过按 Enter 键提交给 shell 执行。然而对于初学者，经常出现的另一个错误是没有给出完整的参数。这时命令因为缺少参数而不能马上执行，而 shell 会认为用户还要继续输入而一直在等待。此时可按 Ctrl + C 键来撤销本次输入，也可以继续输入直至完毕后按 Ctrl + D 键来表示输入结束，这样 shell 将会获取全部输入并作为命令行执行。

此外，注意可多使用 Bash 中提供的自动补全功能辅助命令输入。所谓自动补全功能，是指当用户输入一部分命令时，可以通过按 Tab 键让 Bash 自动补全剩余部分，如果有多个补全的可能，Bash 将会把这些可能项列举出来供用户选择。以下是自动补全功能的演示。

【示例 2.2】 自动补全功能演示。当用户输入"ls"以后，可以按 Tab 键，Bash 将列出所有以 ls 开头的 shell 命令：

```
[ root@ localhost ~]# ls
ls            lscgroup      lshal         lsmod         lspcmcia
lsattr        lscpu         lsinitrd      lsof          lssubsys
lsb_release   lsdiff        lskat         lspci         lsusb
```

2.2.3 基本 shell 命令

1. 一些约定

下面介绍一些常用的基本命令，这些命令是一些在日常使用和管理系统时经常用到的工具，掌握这些命令是学好 Linux 所必需的，因此要求能熟练使用。除个别命令只通过示例直接表达它的用法之外，本书在介绍大部分命令时都会给出相关的定义。由于每个命令会包含一定量的选项，本书根据需要在其定义中给出了部分重要选项，可通过使用后面介绍的 man 命令获得某条命令的详细且完整的说明手册。又由于许多 shell 命令及其选项被表示为英文单词的缩写，本书在说明命令和选项时将会附注部分命令及选项的英文全称，它们表示在命令及选项名称后面的括号中，以帮助读者理解和记忆这些命令及其选项。注意命令中格式里面方括号中的内容是可选的。实际上，读者查阅每个命令的说明手册时可发现许多命令的严格定义中有多种表示格式，为便于初学者理解本书对它们简化和整合后只给出一种表示格式，读者需要结合后面的选项说明和示例去理解命令格式。请注意，重要的并不是记忆这些命令定义，而是在练习中结合这些定义去领会命令的用途和用法。

本书在解释某种命令操作时，会在命令行及后面的执行过程内容中附有一些中文注释，这些注释以 <== 为起始标志。后面的实训内容中将会介绍一些配置文件，也会附上一些中文注释，但会使用配置文件所定义的注释符来在文件中添加注释。由于命令的执行过程内容有时会包含许多输出信息，本书会对这些信息有所选择地显示，而在被省略的输出信息的位置上注有"（省略部分显示结果）"以及下一步操作的提示，练习时也需要注意这些地方。

2. 文件管理命令

以下结合一些示例讨论文件管理命令的使用。注意练习时需要按照次序执行这些示例。

1）ls（list）命令

功能：显示目录内容，默认显示当前目录的文件列表。如果所给参数是文件，则仅列出与该文件有关的信息。

格式：

ls　[选项]　[文件或目录路径]

重要选项：

-a（all）：列出目录中所有项，包括以"."开始的项（以点开头的为隐藏文件）。

-l（list）：以列表形式显示文件。

-R（recursive）：用于递归列出子目录中的内容，注意选项名称使用的是大写字母 R。

-d（directory）：仅列出目录本身的信息，而非列出目录中的文件列表信息。

【示例2.3】　ls 命令的 3 种使用方式对比，注意对比以下三条命令的结果差异。

```
[root@ localhost ~]# ls -a /root      <==显示/root 目录下的所有文件
.                     . gconf       install. log              . thumbnails
..                    . gconfd      install. log. syslog      公共的
anaconda-ks. cfg      . gnome2      . kde                     模板
(注意以点开头的为隐藏文件,省略部分显示结果)


[root@ localhost ~]# ls -al /root      <==列表显示/root 目录下的所有文件
总用量　260
dr-xr-x---. 30   root root   4096   6 月 28 08:05 .
dr-xr-xr-x. 25   root root   4096   6 月 27 18:36 ..
-rw-------. 1    root root   2406   6 月 27 22:11 anaconda-ks. cfg
(省略部分显示结果)


[root@ localhost ~]# ls -R /root      <==递归显示目录的内容,即显示子目录及其以下的内容
/root:
anaconda-ks. cfg  install. log  install. log. syslog  公共的  模板  视频
图片  文档  下载  音乐  桌面


/root/公共的:
(省略部分显示结果)
[root@ localhost ~]# ls -dl      <==仅显示/root 目录本身的信息
dr-xr-x---. 30 root root   4096   6 月 28 08:05   /root
```

2）pwd（print working directory）命令

功能：显示当前目录的完整路径，当前目录也称为工作目录。

格式：

pwd　[选项]

【示例 2.4】　pwd 命令的使用。注意符号~代表一个用户的主目录。

```
[root@ localhost ~]# pwd
/root
```

3）cd（change directory）命令

功能：更改当前目录,如果不给出参数,默认跳转至用户的主目录。

格式：

```
cd　[选项]　[文件或目录路径]
```

【示例 2.5】　比较绝对路径与相对路径。注意如下命令中关于目录的特殊符号的使用。

```
[root@ localhost ~]# cd /proc/         #从/root 跳转至/proc
[root@ localhost proc]# cd 1           #切换至/proc/1,注意使用的是相对路径
[root@ localhost 1]# pwd
/proc/1
[root@ localhost 1]# cd ..             #从/proc/1 转上一级目录
[root@ localhost proc]# cd ~           #直接跳转至主目录(/root)
[root@ localhost ~]# pwd
/root
```

4）stat 命令

功能：获得关于某文件的基本信息。

格式：

```
stat 文件或目录路径
```

5）touch 命令

功能：更新一个文件的访问和修改时间,如果没有对应文件则新建该文件。

格式：

```
touch 文件或目录路径
```

【示例 2.6】　touch 命令的使用。注意两次使用 stat 命令的返回结果在文件时间属性上的差异。

```
[root@ localhost ~]# touch test        <==创建文件 test,只需给出文件名
[root@ localhost ~]# stat test
  File: "test"
  Size: 0          Blocks: 0          IO Block: 4096    普通空文件
Device: fd00h/64768d    Inode: 267590    Links: 1
Access: (0644/-rw-r--r--) Uid: (    0/   root) Gid: (    0/   root)
Access: 2015-06-29 22:13:24.177273366 +0800
```

```
Modify: 2015-06-29 22:13:24.177273366 +0800
Change: 2015-06-29 22:13:24.177273366 +0800
[root@ localhost ~]# touch test        <== 这次是改变文件的时间属性
[root@ localhost ~]# stat test         <== 注意利用 touch 命令创建的是普通空文件
    File: "test"
    Size: 0            Blocks: 0          IO Block: 4096    普通空文件
  Device: fd00h/64768d  Inode: 267590      Links: 1
  Access: (0644/-rw-r--r--) Uid: (    0/  root) Gid: (    0/  root)
  Access: 2015-06-29 22:13:38.986262816 +0800
  Modify: 2015-06-29 22:13:38.986262816 +0800
  Change: 2015-06-29 22:13:38.986262816 +0800
```

6) mkdir(make directories)命令

功能：创建目录。

格式：

```
mkdir   目录路径
```

7) mv(move)命令

功能：移动或重命名文件或目录。

格式：

```
mv   [选项] 源文件或目录路径   目标文件或目录路径
```

重要选项：

-b(backup)：若存在同名文件,覆盖前先备份原来的文件。

-f(force)：强制覆盖同名文件。

【示例 2.7】 mv 命令的使用。留意最后目录中是否多了一个备份文件(文件末尾有~符号)

```
[root@ localhost ~]# mkdir testdir           <== 首先创建 testdir 目录
[root@ localhost ~]# cd testdir/             <== 利用相对路径切换至 testdir 目录
[root@ localhost testdir]# touch test1 test2  <== 在 testdir 目录创建两个文件
[root@ localhost testdir]# ls                <== 检查创建文件的结果
test1    test2
[root@ localhost testdir]# mv -b test1 test2  <== 实际是将 test1 改名为 test2
mv: 是否覆盖"test2"? y                        <== 按 y 表示覆盖
[root@ localhost testdir]# ls                <== 查看结果,实际上 test2 变成了备份文件 test2~
test2    test2~                              <== 而 test1 变成了 test2
```

8) cp(copy)命令

功能：复制文件或目录。

格式：

```
cp   [选项] 源文件或目录路径   目标文件或目录路径
```

重要选项：

-f(force)：强制覆盖同名文件。

-b(backup)：若存在同名文件,覆盖前先备份原来的文件。

-r(recursive)：以递归方式复制文件,用于复制源目录内的内容。

【示例2.8】 假设在"/root"下有目录 testdir,留意下面对目录内容的复制需要使用"-r"选项。注意对于 mv 和 cp 命令,如果目标文件或目录不与源文件或目录在同一个目录下,则可以只指出移动或复制到哪个目录下,按默认移动或复制的结果与源文件及目录同名。

```
[root@ localhost ~]# cp testdir/ testdir2          <==将 testdir 目录的内容复制为 testdir2
cp: 略过目录"testdir/"                               <==结果显示不成功
[root@ localhost ~]# cp -r testdir/ testdir2       <==需要加入-r 选项
[root@ localhost ~]# ls
anaconda-ks. cfg  install. log  install. log. syslog  testdir  testdir2
(省略部分显示结果)
[root@ localhost ~]# cp -r /root/testdir/ /tmp/    <== 只指出要复制到/tmp 目录下
[root@ localhost ~]# ls  /tmp/testdir/             <==按默认复制结果与源文件及目录同名
test2    test2~
```

注意在 Bash 中由于已经定义 cp 命令的别名(alias),实际执行的命令加入了-i 选项,该选项要求在对文件覆盖前询问用户是否确定,因此实际选项-f 并不能起作用：

```
[root@ localhost ~]# which cp          <==利用 which 定位 cp 命令的所在位置
alias cp = 'cp -i'                      <==执行 cp 命令时实际执行的是它的别名
    /bin/cp                            <==真正的 cp 命令所在位置
```

除非去除该别名或直接以绝对路径的方式调用,现举例如下：

```
[root@ localhost ~]# touch test1 test2
[root@ localhost ~]# cp -f test1 test2      <==尝试强制以 test1 的内容覆盖 test2
cp: 是否覆盖"test2"? n                        <==结果还是会询问,输入 n 表示不覆盖
[root@ localhost ~]# /bin/cp -f test1 test2 <==不再询问直接强制覆盖目标文件
[root@ localhost ~]#
```

9) rm(remove)命令

功能：删除文件或目录。

格式：

```
rm   [选项] 文件或目录路径
```

重要选项：

-f(force)：强制删除文件。

-r(recursive)：rm 命令默认只删除文件, -r 选项是以递归方式删除目录及其中的文件。

【示例 2.9】 假设在/root 下有 testdir2 目录并对其进行删除, 注意需要使用-r 选项。

```
[ root@ localhost ~]# rm testdir2/
rm: 无法删除"testdir2/"：是一个目录
[ root@ localhost ~]# rm -r testdir2/
rm: 是否进入目录"testdir2"? y
rm: 是否删除普通空文件 "testdir2/test2"? y
rm: 是否删除普通空文件 "testdir2/test2 ~"? y
rm: 是否删除目录 "testdir2"? y
```

10) rmdir 命令

功能：删除目录。

格式：

```
rmdir  [选项] 目录路径
```

【示例 2.10】 注意要删除的目录要求是空的, 如果里面有文件, 则要使用"rm -r"命令。

```
[ root@ localhost ~]# ls testdir/
test
[ root@ localhost ~]# rmdir testdir/
rmdir: testdir/: 目录非空
[ root@ localhost ~]# rm -rf testdir/          <==强制(不经过确认)全部删除整个 testdir 目录
[ root@ localhost ~]#
```

3. 文件内容查看命令

1) cat(concatenate)命令

功能：显示或连接文件。

格式：

```
cat  [选项] 文件路径
```

重要选项：

-n(number)：显示行号。

注意 cat 命令可以用于连接(concatenate)多个文件的内容, 具体将在下一个实训介绍。此处先给出利用 cat 命令显示文件内容的示例。

【示例 2.11】 显示"/etc/inittab"文件的内容, 并且在显示结果上附加行号。显示行号的功能在配置文件及程序代码文件的定位中很有用。

```
[ root@ localhost ~]# cat -n /etc/inittab
    1   # inittab is only used by upstart for the default runlevel.
    2   #
```

```
3   # ADDING OTHER CONFIGURATION HERE WILL HAVE NO EFFECT ON YOUR SYSTEM.
4   #
5   # System initialization is started by /etc/init/rcS. conf
6   #
7   # Individual runlevels are started by /etc/init/rc. conf
8   #
9   # Ctrl-Alt-Delete is handled by /etc/init/control-alt-delete. conf
```
（省略部分显示结果）

2）more 命令

功能：分屏显示文本文件的内容。首先显示一屏后若还有内容，按 Enter 键再显示下一行，按 Space 键显示下一屏的内容。

格式：

more 文件路径

3）tail 命令

功能：显示文本文件的结尾部分，默认显示文件的最后 10 行。

格式：

tail ［选项］文件路径

重要选项：

-n：该选项后面需给出数字参数，用于指定显示的行数。

此外还有 head 命令，用法与 tail 命令类似，此处不再赘述。

4）wc(word count)命令

功能：依次显示文本文件的行数、单词数和字节数。

格式：

wc ［选项］文件列表

重要选项：

-c(character)：显示文件的字节数。

-l(line)：显示文件的行数。

-w(word)：显示文件的单词数。

【示例 2.12】 统计文件"/etc/inittab"的行数（26）、单词数（149）和字节数（884）。

```
[root@ localhost ~]# wc /etc/inittab
26   149   884 /etc/inittab
```

4. 系统管理命令

1）date 命令

功能：查看或修改系统时间。

格式:

```
date   [ MMDDhhmm[ YYYY] ]
```

【示例 2.13】 修改当前系统时间为 2015 年 9 月 1 日。注意时间格式的表示。

```
[ root@ localhost ~]# date 090100002015
2015 年 09 月 01 日星期二 20: 15: 00 CST
```

注意练习完毕后需要利用 date 命令重新还原系统时间。以 date 命令获取系统时间还有很多复杂的表示方法,在后面的实训中再进行介绍。

2) who 命令

功能: 列出当前系统的登录用户。

格式:

```
who [ 选项]
```

重要选项:

-r(runlevel): 显示系统当前的运行级(此概念将在综合实训案例 2.3 中介绍)。

-q: 显示当前所有登录的用户名称和在线人数。

【示例 2.14】 who 命令的使用。每一行代表一个登录的用户,实际是 root 用户从不同的虚拟终端,包括字符终端 tty2 和 tty7,以及伪字符终端 pts2 登录到系统。

```
[ root@ localhost ~]# who
root    tty2        2015-06-28 08: 10
root    tty7        2015-06-27 20: 46 ( :0)
root    pts/2       2015-06-28 08: 18 ( :0.0)
```

除 who 命令外,在 RHEL 中还有更短的命令 w 可供使用,功能也基本与 who 命令相似,可自行尝试使用。

3) shutdown 命令

功能: 关闭、重启系统。如果不指定选项,则直接切换系统至单用户模式(此概念将在综合实训案例 2.3 中介绍)。

格式:

```
shutdown   [ 选项]    时间
```

重要选项:

-r(reboot): 重启系统。

-h(halt): 关闭系统。

-P(poweroff): 关闭系统同时关闭电源。

注意: 上述选项后面均可给出数字参数指定多少分钟之后执行操作。也可以通过"小时:分钟"的格式来表示时间参数,如"15:25"等。

【示例 2.15】 设置 10 分钟后关闭系统。如果要求立即关闭系统,可使用"shutdown -h now"命令。

```
[ root@ localhost ~]# shutdown -h 10

Broadcast message from root@ localhost. localdomain
    (/dev/pts/2) at 19:12 …

The system is going down for halt in 10 minutes!
(注意按 Ctrl + C 组合键可取消操作)
```

此外,也可直接使用 reboot、halt 和 poweroff 等命令分别代替 shutdown 命令实现立即对系统的重启、关闭和断电。

5. 辅助命令

1) clear 命令

功能:清除当前终端的屏幕内容。

格式:

```
clear
```

2) echo 命令

功能:在当前终端显示一行文本内容。

格式:

```
echo 文本内容
```

【示例 2.16】 利用 echo 命令显示文本内容。

```
[ root@ localhost ~]# echo hello world
hello world
```

3) man(manual)命令

功能:显示命令的使用说明手册。

格式:

```
man 命令名
```

【示例 2.17】 如果要快速查询一个命令有哪些选项可以简单地采用"--help"选项,但最完整的信息在该命令的说明手册中。

```
[ root@ localhost ~]# man  cat
(手册显示内容略,按上下键移动光标,按 Q 键退出)
[ root@ localhost ~]# cat  --help          <==快速查阅 cat 命令的帮助
```

用法: cat [选项] [文件]…
将[文件]或标准输入组合输出到标准输出
(省略部分显示结果)

4) history 命令

功能: 查看 shell 命令的历史记录,如果不使用数字参数,则将查看所有 shell 命令的历史记录。如果使用数字参数,则将指定查看最近执行过的若干 shell 命令。

格式:

history　[命令行数]

【示例 2.18】　显示最近 5 条命令。

```
[ root@ localhost ~] # history 5
    518    date 09012015
    519    man cat
    520    cat --help
    521    history
    522    history 5
```

5) alias 命令

功能: 显示和设置命令的别名。不给出参数默认显示当前环境定义的别名。

格式:

alias　[别名 = '命令内容']

【示例 2.19】　显示系统中的所有的命令别名。使用 cp、ls、mv 等命令实际都已经附加了一些选项。

```
[ root@ localhost ~] # alias
alias cp = 'cp -i'                       <==前面已经介绍过
alias l. = 'ls -d . * --color = auto'
alias ll = 'ls -l --color = auto'        <==这个命令经常会使用到
alias ls = 'ls --color = auto'
alias mv = 'mv -i'
alias rm = 'rm -i'
alias which = 'alias |/usr/bin/which --tty-only --read-alias --show-dot --show-tilde'
```

【示例 2.20】　定义别名。此处定义一个命令别名 catn,用于在使用 cat 命令时附加上"-n"选项。

```
[ root@ localhost ~] # alias catn = 'cat -n'
[ root@ localhost ~] # catn /etc/inittab
    1    # inittab is only used by upstart for the default runlevel.
    2    #
    3    # ADDING OTHER CONFIGURATION HERE WILL HAVE NO EFFECT ON YOUR SYSTEM.
```

注意: 上述别名设置只在当前终端下有效,如果需要设置永久有效则可参考综合实训案例4.2进行环境设置。

2.2.4 vim 编辑器

1. vim 简介

vi 是 visual 的缩写。vi 编辑器是 UNIX 下使用最为广泛的文本编辑器,而 vim 则是 vi 的升级版(vi improve)。在 Linux 中同时提供了 vi 和 vim 编辑器给用户使用。早在 1976 年 vi 就已经被发布,而时至今天 vim 编辑器基本还是沿用当初的使用方法,只是功能更为强大了,两者在直观上最明显的差别是 vim 能够以多种颜色显示文本。vim 编辑器相当于 Windows 中的"记事本",但由于是在字符终端下使用的编辑器,因此其使用方法与具有图形界面的文本编辑器的使用方法有所不同(最大的不同是鼠标没用了)。不同的 Linux 发行版本可能还会提供其他文本编辑器供人们使用,如 gedit、Emacs、nano 等,从易用性的角度来看,vim 并非最为友好易用的文本编辑器,但 vim 却是 Linux 中最基本的编辑器,这是有原因的。

在系统管理工作中,由于经常需要阅读或修改各类配置文件、日志和说明手册,同时也需要编写各种脚本以满足系统管理的需要,因此管理员首先需要懂得如何使用文本编辑器。但另一方面,在后面的许多实训任务中,如硬盘配额管理、制订周期性作业计划等,可以看到,许多命令和软件都默认调用 vi 编辑器以编辑配置文件。因此,vi 编辑器是系统管理员必须熟练掌握的基本工具之一。再者,基于短小精悍的 vi 且功能增强后的 vim 编辑器能够很好地支持 shell 脚本或 C 程序的编写,因此也深得程序开发人员的喜爱。

2. vim 的基本使用方法

vim 编辑器有 3 种工作模式:命令模式、编辑模式和末行模式。图 2.5 显示了这 3 种模式之间是如何切换的。下面结合图 2.5 分别对 vim 编辑器的 3 种工作模式进行讨论。

图 2.5 vim 编辑器的 3 种模式

1)命令模式

在命令提示符后直接输入格式为"vi [文件路径]"的命令即可启动 vim 编辑器并直接进入命令模式,其中文件路径用于指定所要编辑的文件的所在位置,如果文件不存在则会创建一个新文件。vim 编辑器的内置命令往往只有一个字母,而且按下该命令的字母后也不会在屏幕上有所显示,而是直接处理该命令。常用的命令有以下几种。

(1) i:从当前位置开始输入字符,vim 编辑器进入文本编辑模式,编辑器底部将显示"-- INSERT --"。

(2) a:从当前位置的下一个位置开始输入字符,vim 编辑器同样会进入文本编辑模式。

(3) /字符串:按下/键后,屏幕底部出现/,在其后输入要搜索的字符串,按 Enter 键后 vim 编辑器从当前位置向文件尾部搜索,并定位在第一个匹配搜索字符串的地方。

(4) n:定位至下一个匹配搜索字符串的地方。

2）编辑模式

利用命令模式中的命令进入文本编辑模式后，便可在 vim 编辑器中进行文字处理。如果按 Esc 键则重新回到命令模式。

3）末行模式

末行模式是通过在命令模式中按冒号":"字符进入的，此时 vim 会在编辑器底部显示":"作为该模式的命令提示符，用户在提示符后可输入的主要命令有以下几种。

（1）w 文件路径：写入到指定路径下的文件。

（2）wq：写入到启动 vim 时指定的文件并退出 vim 编辑器。

（3）q：退出 vim，如果当前文件未保存编辑器会提示。

（4）q!：不保存文件而直接退出 vim 编辑器。

在执行上述命令时如果存在错误，vim 也会在编辑器底部显示相关错误，此时实际已经执行了一次末行模式中的命令，根据图 2.5 编辑器又重回到命令模式。

2.3 综合实训案例

案例 2.1 文件操作命令的综合运用

在前面的基础实训内容中列举了一系列文件操作命令，然而在实际应用中更需要对这些命令的综合运用，如文件的转移或备份等工作，它不仅涉及单独一个命令的使用，而是需要根据实际要求综合运用文件操作命令。

作为预备练习，在本案例通过如下一组操作初步演示如何对 cp、mv、rm、cd、ls 等文件操作命令加以综合运用，它实际是对示例 2.3～2.10 所涉及知识的综合运用。以下每个操作命令的具体含义请见旁边的注释：

```
[ root@ localhost ~]# mkdir testdir                        <==新建 testdir 目录
[ root@ localhost ~]# cd testdir/                          <==跳转至 testdir 目录
[ root@ localhost testdir]# touch test                     <==新建 test 文件
[ root@ localhost testdir]# cp -r /root/testdir/ /tmp/testdir-bak   <==将 testdir 目录复制至/tmp
[ root@ localhost testdir]# cd /tmp/testdir-bak/           <==跳转至 testdir-bak 目录
[ root@ localhost testdir-bak]# ls                         <==查看复制结果
test
[ root@ localhost testdir-bak]# mv test test-bak           <==将 test 文件改名为 test-bak
[ root@ localhost testdir-bak]# cd ..                      <==返回上一级目录
[ root@ localhost tmp]# mv testdir-bak/ testdir-bak-01     <==附加一个序号给 test-bak
[ root@ localhost testdir-bak]# cd /root/                  <==切换至/root 目录
[ root@ localhost ~]# rm -r testdir/                       <==删除整个/root/testdir 目录
rm: 是否进入目录"testdir"? y                               <==确认每个文件的删除
rm: 是否删除普通空文件 "testdir/test"? y
rm: 是否删除目录 "testdir"? y
```

上述命令操作次序是经过设计的，可以反复执行以提高操作的熟练程度。但要注意每次需要将/tmp/testdir-bak 目录改名为 test-bak-01、test-bak-02、……在每次进行文件管理操作时,可不断通过 ls 等命令进行结果确认。同时,为避免输入过长路径名,也可以尽量使用 cd 命令跳转到与目标文件和目录较近的位置进行操作。

案例 2.2　利用 vim 设置系统运行级

前面介绍的 vim 编辑器是阅读和修改系统各类配置文件的基本工具之一。作为初学者,可以多在实际应用中使用 vim 编辑器,以此提高操作的熟练程度。

本案例演示如何利用 vim 编辑器修改配置文件"/etc/inittab"中的系统运行级设置。系统运行级是指操作系统当前所运行的状态级别。通过 vim 编辑器可查阅"/etc/inittab"的内容,其中以井号#开头的均为注释内容,这些注释告诉读者在 Linux 中共有 0~6 种运行级:

```
[ root@ localhost ~] # vi /etc/inittab
(省略部分显示结果)
# Default runlevel.  The runlevels used are:
#   0 - halt ( Do NOT set initdefault to this)
#   1 - Single user mode
#   2 - Multiuser, without NFS (The same as 3, if you do not have networking)
#   3 - Full multiuser mode
#   4 - unused
#   5 - X11
#   6 - reboot ( Do NOT set initdefault to this)
(省略部分显示结果)
```

对上述注释中的 7 种系统运行级的含义解释如下。

第 0 级:系统关闭模式,当输入"shutdown -h"或 halt 命令时,即要求系统从当前运行级切换至第 0 级。

第 1 级:单用户模式,也即只有 root 用户可以使用系统的模式。

第 2 级:无网络的多用户模式,此模式可以允许多个用户使用系统,但不能配置网络接口及其服务。

第 3 级:完全多用户模式,系统正常启动后可到达该模式,但并未启动图形桌面环境。

第 4 级:未被使用。

第 5 级:图形化界面模式,在第 3 级的基础上启动了图形桌面。

第 6 级:重启模式,当输入"shutdown -r"或 reboot 命令时,即要求系统从当前运行级切换至第 6 级。

Linux 系统在启动时,将会读取"/etc/inittab"文件,根据其中设定的运行级进行初始化,最终系统将会运行在某个运行级别上。因此,"/etc/inittab"文件中特别注明了不能在该文件中设定系统运行级为第 0 级和第 6 级,否则可以预见系统启动后又会马上关闭或重启。

本案例将演示如何通过修改/etc/inittab 文件设置系统默认的运行级,以及如何从某个系统运行级切换至其他运行级,操作步骤如下。

第 1 步,查看当前系统的运行级。具体命令如下:

```
[ root@ localhost ~]# runlevel
N 5
```

可见当前系统运行级为第 5 级。

第 2 步,设置"/etc/inittab"文件。以 root 用户的身份登录系统并利用 vim 查看"/etc/inittab"文件,如果当前系统的运行级为"5",可见到如下语句在文件中:

```
id: 5: initdefault:
```

可利用 vim 修改"/etc/inittab"文件中的运行级为"1",即

```
id: 1: initdefault:
```

保存文件后退出。

第 3 步,重启系统。可利用如下命令将系统运行级切换至第 6 级,即开始重启系统:

```
[ root@ localhost ~]# init 6
```

重启后,系统即按照之前的设定进入单用户模式,如图 2.6 所示。

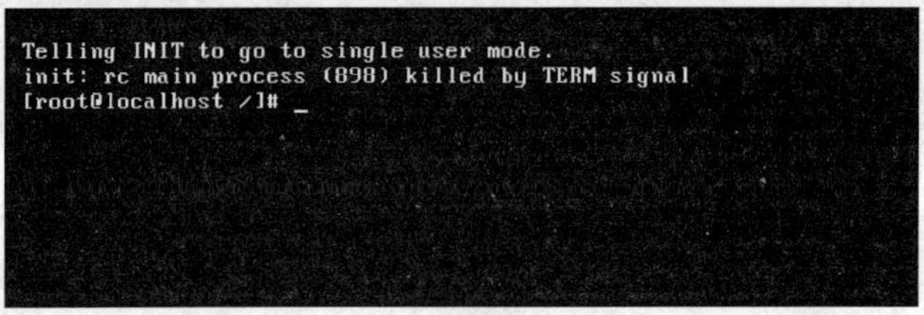

图 2.6　系统按第 1 级引导后的结果

此时只有 root 可以使用系统,因此也不需要验证密码登录。

第 4 步,重新切换至第 3 级或第 5 级。如图 2.7 所示,输入 init 5 命令:

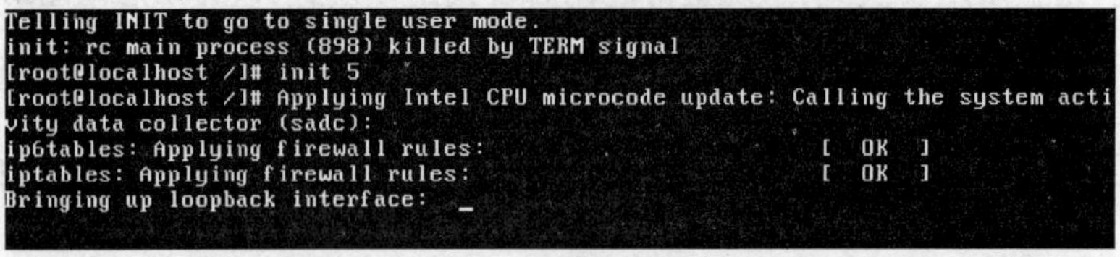

图 2.7　从第 1 级切换至第 5 级

第 5 步,重新设置"/etc/inittab"文件。切换完成后,由于这种切换是临时性的,因此需要重新以 root 用户的身份登录系统并重新修改"/etc/inittab"文件,根据第 2 步的方法设置默认运行级为第 5 级。

案例 2.3　利用 OpenSSH 远程登录 Linux 系统

前面所讨论的内容均是在本地通过字符终端使用 Linux 系统中的 shell,实际上还可通

过字符终端远程登录某个 Linux 系统并使用它所提供的 shell。这两种使用 shell 的方式在本质上是一样的。但是要实现远程登录 Linux 系统并使用 Linux shell,就需要某种通信协议如 SSH 协议或 Telnet 协议的支持。由于 Telnet 协议的不安全性,在 Linux 系统一般采用 SSH 协议实现远程访问。SSH 为 Secure Shell 的缩写,专为远程登录会话和其他网络服务提供安全性通信的协议,其功能与 Telnet 协议相类似但因为数据经过加密后传输,因而具有较好的安全性。OpenSSH 是基于 SSH 协议的一组自由软件,它为用户提供了一组命令,包括 sshd(提供 SSH 服务的程序)、ssh(远程登录系统并使用 shell 的客户端程序)、scp(远程文件传输)等。在 RHEL 系统中一般默认安装了 OpenSSH 的相关服务器和客户端软件。

为更好地讲解字符终端、shell 和远程登录等概念,本案例将演示如何通过 VMware 宿主机(Windows 系统)远程登录访问虚拟机(Linux 系统),也即宿主机作为 SSH 客户端,而虚拟机作为 SSH 服务器,虚拟机以桥接模式与 Windows 系统联网。具有 Linux 账号的用户在 Windows 系统中通过在字符终端软件运行 SSH 客户端程序,以此连接 Linux 的 SSH 服务器并向其提供用户账号和密码,验证成功后 Linux 系统会为用户创建一个 shell 进程(默认是 Bash 进程)。以下是操作步骤。

第 1 步,安装 OpenSSH for Windows 软件。OpenSSH for Windows 的官方网站是:

```
http://sshwindows.sourceforge.net/
```

在 Windows 系统中从以下网址:

```
http://sourceforge.net/projects/sshwindows
```

处下载 OpenSSH for Windows 软件。下载后解压缩并安装此软件,如图 2.8 所示。

图 2.8　安装 OpenSSH for Windows 软件

第 2 步,选择 Linux 桌面面板中的菜单"系统"→"管理"→"服务",启动服务配置程序并查看 Linux 系统中的 sshd 服务是否已经安装并运行,如图 2.9 所示。如果没有运行 sshd

服务,则需要选中该服务并启动它。

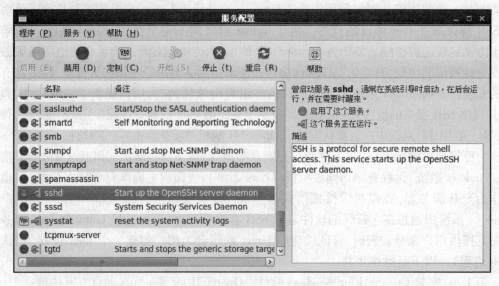

图 2.9　启动 sshd 服务

　　第 3 步,检查 Linux 防火墙配置。一般按默认 SSH 服务是允许通过 Linux 防火墙的。可选择 Linux 桌面面板菜单"系统"→"管理"→"防火墙"打开防火墙配置程序,查看 SSH 项是否被选中。如果没有被选中,则需要选中 SSH 项,然后单击工具栏中"应用"按钮使设置生效,如图 2.10 所示。

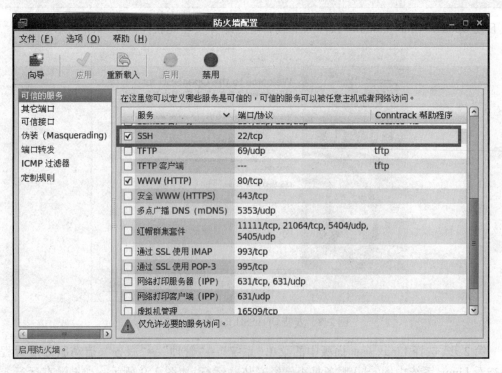

图 2.10　启动 SSH 服务

第 4 步,从 Windows 系统连接 Linux 系统。注意需要事先应根据综合实训案例 1.3 使 Linux 能正确连接网络,本案例采用的是以桥接模式使虚拟机连接网络。然后查看 Linux 系统的 IP 地址,可在 Linux 的字符终端中输入如下命令:

```
[root@ localhost ~]# ifconfig
eth0        Link encap: Ethernet    HWaddr 00: 0C: 29: 11: 3C: 4E
            inet addr: 192.168.2.5    Bcast: 192.168.2.255    Mask: 255.255.255.0
            inet6 addr:  fe80:: 20c: 29ff: fe11: 3c4e/64 Scope: Link
(省略部分显示结果)
```

可知当前 Linux 系统所配置的 IP 地址为 192.168.2.5。打开 Windows 系统中的 cmd.exe 程序,如果是 Windows 7 系统可单击“开始”菜单并在其搜索框中输入 cmd 即可找到该程序。利用一个 Linux 用户账号登录系统(这里是安装 Linux 系统时预设的 study 用户),如图 2.11 所示。

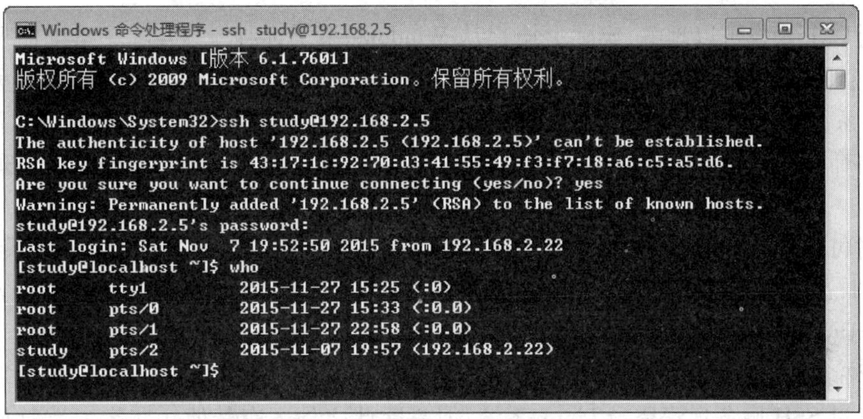

```
Windows 命令处理程序 - ssh  study@192.168.2.5
Microsoft Windows [版本 6.1.7601]
版权所有 (c) 2009 Microsoft Corporation。保留所有权利。

C:\Windows\System32>ssh study@192.168.2.5
The authenticity of host '192.168.2.5 (192.168.2.5)' can't be established.
RSA key fingerprint is 43:17:1c:92:70:d3:41:55:49:f3:f7:18:a6:c5:a5:d6.
Are you sure you want to continue connecting (yes/no)? yes
Warning: Permanently added '192.168.2.5' (RSA) to the list of known hosts.
study@192.168.2.5's password:
Last login: Sat Nov  7 19:52:50 2015 from 192.168.2.22
[study@localhost ~]$ who
root     tty1         2015-11-27 15:25 (:0)
root     pts/0        2015-11-27 15:33 (:0.0)
root     pts/1        2015-11-27 22:58 (:0.0)
study    pts/2        2015-11-07 19:57 (192.168.2.22)
[study@localhost ~]$
```

图 2.11　从 Windows 系统连接到 Linux 系统

ssh 命令的使用格式是:

```
ssh   用户名@ 目标主机名或 IP 地址
```

如图 2.11 所示,在 cmd 命令行中输入如下命令可连接 Linux 系统的 SSH 服务器:

```
C: \Windows\System32 > ssh study@192.168.2.5
study@ 192.168.2.5's password:          <== 输入 study 用户的密码
```

对于第一次连接的主机,ssh 命令将会给出提示“The authenticity of host…Are you sure you want to continue connecting (yes/no)?”,需要用户确认目标服务器是否可信,此时需要输入 yes 以确认继续连接 Linux 系统。成功登录系统后可利用 who 命令查看登录信息(图 2.11),有如下一行结果:

```
study   pts/2   2015-11-07 19:57 (192.168.2.22)
```

它表示 study 用户从 Windows 系统(IP 地址为 192.168.2.22)登录至 Linux 系统,在 Linux 中对应的终端是 pts/2。

第 5 步,使用 scp 命令从 Windows 系统上传文件至 Linux 系统。scp 命令的使用格式是:

```
scp    源文件路径    用户名@目标主机名或 IP 地址:目标文件路径
```

例如,假设当前在 Windows 系统中的"c:\"目录下已有 testfile. txt 文件,现要将其上传至 Linux 系统的"/tmp"目录,需要在 Windows 的 cmd 命令行中输入如下命令:

```
c:\Windows\System32 > cd c:\

c:\> scp testfile. txt study@192.168.2.5:/tmp/
study@192.168.2.5's password:          <== 验证身份后将会上传 testfile. txt 文件
testfile. txt                      100%   11KB   10.8KB/s   00:00
```

通过以上操作可以理解,实际上用户从 Windows 系统远程登录 Linux 系统需要有两个终端,一个是 Windows 系统中运行 SSH 客户端软件(ssh 命令)的 cmd.exe 程序,而另一个则是 Linux 系统中的运行 bash 进程的终端(pts/2),前者负责接受用户输入的命令,并由 SSH 客户端将命令传送至 SSH 服务器,而后者则负责启动 bash 进程,使 bash 进程处理用户的命令。

有时可以利用 SSH 服务从宿主机(Windows 系统)登录并使用虚拟机(Linux 系统)中运行的 shell,这样就不需要在两套系统中反复切换,为后面练习 shell 命令提供一点方便。事实上,由于受地理条件的限制,管理员往往需要通过 SSH 服务远程访问并控制某个 Linux 系统,这在许多系统管理应用场合中很常见。值得指出的是,前面以 OpenSSH 客户端为基础介绍了通过 SSH 服务远程登录 Linux 系统,但是除此之外还有其他一些客户端软件可供使用,如 PuTTY 软件也是属于自由软件,可从其作者的个人网站中下载:

```
http://www.chiark.greenend.org.uk/~sgtatham/putty/download.html
```

与 OpenSSH 客户端软件相比,该软件默认使用了 UTF-8 编码,因此更好地解决了使用 OpenSSH 客户端时会出现的 Linux 系统中文显示乱码问题。

2.4   实训练习题

(1) 请指出下面每条命令中哪部分是命令名、选项和参数:

```
wc   -cl   /etc/inittab
find . -name "unix" -print
kill -9 23094
```

(2) 以自己的名字在"/home"目录下新建一个目录,把"/etc/inittab"复制到该目录。然后对整个目录进行删除。

（3）以列表及递归方式查看"/dev"目录下的文件。

（4）修改当前系统时间为 2015 年 1 月 1 日。

（5）分屏显示"/etc/inittab"文件。

（6）查看"/etc/inittab"文件的基本文件信息。

（7）查看"/tmp"目录下的所有文件，指出哪些属于隐藏文件。

（8）统计文件"/etc/fstab"的行数和单词数。

（9）查看 ls 命令的操作手册。

（10）查看当前系统操作历史的最近 10 条命令。

（11）利用 vim 编辑器新建一个文本，新增一行后输入 hello vi，保存为 vitest 后退出。

（12）使用 vim 编辑器打开"/etc/inittab"文件，并遍历所有包含单词 init 的地方。

（13）参考综合实训案例 2.3，使用 SSH 服务以 root 用户身份登录 Linux 系统。

实训 3　shell 命令进阶

3.1　实训要点

（1）理解通配符和特殊符号的含义。
（2）使用通配符表达模式字符串。
（3）使用特殊符号实现特定的 shell 功能。
（4）理解正则表达式的作用。
（5）使用正则表达式过滤信息。
（6）理解输入和输出重定向功能的工作原理。
（7）使用输入和输出重定向功能。
（8）理解管道功能的基本原理。
（9）使用管道功能实现 shell 命令的综合运用。

3.2　基础实训内容

在初步学习了基本的 shell 命令后，这次实训将深入到一些关于 shell 的高级内容，包括了一些通配符和部分 shell 特殊符号、正则表达式、命令的重定向功能及管道功能等。配合这些高级内容就能写出较为复杂的 shell 命令，为后面的高级系统管理的学习做准备。

3.2.1　通配符与特殊符号

1. 通配符

为了表示某种含义的文件名或路径名称，Linux shell 提供了一组通配符（Wildcard Character）供用户使用。利用这些通配符能够更为灵活地实现各种与文件或文件系统有关的 shell 命令操作。

1）通配符 *

通配符 * 用于表示任意长度的任何字符，它是最为常用的通配符之一。

【示例 3.1】 列出"/etc"目录下所有的配置文件（即文件扩展名为 conf 的文件）。

```
[ root@ localhost ~] # ls /etc/*. conf
/etc/ant. conf                    /etc/nslcd. conf
/etc/asound. conf                 /etc/nsswitch. conf
/etc/autofs_ldap_auth. conf       /etc/ntp. conf
/etc/cas. conf                    /etc/oddjobd. conf
```

```
/etc/cgconfig. conf               /etc/openct. conf
/etc/cgrules. conf                /etc/pam_ldap. conf
/etc/dnsmasq. conf                /etc/pbm2ppa. conf
/etc/dracut. conf                 /etc/pear. conf
/etc/elinks. conf                 /etc/pm-utils-hd-apm-restore. conf
/etc/fprintd. conf                /etc/pnm2ppa. conf
/etc/gai. conf                    /etc/prelink. conf
（省略部分显示结果）
```

2）通配符"?"

使用通配符 * 会获得很多无关的结果,通配符"?"用于表示任意的一个字符,它能更准确地表达模式字符串。

【示例 3.2】 列出"/etc"目录下所有文件名由 3 个字母构成的配置文件。

```
[ root@ localhost ~]# ls  /etc/???. conf
/etc/ant. conf   /etc/gai. conf   /etc/sos. conf
/etc/cas. conf   /etc/ntp. conf   /etc/yum. conf
```

3）通配符[ ]、-、"!"

通配符[ ]、-用于指定一个符号的取值范围,在方括号内可以使用"!"号来表示相反的含义。

【示例 3.3】 列出"/etc"目录下所有以 a、b 或 c 开头的配置文件。注意三条命令的结果是一样的,也即命令中的 3 个模式字符串具有相同的含义。

```
[ root@ localhost ~]# ls /etc/[a-c]*. conf
/etc/ant. conf        /etc/autofs_ldap_auth. conf        /etc/cgconfig. conf
/etc/asound. conf     /etc/cas. conf                     /etc/cgrules. conf
[ root@ localhost ~]# ls /etc/[abc]*. conf
/etc/ant. conf        /etc/autofs_ldap_auth. conf        /etc/cgconfig. conf
/etc/asound. conf     /etc/cas. conf                     /etc/cgrules. conf
[ root@ localhost ~]# ls /etc/[ ! d-z]*. conf
/etc/ant. conf        /etc/autofs_ldap_auth. conf        /etc/cgconfig. conf
/etc/asound. conf     /etc/cas. conf                     /etc/cgrules. conf
```

2. 特殊符号

除通配符外,shell 使用了许多特殊字符,它们都带有某种特殊的功能。本次实训中所使用到的特殊符号如表 3.1 所示,其中分号(;)、符号(&)及转义符号(\)在这里介绍,输入输出重定向有关的符号(>、>>、<、<<)及管道符号(|)等将在本实训的后续内容中介绍。其他 shell 特殊符号将在对应的实训内容中具体再进行介绍。

1）分号";"

分号用于隔开多条命令并使它们能够连续执行。这时命令的输出结果将是多个命令连续执行后的输出结果。

实训

3

shell 命令进阶

表 3.1   本次实训所使用的 shell 特殊符号

符　　号	意义及功能
;	连续执行多条命令
&	后台执行命令
\	转义符号,用于表示通配符和特殊符号本身
>,>>	输出重定向和附加输出重定向
<,<<	输入重定向和附加输入重定向
|	管道功能

【示例 3.4】　连续执行 date 和 who 两个命令。实际效果是利用 date 命令为 who 命令的输出结果补充了时间信息。

```
[root@ localhost ~]# who ; date
root    tty1   2015-06-30 20:18 (:0)
root    pts/0 2015-06-30 20:19 (:0.0)
2015 年 07 月 01 日 星期三 09:58:30 CST
```

2）符号 &

当用户提交命令并执行时,终端的前台将被当前所执行的命令所占用,这意味着用户只能等该命令执行完毕为止才能输入下一个命令。符号 & 用于指定当前命令在后台执行,也即将要执行的命令并不占用前台,用户可继续输入下一个命令。

【示例 3.5】　假设存在文件 file(练习时可自行创建)需要复制到"/tmp"目录下,如果因文件较大而需要较长时间才能完成复制,则可以让操作在后台执行,执行时返回的显示结果是该命令的作业号以及进程 PID 号。操作在后台执行完毕后,将会在前台提示。

```
[root@ localhost ~]# cp file /tmp/filetmp &
[5] 6485
[root@ localhost ~]#
[5]   Done    cp -i file /tmp/filetmp        <==命令执行完毕
```

3）转义符号 \

通配符和特殊符号在 shell 中被解释为某种含义和功能,因此当要表示这些符号本身时,需要使用转义符号 \。

【示例 3.6】　利用 echo 命令在屏幕输出"\",由于"\"本身也是特殊字符,因此需要多加一个"\"作为转移符号实现该目的。

```
[root@ localhost ~]# echo \
>(按 Ctrl + C 组合键结束)
[root@ localhost ~]# echo \\
\
```

3.2.2　正则表达式

1. 正则表达式的作用

正则表达式(Regular Expression)是一种用于表示某种模式的字符串,它包含了一些正则表达式符号的组合来表示模式。正则表达式被广泛地使用在系统管理中,原因在于许多场合系统会向用户提供大量的数据,如命令的输出结果、配置文件和日志文件记录内容等。然而用户可能只对其中一部分感兴趣,这时就需要利用正则表达式来对这些数据进行过滤,以此获取用户想要的信息内容。

正则表达式需要与前面所讨论的通配符相区分,它们会使用部分相同的特殊符号,如 * 等,但它们的实际含义未必是一样的,而且两者使用场合也是不同的。通配符用于表示一组文件及其路径,因此需要结合 ls、cp 等文件操作命令来使用,然而这些命令实际并不直接支持正则表达式的使用。正则表达式是用于过滤和查找文本数据,它需要应用在 grep、sed 等文本过滤和处理工具中。下面通过介绍 grep 命令来具体讨论正则表达式的作用。

命令名:grep(global regular expression print)。

功能:从指定文件或标准输出中过滤符合模式的文本,默认将会显示所有符合模式的文本行。

格式:

---

grep   [选项]   '模式字符串' 文件列表

重要选项:

-n:输出行号。

-i(ignore-case):忽略大小写。

-v:反转匹配(invert-match),即过滤不符合模式字符串的内容。

注意:如果 grep 命令中的模式字符串没有使用特殊符号,为简便有时会省略使用单引号('')而直接表达模式字符串。如下示例用于讨论 grep 命令的用法和正则表达式的作用,其中所用到的正则表达式符号将在后面再进行解释。

【示例3.7】 查找"/etc/inittab"文件中的设置行。设置行也即非注释行,注释行是以符号#开头的文本行。

```
[ root@ localhost ~]# grep -v '^#' /etc/inittab
id: 5: initdefault:
```

【示例3.8】 查找"/etc/inittab"文件中关于各个系统运行级定义的注释。以下命令的正则表达式实际是要匹配形式为"#　运行级-……"的文本行。

```
[ root@ localhost ~]# grep -n '^#. * [0-6]. -' /etc/inittab
18: #   0 - halt ( Do NOT set initdefault to this)
19: #   1 - Single user mode
20: #   2 - Multiuser, without NFS (The same as 3, if you do not have networking)
21: #   3 - Full multiuser mode
22: #   4 - unused
23: #   5 - X11
24: #   6 - reboot ( Do NOT set initdefault to this)
```

---

2. 基础正则表达式符号

从以上示例可见,使用正则表达式的关键是要利用正则表达式符号准确表达模式字符串。表 3.2 列举了部分基础正则表达式(Basic Regular Expression, BRE)符号,它们能够满足本次实训学习的基本要求。此外还有扩展的正则表达式,感兴趣者可自行查阅相关资料。

表 3.2　基础正则表达式符号

符　号	意　义	例　子
.	匹配任意的单个字符	a.a 表示如 aba、aza 这样的字符串
\	匹配一个正则表达式符号	\\表示符号\
*	匹配 0 至无穷个的前置元素	a * 表示 0 到无穷个 a
\{m, n \}	匹配至少 m 个,至多 n 个前置元素	a\{2,4\} 表示 aa、aaa 或 aaaa
[ ]	匹配一个包含在取值范围内的字符	[a-c]表示字符 a、b 或 c
[^]	匹配一个不包含在取值范围内的字符	[^abc]表示 a、b 和 c 以外的字符
\(\)	匹配一个子字符串	\(abc\)表示字符串 abc
^	匹配文本行的起始部分	^a 表示以 a 开头的文本行
$	匹配文本行的结尾部分	a$表示以 a 结尾的文本行

【示例 3.9】　基础正则表达式的使用。首先利用 vim 等编辑工具创建一个文件 file,其内容如下:

```
[ root@ localhost ~]# cat file
hellohello
helloww
helloww \
```

然后利用正则表达式做如下的过滤操作:

```
[ root@ localhost ~]# grep '\( hello\) ' file        <== 过滤包含有字符串 hello 的文本内容
hellohello
helloww
helloww \
[ root@ localhost ~]# grep '\( hello\) \{2, 3\} ' file  <== 过滤包含 2 个或 3 个 hello 的文本
hellohello
```

请对比如下两条命令的差异:

```
[ root@ localhost ~]# grep '\( hellow. \) ' file      <== 含有至少一个 w
helloww
helloww \
[ root@ localhost ~]# grep '\( hellow *\) ' file      <== 可以不含有 w
hellohello
helloww
helloww \
```

最后,过滤含有特殊符号“\”的字符串:

```
[ root@ localhost ~]# grep '\\' file
helloww \
```

除表3.2之外,基础正则表达式还提供了许多特殊字符,如表3.3所示。

表3.3 基础正则表达式的常用特殊字符

符 号	意 义	符 号	意 义
[[:upper:]]	匹配大写字母 A~Z	[[:digit:]]	匹配数字 0~9
[[:lower:]]	匹配小写字母 a~z	[[:blank:]]	匹配空格或制表符

【示例3.10】 示例3.8的另一种实现方式。利用每个数字旁边都有空格的特点将关于运行级的注释说明过滤出来。注意 inittab 文件中包含数字的还有一行配置行(id:5:initdefault:),应对其进行排除。

```
[root@localhost ~]# grep '[[:blank:]][[:digit:]]' /etc/inittab
#  0 - halt (Do NOT set initdefault to this)
#  1 - Single user mode
#  2 - Multiuser, without NFS (The same as 3, if you do not have networking)
#  3 - Full multiuser mode
#  4 - unused
#  5 - X11
#  6 - reboot (Do NOT set initdefault to this)
```

3.2.3 输入输出重定向

在之前的讨论当中,预设了一个关于 shell 执行命令的基本前提,就是 shell 将键盘当作是标准输入设备,用户利用键盘输入命令,同时 shell 将显示终端当作标准输出设备,执行命令的输出结果将显示在屏幕上。如图3.1所示,重定向功能就是要改变这种默认设置,也即命令可从其他文件或设备中获得输入,同时命令的输出结果也能够重定向到其他文件或设备上。

图3.1 输入输出重定向示意图

命令重定向共有 6 种类型:输出重定向、附加输出重定向、输入重定向、附加输入重定向、错误输出重定向、附加错误输出重定向。

1. 输出重定向和附加输出重定向

输出重定向和附加输出重定向把命令的标准输出重新定向到指定文件中。这样,该命令的输出就不显示在屏幕上,而是写入到指定文件中。使用输出重定向和附加输出重定向的一个目的是保存命令执行的结果。输出重定向与附加输出重定向的区别在于,附加输出重定向把命令的标准输出重新写入到指定文件的末尾,而不像输出重定向那样覆盖原文件的内容。输出重定向的使用格式如下:

命令及其选项和参数 > 重定向文件

附加输出重定向的使用格式如下：

> 命令及其选项和参数 >> 重定向文件

【示例 3.11】 将当前的日期信息重定向输出到文件 record 中（如果 record 文件并不存在，则会自动新建）。注意通过示例中的时间记录对比输出重定向与附加输出重定向的差异。

```
[ root@ localhost  ~] # date > record
[ root@ localhost  ~] # cat record
2015 年 06 月 30 日 星期二 15:34:03 CST
[ root@ localhost  ~] # date >> record
[ root@ localhost  ~] # cat record
2015 年 06 月 30 日 星期二 15:34:03 CST
2015 年 06 月 30 日 星期二 15:34:18 CST
[ root@ localhost  ~] # date > record
[ root@ localhost  ~] # cat record
2015 年 06 月 30 日 星期二 15:34:30 CST
```

2. 输入重定向和附加输入重定向

输入重定向把命令的标准输入重新定向到指定文件中。这样，该命令就从指定文件而不是从键盘中获取输入数据。输入重定向对于需要经常从特定某些文件（如日志）中获取信息的命令十分有用。输入重定向的使用格式如下：

> 命令及其选项和参数 < 重定向文件

附加输入重定向的使用格式如下，利用它可在输入结尾附加一个标志表示结束输入：

> 命令及其选项和参数 << 结束输入标志

【示例 3.12】 对比如下两种重定向的组合方式。利用之前示例 3.9 中创建的 file 文件进行讨论。

```
( cat 利用输入重定向获取 file 文件内容, 并重定向输出至 file2 文件)
[ root@ localhost  ~] # cat < file > file2
[ root@ localhost  ~] # cat file2
hellohello
helloww
helloww  \
( cat 仍然是先利用输入重定向获取 file 的内容, 然后在输出至 file3 文件)
[ root@ localhost  ~] # cat > file3 < file
[ root@ localhost  ~] # cat file3
hellohello
helloww
helloww  \
```

3. 错误输出重定向和附加错误输出重定向

shell 将命令执行过程中所产生的错误信息与结果输出信息区分开来,可以输出在不同的设备(文件)上。但默认它们都是输出到显示终端上,因此错误输出同样可重定向输出到其他文件上,但要使用错误输出重定向或附加错误输出重定向功能。错误输出重定向的使用格式如下:

命令及其选项和参数　2>　重定向文件

附加错误输出重定向的使用格式如下:

命令及其选项和参数　2>>　重定向文件

【示例 3.13】 lsls 命令并不存在,通过错误输出重定向,可将错误信息保存到某个文件中。

```
[ root@ localhost ~] # lsls
bash: lsls: command not found
[ root@ localhost ~] # lsls 2 > err
[ root@ localhost ~] # cat err
bash: lsls: command not found
```

3.2.4　管道功能

管道是一种连接命令的工具。管道可以把一系列命令连接起来,这意味着第一个命令的输出会通过管道传给第二个命令作为它的输入,第二个命令的输出又会作为第三个命令的输入,以此类推。显示在屏幕上的是命令行中最后一个命令的输出(如果命令行中未使用输出重定向)。通过管道功能,能够将多个命令组合起来,从而实现复杂的功能。管道功能的使用格式如下:

命令及其选项及参数 1 | 命令及其选项及参数 2 | …

【示例 3.14】 由于"/etc"目录里的文件和子目录很多,可以通过管道将列表结果传送给 more 分页显示。

```
[ root@ localhost ~] # ls /etc | more
abrt
acpi
adjtime
akonadi
(省略部分显示结果)
--More--
```

3.3　综合实训案例

案例 3.1　利用输入输出重定向扩展 cat 命令功能

前面在讨论输入输出重定向功能时利用 cat 命令演示了相关示例。本案例将演示如何利用输入输出重定向对 cat 命令功能进行扩展。如前所述，cat 命令的默认功能是用于显示文件内容，也即它的默认输入是文件信息，而默认的输出则是标准设备（屏幕）。因此，以下两条 cat 命令中 file 均作为 cat 命令的输入，所以执行结果是一样的。

```
[ root@ localhost ~]# echo hello world > file
[ root@ localhost ~]# cat < file
hello world
[ root@ localhost ~]# cat file
hello world
```

然而 cat 命令也可以接受键盘输入的内容，如果执行下面的命令，可发现 cat 命令接受了键盘输入的信息并将其重定向到 file 文件中。

```
[ root@ localhost ~]# cat > file
hello world
input from keyboard
(输入以上内容后按 Ctrl + D 组合键结束)
[ root@ localhost ~]# cat file
hello world
input from keyboard
```

在上例中按 Ctrl + D 组合键是作为输入结束的标志，cat 命令即终止执行。利用附加输入重定向也可以实现上述效果。在下例中，当输入 stop，cat 命令即终止执行，而所接受的内容是 stop 之前输入的内容，它们被重定向到 file 文件中。

```
[ root@ localhost ~]# cat ≪ stop > file
> hello world
> input from keyboard
> stop
[ root@ localhost ~]# cat file
hello world
input from keyboard
```

此外，还可以利用 cat 命令与输出重定向合并多个文件的内容：

```
[ root@ localhost ~]# date > file1
[ root@ localhost ~]# date > file2
[ root@ localhost ~]# cat file1 file2 > file3
[ root@ localhost ~]# cat file3
```

```
2015 年 07 月 01 日 星期三 22:14:34 CST
2015 年 07 月 01 日 星期三 22:14:39 CST
```

案例 3.2 利用输入重定向和管道功能发送邮件

每个 Linux 用户都拥有一个本地邮箱,它能够接收系统的其他用户发给他的邮件。对于管理员来说,他还会收到系统用户发给他的关于系统管理问题的邮件。mail 命令是用于发送和接收邮件的 shell 命令。利用输入重定向和管道功能,能进一步增强 mail 命令发送邮件的功能。本案例将分别对此进行演示。

第 1 步,尝试用 mail 命令发送和接收邮件。输入以下命令向 root 用户发送邮件:

```
[ root@ localhost ~]# mail root@ localhost        <== 要给出邮件地址
Subject: test                                     <== 输入邮件主题
hello root                                        <== 接着就输入邮件正文
EOT(输入以上内容后按 Ctrl + D 组合键结束)
```

然后利用 mail 命令查收邮件:

```
[ root@ localhost ~]# mail
(省略部分显示结果,查看邮件列表)
N161 root      Sat Nov  7 17:34  18/616   "test"   <== 查看新邮件列表
& 161                                              <== 根据编号查看邮件
Message 161:
From root@ localhost. localdomain  Sat Nov  7 17:34:06 2015
(省略部分显示结果)
To:  root@ localhost. localdomain
Subject: test                                      <== 邮件主题
(省略部分显示结果)
Status: R

hello root                                         <== 邮件正文

& q                                                <== 输入 q 命令退出
Held 161 messages in /var/spool/mail/root
You have mail in /var/spool/mail/root
```

第 2 步,利用输入重定向发送邮件。输入如下命令将会给 root 用户发一封信:

```
[ root@ localhost ~]# echo test for mail > file     <== 将邮件正文内容写入 file
[ root@ localhost ~]# mail root@ localhost < file    <== 利用输入重定向发信
[ root@ localhost ~]# mail
(省略部分显示内容)
>N171 root   Sat Nov  7 17:40  17/605              <== 查看邮件列表
& 171                                               <== 输入编号,在此之前已经又发了许多信
Message 171:
```

```
From root@ localhost. localdomain   Sat Nov    7 17: 40: 44 2015
(省略部分显示内容)
To:  root@ localhost. localdomain
(省略部分显示内容)
Status:  R


test for mail                    <==邮件正文


&
```

利用输入重定向功能就可以事先将信写好,然后再选择特定的时间发送邮件了。

第 3 步,如果要同时将一封信发给多个用户,也可以利用输入重定向的功能来实现,这样就不需要重复多次写同一封信了:

```
[ root@ localhost ~]# mail root@ localhost study@ localhost < file
```

发信完毕后以 study 用户的身份从某个字符终端登录系统并利用 mail 命令查看邮箱,就能看到这封群发的信:

```
[ study@ localhost ~]$ mail
>N   7 root      Sat Nov   7 17: 44    17/636
& 7                                           <==输入编号
Message   7:
From root@ localhost. localdomain   Sat Nov    7 17: 44: 05 2015
(省略部分显示信息)
To:  study@ localhost. localdomain,  root@ localhost. localdomain   <==群发列表
(省略部分显示信息)
Status:  R


test for mail                                 <==邮件正文


&
```

第 4 步,利用管道功能合并发送邮件。这里将 file0、file1、file2 三封信的内容利用 cat 命令合并后通过管道发至 root 的邮箱:

```
[ root@ localhost ~]# echo mail0 >file0                        <==先写好三封信
[ root@ localhost ~]# echo mail1 >file1
[ root@ localhost ~]# echo mail2 >file2
[ root@ localhost ~]# cat file[ 0-2 ] |mail root@ localhost       <==注意通配符的运用
[ root@ localhost ~]# mail
(省略部分显示结果)
>N172 root               Sat Nov   7 17: 52   19/609
& 172                                                         <==输入邮件编号
Message 172:
From root@ localhost. localdomain   Sat Nov    7 17: 52: 57 2015
(省略部分显示结果)
Status:  R                                                    <==以下是邮件正文
```

```
mail0
mail1
mail2

&
```

从邮件正文可见是 3 个文件内容合并为一封邮件。

案例 3.3　利用正则表达式过滤登录用户信息

前面讨论了利用正则表达式过滤有用信息。要过滤的数据一般来源于命令的输出,也可以来源于配置文件和日志文件等。对于前者,需要利用管道功能将命令的输出传送给 grep 命令,由它根据设定的正则表达式来过滤出有用信息。

本案例将利用 who 命令获取登录用户列表信息,并且通过 grep 对登录用户信息实施过滤。本案例要实现的功能是设置正则表达式对来自特定 IP 地址范围的用户信息进行过滤。在本案例中虚拟机(IP 地址为 192.168.2.5)使用的是桥接模式与宿主机(Windows 系统,IP 地址为 192.168.2.22)相连,而所要过滤的 IP 地址范围是 192.168.2.10~192.168.2.99,练习时可根据实际网络情况自行设定。下面演示操作步骤。

第 1 步,设置用户远程连接 Linux 系统。使用远程连接 Linux 的目的是为下面的操作创造条件。根据综合实训案例 2.3,在宿主机(Windows 系统)上远程连接虚拟机,登录用户假设是 study:

```
C:\Users\think-x > ssh study@ 192.168.2.5
study@ 192.168.2.5's password:
Last login: Sat Nov  7 19:48:19 2015 from 192.168.2.22
[ study@ localhost ~]$ pwd
/home/study
[ study@ localhost ~]$
```

注意:登录后不要马上使用 exit 命令注销该用户账号,应继续保持连接。

第 2 步,在 Linux 系统中,同样可以利用 ssh 命令连接本机。

```
[ root@ localhost ~] # ssh study@ 192.168.2.5
The authenticity of host '192.168.2.5 (192.168.2.5) ' can't be established.
RSA key fingerprint is 43:17:1c:92:70:d3:41:55:49:f3:f7:18:a6:c5:a5:d6.
Are you sure you want to continue connecting (yes/no)? yes          <==输入 yes 确认
Warning: Permanently added '192.168.2.5' (RSA) to the list of known hosts.
study@ 192.168.2.5's password:                                      <==输入密码
Last login: Sat Nov  7 19:57:25 2015 from 192.168.2.22
[ study@ localhost ~]$ pwd
/home/study
```

第 3 步,再利用 Ctrl + Alt + F1~F7 键切换至字符终端登录系统,root 用户和 study 用户分别登录到第 2 个和第 3 个字符终端,过程略。

第 4 步,利用 who 命令查看系统当前登录用户。示例结果如下,为使信息更加易读,可以加入"-H"选项。

```
[ root@ localhost ~]# who -H
名称        线路      时间   备注
study      tty3      2015-11-07 20:00                         <== study 用户在字符终端登录
root       tty1      2015-10-20 21:50 (:0)
root       pts/32    2015-10-29 20:36 (:0.0)
root       pts/34    2015-11-01 17:50 (:0.0)
root       pts/39    2015-11-06 10:05 (:0.0)
study      pts/40    2015-11-07 19:57 (192.168.2.22)          <== 远程登录
study      pts/41    2015-11-07 20:05 (192.168.2.5)           <== 本地登录
root       tty2      2015-11-07 20:02                         <== root 用户在字符终端登录
```

其中线路 tty2 和 tty3 是第 2 个和第 3 个字符终端,指的是用户从 tty2 等字符终端上登录。tty1 被 X-window 占用,为用户提供图形化桌面功能。pts 均为伪字符终端,其中 pts/40 是 study 用户从宿主机登录到 Linux 的线路,pts/41 是 study 用户从本地利用 SSH 服务登录到 Linux 的线路。上述列表信息中远程登录用户(包括本地使用 SSH 服务连接的用户)的对应行结尾处应有格式为"(IP 地址)"的信息。

第 5 步,利用管道功能将查询结果提交给 grep 命令过滤。首先过滤所有属于网段 192.168.2.* 的用户信息:

```
[ root@ localhost ~]# who|grep '(192\.168\.2\.. *) '
study    pts/40   2015-11-07 19:57 (192.168.2.22)
study    pts/41   2015-11-07 20:05 (192.168.2.5)
```

然后可以测试过滤来自 192.168.2.10~192.168.2.99 的用户在线信息。

```
[ root@ localhost ~]# who|grep '(192\.168\.2\.[1-9][0-9]) '
study    pts/40   2015-11-07 19:57 (192.168.2.22)
```

第 6 步,设置重定向功能将过滤的结果保存在文件 file 中:

```
[ root@ localhost ~]# who|grep '(192\.168\.2\.[1-9][0-9]) ' > file
[ root@ localhost ~]# cat file
study    pts/40   2015-11-07 19:57 (192.168.2.22)
```

进一步除了设置 IP 地址为过滤条件之外,还可以设置登录时间、用户账号等为过滤条件,如下面这条命令将登录时间为 2015 年 10 月的登录用户信息过滤出来:

```
[ root@ localhost ~]# who|grep '2015-10-[0-3][0-9] '
root    tty1        2015-10-20 21:50 (:0)
root    pts/32      2015-10-29 20:36 (:0.0)
```

3.4 实训练习题

（1）利用 ls 命令查找"/root"下以 a、b、c 或 d 开头的文件。

（2）获得系统当前时间并将结果保存在文件 file 中。

（3）列表显示"/tmp"目录下的所有文件信息,并将结果保存在文件 allfile 中。

（4）启动 vi 编辑器,新建文本 file,写入信息 this is a test 后保存退出。利用附加输出重定向在文本 file 末尾增加重复写入信息 this is a test。

（5）利用 cat 命令以及重定向功能向文件 file 输入信息 this is a test。

（6）利用 cat 命令将文件"/etc/fstab"及文件"/etc/inittab"合并为"/root/mergefile"。

（7）利用 ls 命令递归显示"/etc"目录下的所有文件信息,要求分屏显示。

（8）利用管道功能和 who 命令获取所有关于 root 用户的在线登录信息。

（9）利用 history 读取命令的历史记录,将所有包含 rm 命令的历史记录过滤出来。如果没有相关历史就应先自行练习 rm 命令,注意需要与一些其他命令如 rmdir 等相区分。过滤结果保存在 rmrecord 文件中,要求在文件的末尾附上过滤的时间和日期。

（10）根据综合实训案例3.3,实现对系统登录用户信息的过滤,过滤条件可以是 IP 地址或登录时间等。

实训 4　　shell 脚本编程基础

4.1　实训要点

（1）理解 shell 脚本的概念和作用。

（2）创建和运行 shell 脚本。

（3）理解局部环境变量和全局环境变量的区别。

（4）对环境变量的赋值及访问。

（5）在 . bash_profile 文件中设置环境变量。

（6）在脚本中使用内部变量。

（7）在脚本中实现字符串运算和数值运算。

（8）使用单引号、双引号和反引号。

4.2　基础实训内容

4.2.1　shell 脚本简介

1. shell 脚本的概念

要明白什么是 shell 脚本，首先要理解什么是脚本（Script）。大家知道，程序代码编写好后，有两种方式让它执行。一是通过编译器编译成二进制代码后执行，而另一种则不经过编译，直接送给解释器由解释器负责解释并执行。脚本是指一种不经编译而直接被解释和执行的程序，如 JavaScript 程序。

shell 脚本是一种以 shell 脚本语言编写并通过 shell 来解释和执行的程序。Linux 中的 shell，它既为用户使用系统提供界面，同时又为用户编写 shell 脚本而提供了功能丰富的 shell 脚本语言，而且它还是 shell 脚本的解释器。脚本本身只是一个文本文件，用户只需要通过 vim 等编辑器将脚本编写好，以命令行的形式提交给 shell，shell 便会对其解释并执行了。

2. shell 脚本与系统管理

shell 脚本在系统管理上占有重要的位置。原因在于系统管理的日常工作许多都是常规化的，如日志管理、重要数据备份、普通用户管理、文件系统清理等工作，一次性地编写一个管理脚本，就能避免重复的管理工作。当然，现在有许多管理工具可供管理员使用，不是任何工作都需要专门编写 shell 脚本。不过所有通用的管理工具都不可能为特定某个应用业务量身定制，针对当前应用业务的需要编写 shell 脚本属于高级系统管理员应具备的能力。

此外,有一个问题值得讨论,利用其他高级语言也一样可以编写管理程序,为什么要用 shell 脚本语言? 这在于 shell 脚本最终提交给 shell 解释执行,因此可直接在脚本中使用各种 shell 命令。许多复杂的功能,如备份某个目录及其子目录内的文件,都涉及系统资源的申请、使用和释放,shell 脚本只需通过简单的命令及其组合即可实现,而高级语言却需要复杂的、大量的系统 API 函数调用。不妨回顾之前实训中的作业题,每一题只需一到两条 shell 命令即可完成,但如果用高级语言编写相应的程序,也许不是几条语句就可以实现的了。

关于 shell 脚本的编写是一个很大的话题。本实训将介绍基本的 shell 脚本编写,通过初步学习编写 shell 脚本,理解系统管理中 shell 脚本的作用,掌握一些基本的脚本编写方法。

4.2.2 创建和执行 shell 脚本

1. "Hello World"脚本的编写

本书所讨论的 shell 脚本编写均以 Bash 为基础,以下所给例子均在 Bash 下运行和测试通过。下面以建立一个"hello world"脚本来认识 shell 脚本是如何创建和执行的。以下是 "hello world"shell 脚本的内容,请用 vim 编辑器录入并将其保存为 hello.sh 文件。

```
#!/bin/sh
echo hello world !
```

然后按如下方式执行程序并得出相应结果,注意命令行中第 1 个点号与 hello 之间有空格:

```
[ root@ localhost ~]# . hello. sh
hello world !
```

或者赋予 hello 可执行的权限,再执行:

```
[ root@ localhost ~]# chmod u+x hello
[ root@ localhost ~]# . /hello. sh
hello world !
```

关于 shell 脚本创建和运行的两点说明:
(1) 对于 Bash 脚本,开头必须有"#!/bin/sh"。
(2) 需要将脚本文件设置为可执行,可通过如下命令增加脚本文件拥有者的执行权限:

```
[ root@ localhost ~] chmod u+x myprogram
```

或者使用如下方式执行 shell 脚本:

```
[ root@ localhost ~] . myprogram
```

2. shell 脚本的执行方式

从以上的讨论可发现,形式上 shell 脚本有两种执行方式,以脚本 hello.sh 为例,可在命令行或者某个脚本中输入以下命令来执行 hello.sh。

(1) ./hello.sh 或者 bash hello.sh。

(2) . hello.sh 或者 source hello.sh。

然而上述两种执行 shell 脚本的方式有何区别? 首先,字符终端中的命令行提示符是 Bash 这个 shell 向用户提供的命令行界面,也就是说每个字符终端实际都有一个称为 bash 的进程负责处理用户输入的命令。当在命令行输入:

```
[root@ localhost ~]# ./hello.sh
```

实际是由当前字符终端的 bash 进程接收了输入的命令,bash 作为父进程创建了用于执行 hello.sh 脚本的子进程。如果在某个脚本中写入:

```
bash hello.sh
```

当运行到该语句时,执行该脚本的进程作为父进程同样应创建执行 hello.sh 脚本的子进程。然而在命令行输入命令:

```
[root@ localhost ~]# . hello.sh
```

或者在某个脚本中调用 hello.sh 脚本:

```
source hello.sh
```

则 bash 进程或者调用 hello.sh 脚本的进程将不会创建新的用于执行 hello.sh 脚本的子进程,而是由它们自己直接执行 hello.sh 脚本。

【示例 4.1】 另外编写两个脚本 parent1.sh 和 parent2.sh。parent1.sh 脚本的代码如下:

```
#!/bin/sh
echo "parent1 PID: $$"
bash hello2.sh
```

其中,$$表示执行当前脚本的进程的进程号(PID),它的具体含义将在后面再进行讨论。parent2 脚本的代码是类似的,只是调用 hello2.sh 脚本的方式与 parent1.sh 有所不同:

```
#!/bin/sh
echo "parent2 PID: $$"
source hello2.sh
```

将 hello.sh 脚本的代码修改为如下内容并重新命名为 hello2.sh:

```
#!/bin/sh
echo "hello2 process PID: $$"
```

参照之前介绍的方法赋予 parent1.sh 和 parent2.sh 两个脚本可执行的权限后,执行结果如下:

```
[root@localhost ~]# bash parent1.sh
parent1 PID: 29318
hello2 process PID: 29319
[root@localhost ~]# bash parent2.sh
parent2 PID: 29321
hello2 process PID: 29321
```

其实上述 3 个脚本的功能都是要将执行当前脚本的进程的进程号打印显示。显然 parent2.sh 和 hello2.sh 两个脚本使用的是同一个进程,因此它们具有相同进程号。而 parent1.sh 脚本进程创建了另一个子进程用于执行 hello2.sh 脚本。

4.2.3 变量的类型

变量的使用是学习 shell 脚本编程的起点。如之前所述,shell 脚本主要用在系统管理方面,shell 脚本语言往往并不强调数学运算等功能,而是更为强调为系统管理应用提供方便。因此在变量的设置和使用上与常见的高级语言有很大的不同。shell 主要有环境变量和内部变量两种。为简便起见,在表述时可能会不对这两种变量加以细分而统称为变量。

1. 环境变量

在 Linux 中每个进程都有自己的一组环境变量。环境变量为进程提供了一些系统信息,如正在使用的 shell 类型、从什么地方找到命令和程序的文件等。由于每个进程归属于某个用户,因此还要记录所属用户的登录名、主目录等信息。请注意用户从字符终端登录系统后,系统将在终端执行一个 bash 进程,例如当以 root 用户的身份登录系统时,如下命令的执行结果是这样的:

```
[root@localhost ~]# echo hello $LOGNAME
hello root
```

这是因为当前终端运行的 bash 进程属于 root 用户。然而当在另一个终端以 study 用户的身份登录系统时,同样的命令执行结果是这样的:

```
[study@localhost ~]$ echo hello $LOGNAME
hello study
```

另一个 bash 进程则是属于 study 用户。正是利用了环境变量,才不需要专门针对某个用户或进程编写特定的代码,而是编写通用的代码。

环境变量可分为全局环境变量和局部环境变量。全局环境变量由系统预定义并使用在 bash 进程,而且在 bash 进程所创建的子进程中也能使用。表 4.1 给出了部分常用的全局环

境变量的含义。

表 4.1　部分常用的环境变量的含义

变　量	描　　述	变　量	描　　述
PATH	命令查找路径	HOSTNAME	主机名称
HOME	当前用户的主目录	MAIL	当前用户的邮件存放目录
SHELL	当前系统使用的 shell 类型	LOGNAME	当前用户的登录名称
PS1	命令提示符	USER	当前用户的账号名称

利用 printenv 命令也能获取所有与当前进程有关的全局环境变量：

```
[ root@ localhost ~]# printenv
ORBIT_SOCKETDIR = /tmp/orbit-root
HOSTNAME = localhost. localdomain
IMSETTINGS_INTEGRATE_DESKTOP = yes
TERM = xterm
SHELL = /bin/bash
(省略部分显示结果)
```

局部环境变量是由用户或脚本自定义的环境变量,与全局环境变量相比,局部环境变量只能在定义它的进程中使用。如果用户在字符终端的命令提示符处定义了局部环境变量,该变量属于对应于所在终端的 bash 进程,由 bash 进程创建的子进程并不能使用它。同理,在脚本中定义的局部环境变量只能在脚本进程中使用。为区别全局环境变量和局部环境变量,一般以使用大写字母表示全局环境变量,而用小写字母表示局部环境变量。

2. 内部变量

内部变量是指 shell 的一些预定义变量,提供给用户在程序运行时做判断和使用。内部变量由系统提供,不可修改。部分 shell 内部变量的含义如表 4.2 所示。

表 4.2　部分 shell 内部变量的含义

变　量	描　　述	变　量	描　　述
$0	当前脚本的名称	$*	保存所有参数信息
$n(n=1,2,…)	命令行的第 n 个参数	$?	前一个命令或函数的返回值
$#	命令行的参数个数	$$	脚本的进程号

【示例 4.2】　编写脚本打印部分内部变量值。脚本代码如下,保存为脚本文件 systemvar. sh：

```
#!/bin/sh
#my test program
echo "number of parameters is "$#
echo "program name is "$0
echo "parameters as a single string is "$*
```

分别给予脚本 0~2 个参数并执行脚本,结果如下：

```
[root@ localhost ~]# ./systemvar. sh
number of parameters is 0
program name is ./systemvar. sh
parameters as a single string is
[root@ localhost ~]# ./systemvar. sh hello
number of parameters is 1
program name is ./systemvar. sh
parameters as a single string is hello
[root@ localhost ~]# ./systemvar. sh hello world
number of parameters is 2
program name is ./systemvar. sh
parameters as a single string is hello world
```

4.2.4 环境变量的赋值和访问

环境变量可以由用户在字符终端的命令行提示符处赋值和访问,也可以在脚本中赋值和访问。对于局部环境变量,一旦赋予它一个值,这个变量就可以使用了。下面是对 count 等 3 个局部环境变量赋值的命令:

```
count = 0
myname = jack
filename = "backup file"
```

注意:变量赋值式中 = 号左右没有空格。如果要获取变量的值,则需要通过"$变量"的形式读取变量的值。

【示例 4.3】 在命令行中直接定义及访问环境变量。从该例可见,变量可交替存放不同类型的值。

```
[root@ localhost ~]# count = 0
[root@ localhost ~]# echo $count
0
[root@ localhost ~]# count = jack
[root@ localhost ~]# echo $count
jack
```

可用 export 命令让某个局部环境变量输出成为全局环境变量,具体示例如下。

【示例 4.4】 全局环境变量的定义和使用。编写脚本用于访问变量 x 和 y,脚本保存为文件 globalvar. sh,代码如下:

```
#!/bin/sh
echo   x = $x
echo   y = $y
```

在命令行中定义一个变量 x,同时定义另一个变量 y:

```
[root@ localhost ~]# x = 1
[root@ localhost ~]# y = 2
```

第一次执行脚本：

```
[root@ localhost ~]# chmod u+x globalvar. sh
[root@ localhost ~]# ./globalvar. sh
x =
y =
```

然后输出变量 x：

```
[root@ localhost ~]# export x
```

在同一个字符终端下再次运行脚本并观察输出结果，注意对比变量 x 和 y 的值的差异：

```
[root@ localhost ~]# ./globalvar. sh
x = 1
y =
```

由于 x 是全局环境变量，因此在脚本内部可访问到 x 的值，但由于 y 并非全局环境变量，因此在脚本内部并不能访问到 y 在命令行中所赋予的值。如果切换至另一个字符终端，再次执行脚本：

```
[root@ localhost ~]# ./globalvar. sh
x =
y =
```

由于前一个字符终端上的 bash 进程所输出的变量 x 只能供它的子进程使用，因此其他字符终端上的 bash 进程及其子进程并没有获得变量 x。

当在某个字符终端下利用 export 命令输出一个变量成为全局环境变量后，如果通过使用"./脚本名"或"bash 脚本名"的方式来执行脚本，那么 bash 进程为脚本所创建的子进程就可使用该全局环境变量，然而子进程对全局环境变量的修改并不会影响父进程 bash 中的对应变量的值。另一方面，如果是以". 脚本名"或"source 脚本名"的方式来执行脚本，由于 bash 进程并没有创建额外的子进程去执行脚本，因此脚本对全局环境变量的修改实际就是对 bash 进程中对应变量的值的改变，具体可参考示例 4.5。总之，要记住的是每个进程都有自己的一组环境变量。

【示例 4.5】 编写另外一个脚本用于修改 x 的值，保存为脚本 changevar. sh：

```
#!/bin/sh
x = 500
```

赋予脚本可执行权限，然后在字符终端下执行如下命令：

```
[ root@ localhost ~]# x = 1
[ root@ localhost ~]# export x
[ root@ localhost ~]# . ./changevar. sh
[ root@ localhost ~]# echo $x              <==bash 进程中变量 x 的值没有改变
1
[ root@ localhost ~]# source changevar. sh
[ root@ localhost ~]# echo $x              <==bash 进程中变量 x 的值被改变为 500
500
```

请对比以上两种执行脚本的方式对修改全局环境变量 x 在结果上的差异。

4.2.5 变量的运算

关于 shell 变量的运算主要有两种,一种是字符串的截取、连接和定位等操作,另一种是数值运算,而数值运算又可分为整数运算和浮点数运算。不同的 shell 对变量的运算有不同程度的支持。对于字符串运算,采用 expr 命令实现相关操作。对于整数运算,则采用 Bash 所提供的更为简洁的实现方法。最后,介绍 Bash 内建的计算器 bc 来解决浮点数运算的问题。

1. 字符串运算

expr 命令可用于处理数学表达式和字符串操作,这里仅介绍利用 expr 命令实现字符串的截取、连接和定位等运算操作。对于数学表达式的处理,可采用功能更为强大的 bc 计算器来实现。

1) 字符串的截取
格式:

> expr substr 字符串 起始位置(从 1 开始) 截取长度

【示例 4.6】 从第 2 个字符开始截取长度为 8 的子字符串。命令执行后返回处理结果 elloworl。

```
[ root@ localhost ~]# expr substr helloworld 2 8
elloworl
```

2) 字符串的定位
格式:

> expr index 字符串 字符

注意: 如果没有在字符串中找到对应的字符则返回 0。

【示例 4.7】 查找字符串“helloworld”中的字符 w 的所在位置。可以提交多个字符为参数,但只定位第 1 个字符在字符串中的位置。

```
[ root@ localhost ~]# expr index helloworld w
6
```

3）字符串的匹配

格式：

```
expr match  字符串1  字符串2
```

【示例4.8】 从字符串1（helloworld）的起始位置开始与字符串2（hello 和 llo）比较，如果字符串2是字符串1的子字符串，则返回字符串2的长度值，否则返回0。

```
[root@ localhost ~]# expr match helloworld hello
5
[root@ localhost ~]# expr match helloworld llo
0
```

4）计算字符串的长度

格式：

```
expr length 字符串
```

【示例4.9】 计算字符串 helloworld 的长度。

```
[root@ localhost ~]# expr length helloworld
10
```

2. 数值运算

对于整数运算，可使用格式"$[运算表达式]"表示，Bash 将计算并返回运算表达式的值。注意运算表达式与方括号之间有空格。

【示例4.10】 整数运算。

```
[root@ localhost ~]# echo t = $[2 ∗ 4]
t = 8
[root@ localhost ~]# echo t = $[2 ／ 4]
t = 0
```

从示例可知，Bash 只支持整数运算。更好的解决办法是使用 Linux 中的计算器 bc（basic calculator），它支持任意精度的数值运算。bc 中内置有 scale 变量用于控制关于相除（／）、求余（％）及乘幂（^）这3种运算计算精度。

【示例4.11】 bc 计算器的使用。注意需要利用 scale 变量设定浮点运算结果的小数点后位数。输入 quit 命令退出 bc 计算器。

```
[root@ localhost ~]# bc
bc 1.06.95
Copyright 1991-1994, 1997, 1998, 2000, 2004, 2006 Free Software Foundation, Inc.
This is free software with ABSOLUTELY NO WARRANTY.
For details type 'warranty'.
```

```
scale = 3                <==设定保留小数点后 3 位数字
3.3*2                    <==运算式子
6.6                      <==运算结果
1/3                      <==注意除法运算被 scale 变量控制小数点后的精度
.333
3.3*(1/3)+2             <==表达式与平常数学表达式相同
3.098
3 > 4                    <==以下是两个数字之间的比较运算,注意比较符号两边需要有空格
0                        <==比较表达式为真则返回1,否则返回0
3 <= 4
1
3 == 3
1
3 != 3
0
quit                     <==退出命令
```

4.2.6 一些特殊符号

在实训 3 中讨论了部分 shell 的特殊符号。这次实训结合 shell 脚本的编写讨论一些与脚本编写密切相关的特殊符号,它们分别是井号(#)、美元符号($)、单引号('')、双引号("")和反引号(\`\`),如表 4.3 所示。

表 4.3　与 shell 脚本编写相关的一些特殊符号

符　号	含　义
#	注释符
$	引用变量值
""	双引号内的内容表示为字符串,特殊字符仍可被使用
''	单引号内的内容表示为字符串,且特殊字符作为普通字符处理
\`\`	执行两个 \`\` 之间的命令内容

1. 井号(#)

在 shell 脚本编程中也经常要对某些正文行进行注释,以增加程序的可读性,因此在脚本中以井号"#"开头的正文行表示注释行。事实上在 Linux 的各种配置文件里面最常用的注释符也是井号。要注意井号在不同使用场合的作用不一样,例如 Linux 也会把井号表示为命令提示符,然而它在脚本中却表示为注释符。

另外需要注意的是,脚本的第一行代码"#!/bin/sh"并非注释,而是指出了执行该脚本时应使用的 shell 类型(Bash)。事实上,可以利用 ls 命令查看/bin/sh 文件:

```
[root@ localhost ~]# ls -l /bin/sh
lrwxrwxrwx. 1 root root 4   6 月 27 21:44 /bin/sh -> bash
[root@ localhost ~]# ls -l /bin/bash
-rwxr-xr-x. 1 root root 877480   6 月 22 2010 /bin/bash
```

shell 脚本编程基础

可发现/bin/sh 是一个符号链接文件(此概念将在实训 7 讨论),它指向了/bin/bash,也即 bash 程序的所在位置。

2. 美元符号($)

美元符号用于引用变量值,在前面讨论变量的赋值和访问中已经讨论过,此处不再赘述。

3. 双引号("")

当一个字符串中嵌入了空格时,双引号能让 shell 把该字符串以一个整体来解释,否则 shell 将会分别作为命令处理而出错:

```
[root@ localhost ~]# str = hello world
bash:  world: command not found        <==把 world 当成了另一个命令
[root@ localhost ~]# str = "hello world"
[root@ localhost ~]# echo $str
hello world
```

注意:如果需要在命令中使用变量表达含有空格的字符串,除了需要使用$符号取出变量的值之外,则需要以双引号("")来约束取值表达式,以下示例对此加以说明。

【示例 4.12】 双引号的使用。

```
[root@ localhost ~]# str = "hello world"
[root@ localhost ~]# expr index $str o        <==实际执行: expr index hello world o
expr: 语法错误
[root@ localhost ~]# expr index "$str" o        <==实际执行: expr index "hello world" o
5
```

4. 单引号('')

单引号同样能把含有空格的字符串作为一个整体来解释。单引号和双引号最大的差别在于对特殊字符的解释上。在双引号内,美元符号($)、反引号(`)和反斜杠(\)等是作为特殊符号使用。但是对于单引号,上述特殊符号都被当作普通字符使用。特殊字符被单引号引用以后,也就失去了原有意义而只作为普通字符来解释。

【示例 4.13】 对比双引号和单引号的作用。

```
[root@ localhost ~]# t = 2
[root@ localhost ~]# str = "hello world$t"
[root@ localhost ~]# echo $str
hello world2                <==变量 t 被访问
[root@ localhost ~]# str = 'hello world$t'
[root@ localhost ~]# echo $str
hello world $t                <==将$符号作为普通字符解释
```

5. 反引号(``)

shell 把两个反引号之间的字符串当作一条命令来执行。当需要把执行命令的结果存放在一个变量中时,就可以在 shell 程序中使用反引号。

【示例 4.14】 利用反引号打印当前时间。

```
[ root@ localhost ~]# str = "current time is `date`"
[ root@ localhost ~]# echo $str
current time is 2015 年 07 月 03 日 星期五 11:27:36 CST
[ root@ localhost ~]# str = 'current time is `date`'
[ root@ localhost ~]# echo $str
current time is `date`              <==反引号在单引号中同样会失去作用
```

4.3   综合实训案例

案例 4.1   环境变量 PATH 的设置

前面讨论了环境变量,了解到环境变量是可以访问和设置的。那么环境变量在具体的应用中起到一个什么样的作用? 修改这些环境变量将会为用户使用系统带来怎样的变化? 下面将通过具体的演示操作回答上述问题。

本案例主要以环境变量 PATH 为例讨论环境变量的设置问题,其中又涉及另一个环境变量 HOME 的使用。环境变量 PATH 保存了系统默认的命令查找路径。当用户输入一条命令(如 who 命令)时,系统实际是从 PATH 变量中所设置的一组路径中查找 who 命令的所在位置,而对应于 who 命令的二进制可执行文件的存放位置可通过 which 命令查看:

```
[ root@ localhost ~]# which who
/usr/bin/who          <== who 命令的存放位置
```

如果将程序放置于 PATH 变量所指出的默认路径中,系统就能够找到这些程序,下面通过具体的操作步骤对此加以演示。

第 1 步,读取 PATH 值。可通过如下命令获取 PATH 变量的设置值:

```
[ root@ localhost ~]# echo $PATH
/usr/lib/qt-3.3/bin:/usr/local/sbin:/usr/sbin:/sbin:/usr/local/bin:/usr/bin:/bin:/root/bin
```

echo 命令执行后返回包含一组路径的字符串,路径之间用冒号分隔。

第 2 步,将前面的 hello. sh 脚本复制到"/bin"目录中并保存为 hello 程序:

```
[ root@ localhost ~]# cp hello. sh /bin/hello
[ root@ localhost ~]# chmod u+x /bin/hello  <==若之前没设置 hello 的可执行权限则需要设置
[ root@ localhost ~]# hello
hello world !
```

从以上结果可见,hello. sh 脚本文件放在"/bin"目录后,shell 可直接找到该脚本而无须指出脚本的所在位置。

第 3 步,修改 PATH 变量,往 PATH 变量加入自定义的目录。下面的命令利用环境变量 HOME 往 PATH 变量加入了用户主目录下的 programdir 目录。

```
[ root@ localhost ~] # PATH = $PATH:$HOME/programdir
[ root@ localhost ~] # echo $PATH
/usr/lib/qt-3.3/bin:/usr/local/sbin:/usr/sbin:/sbin:/usr/local/bin:/usr/bin:/bin:/root/bin:/root/
programdir
```

这种做法实际是将原 PATH 变量中的字符串与字符串":$HOME/programdir"连接在一起,其中 HOME 也为环境变量,表示用户的主目录。

第 4 步,测试 PATH 变量的修改效果。可以先删除放置在"/bin"目录下的 hello 程序:

```
[ root@ localhost ~] # rm /bin/hello
rm: 是否删除普通文件 "/bin/hello"? y
[ root@ localhost ~] # hello
bash: hello: command not found
```

然后创建目录"/root/programdir",并将 hello 程序复制至该目录下:

```
[ root@ localhost ~] # mkdir /root/programdir
[ root@ localhost ~] # cp hello. sh /root/programdir/hello
[ root@ localhost ~] # chmod u + x /root/programdir/hello
```

重新执行 hello 命令,可以发现又具有了原来第 2 步的设置效果:

```
[ root@ localhost ~] # hello
hello world !
```

以上是关于设置 PATH 变量的操作演示。对于需要经常编写程序的用户可向 PATH 添加某个路径方便自己编写和调试程序。

案例 4.2 环境变量与 . bash_profile 文件

在案例 4.1 以 PATH 变量为例演示了环境变量的设置。然而案例中的环境变量设置方法只对当前字符终端下运行的 bash 进程及其子进程有效,用户关闭当前字符终端后对应的 bash 进程就会被终止运行,之前的环境变量设置自然也就会失效。而且,用户在其他字符终端中也不能使用这个设置,因为案例中的设置只修改了当前终端所运行的 bash 进程的环境变量,其他终端的 bash 进程有自己的一组环境变量,它们之间互不影响。例如,完成案例 4.1 后,可以使用另一个字符终端再次查看 PATH 变量的值:

```
[ root@ localhost ~] # echo $PATH
/usr/lib/qt-3.3/bin:/usr/local/sbin:/usr/sbin:/sbin:/usr/local/bin:/usr/bin:/bin:/root/bin
```

这时"/root/programdir/"目录并没有加入到 PATH 变量中。

. bash_profile 文件是关于 Bash 的配置文件。每个用户主目录之中都有隐藏文件. bash_profile。当用户通过字符终端登录系统时,被创建的 bash 进程将会读取. bash_profile 文件所设置的内容。因此可以通过修改用户主目录的. bash_profile 达到永久修改某个环境变量值的目的。本案例将以 PATH 变量和 PS1 变量为例,演示如何修改.bash_profile 文件并永久设置环境变量。

第 1 步,阅读并理解.bash_profile 文件。开始后面的实验之前可先备份.bash_profile文件:

```
[ root@ localhost ~]# cp .bash_profile .bash_profilebak
```

然后阅读 root 用户的主目录中的.bash_profile 文件内容,可发现实际它的结尾处同样对 PATH 变量附加了"$HOME/bin"目录:

```
[ root@ localhost ~]# cat .bash_profile
# .bash_profile

# Get the aliases and functions
if [ -f ~/.bashrc ] ; then
    . ~/.bashrc
fi

# User specific environment and startup programs

PATH = $PATH:$HOME/bin              <==修改了 PATH 变量的值

export PATH                         <==重新输出新的 PATH 变量
```

第 2 步,修改.bash_profile。可以利用 vim 编辑器进一步修改.bash_profile,将上面显示代码中加粗突出部分修改为:

```
PATH = $PATH:$HOME/bin:$HOME/programdir
```

然后注销 root 用户后再登录,或者使用其他字符终端登录系统,新的 bash 进程将按照修改后的.bash_profile 文件重新设置 PATH 值,即将路径"/root/programdir"添加至变量 PATH 中。下面继续通过修改.bash_profile 文件设置环境变量 PS1。

第 3 步,查看环境变量 PS1 的值,有:

```
[ root@ localhost ~]# echo $PS1
[ \u@ \h \W] \$
```

其中"\u"代表用户名(user),"\h"代表主机名(hostname),而"\W"代表当前所在目录。

第 4 步,在命令行修改环境变量 PS1 的值,如:

```
[ root@ localhost ~]# PS1 = '$LOGNAME@$HOSTNAME $PWD >>'
root@localhost.localdomain   /root >> cd /var/log
root@localhost.localdomain   /var/log >>
```

实
训

4

shell 脚本编程基础

由于 PS1 中使用了其他的环境变量,因此当它们改变时,命令行提示符也会改变:

```
root@ localhost. localdomain   /root >> HOSTNAME = www
root@ www   /root >>
```

同样,PS1 的修改只在当前登录期间有效,如果需要永久设置,则需要通过修改用户主目录的. bash_profile 文件来实现。

第 5 步,将. bash_profile 替换为如下文件代码:

```
# . bash_profile

# Get the aliases and functions
if [ -f ~/. bashrc]; then
      . ~/. bashrc
fi

# User specific environment and startup programs

PATH = $PATH:$HOME/bin:$HOME/programdir
PS1 = '$LOGNAME@$HOSTNAME  $PWD >>'
export PATH PS1
```

上述代码增加了 PS1 变量的设置,并且将其输出为全局环境变量。修改好后,需要注销并重新登录,然后便可发现命令提示符永久改变了。

第 6 步,测试结束,改回原来的环境。只需利用之前备份好的. bash_profile 文件覆盖刚修改过的. bash_profile 文件然后再一次注销后重新登录系统即可:

```
[ root@ localhost  ~]# cp . bash_profilebak . bash_profile
cp: 是否覆盖". bash_profile"? y
```

案例 4.3   在脚本中使用 bc 计算器

在前面介绍了 bc 计算器用于任意精度数值运算。本案例演示如何编写简单的 shell 脚本接收用户输入的参数,并利用 bc 计算器计算这两个参数相除后的值。也可通过该案例说明编写 shell 脚本的基本分析步骤和技巧。以下是具体的操作步骤。

第 1 步,编写命令调用 bc 计算器。之前已经通过示例演示了如何在命令行使用计算器 bc。但是由于 bc 是一个命令行程序,因此如果需要在脚本中调用它,就需要通过 echo 命令利用管道将运算表达式传送给 bc,bc 计算后会返回结果值。可以先在字符终端的命令行中做试验:

```
[ root@ localhost  ~]# echo "scale =4; 1/2" | bc
.5000
```

其中设置了计算精度是保留小数点后 4 位数字(scale =4),运算表达式为"1/2"。

第 2 步,编写命令保存运算结果值。使用 bc 计算器时可以用变量将调用命令的返回结果保留起来。继续利用命令行做进一步试验:

```
[ root@ localhost ~]# t = `echo "scale =4;1/2" |bc`
[ root@ localhost ~]# echo $t
.5000
```

注意:在变量赋值中需要将运算命令"echo "scale =4;1/2" |bc"限制在一对反引号内,然后作为一个整体执行。

第 3 步,编写和测试脚本代码。作为一个程序首先需要考虑接收用户输入的参数,因此将前面试验好命令改为如下的代码,保存为文件 divide. sh:

```
#!/bin/sh
t = `echo "scale =4;$1/$2" |bc`
echo "the result is : $t"
```

设置脚本可执行权限后,可测试该脚本,结果如下。注意运行脚本时需要给出两个参数:

```
[ root@ localhost ~]# . /divide. sh 1 2
the result is : .5000
```

第 4 步,进一步分析程序的功能。该程序的功能还不是很完善,例如未有检查用户输入的参数个数,此外也没有检查除数是否为 0。因此很容易出错:

```
[ root@ localhost ~]# . /divide. sh
(standard_in) 1: syntax error
the result is :
[ root@ localhost ~]# . /divide. sh 1 0
Runtime error ( func = ( main), adr =9): Divide by zero
the result is :
```

在下个实训中,通过学习 shell 脚本编程的进阶内容将继续完善该脚本。通过该案例可以知道,在实际编写脚本时,需要不断去写一些试验性质的命令来做分析和测试,从而写出关键的脚本代码,然后再以此为基础将整个脚本代码补充完整,使其成为一个程序。

4.4 实训练习题

(1) 假设在"/tmp"下有以当前用户的账号命名的目录,请在命令行中临时修改环境变量 PATH 的值,要求该目录的路径附加到该变量的最后。

(2) 请在命令行中临时设置命令输入提示行格式为"当前系统时间-用户#"。

(3) 在命令行定义一个字符串变量 str,并且赋值为"test for shell",然后利用 expr 命令获取 str 中第一个字符 s 的位置。

（4）利用 bc 计算器，在命令行中计算半径为 5 个单位长度的圆形面积。圆周率可按 3.14 处理，注意乘幂的运算符为^。

（5）编写一个脚本，显示当前日期及工作目录，并列出有多少个登录用户。

（6）定义两个变量 x、y 并对其赋值，然后将 x 和 y 输出为全局环境变量。编写一个脚本，要求实现在脚本内部交换 x 和 y 的值，并在屏幕上输出 x 和 y 交换值前后的结果。

实训 5 —— shell 脚本编程进阶

5.1 实训要点

（1）使用 if…then 语句和 case 语句编写脚本。
（2）使用 for 语句和 while 语句编写脚本。
（3）在脚本中表示和使用测试条件。
（4）掌握调试 shell 脚本的基本方法。
（5）在脚本中检查用户输入参数的合法性。
（6）根据系统管理任务编写脚本。

5.2 基础实训内容

在上一个实训中讨论了关于 shell 脚本编程的基础内容。本实验内容是上一个实训的延续，将主要介绍 shell 脚本中的控制语句，包括分支选择语句、循环语句等。此外还讨论 shell 脚本的调试等，目的是希望通过训练学习编写面向系统管理的，具有一定实用程度的 shell 脚本。下面结合一些示例脚本来讨论上述内容，练习时注意需要自行为这些脚本代码设置可执行权限，此处不再重复演示。

5.2.1 分支选择结构

1. if…then 语句的格式

if…then 语句是最常用的分支选择控制语句，它在 shell 脚本中的定义格式如下：

```
if [ 测试条件表达式 ]; then
    一组命令
elif [ 测试条件表达式 ]; then
    一组命令
else
    一组命令
fi
```

需要注意上述分支选择结构中的测试条件表达式是由一对方括号"[ ]"括起来，左方括号"["左右都需要有空格与"if"和测试条件表达式分隔，否则就会发生 shell 解释器将"if["理解为一个整体的错误。同样右方括号左边需要有空格与条件表达式分隔。此外，if…then 语句是可以嵌套使用的，也即一个 if…then 语句可以在其中包含另一个 if…then 语句。

if…then 语句中的 elif 和 else 部分不是必需的。关键字 fi 标志 if…then 语句的结束,应保证 fi 与 if 相匹配。此外,语句格式定义中的"then"可以写在下一行,即以如下方式表示 if… then 语句:

```
if [测试条件表达式]
then
     一组命令
fi
```

if…then 语句中的测试条件通过一个表达式表示,可以是字符串比较、数值比较及文件属性判断等方面的内容。下面分别讨论各种测试条件类型及其在 if…then 语句中的具体使用。

2. 字符串比较

两个字符串之间的比较主要利用如下符号来实现。

(1) = :比较两个字符串是否相等。

(2) ! = :比较两个字符串是否不相等。

(3) >或< :比较两个字符串长度的大小。

(4) -n:判定字符串的长度是否大于零。

(5) -z:判定字符串的长度是否等于零。

【示例5.1】 字符串比较的示例脚本,保存为文件 cmpstring. sh,代码如下:

```
#!/bin/sh
#判断两个字符串是否相等
if [ "$1" = "$2" ]; then
    echo "$1 = $2"
else
    echo "$1!= $2"
fi
#判断第一个参数是否为空
if [ -n "$1" ]; then
    echo "$1 is not null"
else
    echo "$1 is null"
fi
#判断第一个参数是否长度为0
if [ -z "$1" ]; then
    echo "$1 has a length equal to zero"
else
    echo "$1 has a length greater than zero"
fi
```

注意:本例并没有检查用户是否给定了两个参数,实际编写程序时应首先检查用户输入参数的合法性。执行脚本结果如下:

```
[ root@ localhost ~] # . /cmpstring. sh hello world
hello! = world
hello is not null
hello has a length greater than zero
```

3. 数值比较

两个数字之间的比较主要利用如下符号来实现：

（1）-eq：比较两个数是否相等。

（2）-ge：比较一个数是否大于或等于另一数。

（3）-le：比较一个数是否小于或等于另一数。

（4）-gt：比较一个数是否大于另一数。

（5）-lt：比较一个数是否小于另一数。

（6）-ne：比较两个数是否不相等。

【示例 5.2】 数字比较的示例脚本,保存为文件 cmpnumber. sh。代码如下：

```
#!/bin/sh
if [ $1 -gt $2]; then
    echo "$1 > $2"
else
    if [ $1 -eq $2]; then
        echo "$1 = $2"
    else
        echo "$1 < $2"
    fi
fi
```

注意：运行时给定各种参数以使各个分支都能得到执行。由于此程序不作输入合法性检查,测试时只能给出数字。执行脚本结果如下：

```
[ root@ localhost ~] # . /cmpnumber. sh 1 2
1 < 2
[ root@ localhost ~] # . /cmpnumber. sh 1 1
1 = 1
[ root@ localhost ~] # . /cmpnumber. sh 2 1
2 > 1
```

4. 文件属性判断

在系统管理中必然涉及对文件的各种属性加以判断,因此以下的符号在 shell 编程中比较重要。

（1）-d：确定文件是否为目录。

（2）-f：确定文件是否为普通文件。

（3）-e：确定文件是否存在。

（4）-r：确定是否对文件设置读许可。

（5）-w：确定是否对文件设置写许可。

（6）-x：确定是否对文件设置执行许可。

（7）-s：确定文件名是否具有大于零的长度。

【示例 5.3】 判断文件属性的示例脚本,保存为文件 dircheck. sh。代码如下:

```
#!/bin/sh
if [ -d $1 ]; then
    ls $1
else
    echo "$1 is not a directory"
fi
```

运行脚本时需给出一个路径作为参数,执行脚本结果如下:

```
[root@ localhost ~]# . dircheck. sh /home    <==如果所给参数是目录路径,则将目录内容列出
study
[root@ localhost ~]# . dircheck. sh /home/study
file   readable   公共的   模板   视频   图片   文档   下载   音乐   桌面
[root@ localhost ~]# . dircheck. sh /home/study/file
/home/study/file is not a directory         <==否则将会返回提示
```

5. 逻辑操作符号

通过如下逻辑操作符能够表示更为复杂的测试条件。常用的逻辑操作符号如下。

（1）&&：对两个逻辑表达式执行逻辑与(AND)。

（2）‖：对两个逻辑表达式执行逻辑或(OR)。

（3）!：对逻辑表达式执行逻辑否定(NEG)。

【示例 5.4】 比较 3 个参数中最大值的示例脚本,保存为文件 max. sh,代码如下:

```
#!/bin/sh
if [ $1 -ge $2 ] & & [ $1 -ge $3 ]; then
    max = $1
fi
if [ $2 -ge $1 ] & & [ $2 -ge $3 ]; then
    max = $2
fi
if [ $3 -ge $1 ] & & [ $3 -ge $2 ]; then
    max = $3
fi
echo "the max number is $max"
```

运行脚本时需给出 3 个数字作为参数,执行脚本结果如下:

```
[root@ localhost ~]# ./max. sh 3 7 5
the max number is 7
```

6. case 语句

除 if…then 语句外,Bash 还提供了 case 语句用于编写分支选择结构的 shell 脚本。与 C

语言中的语法类似,case 语句格式表示如下:

```
case 变量值 in
    变量值 1|值 2)
        一组命令;;
    变量值 3|值 4)
        一组命令;;
    *)
        一组命令;;
esac
```

使用 case 语句时可以对每个条件指定若干个离散值,或指定含有通配符的值。最后的条件应该是"＊",当之前所有条件都不满足时作为默认(default)执行该组命令。此外,每个条件下使用";;"作为语句的终止和跳出。类似 if…then 语句,case 语句需要以 esac 为结束标志。

【示例 5.5】 判断用户输入的第一个参数的类型,保存文件为 symbolkind. sh 脚本,代码如下。

```
#!/bin/bash
case "$1" in
    [A-Z] | [a-z] ) echo "letter";;
    [0-9] ) echo "digit";;
*) echo "other symbol";;
esac
```

运行脚本时需给出一个字母、数字或其他符号作为参数,执行脚本结果如下:

```
[root@ localhost ~]# ./symbolkind. sh e
letter
[root@ localhost ~]# ./symbolkind. sh 9
digit
[root@ localhost ~]# ./symbolkind. sh '&'
other symbol      #注意对参数 & 要加上单引号,否则将表示为后台执行脚本
```

5.2.2 循环结构

1. for 语句

shell 脚本中的 for 语句常用于枚举文件、用户等操作。for 语句的表示格式如下:

```
for 变量 in 变量值列表
do
    一组命令
done
```

【示例 5.6】 以下脚本代码用于枚举人名。保存为文件 printname. sh,代码如下:

```
#!/bin/bash
for var in Jack Rose Mark Hellen
do
     echo $var
done
```

执行脚本结果如下,可知每次循环 var 变量将获得列表中的一个变量值。

```
[root@localhost ~]# ./printname.sh
Jack
Rose
Mark
Hellen
```

除上述表示格式外,Bash 还提供了一种风格与 C 语言十分接近的 for 语句表示格式:

```
for ((变量赋值; 测试条件表达式; 迭代过程))
do
     一组命令
done
```

【示例 5.7】 以下脚本代码用于枚举数字。保存为文件 printnumber.sh,代码如下:

```
#!/bin/sh

for ((i=0; i<5; i++))
do
     echo $i
done
```

执行脚本结果如下:

```
[root@localhost ~]# ./printnumber.sh
0
1
2
3
4
```

2. while 语句

同样也可以使用 while 语句等编写具有循环结构的脚本代码。while 语句常用于处理文本内容等工作。while 语句的表示格式如下:

```
while 测试条件表达式
do
     一组命令
done
```

【示例 5.8】 利用 while 语句编写倒置字符串的脚本,保存为文件 inverse. sh,代码如下:

```
#!/bin/bash

index = `expr length "$1"`
while [ $index -gt 0 ]
do
    str = $str`expr substr "$1" $index 1`
    index = $[ $index - 1 ]
done
echo $str
```

脚本执行结果如下,需要给出一个字符串作为参数,如果字符串中包含空格和特殊符号,需要使用双引号表示字符串。

```
[root@ localhost ~]# ./inverse. sh 'hello*world'
dlrow*olleh
```

3. 循环控制命令

对于循环控制主要有以下两个命令。

(1) break 命令:终止循环。

(2) continue 命令:退出本轮循环,继续下一轮循环。

【示例 5.9】 以下脚本的两个循环用于对比 break 命令与 continue 命令的区别。文件保存为 brk-continue. sh,代码如下:

```
#!/bin/bash
for var in Jack Rose Mark Hellen
do
    if [ $var = Mark ]; then
        break;
    fi
    echo $var
done
echo ===
for var in Jack Rose Mark Hellen
do
    if [ $var = Mark ]; then
        continue;
    fi
    echo $var
done
```

执行脚本结果如下,对比输出结果可发现,使用 break 命令将终止循环,而使用 continue 命令则退出本轮循环并继续下一轮循环。

```
[ root@ localhost ~]# ./brk-continue. sh
Jack
Rose                    <==使用 break 命令,后面的人名不再打印
 ===
Jack                    <==使用 continue 命令,后面的人名还会继续打印
Rose
Hellen
```

5.2.3 调试 shell 脚本

在编写 shell 脚本时经常会遇到语法或程序输出错误等问题,利用 sh 命令可以达到检查脚本语法错误的目的,同时也可以观察整个脚本的实际执行过程,这对调试 shell 脚本,特别是含有循环结构的脚本十分有效。sh 命令的格式如下:

```
sh [选项]   [文件]
```

重要选项:

-n:检查 shell 脚本的语法错误,如无则没有输出信息。

-x:显示脚本的实际执行过程。

【示例 5.10】 以示例 5.8 中的 inverse. sh 脚本为例,通过 sh 命令执行该脚本并显示脚本的实际执行过程,可见到循环变量 index 的值变化以及倒置字符串生成的过程。

```
[ root@ localhost ~]# sh -x ./inverse "hello"
++expr length hello
+ index = 5
+ '[ ' 5 -gt 0 ']'
++expr substr hello 5 1
+ str = o                         <==留意变量 str 的变化
+ index = 4
+ '[ ' 4 -gt 0 ']'
++expr substr hello 4 1
+ str = ol                        <==留意变量 str 的变化
+ index = 3
+ '[ ' 3 -gt 0 ']'
++expr substr hello 3 1
+ str = oll                       <==留意变量 str 的变化
+ index = 2
+ '[ ' 2 -gt 0 ']'
++expr substr hello 2 1
+ str = olle                      <==留意变量 str 的变化
+ index = 1
+ '[ ' 1 -gt 0 ']'
++expr substr hello 1 1
+ str = olleh                     <==留意变量 str 的变化
+ index = 0
```

```
+ '[ ' 0 -gt 0 ']'
+ echo olleh
olleh
```

5.3 综合实训案例

案例 5.1 利用 if…then 语句检查用户输入的合法性

在综合实训案例 4.3 中，编写了计算两数相除的 divide.sh 脚本，脚本的原代码如下：

```
#!/bin/sh
t = `echo "scale =4;$1/$2"|bc`
echo "the result is : $t"
```

当时已指出该脚本功能还不是很完善。首先没有检查用户输入的参数个数，同时没有检查用户是否输入数字参数，此外也没有检查除数是否为 0。在本案例中，继续完善该脚本。基本方法是利用 if…then 语句设定一系列的测试条件，如果其中一项不符合，都不应继续执行，而是提示用户相关错误信息后返回。

第 1 步，编写检查用户输入参数个数的脚本代码。如果参数个数不为 2 则退出执行，代码如下：

```
#!/bin/sh
if [ ! $# -eq 2 ]; then
    echo "please input two parameters. "
    exit
fi
```

可以先做初步测试，将代码保存为 divide-new.sh 脚本：

```
[ root@ localhost ~] # ./divide-new. sh 2
please input tow numbers.
[ root@ localhost ~] # ./divide-new. sh 2 4 2
please input tow numbers.
[ root@ localhost ~] # ./divide-new. sh 2 4
[ root@ localhost ~] #
```

第 2 步，编写检查用户输入的第二个参数不为 0 的脚本代码。修改 divide-new.sh 脚本，补充如下代码：

```
if [ $2 -eq 0 ]; then
    echo "wrong: the second number is zero. "
    exit
fi
```

继续测试,效果如下:

```
[root@ localhost ~]# ./divide-new. sh 2 0
wrong: the second number is zero.
```

第 3 步,将原来 divide. sh 脚本的两行正文代码附于 divide-new. sh 脚本代码之后,完整代码为:

```
#!/bin/sh
if [! $# -eq 2]; then
        echo "please input tow numbers."
        exit
fi
if [$2 -eq 0]; then
        echo "wrong: the second number is zero."
        exit
fi

t = `echo "scale =4;$1/$2"|bc`
echo the result is : $t
```

测试 divide-new. sh 脚本,执行结果如下:

```
[root@ localhost ~]# ./divide-new. sh 4
please input tow numbers.
[root@ localhost ~]# ./divide-new. sh 4 0
wrong: the second number is zero.
[root@ localhost ~]# ./divide-new. sh 4 2
the result is : 2.0000
```

案例 5.2   编写脚本监控来自特定 **IP** 地址范围的登录用户

在综合实训案例 3.3 中演示了利用正则表达式来过滤登录用户信息,而过滤的内容是来自特定 IP 地址范围(如 192.168.2.10~192.168.2.99)的登录用户信息。在许多应用场合,可能需要反复执行案例 3.3 中的命令,而且还会设定这些命令的执行时间实现有计划地监控系统。这时把案例 3.3 中的命令扩展为脚本就显得很有必要了。

本案例是对综合实训案例 3.3 的延续和扩展,主要讨论如何编写脚本实现监控来自特定 IP 地址范围的登录用户,并且设定特定登录用户人数的上限值,当超过上限时脚本将登录信息记录在日志文件中。

第 1 步,构建实验环境。首先需要多个用户远程登录 Linux 系统,具体做法可参见综合实训案例 3.3 的实验步骤。现假设实验环境已经构建好,当前系统登录用户的基本信息如下(与综合实训案例 3.3 的情况略有差异,主要是增加了特定 IP 地址范围的登录用户):

```
[root@ localhost ~]# who
root      tty4     2015-11-08 12:14
```

```
root      tty1      2015-10-20 21:50 (:0)
root      pts/32    2015-10-29 20:36 (:0.0)
root      pts/34    2015-11-01 17:50 (:0.0)
study     pts/41    2015-11-07 20:05 (192.168.2.5)
root      tty2      2015-11-07 20:02
root      pts/44    2015-11-08 09:19 (:0.0)
root      tty6      2015-11-08 13:08
study     tty3      2015-11-08 14:55
study     pts/46    2015-11-08 20:24 (192.168.2.22)
study     pts/47    2015-11-08 20:25 (192.168.2.22)
root      pts/48    2015-11-08 20:25 (192.168.2.22)
```

第 2 步,编写命令统计来自特定 IP 地址范围的登录用户人数。需要通过管道将过滤信息送给 wc 命令计算:

```
[root@localhost cron]# who | grep '(192\.168\.2\.[1-9][0-9])' | wc -l
3
```

第 3 步,编写 shell 脚本,脚本名称为 statIP.sh。需要设定上限值,假设如果来自特定 IP 地址范围的登录用户人数超过上限值则将该情况记录在日志文件中。为配合测试,可以设置该上限值为 0,即一旦有来自特定 IP 地址范围的用户登录到系统即记录在日志中。据此,编写脚本代码如下:

```
#!/bin/sh

count = `who | grep '(192\.168\.2\.[1-9][0-9])' | wc -l`

if [$count -gt 0]; then
    date >> statIP.log
    echo `who | grep '(192\.168\.2\.[1-9][0-9])'` >> statIP.log
fi
```

第 4 步,测试代码。执行结果如下:

```
[root@localhost ~]# chmod u + x statIP.sh
[root@localhost ~]# ./statIP.sh
[root@localhost ~]# cat statIP.log
2015 年 11 月 08 日 星期日 20:44:04 CST
study pts/46 2015-11-08 20:24 (192.168.2.22) study pts/47 2015-11-08 20:25 (192.168.2.22) root
pts/48 2015-11-08 20:25 (192.168.2.22)
```

案例 5.3　编写脚本自动备份文件

数据备份是系统管理工作的重要内容。简单的文件备份工作主要是将重要的数据文件,如一些系统和网络服务器的配置文件、用户个人数据文件、数据库文件等复制到一个指定的地方。显然,备份工作往往是需要反复执行的,而且还可以制订备份计划,指定在某个时间点执行备份工作。因此,与上一个案例类似,有必要编写脚本以实现备份工作的自动化执行。

本案例将编写脚本对指定目录下的具有可执行权限的普通文件进行备份,而备份文件的存放路径是用户主目录下的备份目录,备份目录的名称为"backup"并附上当前系统日期。下面开始一步步地演示如何编写这个具有一定实际功能的 shell 脚本。

第 1 步,编写命令获取指定目录中的文件列表。显然需要用到 ls 命令获取文件列表并且将其记录在变量 dirlist 中,可以在命令行中先行测试,假设现在需要备份的目标目录为用户主目录下的 shellscript(它存放了一些脚本文件以及相关的输出数据文件),有:

```
[ root@ localhost ~] # filelist = `ls /root/shellscript/ `
[ root@ localhost ~] # echo $filelist
brk-continue. sh cmpnumber. sh cmpstring. sh dircheck. sh divide-new. sh inverse. sh logfile max. sh
printname. sh printnumber. sh statIP. log statIP. sh symbolkind. sh
```

第 2 步,编写命令创建备份目录。显然需要使用 mkdir 命令创建备份目录,但问题的关键在于需要给定备份目录的名称,根据目标要求,在命令行中做测试:

```
[ root@ localhost ~] # echo $HOME/backup `date `
/root/backup2015 年 07 月 05 日 星期日 17:42:26 CST
```

但由于上述生成的字符串过长,并不适合用于文件命名,因此需要修改生成时间字符串的格式,示例如下:

```
[ root@ localhost ~] # echo $HOME/backup `date "+ % Y% m% d% H% M% S" `
/root/backup20150705203439
```

第 3 步,构建脚本的基本框架。根据之前的试验结果,可以编写代码如下,将其保存为脚本 backup-frame. sh:

```
#!/bin/bash
#检查是否有一个参数用于制定备份目录
if [ $# -ne 1 ]; then
    echo "please input the backup directory"
    exit
fi
#检查是否备份的目标目录是否有效
if [ ! -d $1 ] || [ ! -e $1 ]; then
    echo "wrong: bad directory path"
    exit
fi
filelist = `ls $1 `
backupdir = "$HOME/backup `date `"
mkdir "$backupdir"

for filename in $filelist
```

```
do
    echo $filename
done
```

测试该脚本框架是否可行,注意在测试前自行建立备份的目标目录并在其中放置需要备份的文件:

```
[root@ localhost ~]# ./backup-frame. sh /root/file        <==file 是文件
wrong: bad directory path
[root@ localhost ~]# ./backup-frame. sh /root/sh         <==/root/sh 这个目录不存在
wrong: bad directory path
[root@ localhost ~]# ./backup-frame. sh /root/shellscript
brk-continue. sh
cmpnumber. sh
cmpstring. sh
(省略部分显示结果)
```

第4步,编写关于备份功能的脚本代码。将 backup-frame. sh 脚本另存为 backup. sh 脚本,修改 backup. sh 脚本的代码如下,主要增加了文件属性的判断以及复制备份的功能代码:

```
#!/bin/bash
#检查是否有一个参数用于制定备份目录
if [ $# -ne 1 ]; then
    echo "please input the backup directory"
    exit
fi
#检查是否备份的目标目录是否有效
if [ ! -d $1 ] || [ ! -e $1 ]; then
    echo "wrong: bad directory path"
    exit
fi

filelist = `ls $1`
backupdir = $HOME/backup `date "+% Y% m% d% H% M% S"`
mkdir $backupdir
echo "now start backuping, the directory name is $backupdir"
#开始备份
for filename in $filelist
do
    if [ -f "$1/$filename"] & & [ -x "$1/$filename"]; then
        cp "$1/$filename" "$backupdir/$filename"
    fi
done
```

执行脚本,结果如下:

```
[root@ localhost ~] # ./backup. sh /root/shellscript
now start backuping, the directory name is /root/backup20150705205345
[root@ localhost ~] # ls -l /root/backup20150705205345/
总用量   60
-rwxr--r--. 1 root root 207   7 月   5 20:53 brk-continue. sh
-rwxr--r--. 1 root root 143   7 月   5 20:53 cmpnumber. sh
-rwxr--r--. 1 root root 340   7 月   5 20:53 cmpstring. sh
(省略部分显示结果)
```

5.4 实训练习题

(1) 编写脚本,实现将当前目录中所有子目录的名称输出到屏幕上。

(2) 首先以你的姓氏的拼音为开头在当前用户的主目录下新建 3 个文件和 2 个子目录,如 chen1、chen2、chen3 以及子目录 chen. d 和 backup. d。然后写一个 shell 脚本程序,要求把上述所有以你姓氏拼音开头的普通文件全部复制到目录 backup. d 下。

实训 6　用 户 管 理

6.1　实 训 要 点

（1）理解用户和组群的基本概念。

（2）理解 3 种 Linux 用户类型的权限和作用。

（3）理解"/etc/passwd"文件中各字段的含义。

（4）了解 Linux 系统中保护密码安全的机制。

（5）增加、修改、查询和删除用户账号。

（6）增加、修改、查询和删除用户组群。

（7）编写脚本批量新建用户账号。

6.2　基础实训内容

6.2.1　用户管理的基本内容

"多用户操作系统"是在操作系统原理课程上会谈到的一个概念。放到如 Linux 这样的一个具体的操作系统中应该如何实现这个概念呢？这里就涉及 Linux 的用户管理问题。所谓用户，注意并非是指现实世界中使用计算机的人，而是指在操作系统中一个使用计算机软、硬件资源的对象。当操作系统分配某种资源时，这个资源总要归在某个用户账号上，然后由对应的用户通过执行某些进程来使用这些资源。因此，用户实际是操作系统实现资源分配和管理而提出的一个概念，而用户管理的实质，就是要管理用户对系统资源的使用。

用户具体如何使用系统资源是用户自己的事情，操作系统并不关心。操作系统更关心的是用户是否合法地使用系统资源。因此，用户管理的核心，便是对用户及其资源使用的各种权限进行审核。例如，

◇ 审核用户是否具有登录系统的权限；

◇ 审核用户是否具有读取或修改某个文件的权限；

◇ 审核用户是否具有执行某个程序的权限；

◇ 审核用户是否具有使用或管理某种硬件资源（如硬盘存储空间等）的权限；

◇ 审核用户是否具有使用或管理某种服务（如制订作业计划、设置文件共享等）的权限。

以上内容贯穿本书各个实训，在讨论某个方面的内容时再结合具体应用详细讨论其中所需要的用户管理知识。本次实训所讨论的则是上述内容的基本前提，即如何管理用户账

号。下面会讨论系统如何审核用户的登录权限,它是用户管理中最为基本和重要的内容,此外还会介绍用户账号管理中的密码安全保护机制。以上述内容为基础,下面将介绍与用户管理有关的各种管理命令以及相关 shell 脚本的编写方法。

6.2.2 用户账号管理

1. 用户类型

Linux 用户分为 3 种类型:根用户、系统用户和普通用户。在 Linux 系统中,根用户的账号名为 root,也称为"超级用户",顾名思义根用户的权限是最高的。根用户账号一般由系统管理员掌握,主要用于实施系统管理类的工作。除根用户 root 外,Linux 还定义了一些系统用户,这些系统用户大多是一些与服务有关的进程访问系统资源时所使用的账号,因此不需要登录系统。设置系统用户目的是要避免所有系统管理工作都使用根用户账号来完成。例如,在综合实训案例 2.3 中,使用 Linux 所提供的远程安全连接服务,该服务在系统中有一个对应的用户账号 sshd,可以通过 id 命令查看这个用户的基本信息:

```
[ root@ localhost ~]# id sshd
uid = 74( sshd)  gid = 74( sshd)  组 = 74( sshd)
```

SSH 服务器以 sshd 用户的身份向客户端提供服务,这样就避免了假如 SSH 服务器出现安全问题而导致的系统整体安全受到威胁。许多网络服务器,如 WWW 服务器等同样是以这种方式在 Linux 系统中运行。

普通用户由根用户负责添加和管理。一般来说,普通用户只能在局限范围内活动和使用计算机资源,而且一般不具备系统管理的权限。例如,之前所创建的账号 study 属于普通用户,以该用户的身份登录系统后将以"/home/study"为当前目录,如果以 study 的用户身份利用 cd 命令切换至"/root"目录:

```
[ study@ localhost ~]$ cd /root
-bash: cd: /root: 权限不够
```

系统会拒绝 study 用户对"/root"目录的访问。

2. /etc/passwd 文件

用户账号是系统管理用户的基本依据。这些用户账号的信息都存放在"/etc/passwd"文件中,每一行表示了一个用户账号的基本信息。它的内容如下:

```
[ root@ localhost ~]# cat /etc/passwd
root: x: 0: 0: root: /root: /bin/bash
bin: x: 1: 1: bin: /bin: /sbin/nologin
daemon: x: 2: 2: daemon: /sbin: /sbin/nologin
adm: x: 3: 4: adm: /var/ adm: /sbin/nologin
lp: x: 4: 7: lp: /var/spool/lpd: /sbin/nologin
(省略部分显示结果)
study: x: 500: 500: study: /home/study: /bin/bash
```

passwd 文件中的每一行对应于某个用户的账号信息,它的表示格式如下:

用户名: 密码: 用户 ID: 组群 ID: 用户全名: 用户主目录: 使用的 shell

各个字段的基本含义如表 6.1 所示。

表 6.1　"/etc/passwd"文件中的各字段含义

字 段 名	含 义
用户名	用户登录时使用的账号名称
密码	以 x 代替,密码加密后的密文存放于"/etc/shadow"文件
用户 ID(UID)	Linux 中识别用户的 ID,root 用户的 UID 为 0,系统用户的 UID 为 1~499,普通用户的 UID 从 500 开始分配
组群 ID(GID)	用户所属组群的 ID
用户全名	对用户账号的基本说明(注释)
用户主目录	专属于用户的目录,用户的文件存放于此,登录后默认进入该目录
使用的 shell	用户登录后所使用的 shell 环境,"/sbin/nologin"表示当前用户不需要使用 shell 登录系统。对于使用 Bash 的用户来说,会填入"/bin/bash",即 Bash 程序的所在位置

3. /etc/shadow 文件

用户密码加密后存储在"/etc/shadow"文件中,该文件仅 root 可访问。它的内容大致如下:

```
root:$6$9PuJ78dfcdALH1C/$fAOiIZio6w21QibwPefMmJWhiMq2pz3LZNB7X3Go9W. DkWq0. JK0z54Hs
f5QpXhDYQbk. JDMNFsXHTQ0azKoe1:16613:0:99999:7:::
bin: *:14790:0:99999:7:::
daemon: *:14790:0:99999:7:::
adm: *:14790:0:99999:7:::
lp: *:14790:0:99999:7:::
(省略部分显示结果)
study:$6$kXmSAUcog45K0rgZ$0Jb2nLWbQuBttRQ6wAqSDK. a9xn/GB1JUz5WFZ5RlAuosphI73jKvOPx
8wSvhA1akRqZcOOWo0fPojR9kGsp9/: 16613:0:99999:7:::
```

与 passwd 文件类似,shadow 文件中的每一行对应于某个用户账号,存放的是与密码密文以及与密码保护有关的信息。每一行总共由 9 个字段组成,从左到右各个字段以冒号分隔,它们的基本含义如下。

(1)用户名。

(2)密码密文,如果填入"＊"或"!!",则表示该账号未设置密码,但系统禁止该用户账号登录。

(3)自 1970 年 1 月 1 日至上次修改密码的日期之间的天数。

(4)自上次修改密码后,如果再次修改密码至少需要间隔的天数,"0"表示可以立即修改密码。

(5)自上次修改密码后至密码过期的间隔天数,"99999"表示密码永不过期,即不强制修改密码。

(6)在密码过期前向用户发送警告信息的提前天数,默认是 7 天。

（7）在密码过期后系统推迟关闭该用户账号的天数。

（8）自 1970 年 1 月 1 日至用户账号过期日期之间的天数。

（9）预留字段。

图 6.1 用于帮助理解"/etc/shadow"文件中第（3）~（8）字段的关系。"/etc/shadow"文件中的第（5）~（7）个字段实际是关于密码安全保护机制的一种设置。Linux 认为，用户密码在使用一段时间之后被泄露的可能性就会增加，从系统安全角度来考虑定期修改密码是保证密码安全的一种较好的办法。因此第（5）个字段实际设置了密码的有效期。根据第（6）个字段的设置，当用户密码过期之前，系统会提前警告用户重新修改密码。如果第（7）个字段没有设置的话，那么当用户密码过期后，用户账号将被禁用。用户登录系统时将会被要求重新修改密码，然后才能登录系统。另外作为一种补充机制，设置第（4）个字段目的是为了防止用户过于频繁地更换密码。

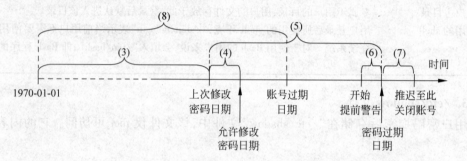

图 6.1　shadow 文件中第（3）~（8）字段关系示意图

"/etc/shadow"文件中的第（8）个字段是为用户账号设定一个有效期，此时即使密码未过期但系统仍会告知用户不可登录。可利用该字段设置一些临时用户账号。

6.2.3 用户组群管理

1. 初始组群与附加组群

用户组群是用户管理中的另外一个重要概念。由于性质相似的用户往往在对某个文件及系统功能具有相同的访问权限，通过用户分组，当要具体分配某个权限给某个用户时，就可以将其归入到某个组群中统一管理，这样管理工作便得到了简化。

当用户被创建时，系统可按默认为其创建一个与其同名的组群，或者指定一个组群作为该用户的初始组群。初始组群有时也会被称为主组群（Primary Group）。另外，用户可以附属于除初始组群之外的其他组群，这些组群被称为该用户的附加组群，附加组群有时也被称为次要组群（Secondary Group）或补充组群（Supplementary Group）。

2. /etc/group 文件

用户组群的基本信息都存放在"/etc/group"文件中。"/etc/group"文件类似于"/etc/passwd"文件，它的内容如下：

```
[ study@ localhost root] $ cat /etc/group
root: x: 0: root
bin: x: 1: root, bin, daemon
```

```
daemon: x: 2: root, bin, daemon
(省略部分显示结果)
study: x: 500:
```

group 文件中的每一行对应于一个用户组群的基本信息,它的表示格式如下:

```
组群名称: 组群密码: 组群 ID(GID) : 组群用户列表
```

各个字段的基本含义可参考"/etc/passwd"文件中的各字段(表 6-1),在此不再赘述。用户组群列表指出了属于该组群的用户,但需要注意的是,从"/etc/group"文件来看,有些组(如上面"/etc/group"文件示例中的 study)并没有组成员,其实如果查看"/etc/passwd"文件:

```
study: x: 500: 500: study: /home/study: /bin/bash
```

就可以发现其中用户 study 的组 ID(GID)为 500,这正是组群 study 的组 ID。实际上,这只是"/etc/group"文件的一种记录方法。当 study 用户被创建后,按默认方式系统会为该用户创建一个同名的组群,或者说 study 组群是 study 用户的初始组群。根用户也可以在创建 study 用户时为其指定其他组群作为初始组群。passwd 文件中所标记的 GID 正是每个用户所属的初始用户组的组 ID。然而 study 用户也可以加入到其他附加组群中,"/etc/group"文件就需要在这些其他组群的用户列表字段中登记 study 用户。注意无论是初始主群(也即主组群),还是附加组群(也即次要组群),都并非一成不变而是可以设置和更改的。

3. /etc/gshadow 文件

对应地,同样有"/etc/gshadow"文件用于存储用户组群中与安全有关的基本信息:

```
[ root@ localhost ~] # cat /etc/gshadow
root::: root
bin::: root, bin, daemon
(省略部分显示结果)
study: ! ! ::
```

shadow 中的每一行共有 4 个字段,它们的含义分别是: 组群名称; 组群密码,主要用于允许某些用户临时成为组成员; 组群管理员账号; 组群用户列表。

6.2.4 主要管理命令

1. 用户管理命令

如果将"/etc/passwd"文件和"/etc/shadow"文件理解为两张数据表,而其中表的每一行数据对应着一个用户账号。那么所有关于用户账号管理的命令和工具的实质都是通过对这两张数据表中的数据行进行"增、改、查、删"等操作来实现的。从这个角度来理解下面所要介绍的用户账号管理命令将会更加方便和深刻。下面介绍若干个较为常用的账号管理命令,对应于用户账号信息的增加(useradd)、修改(passwd、usermod、chage)、查询(id)、删除

（userdel）等四大操作。这些命令会配以一些示例进行讲解，其中用到了一个测试用户账号（testuser）。按照以下示例的编排次序我们演示了对测试用户账号的创建、修改、查询和删除等操作。

1）useradd 命令

功能：增加一个用户账号，执行该命令需要具有根用户权限。

格式：

useradd ［选项］ 用户名

重要选项：

-e（expire）：该选项后面需给出日期参数，用"YYYY-MM-DD"的参数格式指定用户账号过期的日期。

-c（comment）：该选项后面需给出注释参数，用于指定用户账号的基本说明（用户全名）。

-d（directory）：该选项后面需给出路径参数，用于指定用户主目录的路径。

-g：该选项后面需给出组群 ID 或组群名称参数，用于指定用户所属的初始组群。

-G：该选项后面需给出组群 ID 或组群名称参数，用于指定用户所属的附加组群。

-u：该选项后面需给出数字参数，用于指定用户的 UID。

-r：指定所创建的用户为系统用户。

【示例 6.1】 增加用户 testuser，附加组群为组群 study，设定 UID 为 1000，由于密码还没有设定，因此 shadow 文件中对应字段内容为"!!"。

```
[root@localhost ~]# useradd -G study -u 1000    testuser
[root@localhost ~]# grep testuser /etc/passwd
testuser: x: 1000: 1000:: /home/testuser: /bin/bash        <==注意 UID 值
[root@localhost ~]# grep testuser /etc/shadow
testuser:!!:16623:0:99999:7:::
[root@localhost ~]# grep testuser /etc/group
study: x: 500: testuser                    <==查看/etc/group 文件可发现 testuser 是
                                               study 组群的成员
testuser: x: 1000:                         <==但 testuser 本身已经有他的初始主群
```

【示例 6.2】 增加系统用户 sysuser，注意系统为其申请了一个小于 500 的 UID。由于 sysuser 属于系统用户，因此实际上系统并没有真正为其创建目录"/home/sysuser"。

```
[root@localhost ~]# useradd -r sysuser
[root@localhost ~]# grep sysuser /etc/passwd
sysuser: x: 494: 487:: /home/sysuser: /bin/bash
[root@localhost ~]# grep sysuser /etc/shadow
sysuser:!!:16623::::::
[root@localhost ~]# ls /home/sysuser
ls: 无法访问/home/sysuser: 没有那个文件或目录
```

2）passwd 命令

功能：设置用户账号密码。

格式：

```
passwd  [选项]  [用户]
```

重要选项：

-d(delete)：删除用户账号密码(用户不需要密码即可登录)。

-l(lock)：锁定用户账号。

-u(unlock)：解锁用户账号。

-S(status)：查看用户密码状态。

--stdin：从标准输入(或管道)中获取密码。

【示例6.3】 查看并设置用户 testuser 的密码。testuser 在被创建时并没有设置密码，实际也就是被锁定了，通过 passwd 命令设定密码后，再次查询 testuser 用户的密码状态结果为"密码已设置，使用 SHA512 加密"。如果锁定 testuser 用户，那么在 shadow 文件中其密码密文的内容前面将会附加有"!!"。

```
[ root@ localhost ~]# passwd -S testuser        <==查询用户 testuser 的密码状态
testuser LK 2015-07-07 0 99999 7 -1 (密码已被锁定.)
[ root@ localhost ~]# passwd testuser           <==修改用户 testuser 的密码
更改用户 testuser 的密码.
新的 密码:
重新输入新的 密码:
passwd: 所有的身份验证令牌已经成功更新.
[ root@ localhost ~]# passwd -S testuser        <==再次查询用户 testuser 的密码状态
testuser PS 2015-07-07 0 99999 7 -1 (密码已设置, 使用 SHA512 加密.)
[ root@ localhost ~]# passwd -l testuser        <==锁定 testuser 的密码
锁定用户 testuser 的密码.
passwd: 操作成功
[ root@ localhost ~]# grep testuser /etc/shadow    <==留意 testuser 的密码密文前有!!标记
testuser: !!$6$IZcLXWHE$8NyxOfjGM8AWTp2yaBWekvnhLNAYFZ807jl5na. 3uq4Eegr2BVVSd93lLrXM
dkvVKb1hN2BixbbPinrjXjK4F1: 16623: 0: 99999: 7:::
```

【示例6.4】 从标准输入中获取密码。输入的密码直接显示在屏幕上，按 Ctrl + D 组合键后 passwd 命令得到密码内容并设置成功。

```
[ root@ localhost ~]# passwd --stdin testuser     <==把密码设置为用户名本身
更改用户 testuser 的密码.
testuser(按 Ctrl + D 组合键结束输入)
passwd: 所有的身份验证令牌已经成功更新.
```

设置的密码会直接显示在屏幕，这种方法主要用于设置默认密码。

3) chage 命令

功能：查看或设置用户账号的有效期。

格式：

> chage　　[选项]　用户名

重要选项：

-l：列出用户账号的密码保护设置信息。

以下选项需给出格式为"YYYY-MM-DD"的日期参数，或给出数字参数作为天数。

-d：设置 shadow 文件中对应行的第 3 个字段（最近修改密码的日期）。

-m(min_days)：设置 shadow 文件中对应行的第 4 个字段（修改密码的至少间隔天数）。

-M(max_days)：设置 shadow 文件中对应行的第 5 个字段（密码有效天数）。

-W(warndays)：设置 shadow 文件中对应行的第 6 个字段（发送警告信息的提前天数）。

-I(inactive)：设置 shadow 文件中对应行的第 7 个字段（密码过期到锁定用户的天数）。

-E(expiredate)：设置 shadow 文件中对应行的第 8 个字段（账号过期的日期）。

【示例 6.5】　设置强制用户修改密码。如果设置最近修改密码的日期为"1970-01-01"（也即 shadow 文件中对应行的第 3 个字段的内容为 0），那么系统将在用户下次登录时强制其修改密码。

```
[ root@ localhost ~]# chage -d 0 testuser
[ root@ localhost ~]# chage -l testuser                         <== 列表查看 testuser 的密码有效期
Last password change                     : password must be changed    #密码要求必须修改
Password expires                         : password must be changed
Password inactive                        : password must be changed
Account expires                          : never
Minimum number of days between password change  : 0
Maximum number of days between password change  : 99999
Number of days of warning before password expires : 7
```

【示例 6.6】　设置用户 testuser 的账号密码在 3 天后过期。假设当前系统时间为 2015 年 7 月 7 日。首先可以利用 chage 命令修改 testuser 用户的密码有效期为 3 天：

```
[ root@ localhost ~]# chage -M 3 testuser
[ root@ localhost ~]# chage -l testuser
Last password change                     : Jul 07, 2015
Password expires                         : Jul 10, 2015
Password inactive                        : never
Account expires                          : never
Minimum number of days between password change  : 0
Maximum number of days between password change  : 3      <== 这里提示 3 天内要修改密码
Number of days of warning before password expires : 7
```

然后利用 date 命令更改系统时间从 2015 年 7 月 7 日修改为 2015 年 7 月 11 日，再使用 testuser 的账号登录系统测试设置是否生效。测试结果如图 6.2 所示。

```
[ root@ localhost ~]# date 07112015
2015 年 07 月 11 日 星期六 20：15：00 CST
```

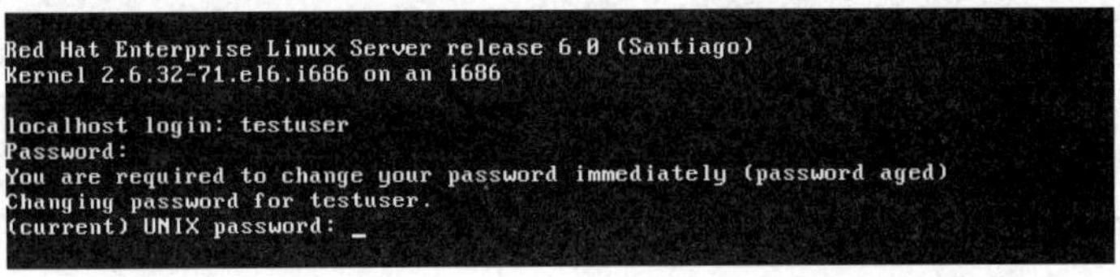

图 6.2　testuser 用户在密码过期后登录系统被强制修改密码

4）usermod 命令

功能：修改用户账号设置。

格式：

```
usermod   [选项]   用户名
```

重要选项：多数选项与 useradd 命令的选项相同，额外的选项如下。

-l：该选项后面需给出新用户名参数，用于设置新的用户账号名称。

【示例 6.7】　补充用户的基本说明并修改用户名为 tuser。

```
[ root@ localhost  ~]# usermod -c "user for test" testuser
[ root@ localhost  ~]# grep testuser /etc/passwd
testuser: x: 1000: 1000: user for test: /home/testuser: /bin/bash
[ root@ localhost  ~]# usermod -l tuser testuser
[ root@ localhost  ~]# grep tuser /etc/passwd
tuser: x: 1000: 1000: user for test: /home/testuser: /bin/bash
```

5）id 命令

功能：查看用户账号的 UID、GID 以及所属组群等信息。

格式：

```
id   用户名
```

【示例 6.8】　查看用户 tuser 的 UID、GID 以及所属组群等信息。

```
[ root@ localhost  ~]$ id tuser              <== 按默认 testuser 组群是 tuser 用户的初始组群
uid = 1000( tuser)  gid = 1000( testuser)  组 = 1000( testuser), 500( study)
[ root@ localhost  ~]# usermod -g study testuser     <== 修改 testuser 的初始主群( 主组群) 为 study
[ root@ localhost  ~]# id testuser
uid = 1000( testuser)  gid = 500( study)  组 = 500( study)     <== 原初始组群被 study 组群替代了
[ root@ localhost  ~]# usermod -G testuser    testuser
[ root@ localhost  ~]# id testuser              <== 现在组群 testuser 成了附加组群
uid = 1000( testuser)  gid = 500( study)  组 = 500( study), 1000( testuser)
```

6）userdel 命令

功能：删除用户账号。

格式：

```
userdel  [选项]  用户名
```

重要选项:

-r: 删除用户的主目录和邮件文件内容。

【示例 6.9】 删除用户账号 tuser 及其相关的文件内容。按默认方式普通用户 tuser 的主目录为"/home/testuser"(tuser 是由之前的 testuser 用户改名而来的),邮件存放在"/var/spool/mail/tuser"处。

```
[root@ localhost ~]# userdel -r tuser
[root@ localhost ~]# ls /home/testuser
ls: 无法访问/home/testuser: 没有那个文件或目录
[root@ localhost mail]# ls /var/mail/spool/tuser
ls: 无法访问/var/mail/spool/tuser: 没有那个文件或目录
```

2. 组群管理命令

与用户管理命令类似,Linux 提供一组命令用于组群管理,同样涵盖了增加、修改、查询、删除等四大操作。下面介绍若干较为常用的组群管理命令,对应于用户组群的增加(groupadd)、修改(groupmod)、查询(groups)、删除(groupdel)等操作,注意下面示例用到了一个测试组群(student),并按编排演示了对该组群的创建、修改、查询和删除等操作。

1) groupadd 命令

功能: 增加一个用户组群。

格式:

```
groupadd  [选项]  组群名称
```

重要选项:

-g: 该选项后面需给出数字参数,用于指定新建组群的 GID。

【示例 6.10】 创建组群并指定 GID 为 600。

```
[root@ localhost ~]# groupadd student -g 600
[root@ localhost ~]# grep student /etc/group
student: x: 600:
```

2) groupmod 命令

功能: 修改组群设置。

格式:

```
groupmod  [选项]  组群名
```

重要选项:

-g: 该选项后面需给出数字参数,用于指定组群的 GID。

-n(name): 该选项后面需给出名字参数,用于设置组群的新名称。

【示例6.11】 修改组群 student 的名称为 student2015。

```
[ root@ localhost ~]# groupmod student -n student2015
[ root@ localhost ~]# grep student /etc/group
student2015: x: 600:
```

3）groups 命令

功能：查看一个用户所属的所有组群。

格式：

```
groups    用户名
```

【示例6.12】 将用户 study 添加到新建组群 student2015 中。

```
[ root@ localhost ~]# usermod -G student2015 study
[ root@ localhost ~]# groups study
study : study student2015
```

4）groupdel 命令

功能：删除组群。

格式：

```
groupdel    [选项]    组群名
```

【示例6.13】 删除组群 student2015。

```
[ root@ localhost ~]# groupdel student2015
[ root@ localhost ~]# groups study
study : study              <==原来 study 用户的附加组群 student2015 没有了
```

6.2.5 用户账号切换

　　用户账号实际代表了一种身份，或者说对应地拥有了关于该身份的权限。用户账号切换是指当以某个用户账号登录系统后，可以从当前账号转换至另外的用户账号，也即以另一种用户身份使用系统，这时自然拥有了这种身份所应有的权限。由于根用户账号的重要性，所以经常出现的一种应用情况是系统管理员以普通用户的身份登录系统做日常维护，当需要用到根用户权限时来执行管理操作时，才利用 su 命令切换为根用户，操作执行完毕后利用 exit 命令重新回到原用户账号。注意根用户切换为其他普通用户时并不需要验证密码，但普通用户切换到根用户，或者普通用户之间切换需要验证密码。

　　由于执行 su 命令还需要输入用户密码，当普通用户需要利用 su 命令切换为根用户并执行管理操作时，还需要提供根用户密码才能进行操作。然而这样显然并不利于根用户密码的保护和管理。更为稳妥的方法是让普通用户直接使用 sudo 命令执行某个管理操作，此时只需输入普通用户的密码即可。不过作为安全保护机制，普通用户在使用 sudo 命令之前必须由根用户通过 visudo 命令编辑"/etc/sudoers"文件,为其开通并设置 sudo 命令的执行权限,否则普通用户是不能使用 sudo 命令的。下面介绍相关命令的使用方法。

1) su(substitute user)命令

功能:用户身份切换。

格式:

```
su  用户名
```

【示例 6.14】 从根用户切换至普通用户 study。切换后 study 用户仍以"/root"为当前目录,但无权限浏览该目录内容。利用 exit 命令后即可回到原用户身份。

```
[ root@ localhost ~] # su study
[ study@ localhost root] $ ls        <==切换身份后得到新的权限
ls: 无法打开目录.: 权限不够
[ study@ localhost root] $ exit
exit
[ root@ localhost ~] #
```

2) visudo 命令

功能:调用 vi 编辑/etc/sudoers 文件。

格式:

```
visudo
```

【示例 6.15】 往"/etc/sudoers"文件添加用户 study。输入 visudo 命令后,该命令将启动 vi 编辑器并打开"/etc/sudoers"文件,内容如下:

```
##Sudoers allows particular users to run various commands as
##the root user, without needing the root password.
(部分显示内容省略)
```

找到如下行:

```
root   ALL = (ALL)    ALL
```

该行配置的含义是指:

```
登录用户   登录位置 =(可切换的用户账号)    可执行的命令
```

也即指 root 用户可使用任意登录位置切换为任何用户账号(ALL = (ALL)),并以此账号的身份执行任何命令(ALL)。在该行下面添加用户 study:

```
##Allow root to run any commands anywhere
root   ALL = (ALL)    ALL
```

3）sudo 命令

功能：以某个用户身份（默认是 root 用户）执行命令操作。

格式：

sudo ［选项］ 要执行的命令

重要选项：

-u：该选项后面需要给出用户名参数指定要切换的用户身份，如不使用该选项则按默认切换为 root 用户执行命令。

【示例6.16】　　study 用户以 root 用户身份查看其主目录内容。当使用 visudo 命令添加 study 用户进入 sudoer 文件后，study 用户即可以 root 用户的身份执行 sudo 命令：

```
[ study@ localhost root] $ sudo ls
[ sudo] password for study:     <==输入 study 用户的密码
anaconda-ks. cfg   install. log   install. log. syslog   shellscript
（省略部分显示结果）
```

6.3　综合实训案例

案例 6.1　在单用户模式下重置 root 用户密码

root 用户密码是系统安全中最为关键的信息，其他用户的密码都可以通过 root 用户重新设置。假设现在系统已经关闭，但管理员不慎忘记了 root 用户密码。由于普通用户又没有重置 root 用户的权限，应如何重置 root 用户密码呢？解决该问题的关键还是在于 root 用户可以不通过密码就可以进入系统。只有 root 用户进入了系统，才可以重置密码。

一般来说，可以通过两种方法让 root 用户不通过密码直接进入系统。一是利用安装光盘引导系统进入救援模式（Rescue Mode），而另一种则是引导系统初始化至单用户模式（Single User Mode，第一级运行级）。针对之前提出的问题，本案例将演示如何引导并启动系统进入单用户模式下并重置 root 用户密码。关于系统运行级的概念已经在综合实训案例 2.2 里面介绍过，读者可自行回顾相关知识。下面是具体的操作步骤。

第 1 步，进入引导选择菜单。假设当前系统处于断电关闭状态。当系统上电（power on）后将会进入 BIOS 自检，然后将启动引导装载程序 GRUB 并显示初始化界面，如图 6.3 所示。按默认设置初始化界面只停留 5 秒，因此需要及时按任意键并进入引导装载程序 GRUB 的菜单界面，如图 6.4 所示。

第 2 步，选择需要引导的操作系统。在图 6.4 中，如果当前机器中有多个可引导的操作系统内核，GRUB 将会在菜单界面中显示多个选项供用户选择进入。用户可利用上下按键选中"Red Hat Enterprise Linux（2.6.32-71.e16.i686）"一项，并按 e 键进入引导命令列表界面，如图6.5所示。

图6.3　引导装载程序 GRUB 的初始界面

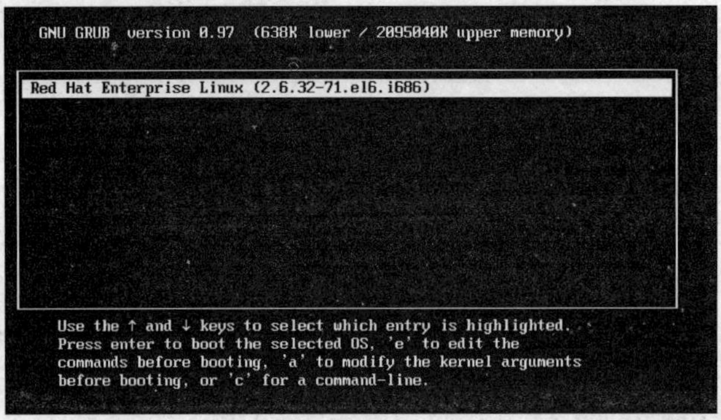

图6.4　引导装载程序 GRUB 的菜单界面

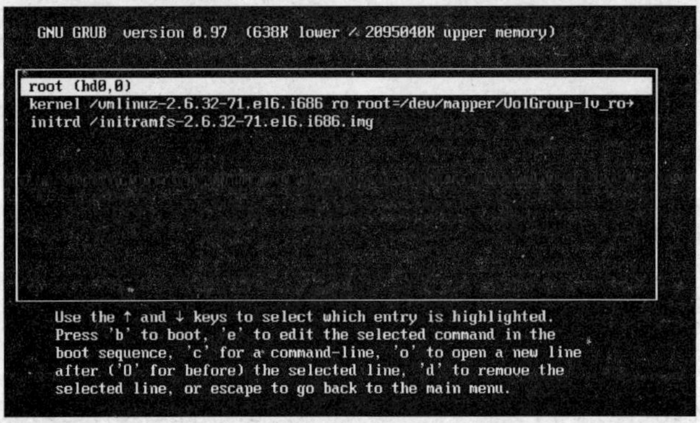

图6.5　引导装载程序 GRUB 的引导命令列表界面

第3步，选择并编辑引导命令。在图6.5中，利用上下按键选中第2行"kernel /vmlinuz-2. 6.32…"，按 e 键进入引导命令 kernel 的编辑界面，如图6.6所示。

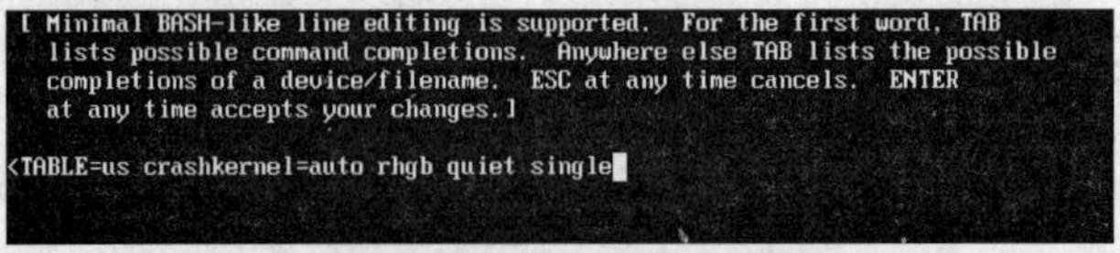

图6.6　引导命令 kernel 的编辑界面

进入 kernel 命令的编辑界面后，在该条命令的最后加入 single 参数，然后按 Enter 键退出。

第4步，启动系统并进入单用户模式。从引导命令编辑界面（图6.6）退出后即回到 GRUB 的引导命令列表界面（图6.5），按 b 键即可根据刚才设定的命令行进行引导和启动系统。如图 6.7 所示,系统将启动至单用户模式,此时只有 root 用户允许使用系统。

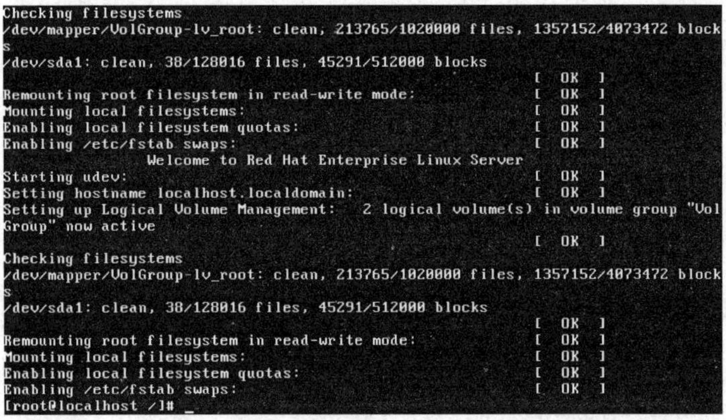

```
Checking filesystems
/dev/mapper/VolGroup-lv_root: clean, 213765/1020000 files, 1357152/4073472 block
s
/dev/sda1: clean, 38/128016 files, 45291/512000 blocks
                                                           [  OK  ]
Remounting root filesystem in read-write mode:             [  OK  ]
Mounting local filesystems:                                [  OK  ]
Enabling local filesystem quotas:                          [  OK  ]
Enabling /etc/fstab swaps:                                 [  OK  ]
          Welcome to Red Hat Enterprise Linux Server
Starting udev:                                             [  OK  ]
Setting hostname localhost.localdomain:                    [  OK  ]
Setting up Logical Volume Management:   2 logical volume(s) in volume group "Vol
Group" now active
                                                           [  OK  ]
Checking filesystems
/dev/mapper/VolGroup-lv_root: clean, 213765/1020000 files, 1357152/4073472 block
s
/dev/sda1: clean, 38/128016 files, 45291/512000 blocks
                                                           [  OK  ]
Remounting root filesystem in read-write mode:             [  OK  ]
Mounting local filesystems:                                [  OK  ]
Enabling local filesystem quotas:                          [  OK  ]
Enabling /etc/fstab swaps:                                 [  OK  ]
[root@localhost /]# _
```

图 6.7　引导 Linux 系统进入单用户模式

第 5 步,清空 root 用户密码。由于系统进入单用户模式后并不支持使用 passwd 命令。因此只能直接修改"/etc/shadow"文件。利用 vi 编辑器(利用 vim 编辑器也可以,但最后保存时将会弹出警告信息,忽略即可)打开"/etc/shadow"文件并删除 root 用户密码密文(即第一行文本中两个冒号间的内容),如图 6.8 所示。

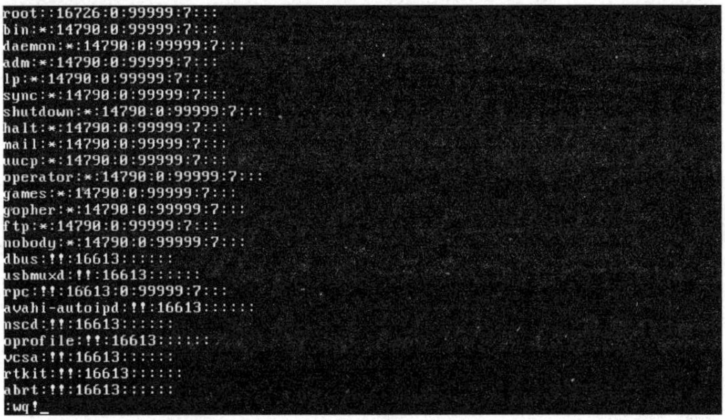

```
root::16726:0:99999:7:::
bin:*:14790:0:99999:7:::
daemon:*:14790:0:99999:7:::
adm:*:14790:0:99999:7:::
lp:*:14790:0:99999:7:::
sync:*:14790:0:99999:7:::
shutdown:*:14790:0:99999:7:::
halt:*:14790:0:99999:7:::
mail:*:14790:0:99999:7:::
uucp:*:14790:0:99999:7:::
operator:*:14790:0:99999:7:::
games:*:14790:0:99999:7:::
gopher:*:14790:0:99999:7:::
ftp:*:14790:0:99999:7:::
nobody:*:14790:0:99999:7:::
dbus:!!:16613::::::
usbmuxd:!!:16613::::::
rpc:!!:16613:0:99999:7:::
avahi-autoipd:!!:16613::::::
nscd:!!:16613::::::
oprofile:!!:16613::::::
vcsa:!!:16613::::::
rtkit:!!:16613::::::
abrt:!!:16613::::::
:wq!_
```

图 6.8　清空 root 用户密码密文

注意:"/etc/shadow"文件是只读的,因此需要在 vi 中以末行模式输入命令"wq!",强制保存 shadow 文件并退出 vi 编辑器。然后利用 reboot 命令重启系统。

第 6 步,重置 root 用户密码。系统启动完毕后以 root 用户身份登录,可发现 root 用户不需要密码即可登录系统,注意需要马上利用 passwd 命令重新设置好 root 用户的密码。

案例 6.2　批量新建普通用户账号

在创建普通用户时往往需要同时创建一批用户账号,例如为某个班级的学生各分配一个用户账号,而且还要为这些账号设置初始密码,这对于系统管理员来说是一个十分烦琐的任务。如果能够通过某种自动化的方式批量创建和管理普通用户账号,就能大大减少系统管理员的工作量。

本案例将编写一个批量新建普通用户账号的脚本,脚本将读取用户账号列表文本并创建账号,同时为这些用户设置初始密码。

第 1 步,编写脚本。脚本代码如下,保存为文件 addusers.sh,其中所涉及的用户管理方面的命令均在前面已有介绍。

```
#!/bin/bash
#从同一目录下的文件 userlist 中读取用户账号列表
if [ -e userlist ] && [ -f userlist ] ; then
    list = `cat userlist`
    #如果读取成功则遍历每一个账号名
    for account in $list
    do
        useradd $account
        #通过管道设置以账号名为内容的密码
        echo $account | passwd --stdin $account
        #设置账号必须修改密码
        chage -d 0 $account
    done
else
    echo "need the userlist"
    exit
fi
```

第 2 步,执行脚本并批量创建用户。首先在脚本的所在目录建立用户列表 userlist 文件,如:

```
[ root@ localhost ~] # cat userlist
student01
student02
student03
student04
student05
```

然后执行 addusers.sh 脚本,结果如下:

```
[ root@ localhost ~] # chmod u + x addusers
[ root@ localhost ~] # . / addusers userlist
更改用户 student01 的密码。
passwd: 所有的身份验证令牌已经成功更新。
更改用户 student02 的密码。
passwd: 所有的身份验证令牌已经成功更新。
更改用户 student03 的密码。
passwd: 所有的身份验证令牌已经成功更新。
更改用户 student04 的密码。
passwd: 所有的身份验证令牌已经成功更新。
更改用户 student05 的密码。
passwd: 所有的身份验证令牌已经成功更新。
```

可在 passwd 文件中过滤出相关信息:

```
[ root@ localhost ~]# grep student /etc/passwd
student01: x: 503: 503:: /home/student01: /bin/bash
student02: x: 504: 504:: /home/student02: /bin/bash
student03: x: 505: 505:: /home/student03: /bin/bash
student04: x: 506: 506:: /home/student04: /bin/bash
student05: x: 507: 507:: /home/student05: /bin/bash
```

第 3 步,测试用户账号。在一个终端上以 student01 ~05 的身份登录系统。如图 6.9 所示,系统提示要求强制修改密码。

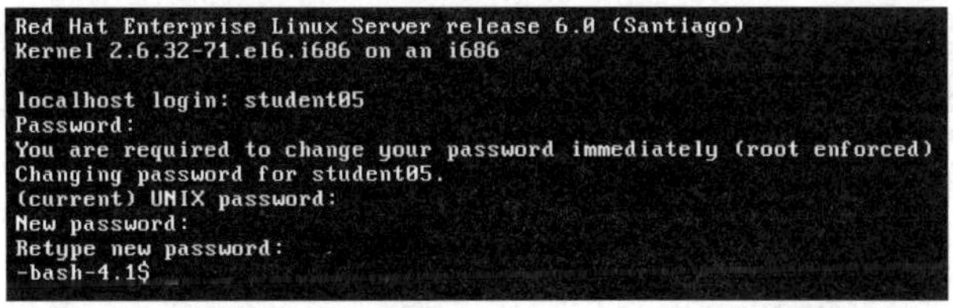

```
Red Hat Enterprise Linux Server release 6.0 (Santiago)
Kernel 2.6.32-71.el6.i686 on an i686

localhost login: student05
Password:
You are required to change your password immediately (root enforced)
Changing password for student05.
(current) UNIX password:
New password:
Retype new password:
-bash-4.1$
```

图 6.9 强制要求 student05 用户第一次登录系统时修改密码

案例 6.3 设置管理员组群

大家知道,root 用户是 Linux 系统中的管理员账号,普通用户只能使用系统而不能执行管理操作。由于 root 用户账号的特殊性和重要性,一般只允许少数管理人员获知其密码。然而这样一来,系统的所有管理工作就只能由这一两个管理人员负责完成。实际应用中不应过分集中地使用 root 用户账号,而是将部分 root 用户的管理权分散至一些普通用户账号上面。

我们可以设置一个管理员组群来解决上述问题。管理员组群中的用户只拥有部分 root 用户的特权,例如可赋予管理员组群能以 root 用户的身份执行基本文件管理命令的权限。这样当日常检查和维护系统时,即使管理人员不拥有 root 用户密码,也可以实施一些基本的文件管理操作。本案例将演示如何设置具有上述 root 用户管理权限的管理员组群,操作步骤如下。

第 1 步,创建管理员组群。root 用户使用如下命令创建组群 fileadmin:

```
[ root@ localhost ~]# groupadd fileadmin
```

第 2 步,修改/etc/sudoers 文件。root 用户利用 visudo 命令打开 sudoers 文件,增加命令别名配置:

```
##Command Aliases
##These are groups of related commands..          <== 留意这个位置
Cmnd_Alias FILE =/bin/cat,  /bin/ls,  /bin/cp      <== 在此增加命令别名 FILE
```

FILE 指定了管理员可以执行的 shell 命令,注意需要给出这些命令的绝对路径。这里

实训

6

用户管理

只允许管理员查看或者复制文件,以及查看目录文件列表等操作,也即不允许管理员组群成员利用 root 用户身份改动文件。

然后仿照示例 6.15 继续增加组群 fileadmin 的权限配置:

```
root    ALL = ( ALL)    ALL                          <== 留意这个位置
% fileadmin    ALL = ( ALL)    NOPASSWD: FILE        <== 在此增加配置行
```

这里设置了组群 fileadmin 的成员无须密码(NOPASSWD)便能够以任意的用户身份(默认是根用户的身份)执行 FILE 别名中所列的命令,然后注意把在示例 6.15 中的如下设置删去:

```
study    ALL = ( ALL)    ALL
```

第 3 步,设置管理员组群的成员。例如,root 用户执行如下命令将 study 用户加入到 fileadmin 组群中:

```
[ root@ localhost  ~] # usermod -G fileadmin study
[ root@ localhost  ~] # id study
uid = 500( study)  gid = 500( study)  组 = 500( study) , 1003( fileadmin)
```

第 4 步,测试管理员权限。首先从 root 用户切换为 study 用户身份,然后执行如下操作,显然会被警告权限不够。

```
[ root@ localhost  ~] # su study
[ study@ localhost root]$ ls /root
ls: 无法打开目录/root: 权限不够
```

然后利用 sudo 命令重新执行上述操作:

```
[ study@ localhost root]$ sudo ls -l     <== 按默认将以 root 用户身份执行 ls 命令
总用量   94120
(省略部分显示结果)
```

这次不需要密码直接即可列出/root 目录中的内容,说明设置已经生效。进一步可以重复上述步骤设置其他分管不同方面的管理员组群,如专门用于管理普通用户的管理员组群等。

6.4 实训练习题

(1) 查看 Linux 系统的相关文件,回答以下问题:

① root 用户的 UID 为多少? 他的主目录在哪里?

② 请举出一个普通用户,指出他的主目录及其所使用的 shell 是什么?

(2) 新建用户 abc1(abc 代表你的姓名拼音字母,下同) ,为其添加密码 abc1。查看该用户账号密码的加密密文。

（3）新建用户 abc2，并从 root 用户的身份切换到该用户身份。以 abc2 身份在其用户主目录下创建文件 test，然后再从该用户身份切换为 root 用户。

（4）新建用户 abc3，将其设置为口令为空（即用户不需要输入密码即可登录），然后验证设置是否成功。

（5）以 root 用户身份新建用户 abc4，然后对其进行锁定，验证锁定成功后以 root 用户身份删除该用户。

（6）先新建组群 abc5group，将用户 abc1 和 abc2 添加到该组群中。最后查看 abc1 和 abc2 的所属组群以确定是否设置成功。

（7）添加一新用户 abc8 并设置用户主目录为"/home/abc"且密码为空，添加新用户组 abc7group，指定其 GID 为 600（如果系统已使用该 GID 可选择设置另一个 GID），并将 abc7group 组群作为用户 abc8 的附加组群。最后查看 abc8 用户的基本信息以确定设置是否成功。

（8）添加一新用户 abc9，设置用户密码为"123456"，修改 passwd 文件，设定 10 天内用户必须更改密码。注意做练习时可通过调整系统时间后用户登录系统来验证是否正确。

（9）参考综合实训案例 6.3，设置管理员组群，使组群成员能够通过 sudo 命令以 root 用户身份通过 cat、more、tail、head 等命令查看系统中的文件。

实训 7 文件管理

7.1 实 训 要 点

（1）理解各种文件类型的含义。

（2）理解符号链接文件与硬链接文件的区别。

（3）理解文件权限的字母表示法和数字表示法。

（4）设置文件的权限。

（5）利用 find 命令查找文件。

（6）利用 tar 命令和 gzip 命令打包和压缩文件。

（7）利用 dd 命令转换和复制文件。

7.2 基础实训内容

7.2.1 Linux 的文件类型

1. 文件类型的查看

UNIX 类的操作系统有一句关于文件的经典概括："一切皆文件"，意思是指操作系统对需要管理的对象均抽象并表示为文件，而对管理对象的操作便可以表示为对文件的操作。利用 ls 命令结合"-l"选项，即可查看相关文件的类型。另外，也可以使用 file 命令查看某个文件的类型。

【示例 7.1】 查看文件类型。列表中每一行的第一个字母表示了对应的文件类型代码。文件类型代码如表 7.1 所示。

```
[ root@ localhost ~] # ls -l /dev          <== 查看/dev/目录下的内容
总用量  0
crw-rw----.    1 root video    10, 175    7 月      9 16：10 agpgart
crw-rw----.    1 root root     10,  55    7 月      9 16：10 autofs
drwxr-xr-x.    2 root root     640        7 月      9 16：10 block
drwxr-xr-x.    2 root root     80         7 月      9 16：09 bsg
drwxr-xr-x.    3 root root     60         7 月      9 16：09 bus
lrwxrwxrwx.    1 root root     3          7 月      9 16：10 cdrom -> sr0
lrwxrwxrwx.    1 root root     3          7 月      9 16：10 cdrw -> sr0
(部分显示内容省略)
```

表 7.1　ls 命令使用的文件类型代码

文 件 类 型	类 型 代 码	文 件 类 型	类 型 代 码
普通文件(regular file)	-	符号链接文件(link)	l
目录(directory)	d	套接字(socket)	s
字符设备文件(character)	c	管道(pipe)	p
块设备文件(block)	b		

下面将按表 7.1 所列的文件类型次序介绍除套接字和管道文件之外的各种文件类型,其中对于符号链接文件将结合硬链接文件进行具体介绍。

2. 普通文件

普通文件包括了文本文件、二进制文件等。文本文件可通过 cat 命令或 vim 编辑器等工具直接访问。可执行程序、图形文件等均属于二进制文件,例如前面已经介绍过的 which 命令可以查看 cat 等 shell 命令作为二进制文件在系统中的存放位置。

【示例 7.2】　查看 shell 命令的存放位置。利用 file 命令可查询"/bin/cat"文件的具体信息。

```
[root@ localhost ~]# which cat
/bin/cat
[root@ localhost testdir]# file /bin/cat        <==file 命令能查询更详细的信息
/bin/cat: ELF 32-bit LSB executable, Intel 80386, version 1 (SYSV), dynamically linked (uses shared
libs), for GNU/Linux 2.6.18, stripped
```

还有一些二进制文件是具有特定数据格式的文件,它们需要由特定的程序访问,如"/var/log/wtmp"和"/var/log/btmp"文件,它们需要由 last 和 lastb 命令读出文件中的信息。

【示例 7.3】　"/var/log/wtmp"和"/var/log/btmp"文件的访问。"/var/log/wtmp"文件记录了用户成功登录系统的信息,而"/var/log/btmp"文件则把所有登录信息,包括用户尝试登录系统但不成功的信息记录下来。可以尝试利用 cat 命令查看这两个文件,得到的将是一堆乱码。

```
[root@ localhost log]# ls -l /var/log/wtmp /var/log/btmp
-rw-------. 1 root utmp    6912    7 月 11 20:15 /var/log/btmp
-rw-rw-r--. 1 root utmp 165888   7 月 11 20:16 /var/log/wtmp
[root@ localhost log]# last                <== 利用 last 查看/var/log/wtmp
testuser tty4                 Sun Jul 12 20:15-20:15 (-1 +00:00)
(部分显示内容省略)

wtmp begins Sat Jun 27 22:37:48 2015
[root@ localhost log]# lastb              <== 利用 lastb 查看/var/log/btmp
testuser tty3                 Sat Jul 11 20:15-20:15 (00:00)
(部分显示内容省略)

btmp begins Thu Jul  2 10:19:52 2015
```

```
[ root@ localhost ~]# file /var/log/wtmp /var/log/btmp       <==查看两个文件的类型
/var/log/wtmp:  data
/var/log/btmp:  DBase 3 index file
```

3. 目录

目录本身也是一种文件,但它与后面介绍的设备文件和符号链接文件一样,都属于特殊文件。Linux 利用目录以树状结构的形式组织文件,目录记录了它内部所有文件的属性信息。为关联上一级目录以及它自己本身,在每个目录下有".”和".."两个特殊目录,其中".”表示当前目录本身,而".."则表示当前目录的父目录。

【示例7.4】 假设在"/root"中有文件 test 以及子目录 testdir,从以下命令的结果可见特殊文件".”和".."的含义。

```
[ root@ localhost ~]# cat test
hello
[ root@ localhost ~]# cat ./test                <== "."表示当前目录本身
hello
[ root@ localhost ~]# cd testdir
[ root@ localhost testdir]# pwd
/root/testdir
[ root@ localhost testdir]# cat ../test          <== ".."则表示当前目录的父目录
hello
```

4. 设备文件

Linux 系统采用设备文件统一管理硬件设备,从而将硬件设备的特性及管理细节对用户隐藏起来,实现用户程序不需要关心设备的硬件细节,只需要通过统一的文件访问操作接口即可实现对硬件设备的使用。这也是"一切皆文件"这句口号最为突出的体现。在 Linux 中,设备可分为字符设备和块设备,对应地有字符设备文件和块设备文件。字符设备和块设备的区别在于,字符设备如键盘、鼠标等,并不具备 I/O 缓冲,因此以单个字节为基本的数据传输单位,而如硬盘等块设备则具备 I/O 缓冲,因而每次 I/O 读写均为一个数据块(如 512字节)。下面通过示例介绍一些典型的设备文件。

【示例7.5】 鼠标设备文件。鼠标属于典型的字符设备,其设备文件存放于"/dev/input"下。示例显示结果中,mouse0~3 对应于第 1~4 个鼠标设备,而 mice 则对应于通用的usb 鼠标设备。

```
[ root@ localhost input]# ls -l
(省略部分显示结果)
crw-r-----.   1 root root 13, 63   8 月   2 15:36 mice
crw-r-----.   1 root root 13, 32   8 月   2 15:36 mouse0
crw-r-----.   1 root root 13, 33   8 月   2 15:36 mouse1
crw-r-----+   1 root root 13, 34   8 月   2 15:36 mouse2
crw-r-----.   1 root root 13, 35   8 月   2 15:36 mouse3
```

【示例7.6】 硬盘设备文件。硬盘属于典型的块设备。每个硬盘在"/dev"目录下有对应的设备文件。硬盘按接口类型可分为 IDE 接口和 SCSI 接口,使用 IDE 接口的硬盘其设备文件为 hda、hdb 等,而使用 SCSI 接口的硬盘其设备文件命名为 sda、sdb 等。实际使用中视需求而定,可将硬盘的存储空间划分为若干个区域,每个区域即被称为硬盘分区。对于已经分区的硬盘,其中的每个硬盘分区为一个独立的设备文件。如下示例结果显示,SCSI 接口硬盘 sda 中包括了 sda1 和 sda2 两个分区。

```
[ root@ localhost dev] # ls -l  /dev/sda*
brw-rw----. 1 root disk 8, 0   8 月   4 16:58 /dev/sda    <==整个硬盘本身对应一个设备文件
brw-rw----. 1 root disk 8, 1   8 月   2 15:36 /dev/sda1   <==每个硬盘分区也对应一个设备文件
brw-rw----. 1 root disk 8, 2   8 月   2 15:36 /dev/sda2
```

【示例7.7】 空设备文件。空设备属于一种特殊的字符设备,它并不对应于某种真实的物理设备。它的特殊之处在于所有写入空设备的内容都会被丢弃,读这个设备会立即返回一个文件尾标志(EOF)。可以将一些不需要保留的输出结果重定向到空设备文件中,也可利用空设备文件创建一个普通的空文件。注意以下示例中复制字符设备文件"/dev/null"到"/root"下,但得到的却是普通文件 null,而非一个设备文件。

```
[ root@ localhost dev] # ls -l /dev/null
crw-rw-rw-. 1 root root 1, 3   8 月   2 15:36 /dev/null      <==/dev/null 是一个特殊字符设备文件
[ root@ localhost ~] # cp /dev/null null
[ root@ localhost ~] # stat null                            <==复制结果实际得到的是空文件
  File: "null"
  Size: 0          Blocks: 0           IO Block: 4096      普通空文件
Device: fd00h/64768d  Inode: 270826    Links: 1
Access: (0644/-rw-r--r--)  Uid: (    0/  root)  Gid: (    0/   root)
Access: 2015-11-12 18: 08: 27. 374190353 +0800
Modify: 2015-11-12 18: 08: 26. 342453738 +0800
Change: 2015-11-12 18: 08: 26. 342453738 +0800
```

需要指出的是,每个物理设备在系统中所对应的设备文件并非一成不变。例如,当一个 U 盘插入到计算机中,系统会为其分配一个设备文件,如"/dev/sdb1"。但再次使用时如果已有其他设备使用了"/dev/sdb1",那么该 U 盘将会被分配为"/dev/sdc1"等其他设备文件。为便于识别和管理物理设备,Linux 将会记录一些块存储设备的 UUID(Universally Unique Identifier,通用唯一识别码),这样即使某个物理设备所对应的设备文件发生改变,系统仍然能识别出该设备。可以通过 blkid 命令获取系统中块设备的 UUID 值。

命令名: blkid(block id)。

功能:查找/打印块设备的属性。

格式:

```
blkid  [选项]   [设备文件]
```

重要选项：

-p(probe)：此选项需要给出设备文件名称作为参数，用于探测设备的所有基本信息，包括 UUID、文件系统类型等。

-U(UUID)：此选项需要给出设备文件名称作为参数，用于读取设备的 UUID 值。

【示例 7.8】 查询"/dev/sda1"的设备属性。注意"/dev/sda1"的 UUID，在后面的实训中还会讨论到该值。

```
[root@ localhost ~]# blkid -p /dev/sda1
/dev/sda1: UUID = "a79d0aa7-8fd9- 4ce7-a8d0-c08d2c7b2dd2" VERSION = "1. 0" TYPE = "ext4"
USAGE = "filesystem"
```

5. 链接文件

链接文件指向某个实际的目标文件，其用途类似于 Windows 系统中的"快捷方式"，也即当访问链接文件时，实际访问的将是链接文件所指向的目标文件。链接文件分为硬链接(Hard Link)文件和符号链接(Symbolic Link)文件，符号链接仅记录了目标文件所在路径，而硬链接文件实际则是目标文件的一个副本。可以利用 ln 命令创建关于某个目标文件的硬链接文件或符号链接文件。

命令名：ln 命令。

功能：创建链接文件，默认创建硬链接文件。

格式：

```
ln  [选项]  目标文件路径   链接文件路径
```

重要选项：

-s(symbolic)：建立符号链接文件。

【示例 7.9】 创建符号链接。

```
[root@ localhost ~]# touch target                 <==先创建一个目标文件
[root@ localhost ~]# ln -s target symtarget
[root@ localhost ~]# ls -l symtarget
lrwxrwxrwx. 1 root root 6   8月   4 22:18 symtarget -> target
```

7.2.2 文件的权限

1. 文件权限与用户类型

文件的权限是指系统是否允许特定的某种用户对某个文件实施读(read)、写(write)、执行(execute)3 种操作。用户具备了某个文件的某种权限，则表示系统允许他对该文件实施对应的操作。为管理文件的权限，系统对用户划分为以下 3 种类型。

(1) 文件所有者(owner)：当用户自行创建某个文件时，该文件就以此用户为文件所有者。然而在系统允许的情况下，文件所有者可被修改为另一用户。一个文件的拥有者实际拥有设置该文件权限的权力，也即由文件所有者来分配属组成员和其他用户对该文件的访问权限。

（2）属组成员（group）：为了管理方便，另外需要设置文件属于哪个用户组群。属组成员是指文件所属组群中的用户。他们作为成员共同拥有对文件的某种权限。

（3）其他用户（other）：对某个文件来说，除文件所有者和属组成员外的用户均属于其他用户，他们也共同拥有对文件的某种权限。

由于不同类型的用户分别拥有各自的文件访问权限。因此当用"ls -l"或"stat"命令查看文件基本信息时，能够得到关于这些文件的访问权限信息。例如查看文件 file 的信息如下，其具体含义如图7.1所示。

```
[ root@ localhost ~]# ls -l file
-rw-r--r--. 2 root root 24649   11 月   7 20:51 file
```

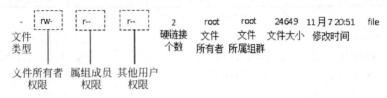

图7.1   file 文件信息的具体含义

需要注意的是每个文件的硬链接个数最少有一个，也即指它自己本身。如果为某个文件添加了硬链接文件，则硬链接个数也会加一。

2. 文件权限的表示方法

图7.1采用了字母序列的方式表示了一个文件对于其文件所有者、属组成员和其他用户这三类用户的权限。读、写、执行这 3 种操作的权限被表示为字母 r、w、x。例如，查看"/etc/passwd"文件，可发现该文件属于 root 用户，root 用户对其具有读权限和写权限，而 root 组群中的成员以及其他用户均有读权限。

```
[ root@ localhost ~]# ls -l /etc/passwd
-rw-r--r--. 1 root root 2657   7 月   7 20:15 /etc/passwd
```

然而可以再查看"/etc/shadow"文件的权限设置：

```
[ root@ localhost ~]# ls -l /etc/shadow
----------. 1 root root 2904   11 月   10 19:35 /etc/shadow
```

名义上来说，即使连 root 用户也不能访问和修改 shadow 文件。但正如我们在综合实训案例 6.1 中所演示的那样，由于 root 用户是 shadow 文件的所有者，因此实际上 root 用户拥有设置 shadow 文件权限的权力，所以 root 用户能执行任何对 shadow 文件的所有操作。

上述以字母及其序列的形式来表示文件权限的方法被称为文件权限的字母表示法。它虽然直观且容易理解，但在需要对文件权限进行整体设置的时候就显得有些不方便。文件的访问权限不仅可以使用字母来表示，也可以通过数字表示。对于每种用户类型，具有读权限记为4，具有写权限记为2，而具有执行权限记为1。这样"rwx"对应于数字7，即"4 + 2 + 1"之值。同理可得到所有权限组合的数字表示值，如表 7.2 所示。后面关于文件权限的

shell 命令均可以使用字母表示或数字表示两种方法表示文件的访问权限。

表 7.2　文件权限的数字表示

权限的字母表示	对应的二进制值	权限的数字表示
- - -	000	0
- -x	001	1
-w-	010	2
-wx	011	3
r- -	100	4
r-x	101	5
rw-	110	6
rwx	111	7

3. 目录权限的讨论

目录是一种特殊的文件,是组织文件以及构成文件系统的重要工具。如前所述,它记录了其内部所有文件的基本信息。由于它的特殊性,因此专门结合如下几种关于目录的操作来讨论目录的访问权限设置。

(1) 通过 ls 等命令获取目录中的文件列表: 起码需要有读权限,但需要有执行权限配合,否则仍然无法获取详细的文件列表信息。

(2) 通过 cd 等命令进入目录: 需要有执行权限。但是如果没有读权限,仍然不能列出目录中的文件。

(3) 通过 touch 等命令在目录中创建文件: 需要有写权限。但是如果没有执行权限,同样不能创建文件。

由以上讨论可知,如果文件的拥有者想对属组成员或其他用户开放共享目录及其文件,但又不想在该目录下创建文件,则需要设置"r-x"权限,这正是目录权限的默认设置。

【示例 7.10】　设有"/home/testuser"目录,该目录权限设置如下:

```
[ study@ localhost home]$ ls -dl /home/testuser        <==其他用户只有读权限
drwxr--r--. 26 testuser testuser 4096   11 月   3 16:03 /home/testuser
```

假设 study 用户的当前目录为"/home",他访问"/home/testuser"目录,结果如下:

```
[ study@ localhost home]$ ls /home/testuser/         <==可列出文件列表,但仍警告权限不够
ls: 无法访问/home/testuser/share: 权限不够
(省略部分显示结果)
public_html   roottest   share   test
[ study@ localhost home]$ cd /home/testuser/          <==同样不能进入目录
bash: cd: /home/testuser/: 权限不够
```

4. 默认权限

关于文件权限管理的另一个重要概念是默认权限。当新建一个文件或目录时,系统会为文件设置默认权限。

【示例 7.11】　查看系统为文件及目录设置的默认权限。

```
[ root@ localhost ~]# touch newfile          <==新建一个文件
[ root@ localhost ~]# ls -l newfile          <=="rw-r--r--"是文件的默认权限
-rw-r--r--. 1 root root 0   8月   5 21:39 newfile
[ root@ localhost ~]# mkdir newdir
[ root@ localhost ~]# ls -dl  newdir         <==查看目录的默认权限
drwxr-xr-x. 2 root root 4096   8月   5 22:26 newdir
```

默认权限的设置与系统的 umask 值有关。可以通过 umask 命令查看当前系统的 umask 设置：

```
[ root@ localhost ~]# umask
0022
```

其中第一位数字称为粘着位(stick bit)，而后三位是我们更为关心的，它们是一种掩码，用表 7.2 可以翻译为"----w--w-"。文件被创建后，如果该文件是目录，由于它需要被打开访问，因此它将有初始权限"rwxrwxrwx"，而如果该文件并非目录，则它将具有的初始权限为"rw-rw-rw-"。系统将使用 umask 设置默认权限。

（1）目录文件：初始权限"rwxrwxrwx"去掉"----w--w-"，结果默认权限为"rwxr-xr-x"。

（2）普通文件：初始权限"rw-rw-rw-"去掉"----w--w-"，结果默认权限为"rw-r--r--"。

【示例7.12】　修改文件的默认权限。示例中 umask 被修改为"002"，即"-------w-"。因此，对于普通文件，初始权限"rw-rw-rw-"去掉"-------w-"，结果默认权限为"rw-rw-r--"。而对于目录文件，初始权限"rwxrwxrwx"去掉"-------w-"，结果默认权限为"rwxrwxr-x"。

```
[ root@ localhost ~]# umask 002          <==修改 umask 值
[ root@ localhost ~]# touch newfile2
[ root@ localhost ~]# ls -l newfile2
-rw-rw-r--. 1 root root 0   8月   6 22:17 newfile2
[ root@ localhost ~]# mkdir newdir2
[ root@ localhost ~]# ls -dl newdir2
drwxrwxr-x. 2 root root 4096   8月   6 22:17 newdir2
```

5. 权限管理命令

权限管理命令包括了设置文件权限的命令以及设置文件所属用户及组群的命令两类。下面主要介绍 chmod、chown 和 chgrp 3 个命令。

1）chmod 命令

功能：设置文件权限。

格式：

```
chmod  [选项]  模式  文件路径
```

chmod 使用的重点是在模式的表示上，与文件权限的数字表示法和字母表示法相对应，chmod 在设置权限时有数字模式和字母模式两种可供选择。

（1）数字模式：根据表 7.2，采用 3 个数字分别表示对于文件所有者、属组成员和其他用户所要设定的权限。

(2) 字母模式: 指定用户类型以及所要设置的权限(r,w,x)。对于文件所有者、属组成员和其他用户分别用字母 u、g、o 表示。如果是上述 3 种用户均要设置权限,则可用 a 表示。权限的增加或删除用 + 或 − 号表示,而权限则用 r、w、x 分别表示读、写和执行权限。

【示例 7.13】 采用数字模式设置文件权限。与字母模式相比,数字模式的设置方法更为直接和简单。

```
[ root@ localhost ~]# ls -l newfile
-rw-r--r--. 1 root root 0   8 月   6 22:16 newfile
[ root@ localhost ~]# chmod 664 newfile        <==设置 newfile 文件的权限为 664
[ root@ localhost ~]# ls -l newfile
-rw-rw-r--. 1 root root 0   8 月   6 22:16 newfile
```

【示例 7.14】 修改示例 7.10 中的"/home/testuser"目录的权限为 755(原来为 744)。

```
[ testuser@ localhost ~]$ chmod 755 /home/testuser   <==注意需要 root 或 testuser 用户来改
```

然后以 study 用户身份访问"/home/testuser"目录:

```
[ study@ localhost home]$ ls -dl /home/testuser/          <==实际增加了执行权限
drwxr-xr-x. 26 testuser testuser 4096   11 月   3 16:03 /home/testuser/
[ study@ localhost home]$ ls /home/testuser/            <==能够获取目录的文件列表
public_html   roottest   share   test   (省略部分显示结果)
[ study@ localhost home]$ cd /home/testuser/              <-- 能够进入目录
[ study@ localhost testuser]$
```

【示例 7.15】 采用字母模式设置文件权限。

```
[ root@ localhost ~]# ls -l newfile
-rw-rw-r--. 1 root root 0   8 月   6 22:16 newfile
[ root@ localhost ~]# chmod o+w newfile          <==此处为其他用户增加了写权限
[ root@ localhost ~]# ls -l newfile
-rw-rw-rw-. 1 root root 0   8 月   6 22:16 newfile
```

2) chown 命令

功能: 设置文件所有者及所属组群。

格式:

```
chown   [选项]   所有者[:组群]   文件
```

【示例 7.16】 设置示例 7.13 中的 newfile 文件的所有者及所属组群。注意在操作命令前首先需要确认有 study 用户、study 组群及 testuser 组群,练习时如果没有这些用户及组群需自行添加。最后一条 chown 命令单独修改了 newfile 文件的所属组群为 testuser,但保留 study 为 newfile 文件的所有者。

```
[ root@ localhost ~]# ls -l newfile
-rw-rw-rw-. 1 root root 0   8 月   6 22:16 newfile
[ root@ localhost ~]# chown study: study newfile        <==修改 newfile 文件拥有者为 study
[ root@ localhost ~]# ls -l newfile
-rw-rw-rw-. 1 study study 0   8 月   6 22:16 newfile
[ root@ localhost ~]# chown : testuser newfile          <==修改 newfile 所属组群为 testuser
[ root@ localhost ~]# ls -l newfile
-rw-rw-rw-. 1 study testuser 0   8 月   6 22:16 newfile
```

3）chgrp 命令

功能：设置文件所属组群。

格式：

```
chgrp   组群名   文件
```

【示例 7.17】　root 用户新建文件 studyfile，默认文件所属组群为 root 组群。

```
[ root@ localhost ~]# touch studyfile
[ root@ localhost ~]# ls -l studyfile
-rw-r--r--. 1 root root 0   8 月   9 11:09 studyfile
[ root@ localhost ~]# chgrp study studyfile             <==修改 studyfile 文件的组群为 study
[ root@ localhost ~]# ls -l studyfile
-rw-r--r--. 1 root study 0   8 月   9 11:09 studyfile
```

7.2.3　与文件有关的应用

1. 文件的查找

在 Linux 中的文件查找可分为快速查找和完全查找两种。前者由于只在数据库中检索，因此查找速度很快，适合于对一些重要文件的定位，相关命令有前面介绍过的 which 命令，which 命令用于查找某个命令的执行文件路径，这里另外介绍 whereis 命令，它能对一些特定的文件进行快速查找。完全查找是指在整个文件系统范围内查找文件，因而查找速度较慢，但能够完整地找出所有符合查找条件的文件。对于完全查找，下面介绍 find 命令供读者使用。

1）whereis 命令

功能：快速查找关于某个命令的相关特定文件（包括目录）。

格式：

```
whereis   [选项]   文件名
```

重要选项：

-b（binary）：只查找与该命令有关的二进制文件。

-m（manual）：只查找与该命令有关的说明手册文件。

-s（source）：只查找与该命令有关的源代码文件。

【示例 7.18】 查找与 ls 命令有关的二进制文件和手册文件。

```
[root@ localhost ~]# whereis -b ls
ls: /bin/ls
[root@ localhost ~]# whereis -m ls
ls: /usr/share/man/man1p/ls.1p.gz /usr/share/man/man1/ls.1.gz
```

2) find 命令

功能: 对某些特定文件(包括目录)进行完整查找。

格式:

```
find  [查找路径]  [选项]  [参数]
```

find 命令的选项非常丰富, 主要用于指定查找条件, 包括时间条件、用户信息条件、文件属性信息条件等几类, 此外还包括其他操作选项。在选取了某种查找条件之后, 需要给出特定的参数以明确查找条件。以下是关于时间条件的重要选项及其示例, 在练习以下示例时要注意如果没有符合查找条件的文件可供搜索, 就要自行创建一些符合条件的文件进行测试。

-mtime: 该选项后面需要给出格式为"(+/-)n"的参数用于表示从现在开始算起的之前第 n 天。$n=0$ 时, 该参数表示最近 24 小时内被修改过的文件。如果参数是" +n", 则表示在第 n 天前被修改过的文件。如果参数是" -n"则表示第 n 天之内到现在被修改过的文件。

-newer file: 查找修改时间在 file 文件之后的文件。

【示例 7.19】 查找"/root"目录下符合特定时间条件的文件。可以见到, 设置 n 为"0"或" -1"实际都是查找最近 24 小时内被修改的文件。设置 n 为" +1"则查找所有一天前被修改过的文件。

```
[root@ localhost ~]# find ~ -mtime 0          <==查找最近 24 小时内被修改过的文件
/root
/root/.lesshst
/root/newfile2
/root/newdir2
/root/newfile
[root@ localhost ~]# find ~ -mtime -1         <==同样是查找最近 24 小时内被修改过的文件
/root
/root/.lesshst
/root/newfile2
/root/newdir2
/root/newfile
[root@ localhost ~]# find ~ -mtime +1|more     <==查找一天之前被修改过的文件
/root/.gnome2_private
/root/.pulse-cookie
/root/.ICEauthority
```

```
/root/. gvfs
(省略部分显示结果)
```

【示例7.20】 查找在"/root"中比 newfile 文件(假设该文件应已存放在"/root"中)更新的文件。

```
[ root@ localhost ~]# find ~ -newer newfile
/root
/root/. lesshst
/root/newfile2
/root/newdir2
[ root@ localhost ~]# touch newfile          <==刚刚刷新了 newfile 文件的修改时间
[ root@ localhost ~]# find ~ -newer newfile   <==因此不会有比 newfile 更新的文件
[ root@ localhost ~]#
```

以下是关于用户信息条件的重要选项及其示例。

-user 用户名：查找属于某个用户的所有文件。

-group 组群名：查找属于某个组群的所有文件。

【示例7.21】 查找"/home"目录中属于 root 用户的所有文件,查找"/root"目录下属于 study 用户的所有文件。

```
[ root@ localhost ~]# find /home -user root
/home
/home/study/readable
[ root@ localhost ~]# find /root -user study
/root/newfile
```

以下是关于文件属性信息条件,包括了文件名、文件大小、类型和权限等方面的条件的重要选项及其示例。

-name：该选项后面需要给出文件名参数,用于指定查找符合某个文件名称的所有文件。

-size：该选项后面需要给出格式为"(+/-)文件大小值"的参数,用于查找文件大小大于(+)或小于(-)指定文件大小值的所有文件。文件大小值中用符号 c、K、M、G 分别表示 1 个字节、1024 字节、1 兆字节及千兆字节这 4 个单位。

-type：该选项后面需要给出文件类型参数,用于查找符合文件类型的所有文件。除普通文件以符号 f 表示外,其余文件类型的表示符号可参见表7.1。

-perm(permission)：该选项后面需要给出格式为"(+/-)模式"的参数,用于指定查找符合某种权限模式的文件。"+模式"用于表示文件的权限至少应有一部分符合模式所表示的权限,"-模式"用于表示文件的权限应完全包括模式所表示的权限。如果不使用"+/-",则表示文件的权限应正好符合模式所表示的权限。

【示例7.22】 在"/root"下查找文件大小大于 1 兆字节的文件。

```
[ root@ localhost ~]# find /root -size +1M
/root/. mozilla/firefox/ebpgtk81. default/XPC. mfasl
```

【示例 7.23】 查找"/root"中所有以"new"开头的普通文件。注意可使用一些在实训 3 中介绍的通配符以缩小查找范围。

```
[root@ localhost ~]# find /root -type f -name 'new*'
/root/newfile2
/root/newfile
```

【示例 7.24】 查找"/root"目录中正好符合"rw-rw-rw-"权限模式的文件。

```
[root@ localhost ~]# find ~ -perm 666
/root/newfile
[root@ localhost ~]# ls -l newfile
-rw-rw-rw-. 1 study testuser 0   8 月   6 22:16 newfile
```

【示例 7.25】 查找"/root"目录中包括"rw-rw-rw-"权限模式的文件。

```
[root@ localhost ~]# find ~ -perm -666
(省略部分显示结果)
/root/symtarget
/root/newfile
[root@ localhost ~]# ls -l symtarget
lrwxrwxrwx. 1 root root 6   8 月   4 22:18 symtarget -> target
```

2. 文件的打包和压缩

为了更有效地传递文件,文件的发送者经常需要对一组文件进行扣包,形成一个独立完整的归档文件,以方便文件的接收者一次获取该组文件,而无须担心由于各种误操作而导致接收者漏掉某个文件没有接收。文件接收者获取归档文件后,可以从归档文件中提取出原来的整组文件。此外,为了使文件的传输速度更快,文件的发送者也经常会对文件进行压缩,文件接收者在得到压缩文件后,需要对其进行解压。对文件的打包和压缩是两种不同的操作,但在实际使用时,可以结合在一起使用,同理对归档文件的提取和压缩文件的解压也是可以同时结合在一起进行的。

在 Linux 中,文件的归档和还原可通过 tar 命令来实现,而对某个文件的压缩和解压缩则可通过 gzip 等命令来实现。注意 gzip 命令并不支持对一组文件压缩成为一个独立文件。为此,更常见的使用方法是通过 tar 命令归档或提取的同时进行压缩或解压缩(tar 命令内部支持 gzip 等压缩工具的使用)。需要指出的是,Linux 桌面也提供了一些更为易用的图形化界面工具,但执行速度相对较慢,读者可自行尝试使用。这里主要介绍 gzip 命令以及 tar 命令的使用方法。

1) gzip 命令

功能:对文件进行压缩/解压缩。

格式:

```
gzip  [选项]   文件
```

【示例 7.26】 对图片文件 test. png 进行压缩,默认得到文件为 ∗ . gz 文件。对比原文件的大小可发现 test. png. gz 文件更小。

```
[ root@ localhost  ~]# ls -l test. png
-rw-r--r--. 1 root root 32011   6 月   27 20:43 test. png
[ root@ localhost  ~]# gzip test. png
[ root@ localhost  ~]# ls -l test. png. gz
-rw-r--r--. 1 root root 30805   6 月   27 20:43 test. png. gz
```

2) tar 命令

功能:对一组文件进行归档/还原。

格式:

```
tar  [选项]  归档文件  [操作路径]
```

重要选项:

-f 文件名:该选项是必要选项,用于指定生成的归档文件的名称,或要提取的归档文件的名称。

-c(create):创建一个归档文件。

-C(change):改变(跳转)到某个目录上进行操作。

-x(extract):提取归档文件中的文件。

-z(gzip):使用 gzip 方式对文件进行压缩或解压缩。

-v(verbose):显示命令的执行过程。

【示例 7.27】 "/var/log"目录一般存放了系统的日志文件,本示例将对"/var/log"目录中的文件打包并压缩后形成文件 logfile. tar. gz。

```
[ root@ localhost  ~]# tar -zcvf   logfile. tar. gz   /var/log
tar: 从成员名中删除开头的"/"
/var/log/
/var/log/secure-20150719
/var/log/secure-20150804
/var/log/cron-20150705
(省略部分显示结果)
[ root@ localhost  ~]# ls -l logfile. tar. gz
-rw-r--r--. 1 root root 611640   8 月   7 15:51 logfile. tar. gz
```

【示例 7.28】 对 logfile. tar. gz 文件进行解压并将目录及其中的文件提取至"/tmp"目录下。

```
[ root@ localhost  ~]# tar  -zxvf   logfile. tar. gz   -C /tmp
var/log/
var/log/secure-20150719
var/log/secure-20150804
var/log/cron-20150705
(省略部分显示结果)
```

```
[ root@ localhost log]# ls -dl /tmp/var/log/      <==注意解压和还原后仍按原来目录结构组织
drwxr-xr-x. 15 root root 4096   8 月   4 16：11 /tmp/var/log/
```

3. 文件的转换及复制

在实际应用中常需要创建一些具有特殊格式的文件,如光盘文件(. iso 文件)等,创建方式往往是从某个具有这种格式的文件中读取数据块作为输入,经过转换后将结果复制写入到输出文件作为输出。此处介绍 dd 命令用于文件的转换与复制。其命令格式如下：

```
dd   [选项]   [操作路径]
```

重要选项：

if(input file)：此选项后面需给出格式为" = 文件路径"的参数作为输入文件,以此替代从标准输入中获取输入。

of(output file)：此选项后面需给出格式为" = 文件路径"的参数作为输出文件。

bs(block size)：此选项后面需给出参数指出每次读取和写入的字节数,可以使用 K、M、G 或 KB、MB、GB 等缩写表示字节数。

count：此选项后面需给出参数指出读取和写入的次数。

【示例 7.29】 创建 VMware Tools 的光盘文件。实际该光盘文件在 Windows 系统中的 VMware 安装目录中已经存在。现在可以选择 VMware 中的"虚拟机"→"重新安装 VMware Tools"菜单来重新挂载 VMware Tools 光盘。下面所示的 dd 命令将从 VMware Tools 光盘中读取数据,每次读取的数据块为 1KB,输出结果即为一个. iso 文件,它与虚拟光驱中的 VMware Tools 光盘具有相同的内容。

```
[ root@ localhost ~]# dd if =/dev/cdrom of = testrom. iso bs =1K
记录了 60946 +0 的读入
记录了 60946 +0 的写出
62408704 字节(62 MB)已复制,2.5016 秒,24.9 MB/s
```

利用 dd 命令可以实现许多十分复杂的应用,将在后面的实训内容中继续介绍。

7.3   综合实训案例

案例 7.1   普通用户间共享文件的权限设置

Linux 系统内的普通用户经常需要互相共享文件数据。一旦设置文件共享,就要考虑如何设置合理的访问权限,以实现对共享文件数据的保护。

以下案例初步介绍了普通用户间共享文件时如何设置文件权限。假设系统中有普通用户 study 和 testuser,其中 testuser 用户已在实训 6 中创建并用于演示用户管理操作命令,最后在 userdel 命令的相关示例中被删除,如没有 testuser 用户账号可自行创建。下面是操作演示步骤：

第 1 步，study 用户和 testuser 用户分别使用两个字符终端登录系统，注意这里 study 用户和 testuser 用户一定要通过 tty1-7 中的字符终端来登录系统，或者使用 SSH 远程连接来登录系统。不要以 root 用户身份切换为 study 用户或 testuser 用户的身份来进行下面的操作。执行以下命令时需要注意对应的用户身份，不要将 study 和 testuser 两个用户混淆了。

第 2 步，查看 study 用户主目录的访问权限。大家知道，每个普通用户都会有自己的主目录，在 study 用户使用的字符终端中查询"/home/study"目录的权限设置，有：

```
[ study@ localhost ~]$ ls -dl /home/study
drwx------. 25 study study 4096   8 月   8 17:03 /home/study
```

上述关于"/home/study"目录的权限设置结果意味着除了 root 用户之外，其他普通用户不能访问 study 用户主目录的内容。因此当普通用户 testuser 在自己的字符终端上访问 study 用户的主目录时，会出现这样的警告：

```
[ testuser@ localhost ~]$ cd /home/study
bash: cd: /home/study: 权限不够
```

假设 study 用户创建了 share 文件并希望与 testuser 用户共享：

```
[ study@ localhost ~]$ echo share for test > share
```

显然 testuser 也不具备足够的权限：

```
[ testuser@ localhost ~]$ cat /home/study/share
cat: /home/study/share: 权限不够
```

第 3 步，利用"/tmp"目录共享文件。要使 testuser 用户访问 study 的共享文件 share，其中一个办法是可将该文件放置于"/tmp"目录下供 testuser 访问，以下是"/tmp"目录的权限设置：

```
[ study@ localhost tmp]$ ls -dl /tmp
drwxrwxrwt. 34 root root 4096   8 月   8   17:10 /tmp
```

由此可知所有用户都可以在"/tmp"目录下创建和读写文件。study 用户创建共享文件 share 后，必须要保证 share 文件对于其他用户的权限设为可读：

```
[ study@ localhost ~]$ cp share /tmp/share
[ study@ localhost ~]$ chmod o+r /tmp/share        <== study 用户设置其他用户对 share 文件可读
```

这时 testuser 用户就可以读取 study 用户的 share 文件的内容了：

```
[ testuser@ localhost ~]$ cat /tmp/share
share for test
```

实训

7

文件管理

第 4 步，控制 share 文件只有同组用户可读。上一步实际设置了所有用户都可以读取 study 用户的 share 文件。study 可考虑利用组群来控制 share 文件的共享范围，也即设置 share 文件只供同组用户读取：

```
[study@ localhost ~]$ chmod 640 /tmp/share
[study@ localhost ~]$ ls -l /tmp/share
-rw-r-----. 1 study study 15  8 月 8  17:23 /tmp/share
```

假设当前 testuser 的组群设置为：

```
[testuser@ localhost ~]$ id testuser
uid = 508( testuser)  gid = 508( testuser)   组 = 508( testuser)
```

那么当 testuser 用户访问 share 文件时，又会出现如下提示：

```
[testuser@ localhost ~]$ cat /tmp/share
cat: /tmp/share: 权限不够
```

第 5 步，设置 study 组群为 testuser 的附加组群。如果 study 可以利用 sudo 命令的执行 usermod 命令（具体可参考示例 6.15 和综合实训案例 6.3），则它可自行添加 testuser 进入 study 组群，并且设置 share 文件只有同组用户可读：

```
[study@ localhost ~]$ sudo usermod -G study testuser
[sudo] password for study:                      <==输入 study 用户的密码
[study@ localhost ~]$ id testuser               <==查看 testuser 用户的组群设置结果
uid = 508( testuser)  gid = 508( testuser)  组 = 508( testuser), 500( study)
```

但如果 study 并没有权限设置 testuser 用户为 study 组群成员，那么 testuser 只能向 root 用户申请加入 study 组群。设置好后 testuser 用户使用 exit 命令退出系统并重新登录后即可浏览文件 share 的内容：

```
[testuser@ localhost ~]$ cat /tmp/share
share for test
```

第 6 步，设置用于共享文件的组群 sharegrp。为使普通用户间共享文件更方便，root 用户可以增加一个组群 sharegrp，并且将 study 和 testuser 加到组群 sharegrp 中，他们之间就可以共享属于该组群的文件：

```
[root@ localhost ~]# groupadd sharegrp                <==增加组群 sharegrp
[root@ localhost ~]# usermod -G sharegrp testuser     <==设置 sharegrp 为 testuser 的附加组群
[root@ localhost ~]# usermod -G sharegrp study
[root@ localhost ~]# groups study                     <==查看 study 用户的所属组群
study : study sharegrp
[root@ localhost ~]# groups testuser
testuser : testuser sharegrp
```

第 7 步，重新设置 share 文件的权限属性。修改原来的 share 文件所有者为 root，而所属组群为 sharegrp，并且为该组群设置"/tmp/share"文件的可读写权限。

```
[ root@ localhost ~]# chown root /tmp/share
[ root@ localhost ~]# chgrp sharegrp /tmp/share
[ root@ localhost ~]# chmod 660 /tmp/share          <==设置 share 文件为属组用户可读写
[ root@ localhost ~]# ls -l /tmp/share
-rw-rw----. 1 root sharegrp 15  8 月  8 22:13 /tmp/share
```

这样，当 testuser 用户向共享文件 share 写入信息后：

```
[ testuser@ localhost ~]$ echo hello study > /tmp/share
```

study 用户就可以在自己的终端上读取 share 文件获取共享信息：

```
[ study@ localhost ~]$ cat /tmp/share
hello study
```

然而由于 share 文件当前的所属用户是 root 用户，因此 study 用户和 testuser 用户均不允许删除 share 文件：

```
[ study@ localhost ~]$ rm /tmp/share
rm: 无法删除"/tmp/share": 不允许的操作
```

这样就能保证 share 文件中内容能够在整个组群中得到共享了。

第 8 步，root 用户设置共享目录。如果要将共享文件放置在某个目录中，除了要设置目录中共享文件的读写权限外，还要设置共享目录的读权限和可执行权限，这样用户才能浏览目录中的文件列表以及访问其中的文件内容。假设现在要设置共享目录 sharedir，root 用户可以执行如下操作：

```
[ root@ localhost ~]# mkdir /tmp/sharedir
[ root@ localhost ~]# chmod 750 /tmp/sharedir/          <==设置同组用户可访问 sharedir 目录
[ root@ localhost ~]# chown root: sharegrp /tmp/sharedir  <==设置可供 sharegrp 组成员共享
[ root@ localhost ~]# ls -dl /tmp/sharedir/
drwxr-x---. 2 root sharegrp 4096 8 月 8 18:33 /tmp/sharedir/
[ root@ localhost ~]# mv /tmp/share /tmp/sharedir/
```

这样 study 用户和 testuser 用户就可以访问"/tmp/sharedir"目录中的共享文件信息内容了。

案例 7.2　链接文件与索引结点

前面讲解了链接文件可分为符号链接文件和硬链接文件，但到底它们两者之间有何区别？为什么需要使用两种不同的链接文件类型？对于这些问题，需要结合"索引结点"这个概念来讨论。文件系统利用一个数据结构来记录文件及目录（本质上也是文件）的属性信息以及存储文件的数据块的物理位置。这个数据结构在 UNIX 类型的系统中被称为索引结点(inode)。通过索引结点,文件系统可以对某个文件进行寻址,找到它在存储设备上对应的数据块位置,因此 inode 即为文件的索引。可以利用 ls 命令中的-i 选项查看每个文件的索引号(index number):

```
[root@ localhost ~]# ls -il          <==列表结果中的第一个数字即为索引号
总用量   132
300799 -rw-------. 1 root root   2406    6 月 27 22:11 anaconda-ks. cfg
261123 -rw-r--r--. 1 root root  62136    6 月 27 22:11 install. log
261124 -rw-r--r--. 1 root root  13681    6 月 27 22:06 install. log. syslog
(省略部分显示结果)
```

之前介绍了硬链接文件和符号链接文件,它们之间的区别关键在于硬链接文件与目标文件共用同一个索引结点(inode),所以即使目标文件被改名或移动到别的目录上,硬链接文件仍然有效。符号链接文件则是记录了目标文件的存放路径,所以当目标文件被移动后,符号链接就会失效。本案例将通过如下一系列的操作演示和讨论关于硬链接文件和符号链接文件的区别。

第 1 步,首先需要创建一个目标文件 test 以及对应的硬链接文件 hlink 和符号链接文件 slink:

```
[root@ localhost ~]# touch test
[root@ localhost ~]# ln -s test slink
[root@ localhost ~]# ln test hlink
```

可以对 test 文件写入一些信息并测试链接是否有效:

```
[root@ localhost ~]# echo test for link > test
[root@ localhost ~]# cat hlink
test for link
[root@ localhost ~]# cat slink
test for link
```

第 2 步,利用 ls 命令对比这 3 个文件在索引号上的差异。可见硬链接文件 hlink 的索引号与 test 文件相同,而符号链接文件 slink 则使用另一个索引号:

```
[root@ localhost ~]# ls -il test slink hlink
268383 -rw-r--r--.    2 root root 0  8 月   9 09:48 hlink
268533 lrwxrwxrwx.    1 root root 4  8 月   9 09:48 slink -> test
268383 -rw-r--r--.    2 root root 0  8 月   9 09:48 test
```

第 3 步,改变目标文件名称并查看两种链接文件是否仍有效。将 test 文件改名为 test2,然后检查硬链接文件 hlink 和符号链接文件 slink 的有效性:

```
[root@ localhost ~]# mv test test2
[root@ localhost ~]# cat hlink
```

```
test for link
[ root@ localhost ~] # cat slink
cat: slink: 没有那个文件或目录
```

从上面的结果可知,slink 会因 test 文件名改动而失效,但硬链接文件 hlink 则仍然有效,这是因为它与目标文件 test 共用同一个索引结点。

第4步,改变目标文件存放位置并查看硬链接文件是否仍有效。再将 test2(原 test 文件)移动到"/tmp"目录上:

```
[ root@ localhost ~] # mv test2 /tmp/test
[ root@ localhost ~] # cat hlink
test for link
[ root@ localhost ~] # cat slink
cat: slink: 没有那个文件或目录
```

结果是硬链接文件仍然有效,可见硬链接实质是目标文件的一个副本。另一方面,由于符号链接只记录了目标文件的路径,移动目标文件之后符号链接自然还是会失效的,即使移动后的文件被重新命名为 test。

第5步,修改目标文件的内容。由于硬链接文件与目标文件共用索引结点,也即两者存储在同一个物理存储位置,因此当目标文件发生改变时,实际上也会改变到硬链接文件,继续输入如下命令:

```
[ root@ localhost ~] # echo hello > /tmp/test        <== 改变目标文件的内容
[ root@ localhost ~] # cat hlink                     <== 硬链接文件的内容也会改变
hello
```

第6步,将目标文件迁移到"/boot"目录下并查看硬链接文件是否仍有效:

```
[ root@ localhost ~] # mv /tmp/test /boot/           <== 将/tmp/test 移动到/boot 目录中
[ root@ localhost ~] # cat hlink                     <== 查看原来 hlink 的内容
test for link
[ root@ localhost ~] # echo hello > /boot/test       <== 往/boot/test 中写入内容
[ root@ localhost ~] # cat hlink                     <== hlink 文件仍然是旧的内容
test for link
[ root@ localhost ~] # cat /boot/test                <== /boot/test 文件已经更新内容
hello
```

hlink 的内容仍然是原来 test 文件未更改之前的内容,可见硬链接文件 hlink 已经失效。这是为什么呢? 查看 hlink 和 test 文件两者的索引:

```
[ root@ localhost ~] # ls -il hlink /boot/test
    18 -rw-r--r--. 1 root root 7 11 月 11 20:48 /boot/test
268383 -rw-r--r--. 1 root root 6 11 月 11 20:44 hlink
```

可见它们的索引号已经不再相同。事实上,硬链接文件对目标文件的链接有效性是局限在同一个文件系统中的,当目标文件移动到其他文件系统时,硬链接文件同样也会失效。注意在以默认方式(未自定义硬盘分区布局)安装的 RHEL6.0 系统中,"/boot"实际对应于一个独立的文件系统,因此"/boot/test"与"/root/hlink"两个文件分属于两个不同的文件系统,这一点在下一个实训再详细展开讨论。另一方面也可以看到,符号链接只记录了目标文件的路径信息,因此并没有硬链接文件所独有的局限性。

7.4 实训练习题

(1)查看"/etc/inittab"文件的权限属性,并指出该文件的所有者以及文件所属组群。

(2)新建文件 test,设置文件权限为 r--r-----。

(3)新建文件 test2,设系统中有用户 study 和用户组 studygrp(如没有该组群需自行增加),设置该文件的所有者为 study,所属组群为 studygrp。

(4)查找"/etc"目录下所有大于 5KB 的普通文件。

(5)查找 root 用户所有以 t 开头的文件,并将查找结果保存在"/root/result"文件中。

(6)对"/etc"目录下的所有文件进行压缩并打包为文件 backupetc. tar. gz,并将该归档文件解压提取其中文件至"/tmp"下。

(7)在"/root"下建立"/etc/fstab"的符号链接文件,建立"/etc/inittab"的硬链接文件。

(8)新建文件 test,分别为其建立硬链接文件 hln 和符号链接文件 sln。指出硬链接文件的索引号与符号链接文件的索引号的差异。

(9)接上题,如果删去文件 test 后,那么访问硬链接文件 hln 是否会访问到 test 文件的内容,访问符号链接文件 sln 呢? 如果重新建立文件 tcst 并写入新的内容,那么再次访问硬链接文件 hln 能够得到新 test 文件的内容吗? 访问符号链接文件 sln 呢? 请用命令操作讨论上述问题。

实训 8　文件系统管理

8.1　实 训 要 点

（1）理解虚拟文件系统的概念。
（2）了解常用的文件系统类型。
（3）理解"/etc/fstab"文件中各字段的含义。
（4）使用"mount"命令挂载文件系统。
（5）创建和检查文件系统。
（6）为系统添加新的硬盘。
（7）利用特殊设备文件创建虚拟硬盘。

8.2　基础实训内容

8.2.1　文件系统概述

1. 文件系统的地位和作用

大家知道，数据可以通过文件的形式存储在计算机内部。当拥有了为数众多的文件时，就需要有一个专门的软件机构用于组织和管理文件，这个软件机构就是文件系统。数据的存储需要建立在一定的物理存储设备基础之上，因此文件系统自然与物理存储设备有关。但是，文件系统在本质上却是一个软件上的概念，它可以"安装"在某个物理存储设备之上并为其组织数据，这一点对于理解后面的实训内容尤为重要。

由于文件均是通过文件系统来组织和管理，因此对于计算机用户来说，关于文件的各种操作及访问都需要通过文件系统进行，文件系统成为用户、文件和存储设备之间的一个重要界面（图 8.1）。有了文件系统之后，用户使用各类物理存储设备，无论是硬盘、U 盘、光盘乃至内存等所提供的存储空间就必须经过文件系统，以创建、读写、执行和删除文件等操作方式来实现。用户不需要关心数据在物理设备中实际是如何被存储的，他只需要向操作系统发出某种操作命令便可实现对存储设备的使用。

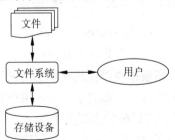

图 8.1　文件系统的地位和作用

2. 常用文件系统类型

如果将文件系统理解为一种软件，那么就不难理解操作系统可以同时拥有多个文件系统。常用的文件系统类型如下。

（1）ext（extended）文件系统。ext 文件系统是 Linux 的根文件系统所使用的文件系统类型。RHEL 6.0 所使用的版本是 ext4 文件系统。

（2）FAT（File Allocation Table）文件系统。FAT 文件系统是一种使用十分广泛的文件系统类型，以往多使用在 Windows 9x 系统，现今则多应用在 U 盘等物理存储设备。FAT 文件系统有 FAT16、FAT32 等版本。Linux 提供了一种称为 VFAT（Virtual FAT）的文件系统用于支持使用 FAT 文件系统的存储设备。

（3）NTFS（New Technology File System）。NTFS 是一种应用在 Windows 2000 及更高版本操作系统的文件系统类型。

（4）ISO9660 文件系统。ISO9660 文件系统由国际标准化组织（International Organization for Standardization，ISO）制定的应用于光盘介质的文件系统类型。

3. 虚拟文件系统

Linux 的根文件系统使用了 ext 文件系统类型，然而除此之外 Linux 还要支持各种类型的文件系统。例如，当使用到光盘时，Linux 需要支持 ISO9660 文件系统类型，而当使用被格式化为 FAT32 文件系统的 U 盘时，Linux 也需要根据 VFAT 文件系统的格式从 U 盘访问数据。因此 Linux 设计了虚拟文件系统（Virtual File System，VFS）用于实现上述目的。如图 8.2 所示，虚拟文件系统相当于一个应用程序与各种存储设备及其文件系统之间的接口，用户在实际使用各种文件系统时并不需要关心到文件系统的真实特性，而是以统一的接口访问数据。

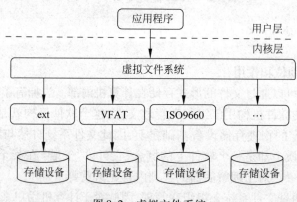

图 8.2　虚拟文件系统

8.2.2　文件系统的挂载和卸载

1. 与 Windows 的区别

当一个物理存储设备安装在硬件接口上（如将 U 盘插入到 USB 接口中）时，操作系统能够通过硬件检测程序发现该设备。对于 Windows 操作系统，它将会自动完成物理存储设备的接入。而对于 Linux，用户在使用该存储设备之前，还必须要将该设备中的文件系统接入到 Linux 的虚拟文件系统中，该过程被称为挂载，其逆向过程则称为卸载。对于一些常见的存储设备，Linux 系统同样能够像 Windows 系统那样按照默认方式自动挂载对应的文件系统，因此作为普通用户并不需要关心这个过程。然而在系统管理的许多场合，实际都需要涉及更为复杂和特定的文件系统挂载和卸载操作,因此并不能完全依靠系统自动挂载方式接入存储设备。

在文件系统管理上与 Windows 差异较大的另一点是,当接入某个物理存储设备时,Windows 将会为新接入的设备分配一个盘符以供用户访问对应的文件系统,而 Linux 也会为该存储设备分配一个设备文件。然而在 Linux 中,还需要指定一个在根文件系统下的目录作为所要挂载的文件系统的访问入口(挂载点)。也就是说,Linux 将所有文件系统最终都纳入到根文件系统中,以一个整体的目录结构对这些文件系统进行管理。相比之下,Linux 这种管理文件系统的方式具有更高的可扩展性和灵活性。

2. /etc/fstab 文件

由于许多文件系统需要在系统初始化时进行挂载,例如根文件系统就必须是第一个进行挂载的文件系统,然后其他文件系统才能挂载在根文件系统的某个挂载点之下。因此 Linux 将在系统初始化时需要挂载的文件系统的相关信息记录在"/etc/fstab"文件中。以默认方式安装的 RHEL 系统,它的"/etc/fstab"文件的基本信息将会类似于如下示例内容:

/dev/mapper/VolGroup-lv_root	/	ext4	defaults	1 1
UUID = a79d0aa7-8fd9-4ce7-a8d0-c08d2c7b2dd2	/boot	ext4	defaults	1 2
/dev/mapper/VolGroup-lv_swap	swap	swap	defaults	0 0
tmpfs	/dev/shm	tmpfs	defaults	0 0
devpts	/dev/pts	devpts	gid = 5, mode = 620	0 0
sysfs	/sys	sysfs	defaults	0 0
proc	/proc	proc	defaults	0 0

与"/etc/passwd"等配置文件相类似,"/etc/fstab"文件的内容实际也是一张表,每一行代表一个文件系统的挂载信息,表格共有 6 列,以空格或制表符隔开。下面结合以上示例内容讨论"/etc/fstab"文件中从左到右各列的含义。

(1)设备文件名/标签/UUID:以第一行为例,它表示的是根文件系统的挂载设置信息。根文件系统所使用的设备文件是逻辑卷"/dev/mapper/VolGroup-lv_root",具体内容将在实训 10 中详细介绍。第二行配置使用的设备实际是"/dev/sda1",但此处以"/dev/sda1"的 UUID 值表示(请对比示例 7.8 中设备文件"/dev/sda1"的 UUID)。示例中的 fstab 文件列出了许多特殊的文件系统类型,如 proc、sysfs、tmpfs、devpts 等文件系统,所在行对应的设备文件名字段表示的是文件系统类型,而非真正的设备文件名。实际上,这些文件系统并没有建立在硬盘这样的物理存储设备上,而是以内存为物理存储设备,是为内核实现某一方面的管理而设计的文件系统,例如 proc 文件系统用于进程管理,sysfs 用于设备管理,tmpfs 用于临时文件的存储管理,而 devpts 用于伪终端管理。

(2)挂载点:即文件系统的访问入口。例如,第一行中挂载点表示为"/",表明这行信息正是根文件系统的挂载配置,而第二行中挂载点表示为"/boot",表明设备"/dev/sda1"挂载在"/boot"中。在综合实训案例 7.2 中曾将文件存储在"/boot"目录以讨论硬链接文件的特点。实际上"/boot"目录是另一个独立的文件系统在根文件系统中的挂载点,该文件系统建立在后面所介绍的启动分区(/dev/sda1)之中。另外,第三行的 swap 文件系统用于为系统提供虚拟内存,并不需要有访问入口,因此挂载点被表示为 swap。

(3)所要挂载的文件系统的类型。

134

（4）挂载参数：挂载时使用到的一些功能选择，此处介绍部分较为重要的参数。

① auto/noauto：在实际配置时经常会使用命令"mount -a"以使一组文件系统重新挂载，从而实现配置的快速生效。如果选择 auto 参数，则文件系统将在执行上述命令时重新被挂载。默认为 auto 方式。

② rw/ro：表示以只读/读写方式挂载文件系统，默认为 rw 方式。

③ exec/noexec：表示文件系统是否允许执行二进制文件。

④ defaults：即以上述挂载参数的默认选择方式挂载文件系统。

⑤ usrquota：表示存储设备可用于用户的硬盘配额管理。

⑥ grpquota：表示存储设备可用于组群的硬盘配额管理。

（5）是否使用 dump 命令备份文件系统：0 表示不作自动备份，1 表示每天执行 dump 备份，而 2 表示不定期备份。

（6）是否在系统启动时通过 fsck 命令检查文件系统错误。0 表示不作检查，1 表示第一个检查，2 表示在标记为 1 的文件系统检查后再做检查。从以上示例内容可见，根文件系统会首先获得检查，即标记为 1，而其他以硬盘为基础的文件系统后作检查，建立在内存中的文件系统自然无须检查。

除"/etc/fstab"之外，在系统中还有文件/etc/mtab(mount table)用于记录当前所有已挂载的文件系统信息，它的表示格式与/etc/fstab 相同。

3. 相关命令

1）mount 命令

功能：挂载文件系统。

格式：

```
mount   [选项]   [设备文件名]   [挂载路径]
```

重要选项：

-a(all)：自动挂载所有在"/etc/fstab"文件中记录的文件系统。

-t(type)：该选项后面需要给出参数指定所要挂载的文件系统类型，如 ext4、iso9660、vfat 等。

-o(option)：该选项后面需要给出参数用于额外指定一些挂载方式。主要参数可参见前面介绍"/etc/fstab"的内容中第 4 个字段的讨论（除 usrquota 和 grpquota 其余均可使用）。此外可使用参数 remount 实现重新挂载文件系统，使用参数 loop 表示使用回送设备挂载文件系统。

【示例 8.1】 通过 mount 命令查询当前系统中所挂载的文件系统。该信息保存在文件"/etc/mtab"中，当有新的文件系统挂载后将会动态更新该文件。以下显示结果中每一行表示一个文件系统的挂载信息，黑体所标注的为文件系统的挂载路径。

```
[root@ localhost ~]# mount
/dev/mapper/VolGroup-lv_root on / type ext4 (rw)
proc on /proc type proc (rw)
sysfs on /sys type sysfs (rw)
```

```
devpts on /dev/pts type devpts ( rw, gid = 5, mode = 620)
tmpfs on /dev/shm type tmpfs ( rw, rootcontext = "system_u: object_r: tmpfs_t: s0")
/dev/sda1 on /boot type ext4 ( rw)
( 省略部分显示结果)
```

其中可发现,第一行即为根文件系统的挂载信息,它挂载在"/"位置,而其余文件系统均挂载在根文件系统中的某个目录位置。

下面的示例8.2和示例8.3分别介绍如何利用 mount 命令在 VMware 虚拟机(Linux 系统)中挂载 U 盘和光盘。一般情况下,Linux 系统将会能够自动检测硬件并挂载 U 盘和光盘中的文件系统,自动挂载完毕后会在桌面显示对应的 U 盘或光盘图标。为了能够练习 mount 命令,需要先将自动挂载的文件系统卸载后再次使用 mount 命令手动挂载文件系统。以卸载 U 盘为例(图8.3),可通过在 Linux 桌面选中 U 盘图标后右击鼠标调出快捷菜单,选择"卸载"菜单项实现。卸载光盘的方法与上述方法类似。

图 8.3　图形化界面下卸载 U 盘

【示例8.2】　使用 mount 命令挂载 U 盘。如果 Linux 安装在 VMware 虚拟机中,则需注意 U 盘插入计算机的 USB 接口后它将同时在宿主机(Windows 系统)和虚拟机(Linux 系统)中被识别,然而只能在两者之一中被使用。如果鼠标焦点不在虚拟机中,则 U 盘将接入在 Windows 系统中。VMware 也会对此给出提示(图8.4),指出可通过 VMware 菜单"虚拟机"→"可移动设备"选取要挂载的 U 盘设备,以使虚拟机获取该设备的使用权。

通过上述操作使 U 盘连接到虚拟机后,如果 Linux 系统自动挂载了 U 盘,则还需要按前面介绍的方法卸载 U 盘的文件系统以使能够用 mount 命令重新挂载 U 盘。但在卸载之前,可先使用 mount 命令查看 U 盘在 Linux 中所对应的设备文件,这样便于后面手动挂载 U 盘:

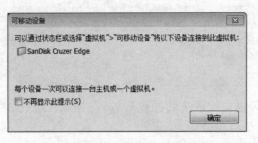

图 8.4　VMware 在识别 U 盘时的提示

```
[ root@ localhost ~] # mount        <== 注意此时还没有在桌面卸载 U 盘
(省略部分显示结果)                   <== vfat 表示是在 Windows 中格式化的 U 盘
/dev/sdb4 on /media/ECB2-FAC2 type vfat ( rw, nosuid, nodev, uhelper = udisks, uid = 0, gid = 0,
shortname = mixed, dmask = 0077, utf8 = 1, flush)
```

结果显示此处与 U 盘对应的设备文件为"/dev/sdb4"。

下面可以开始使用 mount 命令挂载 U 盘,假设 U 盘在 Windows 下被格式化为 FAT32 文件系统类型,则可按如下命令操作,注意在练习示例时需要根据实际显示结果修改设备文件名参数。对于挂载点的设置,一般可在"/mnt"目录下选择或新建一个目录用作挂载点,如果选择一个已有的目录作为挂载点,则目录中原有的内容将不可见,直至该文件系统卸载后将自动显示目录中原有的内容。

```
[ root@ localhost ~] # mkdir /mnt/usb        <== 可自行创建挂载点,也可使用已有挂载点
[ root@ localhost ~] # mount -t vfat /dev/sdb4 /mnt/usb/
[ root@ localhost ~] # mount
(省略部分显示结果)
/dev/sdb4 on /mnt/usb type vfat ( rw)
```

与之前挂载结果相比较,可知这次挂载采用的是默认参数。

【示例 8.3】　使用 mount 命令挂载光盘。参考综合实训案例 1.1 中的第 7 步,通过 VMware 菜单"虚拟机"→"设置"调用"虚拟机设置"对话框,如图 8.5 所示。此时 Linux 系

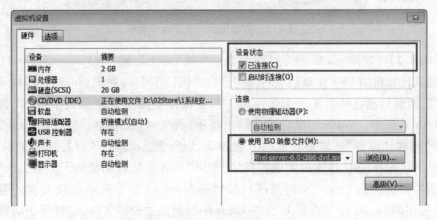

图 8.5　"虚拟机设置"对话框

统正在运行,注意保证虚拟机中的 CD/DVD(IDE)设备处于"已连接"状态。此处在"虚拟机设置"对话框中选择挂载 Linux 系统安装光盘的 ISO 映像文件,后面还需要经常使用该光盘来安装各种软件。

在"虚拟机设置"对话框中单击"确定"按钮,系统将自动挂载光盘。这时需要使用前面介绍的方法对其卸载。设置完毕后可将光盘挂载在某个目录:

```
[ root@ localhost ~]# mkdir /mnt/cdrom
[ root@ localhost ~]# mount -t iso9660 /dev/sr0 /mnt/cdrom        <==挂载于/mnt/cdrom
mount: block device /dev/sr0 is write-protected, mounting read-only   <==提示以只读方式挂载
[ root@ localhost ~]# mount
(省略部分显示结果)
/dev/sr0 on /mnt/cdrom type iso9660 (ro)                          <==挂载结果
[ root@ localhost ~]# cd /mnt/cdrom/
[ root@ localhost cdrom]# ls                                       <==到挂载点上查看内容
EULA    RELEASE-NOTES-es-ES. html    RELEASE-NOTES-ru-RU. html
GPL    RELEASE-NOTES-fr-FR. html    RELEASE-NOTES-si-LK. html
```

如果使用的是物理光驱设备,光盘被挂载后光驱将被锁定,必须要卸载后光驱门才能弹出。如果使用的是虚拟机中的光驱设备,则可以在"虚拟机设置"对话框中强制重新设置 ISO 映像文件路径并覆盖光驱的锁定设置。另外,此处使用了设备文件"/dev/sr0",实际有一个更易读的符号链接文件"/dev/cdrom"也代表了光驱设备:

```
[ root@ localhost ~]# ls -l /dev/cdrom
lrwxrwxrwx. 1 root root 3 10 月 18 15:23 /dev/cdrom -> sr0
```

练习时可使用"/dev/cdrom"来挂载光盘。

2) umount 命令

功能:卸载文件系统。

格式:

```
umount    [选项]    [设备文件名/挂载路径]
```

重要选项:

-f:强制卸载,但不保证成功。

【示例8.4】   使用 umount 命令卸载 U 盘。卸载 U 盘时系统将会自动检查是否有程序正在使用 U 盘中的文件,如果是则提示设备忙。在该示例中事先在一个虚拟终端下启动 gedit 程序打开了一个测试文件 test:

```
[ root@ localhost ~]gedit /mnt/usb/test
```

因此会出现如下结果:

```
[ root@ localhost ~]# umount /dev/sdb4
umount: /mnt/usb: device is busy.
```

```
(In some cases useful info about processes that use
the device is found by lsof(8) or fuser(1))
```

除了自行检查有什么进程正在使用 U 盘,也可以根据提示利用 lsof 来查看正在使用 U 盘的相关进程:

```
[root@ localhost ~]# lsof|grep /mnt/usb
bash    16364  root  cwd  DIR  8,20  4096  1 /mnt/usb
gedit   16501  root  cwd  DIR  8,20  4096  1 /mnt/usb
```

关闭 gedit 程序及其虚拟终端后,再通过 lsof 命令可发现并没有相关进程使用 U 盘。此时重新执行 umount 即可卸载 U 盘:

```
[root@ localhost ~]# lsof|grep /mnt/usb
[root@ localhost ~]# umount /mnt/usb
```

如果使用 umount 命令后并没有返回提示信息,则说明卸载已经成功。可以通过 mount 命令确认结果。

8.2.3　文件系统的创建

大家知道,物理存储设备必须经过所谓的"格式化"才能真正使用。此处的格式化实际是指在物理存储设备上重新创建文件系统。格式化操作给予我们最为直接和直观的感受是,原来设备中存储的数据丢失了。其实,由于新建立的文件系统破坏了旧文件系统的信息,而存储设备上的原有数据是依靠旧文件系统来组织的,因此通过新创建的文件系统自然无法访问到设备上原有的数据。

文件系统的创建工作主要有两个方面的内容,一是以设定的数据块大小来组织存储空间。数据块是分配存储空间的最小单位,如果数据块大小为 1024 字节,则意味设备分配的存储空间至少为 1024 字节的整数倍。数据块大小的设定需要根据文件系统的实际使用情况而定,如果系统用于存放大量较小的文件,则可设置较小的数据块单位。但要注意的是,数据块单位大小的设置又决定了文件系统所能支持的最大单一文件大小和最大文件系统总容量,因此在 Linux 对 ext4 文件系统默认取 4096 字节为数据块大小,从而获得较佳的系统应用效率和扩展能力。

创建文件系统的另一个工作是要建立索引结点(inode)表。在综合实训案例 7.2 中介绍了索引结点的基本概念。文件系统在建立的时候就需要建立其索引结点表,因此当格式化完毕后,一个文件系统所能使用的索引结点数量实际是固定的。一个文件系统的索引结点的数量基本决定了它能支持创建的文件数量。因此可根据实际需要在文件系统创建时设定一个合适的索引结点数目。

Linux 中主要使用 mkfs 命令创建文件系统,下面是 mkfs 命令的相关介绍和示例。

命令名:mkfs(make file system)。

功能:创建文件系统。

格式：

```
mkfs    [选项]    设备文件名
```

重要选项：由于 mkfs 实际是关于一组命令（mkfs. ext4、mkfs. vfat 等）的统一调用入口，因此以下选项只对于特定某种文件系统类型有效，具体可通过查阅手册确定。

-t（type）：该选项后面需要给出参数指定所要创建的文件系统类型。mkfs 支持的文件系统类型有 ext2、ext3、ext4、vfat 等。

-c（check）：在格式化之前检查设备是否有坏数据块。

-b（block-size）：该选项后面需要给出参数指定基本数据块大小，参数可以是 1024、2048 和 4096，单位为字节。

-N（number-of-inodes）：该选项后面需要给出参数设定创建的索引结点数量。该数值将决定文件系统能够支持的最大文件数。如果没有特殊要求，可取默认设置。

【示例8.5】 使用 mkfs 命令格式化 U 盘。注意 U 盘在格式化之前首先需要卸载。

```
[ root@ localhost ~]# mkfs -t ext4 /dev/sdb4
mke2fs 1. 41. 12 (17-May-2010)
文件系统标签 =
操作系统: Linux
块大小 = 4096 ( log = 2)                  <== 按默认的数据块大小进行格式化
分块大小 = 4096 ( log = 2)
Stride = 0 blocks, Stripe width = 0 blocks
488640 inodes, 1954168 blocks            <== 确定要创建的索引结点个数和数据块个数
97708 blocks (5. 00%) reserved for the super user
第一个数据块 = 0
Maximum filesystem blocks = 2004877312
60 block groups
32768 blocks per group, 32768 fragments per group
8144 inodes per group
Superblock backups stored on blocks:
     32768、98304、163840、229376、294912、819200、884736、1605632

正在写入 inode 表: 完成                    <== 创建索引结点(inode)表是建立文件系统的重要内容
Creating journal (32768 blocks): 完成
Writing superblocks and filesystem accounting information: 完成

This filesystem will be automatically checked every 21 mounts or
180 days, whichever comes first. Use tune2fs -c or -i to override.
```

格式化后挂载文件系统，然后查看 U 盘的内容：

```
[ root@ localhost ~]# mount -t ext4 /dev/sdb4 /mnt/usb
[ root@ localhost ~]# ls /mnt/usb
lost + found
```

可发现系统在 U 盘中自动生成了一个名为 lost + found 的目录。如果系统因掉电等原因而

导致文件丢失,系统重启后使用 fsck 命令检查文件系统,则可能通过恢复操作找回这些文件,它们被放置于"lost + found"目录中。

8.2.4 文件系统的检查

文件系统的检查有两个方面的内容:一是检查其使用情况,最基本的是查看文件系统已占用的存储空间以及剩余的存储空间大小;另一方面就是检查文件系统中是否存在错误并尽可能修复错误。此处介绍 df 命令及 fsck 命令用于检查文件系统。

1. df 命令

功能:显示各个文件系统的存储空间使用情况。如果指定某个文件名,则显示该文件所在的文件系统的信息。

格式:

> df [选项] [文件名]

重要选项:

-h(human-readable):命令默认以字节为单位显示结果,该选项能以用户友好的方式(即以 1K、234M、2G 等方式)显示结果。

-i(inode):查看索引结点 inode 的使用情况。

-T(type):显示文件系统类型。

【示例8.6】 以友好方式显示文件系统的使用情况。可自行对比不加-h 选项后的显示结果。

[root@ localhost ~]# df -h					
文件系统	容量	已用	可用	已用%	挂载点
/dev/mapper/VolGroup-lv_root					
	16G	5.0G	9.6G	35%	/
tmpfs	1012M	260K	012M	1%	/dev/shm
/dev/sda1	485M	29M	431M	7%	/boot
/dev/sr0	60M	60M	0	100%	/mnt/cdrom
/dev/sdb4	7.4G	145M	6.9G	3%	/mnt/usb

【示例8.7】 显示"/root"和"/boot"两个目录所在文件系统的存储空间使用情况。由此可见"/root"与"/boot"分别属于两个不同的文件系统。

[root@ localhost ~]# df /root					
文件系统	1K-块	已用	可用	已用%	挂载点
/dev/mapper/VolGroup-lv_root					
	16037808	7463052	7760064	50%	/
[root@ localhost ~]# df /boot					
文件系统	1K-块	已用	可用	已用%	挂载点
/dev/sda1	495844	29136	441108	7%	/boot

2. fsck(file system check)命令

功能:检测并修复文件系统中的错误。fsck 命令类似于 mkfs 命令,实际是 fsck. ext4、

fsck. vfat 等一组命令的入口。

格式：

fsck　[选项]　[设备文件名/挂载路径/设备标签/UUID]

重要选项：

-A(all)：根据"/etc/fstab"中的内容按顺序检查。

-f(force)：强制检查，即使文件系统已被标记为 clean。

【示例8.8】 利用 fsck 检查 U 盘。需要注意的是，在使用 fsck 命令检查某个文件系统之前，一般需要先将文件系统卸载，防止损坏系统。

```
[ root@ localhost ~] # fsck /dev/sdb4
fsck from util-linux-ng 2.17.2
e2fsck 1.41.12 (17-May-2010)
hello: clean, 11/488640 files, 67745/1954168 blocks          <==文件系统已经标记为 clean
[ root@ localhost ~] # fsck -f /dev/sdb4                      <==强行再次检查
fsck from util-linux-ng 2.17.2
e2fsck 1.41.12 (17-May-2010)
第1步：检查索引结点、块和大小
第2步：检查目录结构
第3步：检查目录连接性
第4步：检查参考计数
第5步：检查簇概要信息
hello: 11/488640 files (0.0% non-contiguous), 67745/1954168 blocks
```

8.3　综合实训案例

案例8.1　为系统增加新硬盘

Linux 系统经常应用在网络服务器等场合，例如在局域网中作为文件共享服务器或者在互联网中作为 FTP 服务器等。在提供服务的过程中 Linux 所要存储的数据也会不断增长。显然一个硬盘未必能够满足 Linux 系统实际的应用要求，这时就要为 Linux 系统增加新硬盘。在后面的实训内容中，还会介绍硬盘分区管理、配额管理、逻辑卷管理等存储管理方面的内容，而为系统添加新硬盘往往是存储管理工作的第一步。

利用 VMware 的虚拟化技术可以很方便地开展为系统增加新硬盘的实验。本案例演示如何在 VMware 下增加并格式化一个虚拟硬盘，该设备将设置为系统启动时自动挂载。以下是具体的操作步骤。

第1步，添加硬盘设备。调用 VMware 的"虚拟机"→"设置"菜单，在"虚拟机设置"对话框中单击"添加"按钮后，将弹出"添加硬件向导"对话框，如图8.6所示。

选择添加硬件类型为"硬盘"，按照默认参数即可创建一个虚拟硬盘，这里创建一个新的虚拟硬盘，类型为 SCSI，大小为4GB，如图8.7所示。

文件系统管理

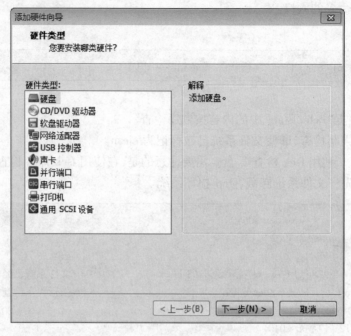

图 8.6 "添加硬件向导"对话框

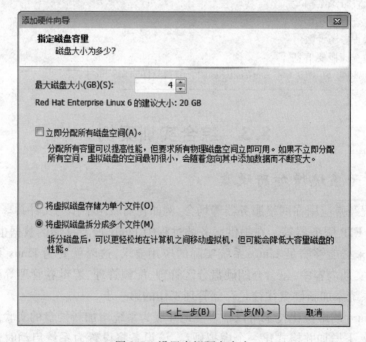

图 8.7 设置虚拟硬盘大小

设置完毕后单击"完成"按钮返回至"虚拟机设置"对话框,在硬件列表中会出现设备"硬盘2",单击"确定"按钮后即可生成该硬件设备,如图 8.8 所示。

第 2 步,为新硬盘创建文件系统。由于这是系统的第二个 SISC 硬盘,按照命名规则在 Linux 系统中该硬盘的设备文件应为"/dev/sdb",可以利用如下 fdisk 命令确认:

图 8.8 添加虚拟硬盘结果

```
[root@ localhost ~] # fdisk -l              <== 列出所有硬盘的分区表信息
(省略部分显示结果)
Disk /dev/sdb: 4294 MB, 4294967296 bytes    <== 根据容量确认/dev/sdb 正是新建硬盘
255 heads, 63 sectors/track, 522 cylinders
Units = cylinders of 16065 * 512 =8225280 bytes
Sector size (logical/physical): 512 bytes / 512 bytes
I/O size (minimum/optimal): 512 bytes / 512 bytes
Disk identifier: 0x00000000


Disk /dev/sdb doesn't contain a valid partition table
```

　　fdisk 命令用于修改硬盘分区表,它将在下一个实训详细介绍。为简化问题,本案例并没有对该硬盘进行分区(即对硬盘存储空间的划分),而是对整个硬盘进行格式化,因此在使用 mkfs 时会提示报警信息,以下是格式化过程:

```
[root@ localhost ~] # mkfs -t ext4 /dev/sdb    <== 格式化为 ext4 文件系统类型
mke2fs 1.41.12 (17-May-2010)
/dev/sdb is entire device, not just one partition!
```

文件系统管理

144

```
无论如何也要继续? (y, n) y                    <==此处确认对整个硬盘进行格式化
文件系统标签 =
操作系统: Linux
块大小 = 4096 (log = 2)
分块大小 = 4096 (log = 2)
Stride = 0 blocks, Stripe width = 0 blocks
262144 inodes, 1048576 blocks              <==创建的索引结点数以及数据块数
52428 blocks (5.00%) reserved for the super user
第一个数据块 = 0
Maximum filesystem blocks = 1073741824
32 block groups
32768 blocks per group, 32768 fragments per group
8192 inodes per group
Superblock backups stored on blocks:
    32768, 98304, 163840, 229376, 294912, 819200, 884736

正在写入 inode 表: 完成
Creating journal (32768 blocks): 完成
Writing superblocks and filesystem accounting information: 完成

This filesystem will be automatically checked every 37 mounts or
180 days, whichever comes first. Use tune2fs -c or -i to override.
```

第 3 步,手动挂载硬盘。将硬盘挂载在"/mnt/vdisk"目录下。

```
[root@ localhost ~]# mkdir /mnt/vdisk
[root@ localhost ~]# mount -t ext4 /dev/sdb /mnt/vdisk
[root@ localhost ~]# cd /mnt/vdisk
[root@ localhost disk]# ls
lost + found
[root@ localhost disk]# df          <==利用 df 命令查看挂载后的结果
文件系统        1K-块        已用        可用        已用%        挂载点
(省略部分显示结果)
/dev/sdb      4128448      139256      3779480      4%          /mnt/vdisk
```

然后尝试使用一下这个新建的硬盘,看是否存在问题:

```
[root@ localhost disk]# cp /root/test /mnt/vdisk/
[root@ localhost disk]# ls
lost + found    test
```

第 4 步,设置系统初始化时自动挂载硬盘。为方便测试,可先卸载之前挂载的新硬盘:

```
[root@ localhost ~]# umount /dev/sdb
```

然后改写"/etc/fstab"文件,在文件末尾添加如下一行:

```
/dev/sdb   /mnt/vdisk   ext4   defaults   0 0
```

保存后,使用如下命令,重新挂载"/etc/fstab"中的所有文件系统:

```
[root@localhost ~]# mount -a
[root@localhost ~]# mount
(省略部分显示结果)
/dev/sdb on /mnt/vdisk type ext4 (rw)
```

设置完成后,当系统每次初始化时将会自动将新添加的硬盘挂载在"/mnt/vdisk"目录下。

案例 8.2 利用特殊设备文件创建虚拟硬盘

在上一个实训中介绍了特殊设备文件"/dev/null",利用它可以创建空文件。实际上利用特殊设备文件可以实现许多特殊功能。首先需要了解两个与本案例有关的特殊设备文件:

(1) 空设备文件:"/dev/zero"文件代表一个永远输出空字符(null character)的设备文件,所谓空字符,是指 ASCII 值为 0 的字符,它经常在编程语言中被用作字符串的结束符("\0")。"/dev/zero"文件常用于初始化文件数据。

(2) 回送设备(loop):UNIX 将设备看待为文件,反之也可以利用 loop 设备把文件模拟成块设备,也就是将文件内容映射到 loop 设备中,通过读写该设备达到访问该文件的目的,前提是该文件本身带有一个文件系统。此方面的应用最常见例子就是光盘 ISO 映像文件的挂载和使用。

本案例将演示如何利用上述两个特殊设备文件在 Linux 中创建虚拟硬盘。注意上一案例所创建的虚拟硬盘是通过 VMware 虚拟机实现的,实际使用的是宿主机的硬盘资源。本案例则是在 Linux 系统内部实现的,使用的是 Linux 系统内部的硬盘存储空间。因此可以借此案例理解设备、文件和文件系统之间的关系。以下是具体的操作步骤。

第 1 步,利用空设备文件创建并初始化文件。利用 dd 命令读取空设备文件 10000 个块信息,每个块的大小为 1024 字节,生成文件 filedisk.img,它将会被模拟成为一个硬盘设备。

```
[root@localhost ~]# dd if=/dev/zero of=filedisk.img count=10000 bs=1k
记录了 10000+0 的读入
记录了 10000+0 的写出
10240000 字节(10 MB)已复制,0.202519 s,50.6 MB/s
```

第 2 步,在文件 filedisk.img 上建立文件系统。

```
[root@localhost ~]# mkfs -t ext4 filedisk.img
mke2fs 1.41.12 (17-May-2010)
filedisk.img is not a block special device.
无论如何也要继续?(y,n) y              <==输入 y
文件系统标签=
操作系统:Linux
块大小=1024 (log=0)                  <==注意 mkfs 根据实际情况设置了块大小为 1024 字节
分块大小=1024 (log=0)
Stride=0 blocks, Stripe width=0 blocks
```

```
2512 inodes, 10000 blocks                <== 总共创建有 2512 个索引结点,10000 个数据块
500 blocks (5.00%) reserved for the super user
第一个数据块 = 1
Maximum filesystem blocks = 10485760
2 block groups
8192 blocks per group, 8192 fragments per group
1256 inodes per group
Superblock backups stored on blocks:
    8193

正在写入 inode 表: 完成
Creating journal (1024 blocks): 完成
Writing superblocks and filesystem accounting information: 完成

This filesystem will be automatically checked every 38 mounts or
180 days, whichever comes first. Use tune2fs -c or -i to override.
```

第 3 步,利用循环设备文件挂载 filedisk. img。注意 mount 命令中需要给出"-o loop"选项及参数。系统共有 7 个循环设备,分别是/dev/loop0 ~ loop7。系统自动分配了 loop0 给 filedisk. img,因此从挂载结果可看到实际使用的设备是/dev/loop0。

```
[ root@ localhost ~]# mkdir /mnt/filedisk              <== 创建挂载点
[ root@ localhost ~]# mount filedisk. img -o loop /mnt/filedisk
[ root@ localhost ~]# mount
(省略部分显示结果)
/dev/loop0 on /mnt/filedisk type ext4 (rw)
[ root@ localhost ~]# df /mnt/filedisk                <== 查看新硬盘的使用情况
文件系统        1K-块    已用    可用    已用%    挂载点
/dev/loop0      9677    1116    8061    13%      /mnt/filedisk
```

第 4 步,创建测试文件查看它实际占用的硬盘数据块。首先创建 test 文件,文件大小实际连结束符应为 6 个字节:

```
[ root@ localhost ~]# cd /mnt/filedisk
[ root@ localhost filedisk]# echo hello > test         <== 共往 test 文件写入 6 个字节
```

然而再次查看新硬盘的使用情况,对比已用数据块个数,实际已增加了 3 个数据块。

```
[ root@ localhost filedisk]# df /mnt/filedisk
文件系统        1K-块    已用    可用    已用%    挂载点
/dev/loop0      9677    1119    8058    13%      /mnt/filedisk
```

由此可见,这些数据块是被 test 文件所占用的。首先往 test 文件写入更多内容然后再次查看新硬盘的使用情况:

```
[ root@ localhost filedisk]# echo hello >> test
[ root@ localhost filedisk]# df /mnt/filedisk/
```

文件系统	1K-块	已用	可用	已用%	挂载点
/dev/loop0	9677	**1119**	8058	13%	/mnt/filedisk

结果是 test 文件并没有占用更多空间,这是因为文件系统实际已经为 test 文件预留了 3 个数据块,相当于已经分配了 3KB 的存储空间,在写入新的数据时可以利用这些已分配的数据块。由此可见,存储空间的分配是以数据块为基本单位,在创建文件系统时设置合理的数据块大小将有助于充分利用存储空间。

8.4　实训练习题

(1)查看当前系统中哪个文件系统已经使用的空间最多,这个文件系统挂载在哪里?

(2)演示挂载 U 盘和光盘,挂载点要求设置在"/mnt"目录下的一个子目录中。

(3)参考综合实训案例 8.1,在虚拟机中为系统添加一个 2GB 硬盘,将其格式化为 ext4 文件系统类型,并将其挂载在"/mnt"目录下的一个子目录中。

(4)参考综合实训案例 8.2,利用空设备文件及回送设备文件创建一块 20MB 大小的虚拟硬盘,将其挂载在"/mnt"目录下的一个子目录中。

实训 9　硬盘分区与配额管理

9.1　实训要点

(1) 理解主分区与逻辑分区的联系与区别。
(2) 安装 Linux 系统时设置硬盘分区。
(3) 使用 fdisk 命令设置硬盘分区。
(4) 理解硬盘分区与配额管理的关系。
(5) 为用户和组群设置硬盘配额。
(6) 启动、关停硬盘配额。
(7) 监控硬盘配额的使用情况。

9.2　基础实训内容

9.2.1　硬盘分区管理

1. 硬盘的基本结构

现有主流大容量存储技术仍然是以机械式硬盘(Hard Disk Drive, HDD)为基础,因此本次实训主要讨论如何在 Linux 下实现以机械式硬盘为基础的存储管理,然而后面所介绍的内容实际对其他类型的存储介质,如固态硬盘(Solid-state Drive)等同样是适用的。首先回顾一下在《计算机组成原理》课程上所学过的关于硬盘结构的知识。机械式硬盘(简称硬盘,也会被称为磁盘)是由盘片、机械手臂、磁头和主轴马达所组成的,而数据是存储在盘片上的,每个盘片有一个对应的读写磁头(Head),因此磁头数即为盘片个数,硬盘实际就由一叠盘片所构成。

理解机械式硬盘盘片的构成对于理解后面的硬盘分区设置工作是重要的。如图 9.1 所示,每个盘片由一组同心圆所组成,每个圆形称为磁道(Track),其中每个磁道又分为若干弧段,称为扇区(Sector)。具有相同半径的一组磁道称为柱面(Cylinder)。根据上述硬盘结构可知,硬盘的读写需要移动磁头并定位在某一磁道上进行。因此,为最大限度地减少磁头的移动,对硬盘存储空间的划分是以柱面为单位的,即每个硬盘分区实际由一组柱面所组成。此外,硬盘中的第一个扇区称为主引导记录(Master Boot Record, MBR),它记录了硬盘分区表和引导装载程序等相关信息。

2. 主分区与逻辑分区

在上个实训的两个综合实训案例中,分别创建了两个容量较小的虚拟硬盘,为简化操作

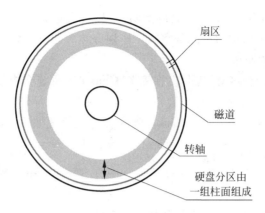

图 9.1　机械式硬盘盘片的构成

都没有对它们进行分区。在实际使用中,物理硬盘的容量一般都比较大,为适应不同的应用需求,往往都需要对硬盘的存储空间进行划分,也即所谓的设置硬盘分区。极端情况下,一整个硬盘可以划分为仅有一个分区,这适合于如 U 盘这样容量较小的存储设备。在 Linux 中,分区属于设备的概念。既然是设备,因此有设备文件与分区对应。同时,整个硬盘本身显然也是设备,它由若干个硬盘分区组成。因此分区的设备文件与硬盘的设备文件有着对应关系。举例如下:"/dev/sda"为 SCSIO 接口的主硬盘,它可以有分区"/dev/sda1"、"/dev/sda2"、……。

```
[ root@ localhost dev] # ls -l  /dev/sda*
brw-rw----. 1 root disk 8, 0  8 月  4 16:58 /dev/sda
brw-rw----. 1 root disk 8, 1  8 月  2 15:36 /dev/sda1
brw-rw----. 1 root disk 8, 2  8 月  2 15:36 /dev/sda2
```

　　为管理和使用硬盘分区,需要有分区表(Partition Table)记录分区信息,如各个分区的起始柱面和结束柱面等。如前所述,分区表可存储在硬盘主引导记录中。主引导记录是系统启动后访问硬盘时所必须要读取的首个扇区空间,受其空间大小的限制,主引导记录的分区表最多只能记录 4 个分区的基本信息,这 4 个分区被称为主分区(Primary Partition)。可是实际要求硬盘能够支持划分多于 4 个分区。解决的办法是取其中一个主分区作为扩展分区(Extended Partition),扩展分区再包含逻辑分区(Logical Partition)。扩展分区并非一个可实际使用的分区,它仅起到转换的作用,也即当访问主分区表的扩展分区信息时,实际将指向另一个分区表,该分区表记录了逻辑分区的基本信息。

　　图 9.2 给出了一个关于分区的示例。硬盘共分有 5 个分区,其中 sdb1 和 sdb2 是主分区,由于主分区表只支持最多 4 个分区,因此将剩余的硬盘空间分配给扩展分区 sdb3,其中

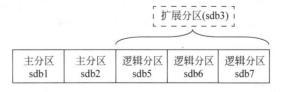

图 9.2　主分区、扩展分区与逻辑分区示例图

实训
9

硬盘分区与配额管理

再分出 3 个逻辑分区(sdb5~sdb7)。值得指出的是,设置硬盘分区并非一定要对硬盘所有的存储空间进行划分,可以预留一部分空间不作划分然后留待以后扩展需要时使用。

3. 分区管理工具的使用

管理硬盘分区需要有专门的工具。在安装 Linux 时,系统会提供专门工具供用户对硬盘进行分区,而在已有系统中对硬盘(通常是新加的硬盘)进行分区需要其他专门的管理工具,其中最为常用的分区管理工具是 fdisk。fdisk 命令的格式如下:

```
fdisk  [选项]  [硬盘设备文件]
```

重要选项:

-l: 列出系统中所有硬盘设备文件及其分区表信息。

【示例 9.1】 列出系统中所有硬盘的分区情况。

```
[root@ localhost ~]# fdisk -l
<== 硬盘/dev/sda 已于实训 1 安装了 Linux,共有两个分区
<== 共有 255 个盘面,63 个扇区/磁道,共 2610 个柱面
Disk /dev/sda: 21.5 GB, 21474836480 bytes
255 heads, 63 sectors/track, 2610 cylinders
Units = cylinders of 16065 * 512 =8225280 bytes
Sector size (logical/physical): 512 bytes / 512 bytes
I/O size (minimum/optimal): 512 bytes / 512 bytes
Disk identifier: 0x0008b8ba
<== sda1 为启动分区,挂载在/boot 目录下
<== sda2 为根文件系统所在的分区,请注意/dev/sda2 的类型是 Linux LVM,它用作物理卷
   Device Boot    Start    End    Blocks     Id    System
/dev/sda1   *      1       64     512000     83    Linux
Partition 1 does not end on cylinder boundary.
/dev/sda2          64      2611   20458496   8e   Linux LVM

<== 硬盘/dev/sdb 仍未有分区,共有 522 个柱面.
Disk /dev/sdb: 4294 MB, 4294967296 bytes
255 heads, 63 sectors/track, 522 cylinders
Units = cylinders of 16065 * 512 =8225280 bytes
Sector size (logical/physical): 512 bytes / 512 bytes
I/O size (minimum/optimal): 512 bytes / 512 bytes
Disk identifier: 0x00000000

Disk /dev/sdb doesn't contain a valid partition table
(省略部分显示结果)
```

fdisk 实际是一个交互式程序,需要指定所要划分分区的硬盘设备文件,然后进入 fdisk 所提供的交互界面进行分区操作。利用命令 m 可以列举所有命令及其含义。此处列出部分 fdisk 内部所提供的命令。

d: 删除分区。

l: 列出所有分区类型。

n: 增加一个分区。

p：打印分区表。

q：不保存分区表并退出程序。

t：改变分区类型（System ID）。

w：写入分区表并退出程序。

【示例9.2】　对新添加的硬盘进行分区。在综合实训案例8.1中利用VMware添加了一个新硬盘/dev/sdb，然而并没有对它进行分区。现在利用fdisk命令按照图9.2中的分区方案将/dev/sdb划分为5个区，其中两个主分区，3个逻辑分区。两个主分区各2GB大小，3个逻辑分区平均分配剩余的存储空间，每个分区各分得86个柱面。以下结果中标注为黑体的是用户需要输入的命令和参数内容。

```
[ root@ localhost ~] # fdisk /dev/sdb
Device contains neither a valid DOS partition table, nor Sun, SGI or OSF disklabel
Building a new DOS disklabel with disk identifier 0xd1105ede.
Changes will remain in memory only, until you decide to write them.
After that, of course, the previous content won't be recoverable.

Warning: invalid flag 0x0000 of partition table 4 will be corrected by w( rite)

WARNING: DOS-compatible mode is deprecated. It's strongly recommended to
        switch off the mode ( command 'c') and change display units to
        sectors ( command 'u').

Command ( m for help): n                <==创建分区
Command action
   e    extended
   p    primary partition (1-4)
p                                       <==选择创建主分区
Partition number (1-4): 1               <==选择主分区号，对应的设备文件将是/dev/sdb1
First cylinder (1-522, default 1):      <==选择/dev/sdb1 的起始柱面，会给出默认值
Using default value 1                   <==然后下面要设置/dev/sdb1 的结束柱面或分区空间大小
Last cylinder, + cylinders or + size{K, M, G} (1-522, default 522): +1G

Command ( m for help): n                <==创建第二个主分区
Command action
   e    extended
   p    primary partition (1-4)
p
Partition number (1-4): 2               <==选择主分区号，对应设备文件将是/dev/sdb2
First cylinder (133-522, default 133):  <==第二个主分区与第一个主分区相邻
Using default value 133                 <==第二个主分区的大小仍为1GB
Last cylinder, + cylinders or + size{K, M, G} (133-522, default 522): +1G

Command ( m for help): n
Command action
   e    extended
   p    primary partition (1-4)
```

```
e                                              <==创建扩展分区
Partition number (1-4)：3                       <==此时可选择3或4作为扩展分区的编号
First cylinder (265-522，default 265)：
Using default value 265
Last cylinder，+cylinders or +size{K, M, G} (265-522，default 522)：
Using default value 522                         <==默认将剩余柱面数目全部分配给扩展分区

Command (m for help)：n                          <==然后创建逻辑分区
Command action
    l   logical (5 or over)
    p   primary partition (1-4)
l                                               <==新创建的逻辑分区对应于设备文件/dev/sdb5
First cylinder (265-522，default 265)：
Using default value 265                         <==每个逻辑分区对剩余柱面进行平均分配
Last cylinder，+cylinders or +size{K, M, G} (265-522，default 522)：350

Command (m for help)：n
Command action
    l   logical (5 or over)
    p   primary partition (1-4)
l                                               <==新创建的逻辑分区对应于设备文件/dev/sdb6
First cylinder (351-522，default 351)：
Using default value 351
Last cylinder，+cylinders or +size{K, M, G} (351-522，default 522)：436

Command (m for help)：n
Command action
    l   logical (5 or over)
    p   primary partition (1-4)
l                                               <==新创建的逻辑分区对应于设备文件/dev/sdb7
First cylinder (437-522，default 437)：
Using default value 437
Last cylinder，+cylinders or +size{K, M, G} (437-522，default 522)：
Using default value 522

Command (m for help)：p                          <==打印分区表

Disk /dev/sdb: 4294 MB, 4294967296 bytes
255 heads, 63 sectors/track, 522 cylinders
Units = cylinders of 16065 * 512 = 8225280 bytes
Sector size (logical/physical)：512 bytes / 512 bytes
I/O size (minimum/optimal)：512 bytes / 512 bytes
Disk identifier: 0xd1105ede
<==注意分区/dev/sdb3 是扩展分区
Device Boot        Start      End      Blocks      Id    System
/dev/sdb1          1          132      1060258 +   83    Linux
/dev/sdb2          133        264      1060290     83    Linux
/dev/sdb3          265        522      2072385     5     Extended
/dev/sdb5          265        350      690763 +    83    Linux
/dev/sdb6          351        436      690763 +    83    Linux
/dev/sdb7          437        522      690763 +    83    Linux
```

```
Command (m for help): w          <== 检查无误后写入分区表
The partition table has been altered!

Calling ioctl() to re-read partition table.
<== 由于该硬盘已经挂载在(/mnt/vdisk)下,因此无法重新读取该分区表信息
<== 只能在下次重启系统后使用该分区表
WARNING: Re-reading the partition table failed with error 22: 无效的参数
The kernel still uses the old table. The new table will be used at
the next reboot or after you run partprobe(8) or kpartx(8)
Syncing disks.
```

在综合实训案例 8.1 中为"/dev/sdb"设置了系统初始化时自动挂载,由于硬盘"/dev/sdb"已经完成分区,因此需要修改"/etc/fstab"文件,让上一实训中的挂载设置暂时失效,即在对应的配置行前面加入注释符"#":

```
#/dev/sdb   /mnt/vdisk   ext4   defaults   0 0
```

然后重启系统让分区表以及新修改的挂载设置生效。

9.2.2 硬盘配额管理

1. 基本概念

配额(Quota)是指对普通用户及组群使用硬盘的能力施加的某种限制。硬盘配额管理对于多用户操作系统来说非常有用,因为它可以使硬盘资源的使用更为公平和合理。硬盘资源主要体现为存储空间以及文件系统中的索引结点,对应地硬盘配额有块(Block)配额和索引结点(Inode)配额两种限制。块配额用于限制用户对硬盘存储空间的使用。由于用户创建文件时需要申请索引结点,因此索引结点配额用于限制用户可以创建的文件数量。

配额可分为硬配额和软配额。硬配额是用户和组群可使用硬盘资源的最大值,因此系统绝对禁止用户执行超过硬配额界限的任何操作。软配额是比硬配额要小的可用存储空间上限值。系统允许软配额在一段宽限期(Grace Time)内被超过,这段时间默认为 7 天,同时系统会在用户登录时发出警告信息。当宽限期过后,用户所使用的存储空间不能超过软配额。

硬盘配额管理需要注意的如下几点。一是硬盘配额的监控范围是一个独立硬盘分区,而不是一个目录。换言之,凡是由某用户账号在一个硬盘分区下占用的块和索引结点,都会被纳入统计,而不论用户的文件存放在分区中的哪个目录。为便于实现和控制,尽量在一个单独的硬盘分区下做配额管理,而不要在根分区下做配额管理,而这些分区可挂载在/tmp、/home 目录下,原因在于这些目录都是普通用户创建、存放和共享文件的地方。

2. 准备工作

硬盘配额管理的前期工作是选定需要实施配额限制的硬盘分区,并设置其中的文件系统的挂载参数。作为示例,将对之前新建的逻辑分区"/dev/sdb5"实施硬盘配额管理,该分区将挂载在"/mnt /vdisk"目录下。

【示例 9.3】 硬盘配额管理的准备工作。首先选定"/dev/sdb5"作为实施硬盘配额管理的硬盘分区,下面对其进行格式化。

```
[ root@ localhost ~]# mkfs -t ext4 /dev/sdb5
mke2fs 1.41.12 (17-May-2010)
文件系统标签 =
操作系统: Linux
块大小 = 4096 ( log = 2)
分块大小 = 4096 ( log = 2)
Stride = 0 blocks, Stripe width = 0 blocks
43200 inodes, 172690 blocks
8634 blocks ( 5.00%) reserved for the super user
第一个数据块 = 0
Maximum filesystem blocks = 180355072
6 block groups
32768 blocks per group, 32768 fragments per group
7200 inodes per group
Superblock backups stored on blocks:
    32768, 98304, 163840

正在写入 inode 表: 完成
Creating journal ( 4096 blocks): 完成
Writing superblocks and filesystem accounting information: 完成

This filesystem will be automatically checked every 35 mounts or
180 days, whichever comes first. Use tune2fs -c or -i to override.
```

然后修改"/etc/fstab"文件,将之前被注释的:

```
#/dev/sdb   /mnt/vdisk   ext4   defaults   0 0
```

修改为:

```
/dev/sdb5   /mnt/vdisk   ext4 defaults, usrquota, grpquota 1 2
```

保存后退出。然后重新挂载"/dev/sdb5"的文件系统:

```
[ root@ localhost ~]# mount -a
[ root@ localhost ~]# mount
(省略部分显示结果)
/dev/sdb5 on /mnt/vdisk type ext4 ( rw, usrquota, grpquota)
```

挂载好用于实施硬盘配额管理的文件系统后,需要使用 quotacheck 命令检查文件系统并创建配额管理的配置文件。

命令名: quotacheck。

功能:检查系统中哪些文件系统以 usrquota 或 grpquota 选项挂载,统计用户使用硬盘情况并创建配额管理配置文件。

格式:

```
quotacheck   选项   [文件系统挂载点]
```

重要选项：

-u(user)：扫描用户使用硬盘的情况并创建 aquota. user 文件。

-g(group)：扫描组群使用硬盘的情况并创建 aquota. group 文件。

-v(verbose)：显示扫描的过程。

-a(all)：对所有"/etc/fstab"中的文件系统进行扫描。

【示例9.4】 扫描系统中用于硬盘配额管理的文件系统。quotacheck 命令执行后可以在"/dev/sdb5"的挂载点(/mnt/vdisk)发现多了 aquota. user 和 aquota. group 配置文件。

```
[ root@ localhost ~]# quotacheck -avug
quotacheck: Your kernel probably supports journaled quota but you are not using it. Consider switching to
journaled quota to avoid running quotacheck after an unclean shutdown.
quotacheck: Scanning /dev/sdb5 [/mnt/vdisk] done
quotacheck: Cannot stat old user quota file: 没有那个文件或目录
quotacheck: Old group file not found. Usage will not be substracted.
quotacheck: Checked 2 directories and 0 files
quotacheck: Old file not found.
[ root@ localhost ~]# ls /mnt/vdisk/
aquota. group    aquota. user    lost + found
```

3. 设置用户和组群的配额

完成准备工作以后，现在可以正式开始为用户或组群设置硬盘配额，这里需要使用到 edquota 命令。

命令名：edquota。

功能：编辑配额表。edquota 将启动 vi 编辑器并根据参数读取用户或组群的配额信息，接受管理员的配额设置。

格式：

```
edquota   [选项]   [用户名/组群名]
```

重要选项：

-t(time)：修改软配额的宽限期，默认是 7 天。

-u(user)：该选项后面需要给出用户名作为参数，用于编辑用户配额设置。

-g(group)：该选项后面需要给出组群名作为参数，用于编辑组群的配额设置。

-p(prototype)：该选项后面需要给出用户名参数，指定按该用户为原型，将其配额设置复制给其他用户(配合使用"-u"选项)。

【示例9.5】 为用户 study 设置"/dev/sdb5"的使用配额。利用 edquota 命令读取 study 用户的配置信息：

```
[ root@ localhost ~]# edquota -u study
(进入编辑界面)
Disk quotas for user study ( uid 500):
  Filesystem      blocks      soft      hard      inodes      soft      hard
   /dev/sdb5       0           0         0         0           0         0
~
```

由于硬盘分区是刚使用的,因此 blocks 字段(块配额)与 inodes 字段(索引结点配额)的内容均为 0,这表明 study 用户并没有占用"/dev/sdb5"分区的存储空间和索引结点。可以设置这两种配额的软、硬配额指标(以 KB 为单位):

```
Disk quotas for user study ( uid 500):
    Filesystem    blocks    soft    hard    inodes    soft    hard
    /dev/sdb5     0         32      64      0         10      20
~
(使用 wq 命令保存结果并退出后设置生效)
```

也即设置 study 的块配额为 32KB(软配额)和 64KB(硬配额),索引结点配额为 10 个(软配额)和 20 个(硬配额)。

4. 配额管理的启动、关停和监控

设置好用户和组群的配额值后,就可以启动配额管理,根据需要也可关停某个分区的配额管理。下面介绍硬盘配额管理的启动、关停和监控命令。

1) quotaon 命令

功能:开启硬盘分区配额管理。如果某个分区已经开启了配额管理,则会提示"设备或资源忙"。

格式:

```
quotaon    选项    [文件系统挂载点]
```

重要选项:

-u(user):开启用户的硬盘配额管理。

-g(group):开启组群的硬盘配额管理。

-v(verbose):显示详细过程信息。

-a(all):对所有已挂载的文件系统进行扫描,启动已设置 usrquota 或 grpquota 挂载参数的文件系统的配额管理。

【示例 9.6】 开启所有硬盘分区的配额管理,包括用户和组群两种配额管理。结果显示当前系统只有"/dev/sdb5"设置配额管理。

```
[root@ localhost ~]# quotaon -avug
/dev/sdb5 [/mnt/vdisk]: group quotas turned on
/dev/sdb5 [/mnt/vdisk]: user quotas turned on
```

2) quotaoff 命令

功能:关停硬盘配额管理。

格式:

```
quotaoff    [选项]    [挂载点]
```

重要选项:

-u(user):开启用户的硬盘配额管理。

-g(group）：开启组群的硬盘配额管理。

-v(verbose）：显示详细过程信息。

-a(all）：关闭所有配额限制。

【示例 9.7】 关闭所有硬盘配额管理。

```
[ root@ localhost ~]# quotaoff -avug
/dev/sdb5 [ /mnt/vdisk]: group quotas turned off
/dev/sdb5 [ /mnt/vdisk]: user quotas turned off
```

3）quota 命令

功能：报告当前某个用户或组群的配额使用情况。

格式：

```
quota   [选项]   [用户/组群]
```

重要选项：

-u(user）：该选项后面需要给出参数指定需要查询配额使用情况的用户。

-g(group）：该选项后面需要给出参数指定需要查询配额使用情况的组群。

-v(verbose）：显示更为详细的信息，默认将省略并没有设置配额的硬盘分区的相关信息。

【示例 9.8】 显示当前用户 study 的配额使用情况以及配额设置信息。

```
[ root@ localhost ~]# quota -u study
Disk quotas for user study ( uid 500):
      Filesystem    blocks    quota    limit    grace    files    quota    limit    grace
      /dev/sdb5     0         32       64                0        10       20
```

4）repquota 命令

功能：报告当前某个硬盘分区的配额使用情况。

格式：

```
repquota   [选项]   [挂载点]
```

重要选项：

-a(all）：显示所有设置配额管理的文件系统的配额使用情况。

-v(verbose）：显示详细的统计信息。

-u(user）：显示用户的配额信息。

-g(group）：显示组群的配额管理。

-s：以可读的方式显示信息。

【示例 9.9】 显示当前系统所有的硬盘配额管理信息。

```
[ root@ localhost ~]# repquota -auvs
*** Report for user quotas on device /dev/sdb5
```

实
训
9

```
Block grace time: 7days; Inode grace time: 7days
                        Block limits                File limits
User        used    soft    hard    grace   used    soft    hard    grace
--------------------------------------------------------------------------------
root    --  20      0       0               2       0       0
study   --  0       32      64              0       10      20

Statistics:
Total blocks: 7
Data blocks: 1
Entries: 2
Used average: 2.000000
```

9.3　综合实训案例

案例 9.1　在 Linux 系统安装中划分硬盘分区

在综合实训案例 1.1 中,完成了以默认方式安装 Linux 系统。系统对硬盘"/dev/sda"划分了两个分区,其中"/dev/sda1"是启动分区,而"/dev/sda2"则是根文件系统所在的硬盘分区。但在实际使用中可以发现,仅有两个硬盘分区并不能完全满足应用要求。比较突出的是如/tmp、/home 等目录往往需要存放临时文件或用户数据,这就要求为这些目录单独分配一个相对独立的硬盘分区。

为此,木案例将讨论如何在安装 Linux 系统之前做好规划,合理设置硬盘分区,然后演示如何在 Linux 系统安装时划分硬盘分区,这里只讨论 Linux 安装过程中的硬盘分区设置,其他安装步骤可参考综合实训案例 1.1。以下是具体操作步骤。

第 1 步,硬盘分区规划。要确定哪些目录需要单独挂载一个硬盘分区,首先需要回顾实训 2 中关于根文件系统结构的知识内容。根据文件系统层次结构标准(FHS)的规定,根文件系统下的基本目录都有其特定的含义和用途,如/home 目录主要用于存放普通用户的主目录,/tmp 用于存放临时文件等。此处使用的仍然是综合实训案例 1.1 中的虚拟机配置,即存储容量为 20GB 的硬盘,做出如下的分区规划。

(1)启动分区(/boot):500MB。

(2)根分区(/):14000MB。

(3)交换分区(swap):一般设置为物理内存的两倍大小,这里设置为 4000MB。

(4)普通用户主目录分区(/home):1000MB。

(5)剩余 977MB 空间,留待以后扩展使用。

第 2 步,选择自定义硬盘分区布局。首先在选择安装类型和分区布局(综合实训案例 1.1 的第 12 步)时选择"创建自定义布局",如图 9.3 所示。

第 3 步,设置并创建硬盘分区。在图 9.3 中单击"下一步"按钮后,进入分区设置主界面,如图 9.4 所示。

然后单击"创建"按钮,将会弹出"生成存储"对话框(图 9.4),选择"标准分区"选项后将弹出"添加分区"对话框,如图 9.5 所示,可在此界面设置硬盘分区参数。

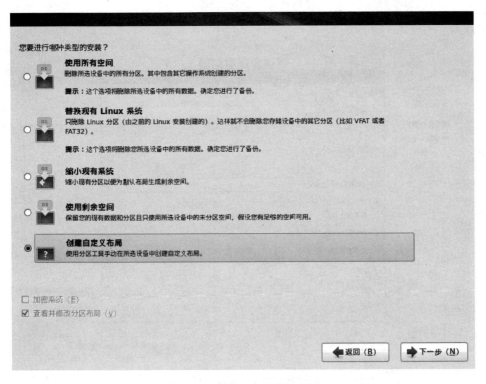

图9.3 选择自定义分区布局

图9.4 分区设置主界面

硬盘分区与配额管理

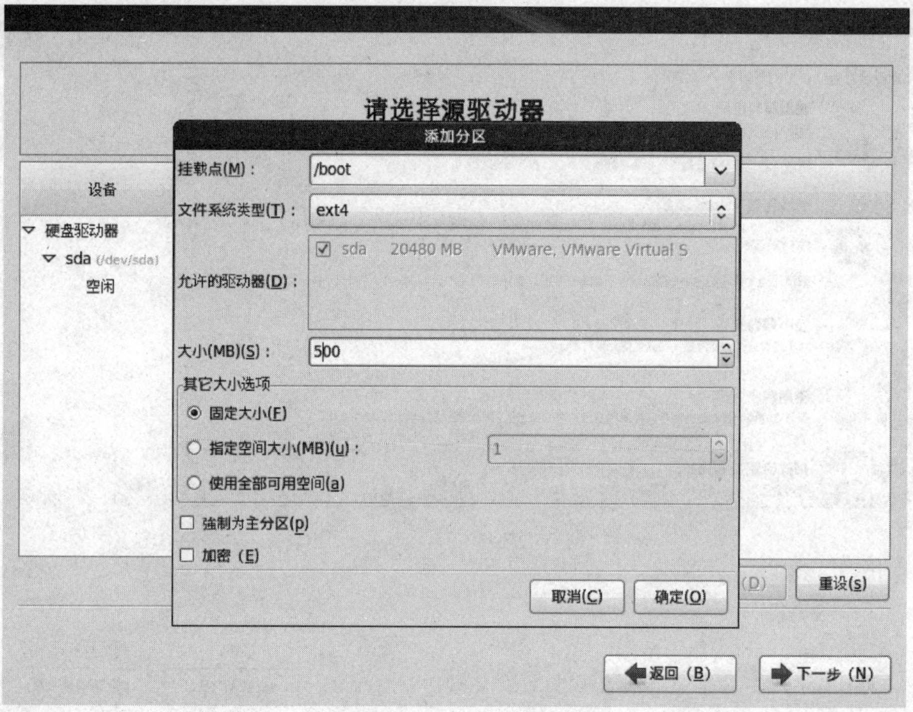

图 9.5　设置硬盘分区参数（以/boot 分区为例）

　　以设置启动分区为例，根据之前规划，设置分区大小（500MB）、挂载点（/boot），按默认文件系统类型为 ext4。其余分区基本可以按照此例设置，注意在设置交换分区的参数时需要选择文件系统类型为 swap，并且不需要设置挂载点。

　　第 4 步，格式化分区。按照之前的规划设置好硬盘分区后，分区布局如图 9.6 所示。

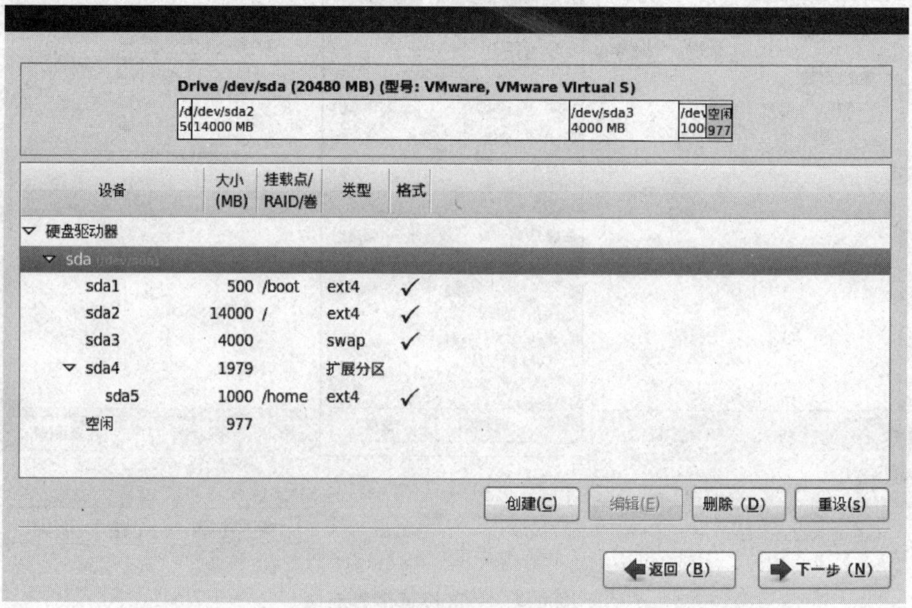

图 9.6　查看分区结果

如果想进一步修改设置可选定某个分区后单击"编辑"按钮进行修改,或者单击"重设"按钮删除所有分区。检查并确认没有问题后单击"下一步"按钮,安装程序将提示对硬盘进行格式化,如图9.7所示。

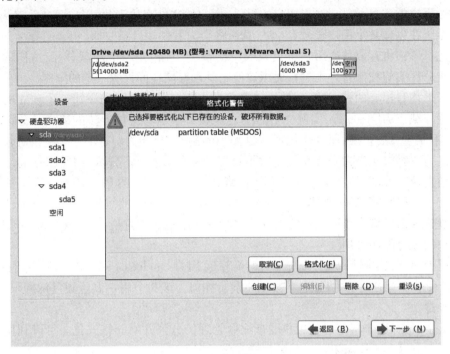

图9.7　开始对分区格式化

单击"格式化"按钮后,安装程序将进一步确认是否将设置信息写入硬盘,确定后将启动对分区格式化的过程,结束后将需要进一步设置引导装载程序的安装位置,按默认选择安装在/dev/sda硬盘即可,如图9.8所示。

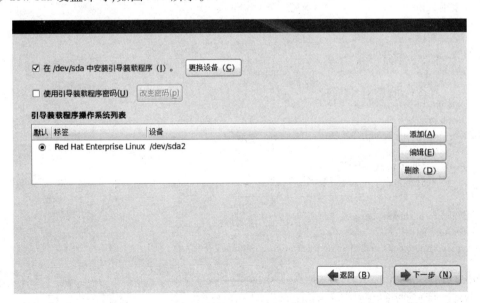

图9.8　设置引导装载程序的安装位置

硬盘分区与配额管理

单击"下一步"按钮后将进入其余的安装过程,在此不再赘述。

案例9.2 普通用户主目录的硬盘配额管理

普通用户的主目录是专属于用户的目录,用户的文件存放于此,用户登录后默认进入该目录。系统在创建某个用户账号 abc 时,默认将会为其创建目录"/home/abc"作为他的主目录。因此可考虑将存放普通用户主目录的"/home"单独占用一个硬盘分区,这样就能通过对该硬盘分区实施配额管理来对普通用户使用硬盘存储空间设置一定的限制。

实现上述目标有两种方法,一是可以在安装 Linux 系统时预先添加一个独立的硬盘分区并设置挂载点为"/home",案例 9.1 对此已经做了演示。这种方法的缺点是分区大小已经固定,不便于日后扩展,而且受物理硬盘大小的制约,只能为"/home"设置相对较小的分区空间。另一种方法是在安装系统时暂不设置独立的"/home"分区,而是根据实际情况添加新的硬盘及其分区,并将某个硬盘分区挂载在"/home"上。这种方法的缺点是如果系统已经运行了一段时间,那么必然已经存放了许多普通用户的文件,这时再为"/home"设置独立的硬盘分区需要解决普通用户的数据迁移问题。本案例将讨论在第二种方法下如何实现普通用户的硬盘配额管理。

在综合实训案例 6.2 中,批量创建了普通用户 student01 ~ student05,它们已经在"/home"目录下有对应的主目录,本案例将演示如何为该 5 个用户设置硬盘配额限制,以下是操作步骤。

第 1 步,选择用于实施普通用户硬盘配额管理的分区并对其格式化。可以利用之前新增加的硬盘分区"/dev/sdb6",对其进行格式化过程如下:

```
[ root@ localhost ~] # mkfs -t ext4   /dev/sdb6
mke2fs 1.41.12 (17-May-2010)
文件系统标签 =
操作系统: Linux
块大小 = 4096 ( log = 2)
分块大小 = 4096 ( log = 2)
Stride = 0 blocks,  Stripe width = 0 blocks
43200 inodes, 172690 blocks
8634 blocks (5.00%) reserved for the super user
第一个数据块 = 0
Maximum filesystem blocks = 180355072
6 block groups
32768 blocks per group, 32768 fragments per group
7200 inodes per group
Superblock backups stored on blocks:
      32768, 98304, 163840

正在写入 inode 表: 完成
Creating journal (4096 blocks): 完成
Writing superblocks and filesystem accounting information: 完成

This filesystem will be automatically checked every 31 mounts or
180 days,  whichever comes first. Use tune2fs -c or -i to override.
```

第 2 步,修改分区的挂载选项。打开/etc/fstab 文件,在末行加入:

```
/dev/sdb6   /mnt/vdisk-student   ext4   defaults, usrquota, grpquota   1 2
```

然后重新挂载使参数生效:

```
[ root@ localhost ~]# mkdir /mnt/vdisk-student
[ root@ localhost ~]# mount -a
```

最后确认是否挂载成功:

```
[ root@ localhost ~]# mount | grep /dev/sdb6
/dev/sdb6 on /mnt/vdisk-student type ext4 ( rw, usrquota, grpquota)
```

第 3 步,迁移已有的普通用户数据,需要迁移 student01~student05 用户的主目录数据,操作命令如下,注意可使用通配符提高 shell 命令的执行效率,对于更为复杂的情况可编写 shell 脚本解决。

```
[ root@ localhost ~]# ls -dl /home/student0[1-5]
drwx------. 4 student01 student01 4096   8 月   8 20:31 /home/student01
drwx------. 4 student02 student02 4096   7 月   9 20:11 /home/student02
drwx------. 4 student03 student03 4096   7 月   9 20:11 /home/student03
drwx------. 4 student04 student04 4096   7 月   9 20:11 /home/student04
drwx------. 4 student05 student05 4096   7 月   9 20:11 /home/student05
[ root@ localhost ~]# mv   /home/student0[ 1-5] /mnt/vdisk-student
[ root@ localhost ~]# ls -dl /mnt/vdisk-student/student0[ 1-5]
drwx------. 4 student01 student01 4096   8 月   8 20:31 /mnt/vdisk-student/student01
drwx------. 4 student02 student02 4096   7 月   9 20:11 /mnt/vdisk-student/student02
drwx------. 4 student03 student03 4096   7 月   9 20:11 /mnt/vdisk-student/student03
drwx------. 4 student04 student04 4096   7 月   9 20:11 /mnt/vdisk-student/student04
drwx------. 4 student05 student05 4096   7 月   9 20:11 /mnt/vdisk-student/student05
```

然后需要在“/home”下创建对应的符号连接,如果不给出符号连接的名称,将会按目标文件的名称创建符号链接:

```
[ root@ localhost ~]# ln -s /mnt/vdisk-student/student0[ 1-5]   /home/
[ root@ localhost ~]# ls -l /home/student0[ 1-5]
lrwxrwxrwx. 1 root root 28   9 月   9 15:56 /home/student01 -> /mnt/vdisk-student/student01
lrwxrwxrwx. 1 root root 28   9 月   9 15:56 /home/student02 -> /mnt/vdisk-student/student02
lrwxrwxrwx. 1 root root 28   9 月   9 15:56 /home/student03 -> /mnt/vdisk-student/student03
lrwxrwxrwx. 1 root root 28   9 月   9 15:56 /home/student04 -> /mnt/vdisk-student/student04
lrwxrwxrwx. 1 root root 28   9 月   9 15:56 /home/student05 -> /mnt/vdisk-student/student05
```

第 4 步,设置用户的硬盘配额。首先使用 quotacheck 命令检查硬盘“/dev/sdb6”,由于是第一次检查,因此会警告没有 aquota. group 和 aquota. user 两个文件:

```
[ root@ localhost ~]# quotacheck -ugv /dev/sdb6
quotacheck: Your kernel probably supports journaled quota but you are not using it. Consider switching to
journaled quota to avoid running quotacheck after an unclean shutdown.
quotacheck: Scanning /dev/sdb6 [/mnt/vdisk-student] done
quotacheck: Cannot stat old user quota file: 没有那个文件或目录
quotacheck: Cannot stat old group quota file: 没有那个文件或目录
quotacheck: Cannot stat old user quota file: 没有那个文件或目录
quotacheck: Cannot stat old group quota file: 没有那个文件或目录
quotacheck: Checked 27 directories and 21 files
quotacheck: Old file not found.
quotacheck: Old file not found.
[ root@ localhost ~]# ls /mnt/vdisk-student/
aquota. group   aquota. user   lost + found   student01   student02   student03   student04   student05
```

然后根据硬盘分区的实际情况设置硬盘配额,首先查看"/dev/sdb6"的存储空间以及索引结点数目:

```
[ root@ localhost vdisk]# df -h|grep /dev/sdb6
/dev/sdb6   664M   17M   614M   3%   /mnt/vdisk-student
[ root@ localhost vdisk]# df -i|grep /dev/sdb6
/dev/sdb6   43200   59   43141   1%   /mnt/vdisk-student
```

为便于测试,这里设置每个 student 用户的最大硬盘空间为 1MB(即 1024KB),最大可使用索引结点个数为 100 个。先设置好 student01 的配额,注意此处不需要改动与"/dev/sdb5"有关的设置,即 student01 用户并不能使用该硬盘分区:

```
[ root@ localhost ~]# edquota -u student01
(进入编辑界面,可发现数据迁移后 student01 已占用了一些 /dev/sdb6 的资源)
Disk quotas for user student01 ( uid 503):
   Filesystem    blocks    soft    hard    inodes    soft    hard
   /dev/sdb5     0         0       0       0         0       0
   /dev/sdb6     40        800     1024    10        90      100
~
(使用 wq 命令保存结果并退出后设置生效)
```

然后需要将 student01 用户的配额设置复制至 student02~student05 等用户:

```
[ root@ localhost ~]# edquota -p student01 -u student02
[ root@ localhost ~]# edquota -p student01 -u student03
[ root@ localhost ~]# edquota -p student01 -u student04
[ root@ localhost ~]# edquota -p student01 -u student05
```

第 5 步,设置组群及其配额。由于 student01~student05 属于同一性质的普通用户,因此可设置他们属于同一个主组群 studentgrp,这样 student01 ~ student05 作为一个组群共用"/dev/sdb6"这个分区。

```
[ root@ localhost ~]# groupadd studentgrp          <== 为 student01-05 用户设置组群
[ root@ localhost ~]# usermod -g studentgrp student01
（省略 student02-04 的组群设置）
[ root@ localhost ~]# usermod -g studentgrp student05
```

然后进一步划定该组群的硬盘使用限制。组群的配额限制是整体性的,应对组群的整体使用做更严格限制,也就是说组群的硬盘配额应设置为小于组群内各用户的硬盘配额的总和,否则组群的配额限制设置就不起作用了。同样只需要更改"/dev/sdb6"部分即可:

```
[ root@ localhost ~]# edquota -g studentgrp
（进入编辑界面）
Disk quotas for group studentgrp ( gid 603):
    Filesystem      blocks      soft      hard      inodes      soft      hard
    /dev/sdb5       0           0         0         0           0         0
    /dev/sdb6       4           3500      4000      1           350       400
~
（使用 wq 命令保存结果并退出后设置生效）
```

最后使用 repquota 命令查看全部设置情况,请注意当前 student01 账号已经登录并使用,因此使用空间和文件数目均比其他用户要大:

```
[ root@ localhost vdisk]# repquota -u /dev/sdb6
*** Report for user quotas on device /dev/sdb6
Block grace time: 7days; Inode grace time: 7days
                        Block limits              File limits
User            used    soft    hard    grace    used    soft    hard    grace
----------------------------------------------------------------------------
root       --   20      0       0                2       0       0
student01  --   44      800     1024             11      90      100
student02  --   36      800     1024             9       90      100
student03  --   36      800     1024             9       90      100
student04  --   36      800     1024             9       90      100
student05  --   36      800     1024             9       90      100
```

查看整个 studentgrp 组群的配额使用和设置情况,注意 studentgrp 组群是后来才创建的,因此实际占用的资源并不多:

```
[ root@ localhost vdisk]# quota -g studentgrp
Disk quotas for group studentgrp ( gid 603):
    Filesystem  blocks    quota    limit    grace    files    quota    limit    grace
    /dev/sdb6   4         3500     4000              1        350      400
```

第 6 步,测试配额设置是否有效。首先需要启动硬盘分区"/dev/sdb6"的配额管理:

```
[ root@ localhost student01]# quotaon -uvg /dev/sdb6
/dev/sdb6 [/mnt/vdisk-student]: group quotas turned on
/dev/sdb6 [/mnt/vdisk-student]: user quotas turned on
```

然后从 root 用户切换为 student01 用户的身份,然后在"/mnt/vdisk-student/student01"下进行的操作:

```
[ root@ localhost ~]# su student01
[ student01@ localhost root]$ cd          <==注意需跳转到 student01 用户主目录上进行操作
[ student01@ localhost ~]$ pwd
/home/student01
[ student01@ localhost ~]$ touch testquota          <==先创建一个空白文件 testquota
[ student01@ localhost ~]$ ls /mnt/vdisk-student/student01/
test1     testquota
[ student01@ localhost ~]$ quota          <==注意留意占用索引结点的数目变化
Disk quotas for user student01 ( uid 503):
      Filesystem   blocks   quota   limit   grace   files   quota   limit   grace
      /dev/sdb6    44       800     1024            12       90      100
[ student01@ localhost ~]$ quota -g studentgrp
Disk quotas for group studentgrp ( gid 603):
      Filesystem   blocks   quota   limit   grace   files   quota   limit   grace
      /dev/sdb6    4        3500    4000            2        350     400
```

对比第 5 步,可发现 student01 占用的文件数(files)增加了,但由于新建的是空文件,因此占用的硬盘块数(blocks)并没有增加。进一步往文件中写入内容:

```
[ student01@ localhost ~]$ echo testforquota > testquota
[ student01@ localhost ~]$ quota
Disk quotas for user student01 ( uid 503):
      Filesystem   blocks   quota   limit   grace   files   quota   limit   grace
      /dev/sdb6    48       800     1024            12       90      100
[ student01@ localhost ~]$ quota -g studentgrp
Disk quotas for group studentgrp ( gid 603):
      Filesystem   blocks   quota   limit   grace   files   quota   limit   grace
      /dev/sdb6    8        3500    4000            2        350     400
```

用户 student 占用的硬盘数据块增加为 48(相应地组群 studentgrp 的记录也增加了),可知用户对硬盘分区的使用一直在被监控之中。继续测试用户是否能超出配额限制使用硬盘,写入一个 800KB 大小的文件 testquota2:

```
[ student01@ localhost ~]$ dd if =/dev/zero of = testquota2 bs =1k count =800
记录了 800 +0 的读入
记录了 800 +0 的写出
819200 字节(819 KB)已复制, 0. 0153473 秒, 53.4MB/s
[ student01@ localhost ~]$ quota
Disk quotas for user student01 ( uid 503):
      Filesystem   blocks   quota   limit   grace   files   quota   limit   grace
      /dev/sdb6    848 *    800     1024    7days   13       90      100
```

结果显示占用的数据块个数刚好增加了 800 个,此时软配额已经被超过,如果再次执行命令:

```
[ student01@ localhost  ~]$ dd if =/dev/zero of = testquota3 bs =1k count =200
dd: 正在写入"testquota3": 超出磁盘限额
记录了 177 +0 的读入
记录了 176 +0 的写出
180224 字节( 180 KB)已复制,0. 0116647 秒,15. 5MB/s
```

此时则因为超出硬配额限制而不能完全建立符合大小的文件:

```
[ student01@ localhost  ~]$ quota
Disk quotas for user student01 ( uid 503):
     Filesystem   blocks   quota   limit   grace   files   quota   limit   grace
     /dev/sdb6   1024*   800   1024 · 6days   14   90   100
[ student01@ localhost  ~]$ quota -g studentgrp
Disk quotas for group studentgrp ( gid 603):
     Filesystem   blocks   quota   limit   grace   files   quota   limit   grace
     /dev/sdb6   984   3500   4000   4   350   400
```

继续将用户 student02、student03、student04 的硬盘配额使用完毕,注意需要切换为对应用户身份并在其主目录下进行如下实验:

```
[ student02@ localhost  ~]$ dd if =/dev/zero of = testquota bs =1k count =1024
dd: 正在写入"testquota": 超出磁盘限额
记录了 989 +0 的读入
记录了 988 +0 的写出
1011712 字节( 1.0 MB)已复制,0. 044349 秒,22. 8 MB/s
( student03 和 student04 在其主目录下创建 testquota 过程略)
```

以 root 用户身份查看 studentgrp 组群的配额使用情况(实际 studentgrp 组群成员都可以查看),从结果看可发现组群的数据块配额已经接近使用完毕,已使用 3948KB:

```
[ root@ localhost  ~]# quota -g studentgrp
Disk quotas for group studentgrp ( gid 603):
     Filesystem   blocks   quota   limit   grace   files   quota   limit   grace
     /dev/sdb6   3948*   3500   4000   7days   10   350   400
```

另外从以上结果可知新增加了 6 个文件,这是因为除了每个用户创建的 testquota 文件外,在退出时系统将为用户新建一个. bash_history 文件。此时继续使用 student5 的硬盘配额,可发现实际只能写入 52KB(53248 字节),也即刚好将剩余的组群硬盘配额用完:

```
[ student05@ localhost  ~]$ dd if =/dev/zero of = testquota bs =1k count =1024
dd: 正在写入"testquota": 超出磁盘限额
记录了 53 +0 的读入
记录了 52 +0 的写出
53248 字节( 53 KB)已复制,0. 0124237 秒,4. 3MB/s
```

最后重新查看 studentgrp 组群的硬盘配额使用情况,实际已到达硬配额的限制了:

```
[ root@ localhost ~]# quota -g studentgrp
Disk quotas for group studentgrp ( gid 603):
        Filesystem  blocks    quota   limit    grace   files   quota   limit   grace
        /dev/sdb6   4000 *    3500    4000    6days    12     350     400
```

第 7 步,尝试以 stduent01 用户的身份登录系统。至此实际上关于普通用户主目录的硬盘配额设置已经完成。但是,还有一些设置其实没有完成。例如,当尝试以 student01 用户的身份(远程)登录系统(IP 地址为 192.168.2.5),会出现如下信息:

```
C:\Windows\System32 > ssh student01@ 192.168.2.5          <== student01 用户尝试登录系统
student01@ 192.168.2.5's password:
Last login: Wed Nov 18 14:49:52 2015                       <== 登录时会提示出现如下信息
Could not chdir to home directory /home/student01: Permission denied
[ student01@ localhost /]$ cd /home/student01              <== 重新切换至主目录
[ student01@ localhost ~]$ ls                              <== 实际是可以使用的
file  test  test1  testdir  testshare
```

为什么会出现上面的警告信息呢? 这与一个称为 SELinux 的安全内核模块有关,可以暂时通过 root 用户执行如下设置让 SELinux 工作在宽容模式:

```
[ root@ localhost ~]# setenforce 0
```

然后重新以 student01 用户身份登录系统,可以发现不再出现上述警告:

```
C:\Windows\System32 > ssh student01@ 192.168.2.5
student01@ 192.168.2.5's password:
Last login: Wed Nov 18 15:09:02 2015 from 192.168.2.22
[ student01@ localhost ~]$
```

有关 SELinux 的内容将在实训 15 中详细介绍。

9.4　实训练习题

(1) 在实训 8 中的实训练习题第(3)题的基础上,将新增的硬盘利用 fdisk 工具将其划分为两个分区,容量各为 1GB,均格式化为 ext4 文件系统类型,并将第一个分区挂载在"/mnt/vdisk1"下。

(2) 在上一题的基础上,新增用户 abc(abc 代表你的姓氏拼音字母),并设置该用户在新建硬盘的第一个分区上的软配额为 10MB,硬配额为 20MB。设置完毕后需要测试配额设置是否有效。

实训 10　逻辑卷管理

10.1　实　训　要　点

(1) 理解逻辑卷管理的基本应用背景。
(2) 理解物理卷、物理扩展块、卷组、逻辑卷等基本概念。
(3) 创建、扫描、查询和移除物理卷。
(4) 创建、扫描、查询、扩缩、移除卷组。
(5) 创建、扫描、查询、扩缩、移除逻辑卷。
(6) 利用逻辑卷功能整合存储资源。
(7) 利用逻辑卷功能扩展系统存储能力。

10.2　基础实训内容

10.2.1　逻辑卷的应用背景

前面讨论了硬盘存储空间的划分,并利用分区工具 fdisk 为单一某个硬盘建立分区。但在实际管理中,所面临的应用问题可能并不是单纯依靠硬盘分区工具所能够解决的。现在来考虑如下两个示例。

(1) 假如有 4 个容量为 1GB 的硬盘分区,它们各自分布在两个硬盘上。但是出于某种需要,如要存储一些光盘映像文件(. iso 文件),而这些文件大小都超过了 1GB 甚至更大,这时显然一个容量为 4GB 的连续的硬盘空间更能满足上述需求。有没有办法将这 4 个硬盘分区整合在一起,形成一个符合要求的硬盘空间呢?

(2) 假设系统已在"/home"目录下挂载了一个硬盘分区并开启了硬盘配额管理。然而在实际使用过程中普通用户的数目不断增加,导致该分区已不能满足实际使用要求。重新在"/home"下挂载新的更大的硬盘空间需要停止系统服务和迁移用户数据,有没有更好的办法在不影响用户使用的前提下扩展系统的存储空间?

实际应用中类似的问题还有很多,上述两个示例仅仅是一种对实际应用的简化的表达。特别是在网络服务器等应用场合,不断变化的应用条件要求系统必须以更为灵活的方式管理存储资源。逻辑卷管理(Logical Volume Management,LVM)提供的正是这样一种更为灵活的组织和分配硬盘存储空间的方式。

10.2.2　基本概念

学习逻辑卷管理的实际操作之前,需要理解如下几个基本概念。

（1）物理卷（Physical Volume，PV）：物理卷是经过转换的物理硬盘或物理硬盘分区（如/dev/sdb 或/dev/sdb1）。

（2）物理扩展块（Physical Extend，PE）：每个物理卷被划分为一个组块（chunk）的集合，它们是组织逻辑卷中的存储空间的基本单位。

（3）卷组（Volume Group，VG）：卷组是物理卷的集合。

（4）逻辑卷（Logical Volume，LV）：卷组在逻辑上划分成多个更小的存储空间，这些存储空间被称为逻辑卷。

图 10.1 是关于物理卷、卷组、逻辑卷的基本关系示意图。

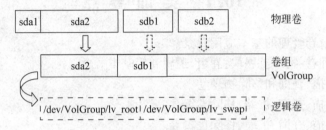

图 10.1　逻辑卷管理示意图

假设 Linux 以 RHEL 6.0 默认方式安装，也即在安装过程中并没有做进一步的硬盘分区设置。这样硬盘"/dev/sda"共有两个分区，其中"/dev/sda1"挂载在"/boot"下，是系统启动分区，它并不作为物理卷使用。硬盘"/dev/sda2"作为物理卷加入到卷组 VolGroup 中，可以通过查询/dev/sda 的分区表对此加以印证：

```
[ root@ localhost ~]# fdisk -l /dev/sda

Disk /dev/sda: 21.5GB, 21474836480 bytes
255 heads, 63 sectors/track, 2610 cylinders
Units = cylinders of 16065 ∗ 512 = 8225280 bytes
Sector size ( logical/physical): 512 bytes / 512 bytes
I/O size ( minimum/optimal): 512 bytes / 512 bytes
Disk identifier: 0x0008b8ba


   Device Boot       Start        End       Blocks    Id   System
/dev/sda1     *        1          64        512000    83   Linux
Partition 1 does not end on cylinder boundary.
/dev/sda2             64         2611      20458496    8e   Linux LVM
```

在之前的实训中为系统增加了硬盘"/dev/sdb"并对其进行分区，作为示例在后面的示例里面将会把硬盘"/dev/sdb"的两个主分区"/dev/sdb1"和"/dev/sdb2"加入到卷组 VolGroup 中。卷组 VolGroup 里面划分有"/dev/VolGroup/lv_root"和"/dev/VolGroup/lv_swap"两个逻辑卷。其中"/dev/VolGroup/lv_root"对应于根文件系统：

```
[ root@ localhost vdisk]# mount | grep lv_root
/dev/mapper/VolGroup-lv_root on / type ext4 ( rw)
```

10.2.3 管理过程

逻辑卷的建立和使用需要涉及物理卷、卷组和逻辑卷 3 个方面的管理工作。以下内容将结合一些示例介绍上述 3 个方面的相关管理命令。请注意将利用上一实训中的硬盘"/dev/sdb"及其已有的分区结果进行讨论。以下示例之间是有关联的,在根据这些示例进行练习时,请按原有的安排次序进行。

1. 物理卷的管理

要创建物理卷首先需要利用分区工具 fdisk 将需要转换为物理卷的分区的 System ID 修改为"8e"。示例如下。

【示例10.1】 修改"/dev/sdb"的分区表,修改 sdb1 和 sdb2 两个分区的 System ID 为"8e"。

```
[root@ localhost ~] # fdisk /dev/sdb

WARNING: DOS-compatible mode is deprecated. It's strongly recommended to
        switch off the mode (command 'c') and change display units to
        sectors (command 'u').

Command (m for help): t              <==需要输入命令 t(type)
Partition number (1-7): 1            <==设置/dev/sdb1 的类型
Hex code (type L to list codes): 8e
Changed system type of partition 1 to 8e (Linux LVM)

Command (m for help): t
Partition number (1-7): 2
Hex code (type L to list codes): 8e
Changed system type of partition 2 to 8e (Linux LVM)

Command (m for help): w              <==写入分区表
The partition table has been altered!

Calling ioctl() to re-read partition table.
Syncing disks.
[root@ localhost VolGroup] # fdisk -l /dev/sdb

Disk /dev/sdb: 4294MB, 4294967296 bytes
255 heads, 63 sectors/track, 522 cylinders
Units = cylinders of 16065 * 512 = 8225280 bytes
Sector size (logical/physical): 512 bytes / 512 bytes
I/O size (minimum/optimal): 512 bytes / 512 bytes
Disk identifier: 0xd1105ede

    Device Boot      Start         End      Blocks   Id  System
/dev/sdb1              1           132     1060258+  8e  Linux LVM
/dev/sdb2            133           264     1060290   8e  Linux LVM
/dev/sdb3            265           522     2072385    5  Extended
/dev/sdb5            265           350      690763+  83  Linux
/dev/sdb6            351           436      690763+  83  Linux
/dev/sdb7            437           522      690763+  83  Linux
```

物理卷的管理包括了物理卷的创建、扫描、查询和移除等操作方法,相关命令介绍如下。

1)pvscan 命令

功能:扫描当前系统所有的物理卷。

格式:

```
pvscan      [选项]
```

重要选项:

-u(UUID):显示 UUID 值。

【示例 10.2】 扫描物理卷信息,可发现当前系统只有物理卷/dev/sda2。

```
[root@localhost ~]# pvscan
  PV /dev/sda2    VG VolGroup    lvm2 [19.51GiB / 0      free]
  Total: 1 [19.51GiB]  / in use: 1 [19.51GiB]  / in no VG: 0 [0   ]
```

2)pvcreate 命令

功能:将硬盘或硬盘分区转换为物理卷。

格式:

```
pvcreate    硬盘分区名称
```

【示例 10.3】 将分区"/dev/sdb1"和"/dev/sdb2"转换为物理卷。

```
[root@localhost ~]# pvcreate /dev/sdb1 /dev/sdb2
  Physical volume "/dev/sdb1" successfully created
  Physical volume "/dev/sdb2" successfully created
```

3)pvdisplay 命令

功能:列出物理卷属性。

格式:

```
pvdisplay    [物理卷路径]
```

【示例 10.4】 显示当前系统的物理卷及其详细属性。注意对比新增的物理卷"/dev/sdb1"与原有的物理卷"/dev/sda2"的区别。

```
[root@localhost ~]# pvdisplay
  --- Physical volume ---
  PV Name       /dev/sda2              <== 系统中原有的物理卷
  VG Name       VolGroup               <== 属于卷组 VolGroup
  PV Size       19.51GiB / not usable 3.00MiB
  Allocatable   yes (but full)
  PE Size       4.00 MiB               <== 物理扩展块大小(PE Size)为 4MB
  Total PE      4994
```

```
Free PE                0
Allocated PE           4994
PV UUID                3oKF69-iR55-8znU-qkdy-ydof-TAmm-JG3LfU

"/dev/sdb1" is a new physical volume of "1.01 GiB"
--- NEW Physical volume ---
PV Name                /dev/sdb1              <==新加的物理卷
VG Name                                       <==仍未有分配卷组
PV Size                1.01 GiB
Allocatable            NO
PE Size                0                       <==未确定扩展块大小
Total PE               0
Free PE                0
Allocated PE           0
PV UUID                1AGidw-5lLS-NFNS-CcT8-Bzdg-zFW0-ilYqkn
(物理卷/dev/sdb2 的内容与/dev/sdb1 类似,略去)
```

4)pvchange 命令

功能:修改物理卷属性。

格式:

pvchange	物理卷路径

主要选项:

-u(uuid):为物理卷设置新的随机的 UUID 值。

-x:该选项后面需要给出参数 y 或者 n 表示允许或禁止在物理卷上分配物理扩展块。

5)pvremove 命令

功能:擦除分区上的物理卷标签,使系统不再识别分区为物理卷。

格式:

pvremove	物理卷路径

2. 卷组的管理

卷组由一组物理卷构成。卷组管理包括卷组的扫描(vgscan)、查询(vgdisplay)、创建(vgcreate),以及往卷组中添加物理卷(vgextend),从卷组中删除物理卷(vgreduce)和移除整个卷组(vgremove)等。下面介绍相关命令及其示例:

1)vgscan 命令

功能:扫描并发现当前系统中使用的卷组。

格式:

vgscan	[选项]

重要选项:

-v(verbose):显示详细的信息。

【示例10.5】 扫描当前系统所使用的卷组。系统在最初安装时已经创建了一个卷组"VolGroup"。

```
[root@ localhost ~]# vgscan
    Reading all physical volumes.    This may take a while…
    Found volume group "VolGroup" using metadata type lvm2
```

2）vgdisplay 命令

功能：显示卷组属性。

格式：

```
vgdisplay    [选项]    [卷组名]
```

重要选项：

-v（verbose）：显示与卷组有关的详细信息。

【示例10.6】 获取卷组"VolGroup"的详细属性。可以自行添加-v 选项获取更为全面的信息。

```
[root@ localhost ~]# vgdisplay VolGroup
    --- Volume group ---
    VG Name                VolGroup
    System ID
    Format                 lvm2
    Metadata Areas         1
    Metadata Sequence No   3
    VG Access              read/write
    VG Status              resizable
    MAX LV                 0
    Cur LV                 2
    Open LV                2
    Max PV                 0
    Cur PV                 1                <==该卷组只有一个物理卷(/dev/sda2)
    Act PV                 1
    VG Size                19. 51 GiB
    PE Size                4. 00 MiB
    Total PE               4994             <==总共的 PE 数目
    Alloc PE / Size        994/19. 51 GiB
    Free   PE / Size       0/0
    VG UUID                zlv4l-JVI0-TZXM-oxS1-cuU3-E3Mq-eAmi5S
```

3）vgcreate 命令

功能：创建卷组,注意需要指定起码一个物理卷用于卷组创建。

格式：

```
vgcreate   卷组名称   物理卷路径
```

重要选项：

-s：该选项后面需要给出用于设置物理扩展块大小的参数，如 8MB 等（默认是 4MB）。

【示例 10.7】 创建一个测试用的卷组 vgtest，创建时将物理卷"/dev/sdb2"加入到 vgtest。

```
[root@ localhost ~]# vgcreate vgtest /dev/sdb2
    Volume group "vgtest" successfully created
```

4）vgextend 命令

功能：为卷组添加物理卷。

格式：

```
vgextend    卷组   物理卷路径
```

【示例 10.8】 为卷组 VolGroup 添加物理卷"/dev/sdb1"。此时系统的卷组 VolGroup 有两个物理卷（Cur PV），即"/dev/sda2"和"/dev/sdb1"，且有两个逻辑卷（Cur LV），分别是"/dev/VolGroup/lv_root"和"/dev/VolGroup/lv_swap"。

```
[root@ localhost ~]# vgextend VolGroup /dev/sdb1
    Volume group "VolGroup" successfully extended
[root@ localhost ~]# vgdisplay -v VolGroup   <==扩展完毕后查看 VolGroup 卷组详细信息
    Using volume group(s) on command line
    Finding volume group "VolGroup"
  --- Volume group ---
  VG Name              VolGroup
  System ID
  Format               lvm2
  Metadata Areas       2
  Metadata Sequence No 6
  VG Access            read/write
  VG Status            resizable
  MAX LV               0
  Cur LV               2                   <==当前有两个逻辑卷
  Open LV              2
  Max PV               0
  Cur PV               2                   <==当前有两个物理卷
  Act PV               2
  VG Size              20.52 GiB
  PE Size              4.00 MiB
  Total PE             5252
  Alloc PE/Size        4994/19.51 GiB
  Free   PE/Size       258/1.01 GiB
  VG UUID              ezlv4l-JVI0-TZXM-oxS1-cuU3-E3Mq-eAmi5S

  --- Logical volume ---
（省略逻辑卷的信息）
```

```
        --- Physical volumes ---
        PV Name              /dev/sda2              <== 原有的物理卷
        PV UUID              3oKF69-iR55-8znU-qkdy-ydof-TAmm-JG3LfU
        PV Status            allocatable
        Total PE / Free PE   4994/0


        PV Name              /dev/sdb1              <== 新加的物理卷
        PV UUID              uoGYsW-cgLu-HDg7-sz4K-0eBR-1G5q-Iyeb3y
        PV Status            allocatable
        Total PE / Free PE   258/258
```

5）vgreduce 命令

功能：从卷组中减少物理卷,但至少保留一个物理卷在卷组中。

格式：

```
vgreduce    卷组    物理卷
```

【示例 10.9】　将“/dev/sdb1”物理卷从卷组 VolGroup 中移除并重新加入到卷组 vgtest 中。

```
[ root@ localhost ~]# vgreduce VolGroup /dev/sdb1          <== 从 VolGroup 中移除/dev/sdb1
    Removed "/dev/sdb1" from volume group "VolGroup"
[ root@ localhost ~]# vgextend vgtest /dev/sdb1            <== 然后将/dev/sdb1 加到 vgtest 中
    Volume group "vgtest" successfully extended
[ root@ localhost ~]# vgdisplay -v vgtest                 <== 查看 vgtest 卷组的详细信息
    Using volume group(s) on command line
    Finding volume group "vgtest"
    --- Volume group ---
    VG Name              vgtest
    System ID
    Format               lvm2
    Metadata Areas       2
    Metadata Sequence No 2
    VG Access            read/write
    VG Status            resizable
    MAX LV               0
    Cur LV               0
    Open LV              0
    Max PV               0
    Cur PV               2
    Act PV               2
    VG Size              2.02 GiB
    PE Size              4.00 MiB                          <== 按默认设定了 PE 的大小
    Total PE             516
    Alloc PE / Size      0 / 0
    Free  PE / Size      516 / 2.02 GiB
    VG UUID              dz5DJJ-VWBe-i3Hp-XvKM-2Vyw-5uAp-aZamV6
```

```
--- Physical volumes ---
PV Name              /dev/sdb2                    <==创建卷组时设置的物理卷
PV UUID              2Sxpjm-Q73r-4Ko5-sxfU-yRzx-Zm3W-VzJUbF
PV Status            allocatable
Total PE / Free PE   258 / 258


PV Name              /dev/sdb1                    <==新添加的物理卷
PV UUID              uoGYsW-cgLu-HDg7-sz4K-0eBR-1G5q-Iyeb3y
PV Status            allocatable
Total PE / Free PE   258 / 258
```

6）vgremove 命令

功能：移除一个卷组,如果卷组中含有逻辑卷,则在确认后将其移除。

格式：

```
vgremove   卷组
```

重要选项：

-f(force)：强制移除卷组中所有逻辑卷。

【示例10.10】 暂时移除测试用的卷组 vgtest。删除卷组后实际其中的物理卷仍然是保留的,可加入到其他卷组中使用。

```
[ root@ localhost ~]# vgremove vgtest         <==移除卷组 vgtest
   Volume group "vgtest" successfully removed
[ root@ localhost ~]# pvscan                  <==物理卷还在
   PV /dev/sda2    VG VolGroup         lvm2 [19.51 GiB / 0     free]
   PV /dev/sdb1                        lvm2 [1.01 GiB]
   PV /dev/sdb2                        lvm2 [1.01 GiB]
   Total: 3 [21.53 GiB] / in use: 1 [19.51 GiB] / in no VG: 2 [2.02 GiB]
[ root@ localhost ~]# vgdisplay vgtest         <==但 vgtest 卷组已经删除
   Volume group "vgtest" not found
```

3. 逻辑卷的管理

与卷组管理类似,逻辑卷的管理包括了逻辑卷的扫描(lvscan)、查询(lvdisplay)、创建(lvcreate),以及扩大(lvextend)、缩小(lvreduce)和移除(lvremove)逻辑卷等。下面介绍相关命令及其示例。

1）lvscan 命令

功能：扫描所有硬盘的逻辑卷。

格式：

```
lvscan   [选项]
```

重要选项：

-v(verbose)：显示更为详细的信息。

【示例 10.11】 显示当前系统的逻辑卷,即卷组 VolGroup 中的"/dev/VolGroup/lv_root"和"/dev/VolGroup/lv_swap"。注意完整的逻辑卷名称是一个文件路径,而非仅以文件名(如 lv_root)表示。

```
[ root@ localhost ~] # lvscan -v
    Finding all logical volumes
  ACTIVE                    '/dev/VolGroup/lv_root' [15.54 GiB] inherit
  ACTIVE                    '/dev/VolGroup/lv_swap' [3.97 GiB] inherit
```

2) lvdisplay 命令

功能:查询逻辑卷的相关信息。

格式:

```
lvdisplay      [选项]      [卷组/逻辑卷文件路径]
```

重要选项:

-a(all):显示所有的逻辑卷。

-v(verbose):显示更为详细的信息。

【示例 10.12】 显示卷组 VolGroup 中的逻辑卷信息和查询逻辑卷"/dev/VolGroup/lv_swap"的信息。

```
[ root@ localhost ~] # lvdisplay VolGroup
  --- Logical volume ---
  LV Name                  /dev/VolGroup/lv_root
  VG Name                  VolGroup
  LV UUID                  Zw4DX4-uB5W-cq1H-Ivki-KQuH-QSOk-B4Gy7W
  LV Write Access          read/write
  LV Status                available
  # open                   1
  LV Size                  15.54 GiB
  Current LE               3978
  Segments                 1
  Allocation               inherit
  Read ahead sectors       auto
  - currently set to       256
  Block device             253:0
(略去逻辑卷/dev/VolGroup/lv_swap 的信息,可参见下面的命令结果)
[ root@ localhost ~] # lvdisplay /dev/VolGroup/lv_swap
  --- Logical volume ---
  LV Name                  /dev/VolGroup/lv_swap
  VG Name                  VolGroup
  LV UUID                  r6K2MX-aTVz-pzq4-JYt9-YClV-iNo7-VUUOer
  LV Write Access          read/write
  LV Status                available
  # open                   1
  LV Size                  3.97 GiB
```

Current LE	1016
Segments	1
Allocation	inherit
Read ahead sectors	auto
- currently set to	256
Block device	253 : 1

3) lvcreate 命令

功能：在一个卷组中创建逻辑卷。

格式：

```
lvcreate   [选项]   卷组   逻辑卷
```

重要选项：

-n(name)：该选项后面需要给出参数指定新创建的逻辑卷的名称。

-l：该选项后面需要给出参数指定新创建的逻辑卷所占用的物理扩展块个数。

-L：该选项后面需要给出参数指定新创建的逻辑卷的容量，可以使用如 K、M、G、T 等表示大小的后缀，如 100MB、20GB。

【示例10.13】　重新建立 vgtest 卷组（之前在关于 vgremove 命令的示例中已将其移除），并且创建了两个逻辑卷，分别是 "/dev/vgtest/lvol0"（按默认设定的逻辑卷名称）和 "/dev/vgtest/lvtest"（自行设定逻辑卷名称）。由于按默认 vgtest 的物理扩展块大小（PE size）为 4MB，因此两个逻辑卷的大小均为 100MB，练习时可自行通过 lvdisplay 命令查询验证。

```
[ root@ localhost ~] # vgcreate vgtest /dev/sdb1        <==重新利用物理卷/dev/sdb1 创建 vgtest
    Volume group "vgtest" successfully created
[ root@ localhost ~] # lvcreate -l 25 vgtest            <==申请 25 个 PE，每个 4MB 总容量为 100MB
    Logical volume "lvol0" created                     <==创建 lvol0 逻辑卷
[ root@ localhost ~] # lvcreate -L 100M -n lvtest vgtest
    Logical volume "lvtest" created                    <==创建 lvtest 逻辑卷
```

4) lvextend 命令

功能：扩大逻辑卷的容量大小。

格式：

```
lvextend   [选项]   逻辑卷
```

重要选项：

-l：该选项后面需要给出参数" + 物理扩展块个数"指定新增容量大小，也可直接指定逻辑卷的新容量大小（以 PE 个数表示），但需要比逻辑卷的原容量要大。

-L：该选项后面需要给出参数" + 容量大小"指定新增容量大小，也可直接指定逻辑卷的新容量大小，但需要比逻辑卷的原容量要大。容量大小的表示方法与命令 lvcreate 中的"-L"选项相同。

【示例 10.14】 为逻辑卷"/dev/vgtest/lvtest"扩展容量。第一、二条命令先后为逻辑卷两次增加各 20MB 的容量。第三条命令直接指定该逻辑卷的容量为 200MB。

```
[ root@ localhost ~]# lvextend -l  +5 /dev/vgtest/lvtest          <== 为 lvtest 增加 20MB 的容量
    Extending logical volume lvtest to 120. 00 MiB
    Logical volume lvtest successfully resized
[ root@ localhost ~]# lvextend -L  +20M /dev/vgtest/lvtest        <== 继续增加 20MB 的容量
    Extending logical volume lvtest to 140. 00 MiB
    Logical volume lvtest successfully resized
[ root@ localhost ~]# lvextend -l 50 /dev/vgtest/lvtest           <== 增加至 50PE( 即 200MB) 容量
    Extending logical volume lvtest to 200. 00 MiB
    Logical volume lvtest successfully resized
```

5）lvreduce 命令

功能：缩小逻辑卷的容量大小。

格式：

```
lvreduce      [选项]   逻辑卷
```

重要选项：

-l：该选项后面需要给出参数"-物理扩展块个数"指定缩小容量大小，也可直接指定逻辑卷的新容量大小（以 PE 个数表示），但需要比逻辑卷的原容量要小。

-L：该选项后面需要给出参数"-容量大小"指定缩小容量大小，也可直接指定逻辑卷的新容量大小，但需要比逻辑卷的原容量要小。容量大小的表示方法与命令 lvcreate 中的"-L"选项相同。

【示例 10.15】 缩减逻辑卷"/dev/vgtest/lvtest"的容量。命令执行前将会警告缩小逻辑卷可能会造成数据丢失。

```
[ root@ localhost ~]# lvreduce -l -5 /dev/vgtest/lvtest          <== 缩小 5 个 PE( 即 20MB)
    WARNING: Reducing active logical volume to 180. 00 MiB
    THIS MAY DESTROY YOUR DATA ( filesystem etc. )
Do you really want to reduce lvtest? [ y/n]: y                   <== 输入 y 确认
    Reducing logical volume lvtest to 180. 00 MiB
    Logical volume lvtest successfully resized
[ root@ localhost ~]# lvreduce -l 25 /dev/vgtest/lvtest          <== 缩小容量至 25 个 PE( 即 100MB)
    WARNING: Reducing active logical volume to 100. 00 MiB
    THIS MAY DESTROY YOUR DATA ( filesystem etc. )
Do you really want to reduce lvtest? [ y/n]: y
    Reducing logical volume lvtest to 100. 00 MiB
    Logical volume lvtest successfully resized
```

6）lvremove 命令

功能：移除逻辑卷。如果逻辑卷包含了一个正被挂载的文件系统，那么该逻辑卷将不能被移除。

格式：

```
lvremove     [选项]  逻辑卷
```

重要选项:

-f(force) : 强制移除逻辑卷。

【示例 10.16】 移除 vgtest 卷组中的逻辑卷"/dev/vgtest/lvol0"和"/dev/vgtest/lvtest"。

```
[ root@ localhost ~] # lvremove /dev/vgtest/lvol0
Do you really want to remove active logical volume lvol0? [ y/n]: y
    Logical volume "lvol0" successfully removed
[ root@ localhost ~] # lvremove vgtest /dev/vgtest/lvtest
Do you really want to remove active logical volume lvtest? [ y/n]: y
    Logical volume "lvtest" successfully removed
```

10.3 综合实训案例

案例 10.1 多硬盘分区的整合与利用

在前面讨论逻辑卷的应用背景时,提出了一个关于多硬盘分区的整合与利用的问题,即如何将 4 个容量各为 1GB 的硬盘分区整合为一个容量为 4GB 的连续的存储空间。根据逻辑卷的功能特点可以提出如下解决办法: 将上述 4 个硬盘分区添加至同一个卷组,然后通过从卷组中划分出一个容量为 4GB 的逻辑卷便可提供满足之前提出的要求。

根据上述解决办法,本案例将演示如何通过相关管理操作实现多硬盘分区的整合与利用。首先需要准备 4 个硬盘分区用于演示案例。在综合实训案例 8.1 中添加了硬盘"/dev/sdb"。后来在本实训前面的示例中修改了"/dev/sdb1"和"/dev/sdb2"的分区类型为 Linux LVM,现在它的分区布局是这样的:

```
[ root@ localhost ~] # fdisk -l /dev/sdb

Disk /dev/sdb: 4294MB, 4294967296 bytes
255 heads, 63 sectors/track, 522 cylinders
Units = cylinders of 16065 ∗ 512 = 8225280 bytes
Sector size ( logical/physical) : 512 bytes / 512 bytes
I/O size ( minimum/optimal) : 512 bytes / 512 bytes
Disk identifier: 0xd1105ede


Device Boot        Start        End        Blocks        Id      System
/dev/sdb1          1            132        1060258 +     8e      Linux LVM
/dev/sdb2          133          264        1060290 +     8e      Linux LVM
/dev/sdb3          265          522        2072385       5       Extended
/dev/sdb5          265          350        690763 +      83      Linux
/dev/sdb6          351          436        690763 +      83      Linux
/dev/sdb7          437          522        690763 +      83      Linux
```

其中/dev/sdb1 和/dev/sdb2 的容量都是 1GB,显然可以继续利用这两个硬盘分区进行实验。需要注意的是,经过本实训前面的一系列示例操作,/dev/sdb1 已作为物理卷加入到卷组 vgtest 中,而完成了关于 lvremove 命令的示例 10.16 之后,卷组 vgtest 中应并不包括逻辑卷。下面开始演示操作步骤,首先需要通过克隆硬盘获得另外两个容量同为 1GB 的硬盘分区。

第 1 步,创建新硬盘/dev/sdc。为准备实验条件需要再增加一个硬盘,请参考综合实训案例 8.1 为系统再增加一个硬盘。假设新添加的硬盘的设备文件为/dev/sdc。为避免烦琐的分区和格式化步骤,利用 dd 命令将硬盘/dev/sdb"克隆"至硬盘/dev/sdc 中:

```
[ root@ localhost ~]# dd if =/dev/sdb of =/dev/sdc
记录了 8388608 +0 的读入
记录了 8388608 +0 的写出
4294967296 字节(4.3 GB)已复制,126.221 秒,34.0MB/s
```

注意:复制的时间比较长,需要耐心等待。由于是对整个硬盘的克隆,/dev/sdc 中的每个分区的 UUID 与/dev/sdb 中对应的分区相同。因此需要对"/dev/sdb1"和"/dev/sdb2"两个物理卷重新设置一个新的随机 UUID 值:

```
[ root@ localhost ~]# pvchange /dev/sdb1 -u
    Physical volume "/dev/sdb1" changed
    1 physical volume changed / 0 physical volumes not changed
[ root@ localhost ~]# pvchange /dev/sdb2 -u
    Physical volume "/dev/sdb2" changed
    1 physical volume changed / 0 physical volumes not changed
```

然后重启系统。重启系统之后将自动识别新加硬盘/dev/sdc 并创建设备文件/dev/sdc1-7:

```
[ root@ localhost ~]# fdisk -l /dev/sdc

Disk /dev/sdc: 4294MB, 4294967296 bytes
255 heads, 63 sectors/track, 522 cylinders
Units = cylinders of 16065 ∗ 512 = 8225280 bytes
Sector size ( logical/physical): 512 bytes / 512 bytes
I/O size ( minimum/optimal): 512 bytes / 512 bytes
Disk identifier: 0xd1105ede
```

Device Boot	Start	End	Blocks	Id	System
/dev/sdc1	**1**	**132**	**1060258 +**	**8e**	**Linux LVM**
/dev/sdc2	**133**	**264**	**1060290**	**8e**	**Linux LVM**
/dev/sdc3	265	522	2072385	5	Extended
/dev/sdc5	265	350	690763 +	83	Linux
/dev/sdc6	351	436	690763 +	83	Linux
/dev/sdc7	437	522	690763 +	83	Linux

第 2 步,向 vgtest 卷组添加物理卷/dev/sdb2、/dev/sdc1 和/dev/sdc2。

```
[ root@ localhost ~]# pvcreate /dev/sdc1
   Physical volume "/dev/sdc1" successfully created
[ root@ localhost ~]# pvcreate /dev/sdc2
   Physical volume "/dev/sdc2" successfully created
[ root@ localhost ~]# vgextend vgtest /dev/sdb2
   Volume group "vgtest" successfully extended
[ root@ localhost ~]# vgextend vgtest /dev/sdc1 /dev/sdc2
   Volume group "vgtest" successfully extended
```

完成添加物理卷的操作后 vgtest 卷组中共有 4 个物理卷,整个卷组具有约 4GB 的存储空间:

```
[ root@ localhost ~]# vgdisplay vgtest
  --- Volume group ---
  VG Name                vgtest
  System ID
  Format                 lvm2
  Metadata Areas         4
  Metadata Sequence No   14
  VG Access              read/write
  VG Status              resizable
  MAX LV                 0
  Cur LV                 0
  Open LV                0
  Max PV                 0
  Cur PV                 4                          <==卷组中包含有 4 个物理卷
  Act PV                 4
  VG Size                4.03 GiB                   <==卷组现在有 4GB 的存储空间容量
  PE Size                4.00 MiB
  Total PE               1032
  Alloc PE / Size        0 / 0
  Free   PE / Size       1032 / 4.03 GiB
  VG UUID                V2nAwI-UAyw-x8XA-7wxo-5CaS-mEw1-sm2F9j
```

第 3 步,创建和使用逻辑卷。首先从 vgtest 中创建逻辑卷 lvdisk:

```
[ root@ localhost ~]# lvcreate vgtest -L 4G -n lvdisk     <== 直接创建 4GB 大小的逻辑卷
   Logical volume "lvdisk" created
[ root@ localhost ~]# lvdisplay   /dev/vgtest/lvdisk
  --- Logical volume ---
  LV Name                /dev/vgtest/lvdisk
  VG Name                vgtest
  LV UUID                dlOuoU-Ai0G-6JM7-TBCQ-341n-nYPd-jprIHd
  LV Write Access        read/write
  LV Status              available
  # open                 0
  LV Size                4.00GiB                    <==确认逻辑卷 lvdisk 容量大小
  Current LE             1024
```

```
Segments              4
Allocation            inherit
Read ahead sectors    auto
- currently set to    256
Block device          253: 2
```

第 4 步,格式化并挂载逻辑卷 lvdisk。将逻辑卷 lvdisk 格式化为 ext4 文件系统:

```
[ root@ localhost ~]# mkfs -t ext4 /dev/vgtest/lvdisk
mke2fs 1.41.12 (17-May-2010)
文件系统标签 =
操作系统: Linux
块大小 = 4096 ( log = 2)
分块大小 = 4096 ( log = 2)
Stride = 0 blocks, Stripe width = 0 blocks
262144 inodes, 1048576 blocks
52428 blocks (5.00% ) reserved for the super user
第一个数据块 = 0
Maximum filesystem blocks = 1073741824
32 block groups
32768 blocks per group, 32768 fragments per group
8192 inodes per group
Superblock backups stored on blocks:
    32768, 98304, 163840, 229376, 294912, 819200, 884736

正在写入 inode 表: 完成
Creating journal (32768 blocks): 完成
Writing superblocks and filesystem accounting information: 完成

This filesystem will be automatically checked every 37 mounts or
180 days, whichever comes first.    Use tune2fs -c or -i to override.
```

将 lvdisk 挂载到/mnt/lvdisk 中:

```
[ root@ localhost ~]# mkdir /mnt/lvdisk              <==挂载逻辑卷到/mnt/lvdisk
[ root@ localhost ~]# mount -t ext4 /dev/vgtest/lvdisk /mnt/lvdisk
```

如果上述操作没有出现问题的话,经过实训 8~10 的练习后系统中应有如下一些文件系统:

[root@ localhost ~]# df -h 文件系统	容量	已用	可用	已用%%	挂载点
/dev/mapper/VolGroup-lv_root					
	16G	5.5G	9.1G	38%	/
tmpfs	758M	260K	758M	1%	/dev/shm
/dev/sda1	485M	29M	431M	7%	/boot
/dev/sdb5	**664M**	**19M**	**613M**	**3%**	**/mnt/vdisk**
/dev/sdb6	**664M**	**696K**	**630M**	**1%**	**/mnt/vdisk-student**
/dev/mapper/vgtest-lvdisk	**4.0G**	**136M**	**3.7G**	**4%**	**/mnt/lvdisk**

其中/dev/sdb5 和/dev/sdb6 在实训 9 中被用在硬盘配额管理的示例和案例演示中。至此已经将 4 个 1GB 大小的硬盘分区整合为一个 4GB 大小的硬盘空间,进一步可以将如下挂载配置写入到/etc/fstab 文件中使得系统启动时自动挂载 lvdisk 逻辑卷:

```
/dev/vgtest/lvdisk   /mnt/lvdisk   ext4   defaults   1 2
```

案例 10.2　利用逻辑卷为普通用户的数据存储空间扩容

在上一个实训中利用新建的硬盘分区/dev/sdb6 实现了普通用户的硬盘配额管理。然而这个方法在本实训一开头介绍逻辑卷的应用背景时结合了第二个示例指出它所存在的问题:随着用户的不断增加,必然面临硬盘分区扩容的需要。如果重新挂载一个容量更大的分区,那么系统必须要停止服务并迁移用户数据。逻辑卷功能为用户提供了一个更好的解决方案。如果用户的配额管理是建立在逻辑卷而非某个固定的硬盘分区之上的话,那么就很方便地根据实际应用情况添加新的物理卷并为逻辑卷扩容,而且这个过程并不要求系统停止服务,也不需要迁移任何的用户数据。

在前一个案例中已经创建了逻辑卷"/dev/vgtest/lvdisk",我们计划将 lvdisk 逻辑卷用于存储普通用户的数据,每个用户将会在这个逻辑卷中有一个专属于他的目录供其存放数据。为使存储空间的使用更为公平和合理,自然需要为 lvdisk 逻辑卷设置配额管理功能,本案例首先将继续演示如何实现对 lvdisk 逻辑卷的配额管理,然后讨论当普通用户的数据存储空间不足时,如何利用逻辑卷功能为其扩容。以下是具体的操作步骤。

第 1 步,在"/dev/vgtest/lvdisk"中启动配额管理。配置过程大致与之前相同,首先需要在/etc/fstab 将 lvdisk 逻辑卷的配置行修改为如下内容:

```
/dev/vgtest/lvdisk   /mnt/lvdisk   ext4   defaults, usrquota, grpquota   1 2
```

然后重新挂载:

```
[ root@ localhost ~] # umount /mnt/lvdisk          <== 首先卸载逻辑卷
[ root@ localhost ~] # mount  -a                   <== 然后再重新挂载
[ root@ localhost ~] # mount|grep /mnt/lvdisk     <== 确认关于配额管理的挂载选项是否生效
/dev/mapper/vgtest-lvdisk on /mnt/lvdisk type ext4 ( rw, usrquota, grpquota)
```

使用 quotacheck 命令初始化并启动关于 lvdisk 逻辑卷的硬盘配额管理功能,期间同样会出现第一次硬盘扫描所出现的警告:

```
[ root@ localhost ~] # quotacheck -ugv /mnt/lvdisk
quotacheck: Your kernel probably supports journaled quota but you are not using it. Consider switching to
journaled quota to avoid running quotacheck after an unclean shutdown.
quotacheck: Scanning /dev/mapper/vgtest-lvdisk [/mnt/lvdisk] done
quotacheck: Cannot stat old user quota file: 没有那个文件或目录
quotacheck: Cannot stat old group quota file: 没有那个文件或目录
quotacheck: Cannot stat old user quota file: 没有那个文件或目录
quotacheck: Cannot stat old group quota file: 没有那个文件或目录
```

```
quotacheck: Checked 2 directories and 0 files
quotacheck: Old file not found.
quotacheck: Old file not found.
[ root@ localhost ~]# ls /mnt/lvdisk              <==确认是否已生成两个硬盘配额管理文件
aquota. group   aquota. user   lost + found
[ root@ localhost ~]# quotaon -uvg /mnt/lvdisk    <==启动/mnt/lvdisk 的配额管理功能
/dev/mapper/vgtest-lvdisk [/mnt/lvdisk]: group quotas turned on
/dev/mapper/vgtest-lvdisk [/mnt/lvdisk]: user quotas turned on
```

第 2 步,为 lvdisk 逻辑卷设置用户配额。这里设置关于 study 用户的硬盘块配额为 1MB,索引结点配额为 10 个,软配额和硬配额相同:

```
[ root@ localhost ~]# edquota -u study
(进入编辑界面)
Disk quotas for user study ( uid 500) :
   Filesystem              blocks      soft      hard     inodes     soft      hard
(省略其他硬盘配额设置信息)
   /dev/mapper/vgtest-lvdisk    0      1024      1024        0        10        10
~
(使用 wq 命令保存结果并退出后设置即生效)
```

第 3 步,测试配额管理的有效性。首先 root 用户在"/mnt/lvdisk"目录中建立 study-disk 子目录,该目录专属于 study 用户:

```
[ root@ localhost lvdisk]# mkdir study-disk            <==注意 root 用户所在目录
[ root@ localhost lvdisk]# chown study: study study-disk
[ root@ localhost lvdisk]# ls -dl study-disk/
drwxr-xr-x. 2 study study 4096   9 月 15 15: 29 study-disk/
```

root 用户切换至 study 用户的身份测试设置的有效性:

```
[ root@ localhost lvdisk]# su study
[ study@ localhost lvdisk]$ cd study-disk/
[ study@ localhost study-disk]$ dd if = /dev/zero of = /mnt/lvdisk/study-disk/testquota
dd: 正在写入"/mnt/lvdisk/study-disk/testquota": 超出磁盘限额
记录了 2041 +0 的读入
记录了 2040 +0 的写出
1044480 字节(1.0MB) 已复制, 0.054954 秒, 19.0MB/s
```

第 4 步,为逻辑卷扩容以满足用户需求。当用户不断增多,例如可假设系统增加了 4000 个类似于 study 的普通用户时,就需要考虑为系统扩容。由于是在逻辑卷"/dev/vgtest/lvdisk"下实现硬盘配额管理,因此只需要往卷组 vgtest 中加入更多的物理卷即可进一步扩展逻辑卷"/dev/vgtest/lvdisk"的空间。

这里选择将一直空闲的硬盘分区"/dev/sdb7"作为物理卷加入到卷组 vgtest 中,因此首先需要修改"/dev/sdb7"的类型为"Linux LVM"。具体方法可参考示例 10.1,此处不再重复,修改好后的结果如下:

```
[ root@ localhost ~]# fdisk -l /dev/sdb

Disk /dev/sdb: 4294 MB, 4294967296 bytes
255 heads, 63 sectors/track, 522 cylinders
Units = cylinders of 16065 * 512 = 8225280 bytes
Sector size ( logical/physical): 512 bytes / 512 bytes
I/O size ( minimum/optimal): 512 bytes / 512 bytes
Disk identifier: 0xd1105ede

   Device Boot      Start        End        Blocks     Id   System
/dev/sdb1            1           132        1060258 +   8e   Linux LVM
/dev/sdb2            133         264        1060290     8e   Linux LVM
/dev/sdb3            265         522        2072385     5    Extended
/dev/sdb5            265         350        690763 +    83   Linux
/dev/sdb6            351         436        690763 +    83   Linux
/dev/sdb7            437         522        690763 +    8e   Linux LVM
```

然后创建物理卷"/dev/sdb7"并加入到卷组 vgtest 中,可见到 vgtest 增加了约 700MB 的容量。

```
[ root@ localhost ~]# pvcreate /dev/sdb7           <==创建物理卷/dev/sdb7
   Physical volume "/dev/sdb7" successfully created
[ root@ localhost ~]# vgextend vgtest /dev/sdb7    <==将物理卷/dev/sdb7 加入到 vgtest 中
   Volume group "vgtest" successfully extended
[ root@ localhost ~]# vgdisplay vgtest             <==查看新增存储容量
   --- Volume group ---
   VG Name               vgtest
   System ID
   Format                lvm2
   Metadata Areas        5
   Metadata Sequence No  16
   VG Access             read/write
   VG Status             resizable
   MAX LV                0
   Cur LV                1
   Open LV               1
   Max PV                0
   Cur PV                5
   Act PV                5
   VG Size               4.69 GiB              <==注意原来 vgtest 的容量为 4.0GB
   PE Size               4.00 MiB
   Total PE              1200
   Alloc PE / Size       1024 / 4.00 GiB
   Free   PE / Size      176 / 704.00 MiB
   VG UUID               V2nAwI-UAyw-x8XA-7wxo-5CaS-mEw1-sm2F9j
```

这时可以利用新增的存储空间为 lvdisk 逻辑卷扩容:

```
[ root@ localhost ~] # lvextend -L  + 500M /dev/vgtest/lvdisk          <==增加 500MB 的容量
    Extending logical volume lvdisk to 4. 49 GiB
    Logical volume lvdisk successfully resized
[ root@ localhost ~] # ls   /mnt/lvdisk
aquota. group   aquota. user   lost + found   study-disk
```

可见,利用逻辑卷功能为普通用户的数据存储空间扩容十分方便和灵活,整个扩容过程并不需要停止系统对用户的服务并迁移用户数据。而且,当应用情况发生改变而不再需要这么多存储空间时,可相应地减少逻辑卷的容量并将空闲的存储资源分配到其他地方使用。

10.4　实训练习题

利用 VMware 为系统添加两个虚拟硬盘(大小自行设定),分别为两个硬盘设置两个主分区。创建卷组 vg0 和 vg1,vg0 以上述两个硬盘的第一个分区为物理卷,而 vg1 则以两个硬盘的第二个分区为物理卷。为 vg0 创建逻辑卷 data,大小为 100MB。最后,将 vg1 中的一个物理卷转移到 vg0 中。

实训 11　进程管理

11.1　实训要点

（1）了解/proc 文件系统的基本内容。

（2）查看进程状态及进程家族树。

（3）查看进程打开的文件。

（4）向进程发送信号以控制进程。

（5）调整进程优先级。

（6）了解典型守护进程及其服务的内容。

（7）启动或关闭守护进程。

11.2　基础实训内容

11.2.1　进程管理的基本内容

进程（Process）是操作系统理论中的一个核心概念。大家知道，进程是程序的一个执行过程。进程是资源分配和管理的基本单位，进程需要占用各种系统资源，包括 CPU、内存等资源，并且需要读写各类文件，调用各种系统功能等。因此，进程管理的首要内容，就是要获取当前系统中各个进程的具体状态信息，特别是进程在使用各种软硬件资源方面的信息。一旦捕捉到进程运行时产生的各种异常，系统管理员需要对异常进程加以控制，从而保证系统的正常运行，而控制进程的常用手段就是向进程发送某种信号。

此外，由于 CPU 时间属于进程间竞争的关键资源，因此合理调整进程运行优先级同样属于进程管理的重要内容，它能够使得一些较为紧迫的进程得到更多的 CPU 时间。Linux 为用户提供了用于调整进程优先级的命令，下面结合具体的案例讨论调整进程优先级将如何影响进程在 CPU 资源竞争中的表现。

最后，除用户自己启动的用户级进程外，Linux 中有更多的是系统级进程，它们又被称为守护进程，这些进程承担着各种重要的系统服务功能，将在本实训对它们做基本的介绍，为后续的实训内容提供必要的知识准备。

11.2.2　监视进程

1. 与进程有关的信息

为有效地组织、监视和控制进程，操作系统内核为每个进程设置并记录了许多相关信息。在利用某种命令或接口查看进程信息时,首先需要理解与进程有关的各类信息的基本含义。对于一个进程,主要可以查看或统计如下信息。

(1) PID(Process ID):进程号,它是系统为进程分配的唯一编号,用于标识进程的身份。

(2) PPID(Parent ID):父进程(创建该进程的进程)的 PID 号。

(3) USER/UID:执行该进程的用户身份及其 UID。

(4) TTY:启动该进程的终端。

(5) PRI(priority):进程的优先级,数字越大表示优先级越低。

(6) NICE:进程的谦让度,表示进程对 CPU 时间要求的迫切程度。

(7) STAT(state,可用 S 表示):进程的状态,主要的进程状态有 R(Running,正在运行或已经就绪)、S(Sleep,可以被唤醒的睡眠)、D(不可唤醒的睡眠,如等待 I/O 的状态)、T(Stopped,已被停止)、Z(Zombie,进程已经终止但未被父进程回收)等。

(8) %CPU:进程占用的 CPU 比例。

(9) %MEM:进程占用的内存比例。

(10) TIME:进程实际占用 CPU 的总时间。

(11) ADDR:进程在内存中的地址。

(12) SZ:进程占用的虚拟内存大小。

(13) CMD(command):启动进程的命令。

2. proc 文件系统

获知进程状态是管理进程的第一步。Linux 系统为查看进程的状态提供了许多接口、命令和工具。最典型的是 proc 文件系统。proc 文件系统是一个建立在内存的特殊文件系统,它的挂载点是"/proc",它记录了各进程以及其他系统信息。在 proc 文件系统中,每个目录对应于一个进程,目录以进程的 PID 命名。进入某个进程对应的目录,里面有若干文件,这些文件记录了该进程当前运行的各种状态信息。应用程序可通过打开并读取这些文件来获取进程信息,因此 proc 文件系统实质为用户程序提供了一种了解内核的方式。许多系统管理命令,如后面所介绍的 ps 命令、top 命令等都是通过读取并整理 proc 文件系统的内容后以更为友好的方式将进程的当前状态信息呈现给用户。

【示例 11.1】 查看"/proc"文件系统的结构并查看 1 号目录的内容。1 号目录记录的是 1 号进程的信息,1 号进程也称为 init 进程,是系统的第一个用户级进程。

```
[root@ localhost proc]# ls          <==列出/proc 目录的内容
1       1861   2152   255    2846   3213   7696      filesystems   partitions
10      1873   22     256    2847   3219   7720      fs            sched_debug
1000    1882   2233   26     2848   3222   8          interrupts    schedstat
1001    1893   23     2605   2849   3224   8180      iomem         scsi
1002    1897   237    2611   2850   3230   8548      ioports       self
10405   19     240    2653   2851   3239   9          irq           slabinfo
(省略部分显示结果)
[root@ localhost proc]# cd 1          <==进入了/proc/1 目录浏览了其中的文件列表
[root@ localhost 1]# ls -l
总用量  0
dr-xr-xr-x.  2   root root 0   9 月 18 22:21 attr
-r--------.  1   root root 0   9 月 18 22:21 auxv
```

```
-r--r--r--.    1    root root 0   9 月 18 22:21 cgroup
--w-------.    1    root root 0   9 月 18 22:21 clear_refs
-r--r--r--.    1    root root 0   9 月 15 15:44 cmdline
(省略部分显示结果)
```

【示例11.2】 查看1号进程的状态信息内容。这里查看了1号目录中的 status 文件获取1号进程的状态信息,包括了进程名称、状态(state)、PID、PPID 等基本信息以及使用虚拟内存等资源的情况。

```
[root@ localhost 1]# pwd
/proc/1
[root@ localhost 1]# cat status                    <== 查看 status 获知 1 号进程的状态信息
Name:          init
State:         S ( sleeping)
Tgid:          1
Pid:           1                                   <== PID
PPid:          0                                   <== init 进程是 0 号进程( idel) 的子进程
TracerPid:     0
Uid:      0    0    0    0
Gid:      0    0    0    0
Utrace:        0
FDSize:        32
Groups:
VmPeak:        2940KB
VmSize:        2828KB
VmLck:         0KB
(省略部分显示结果)
```

【示例11.3】 查看系统的 CPU 信息。proc 文件系统不仅记录了进程信息,还记录了各类系统信息,包括硬件信息,如 CPU、内存等信息。作为示例这里查看了/proc/cpuinfo 的内容,里面记录了与 CPU 有关的硬件信息。此外还可以通过访问/proc/meminfo 获取内存的使用情况。

```
[root@ localhost proc]# cat cpuinfo
processor:      0
vendor_id :     GenuineIntel
cpu family :    6
model :         23
model name :    Intel( R)  Core(TM) 2 Duo CPU       T8100   @ 2.10GHz
stepping  :     6
cpu MHz  :      2094.750
cache size :    3072KB
(省略部分显示结果)
```

3. 进程监视命令

监视进程活动状态最常用的命令是 ps 命令和 top 命令,ps 命令只能提供当前进程状态的快照,而 top 命令能以实时的方式报告进程的信息。除了通过 ps、top 等命令监视进程外,有时还需要了解进程间的关系,以及进程与哪些文件相关联等信息。这里介绍 pstree 命令用于查看进程家族树,还有 lsof 命令用于列出进程所打开的文件。

1) ps(process status)命令

功能:报告进程的相关信息。如果不给出选项和参数,则默认只显示当前终端中所启动的进程。

格式:

```
ps      [选项]
```

主要选项:

-l(long):以长格式(long format,即更多字段)显示进程信息。

-e(every):显示所有进程的信息,该选项与"-A"选项作用相同。

-a(all):显示除当前终端进程之外的其他进程。

-u(user):该选项后面需要给出用户名参数指定显示属于该用户的进程。

【示例 11.4】 以长格式显示系统中的所有进程。返回结果为一张表,其中包含了许多信息,其中较为重要的字段,包括 S(STAT)、UID、PID、PPID、C(CPU%)、PRI、NI(NICE)、ADDR、SZ、TTY、TIME 等其含义已经在前面介绍过。剩下的字段可自行查阅 ps 命令的手册。TIME 字段表示的格式为"[天数]:小时:分钟:秒"。

```
[ root@ localhost ~]# ps -el
F S    UID    PID    PPID    C    PRI    NI ADDR  SZ WCHAN TTY    TIME        CMD
4 S     0      1      0      0    80     0  -    707 -     ?      00:00:02    init
1 S     0      2      0      0    80     0  -      0 -     ?      00:00:00    kthreadd
1 S     0      3      2      0   -40     -  -      0 -     ?      00:00:00    migration/0
1 S     0      4      2      0    80     0  -      0 -     ?      00:00:00    ksoftirqd/0
5 S     0      5      2      0   -40     -  -      0 -     ?      00:00:00    watchdog/0
1 S     0      6      2      0    80     0  -      0 -     ?      00:00:00    events/0
1 S     0      7      2      0    80     0  -      0 -     ?      00:00:00    cpuset
1 S     0      8      2      0    80     0  -      0 -     ?      00:00:00    khelper
1 S     0      9      2      0    80     0  -      0 -     ?      00:00:00    netns
(省略部分显示结果)
```

ps 命令还可以接受非标准的选项格式,使用得最多的是"aux"选项组合,它同样可用于查看系统的所有进程:

```
[ root@ localhost ~]# ps aux
USER    PID %CPU %MEM    VSZ      RSS TTY    STAT START    TIME COMMAND
root     1  0.0  0.0    2828     1396 ?      Ss   03:12    0:02 /sbin/init
root     2  0.0  0.0       0        0 ?      S    03:12    0:00 [ kthreadd]
root     3  0.0  0.0       0        0 ?      S    03:12    0:00 [ migration/0]
root     4  0.0  0.0       0        0 ?      S    03:12    0:00 [ ksoftirqd/0]
root     5  0.0  0.0       0        0 ?      S    03:12    0:00 [ watchdog/0]
root     6  0.0  0.0       0        0 ?      S    03:12    0:00 [ events/0]
root     7  0.0  0.0       0        0 ?      S    03:12    0:00 [ cpuset]
root     8  0.0  0.0       0        0 ?      S    03:12    0:00 [ khelper]
root     9  0.0  0.0       0        0 ?      S    03:12    0:00 [ netns]
(省略部分显示结果)
```

以上结果统计得到的进程总数与使用命令"ps -el"相同,但在字段表示上有所不同,其中VSZ 表示进程占用虚拟内存的大小,RSS 表示进程占用物理内存的大小,START 表示进程的启动时间。

【示例 11.5】 显示以 root 用户身份执行的进程。

```
[ root@ localhost ~]# ps -u root
    PID  TTY          TIME      CMD
      1  ?         00:00:02     init
      2  ?         00:00:00     kthreadd
      3  ?         00:00:00     migration/0
(省略部分显示结果)
```

2)top 命令

功能:以实时的方式报告进程的相关信息。

格式:

```
top   [选项]
```

主要选项:

-d(delay):该选项后面需要给出参数设定刷新进程信息的间隔时间,默认是 3 秒。

-n(number):该选项后面需要给出参数设定总报告次数。

【示例 11.6】 以 10 秒的间隔报告系统中的进程活动状态。报告首先显示了系统的基本情况,包括当前已登录用户个数、各种状态下的进程统计总数、CPU 和内存的使用情况等。进程列表中各字段的含义基本与 ps 命令的相同,字段 VIRT、RES 和 SHR 分别表示进程使用虚拟内存、物理内存和共享内存的大小。字段"TIME+"即为进程实际占用 CPU 的总时间,表示格式为"分钟:秒.百分秒"。

```
[ root@ localhost ~]# top -d 10
(进入报告界面)
top - 22:32:42 up 19:20,   3 users,   load average: 0.00, 0.00, 0.01
Tasks: 161 total,   1 running, 158 sleeping,   2 stopped,    0 zombie
Cpu(s):  4.7%us,  7.0%sy,  0.0%ni, 88.4%id,  0.0%wa,  0.0%hi,  0.0%si,  0.0%st
Mem:   1551512k total,   697796k used,   853716k free,    94404k buffers
Swap:  4161528k total,        0k used,  4161528k free,   340804k cached

    PID USER      PR  NI  VIRT   RES   SHR S  %CPU %MEM    TIME +   COMMAND
   2520 root      20   0  66600   21m  7764 S   6.8  1.4   3:18.11  Xorg
  21567 root      20   0   2660  1140   888 R   4.5  0.1   0:00.28  top
      1 root      20   0   2828  1396  1196 S   0.0  0.1   0:02.19  init
      2 root      20   0      0     0     0 S   0.0  0.0   0:00.01  kthreadd
(省略部分显示结果,按 q 键退出)
```

3)pstree 命令

功能:显示进程家族树的信息,默认以 init 进程(1 号进程)为根,可给出某进程的 PID 号并指定查看以其为根的进程家族树。

格式:

```
pstree  [选项]    [进程 PID/用户名]
```

主要选项:

-p(process): 显示每个进程的 PID 号。

-u(user): 该选项后面需要给出用户名用于指定只显示属于该用户的进程。

【示例 11.7】 显示当前终端下的进程家族树。按默认以 init 进程为根的进程家族树规模很大。首先通过 ps 命令获取得知当前终端的 bash 进程的 PID,然后又启动了一个 vim 编辑器在后台执行。

```
[ root@ localhost ~]# ps
  PID TTY            TIME    CMD
22788 pts/11        00:00:00 bash      <== 当前终端所启动的 bash 进程
22798 pts/11        00:00:00 ps
[ root@ localhost ~]# vim &              <== 启动一个 vim 进程在后台执行
[1] 22801
[ root@ localhost ~]# pstree 22788       <== pstree 和 vim 的两个进程都是 bash 的子进程
bash───┬───pstree
       └───vim
```

4) lsof(list open files)命令

功能: 列出由某进程所打开的文件。默认显示所有活动进程所打开的文件。

格式:

```
lsof  [选项]    [文件或目录路径]
```

主要选项:

-p(process): 该选项后面需要给出一组进程 PID,用于指定列出由该组进程所打开的所有文件。

+d(directory): 该选项后面需要给出目录路径用于指定列出与某目录关联的所有进程。

-u(user): 该选项后面需要给出用户名参数用于指定列出某用户打开的所有文件。

【示例 11.8】 查看某个进程所打开的文件。示例中要查看的是执行 vim 编辑器的进程所打开的文件。

```
[ root@ localhost ~]# vim &
[ root@ localhost ~]# ps                 <== 获知执行 vim 编辑器的进程 PID
  PID TTY          TIME    CMD
22552 pts/10      00:00:00  bash
23611 pts/10      00:00:00  vim
24063 pts/10      00:00:00  ps
[ root@ localhost ~]# lsof -p 23611
```

COMMAND	PID	USER	FD	TYPE	DEVICE	SIZE/OFF	NODE	NAME
vim	23611	root	cwd	DIR	253,0	4096	261122	/root
vim	23611	root	rtd	DIR	253,0	4096	2	/
vim	23611	root	txt	REG	253,0	1847752	269885	/usr/bin/vim

（省略部分显示结果）

命令的返回结果为一个列表，每行对应一个打开的文件。表格中的字段 NAME 表示了这个文件(目录)的名称，而 DEVICE、SIZE、NODE 3 个字段分别表示了这个文件所在的存储设备、大小和对应的索引结点编号，字段 FD 和 TYPE 分别表示文件描述符和文件类型。显然表中左边 3 个字段的内容在本示例中是一样的("vim 23611 root")，分别表示打开该文件的命令、进程号及用户。

【示例 11.9】 利用 lsof 命令查看文件系统中打开了哪些文件。从系统中卸载 U 盘时经常会被告知设备忙，这是因为 U 盘中的有些文件已经被打开，在卸载 U 盘之前必须要关闭它们。这时可以通过 lsof 命令查看有哪些进程打开了 U 盘中的文件，并做进一步的处理。

```
[ root@ localhost ~] # mount | grep /media/USB
/dev/sdd1 on /media/USB type vfat ( rw, nosuid, nodev, uhelper = udisks, uid = 0, gid = 0, shortname =
mixed, dmask = 0077, utf8 = 1, flush)
[ root@ localhost ~] # umount /media/USB
umount: /media/USB: device is busy.
        (In some cases useful info about processes that use
         the device is found by lsof(8) or fuser(1))
[ root@ localhost ~] # lsof /media/USB          <== 当前 U 盘中有个 pdf 文件被打开了
COMMAND   PID    USER   FD   TYPE   DEVICE   SIZE/OFF   NODE   NAME
evince    24376  root   17u  REG    8,49     9379557    392    /media/USB/cl. pdf
```

11.2.3 进程与信号

1. 信号的定义

在 Linux 系统中，用户可通过向进程发送信号来控制进程，也就是说向进程发送信号是控制进程的一种方式。如果该进程有处理该信号的对应例程，则该信号将被捕获并被处理。然而这些信号不包括下面所列的 SIGKILL 及 SIGSTOP，因为当接收到 SIGKILL 信号进程将被杀死，而接收 SIGSTOP 信号进程将被挂起直至接收到 SIGCONT 信号为止。可以通过如下命令列出系统中定义的所有信号：

```
[ root@ localhost ~] # kill -l
 1) SIGHUP      2) SIGINT      3) SIGQUIT     4) SIGILL      5) SIGTRAP
 6) SIGABRT     7) SIGBUS      8) SIGFPE      9) SIGKILL    10) SIGUSR1
11) SIGSEGV    12) SIGUSR2    13) SIGPIPE    14) SIGALRM    15) SIGTERM
16) SIGSTKFLT  17) SIGCHLD    18) SIGCONT    19) SIGSTOP    20) SIGTSTP
```
（省略部分显示结果）

其中在实际操作中较为常用的信号含义解释及发送该信号的快捷键如表 11.1 所示。

表 11.1　Linux 中部分常用的信号

编　号	名　　称	功　　能	快捷键
2	SITINT	程序终止信号,用于通知前台终止进程	Ctrl + C
3	SIGQUIT	与 SIGINT 相似,进程终止后会生成文件 core	Ctrl + \
9	SIGKILL	强行终止某进程,该信号不能被封锁	
18	SIGCONT	恢复执行被 SIGSTOP 或 SIGTSTP 信号暂停的进程	
19	SIGSTOP	通知操作系统停止进程的运行,该信号不可忽略	
20	SIGTSTP	暂停进程,但该信号可以被处理和忽略	Ctrl + Z

注意:进程终止(Terminate)与进程停止(Stop)是不一样的,进程被终止后实际就消亡了,但进程被停止(暂停)运行后还能继续被调度执行。

2. 向进程发送信号

用户通过向进程发送信号实现对进程的控制,而向进程发送信号则通过 kill 命令进行。

命令名: kill。

功能:向特定进程发送某种信号。

格式:

```
kill   [选项]   [-信号名称/编号]     [PID 列表]
```

主要选项:

-l(list):列出系统中定义的信号。

【示例 11.10】　利用 kill 命令终止进程的运行。

```
[root@ localhost ~]# vim &            <==在后台启动一个 vim 编辑器作为测试进程
[1] 29220
[root@ localhost ~]# ps               <==然后调用 ps 命令查看该进程的 PID 号
  PID TTY      TIME    CMD
 8180 pts/4    00:00:00 bash
29220 pts/4    00:00:00 vim
29226 pts/4    00:00:00 ps
[root@ localhost ~]# kill -9 29220    <==根据 PID 向进程发送 SIGKILL(编号 9)的信号
[root@ localhost ~]# ps
  PID TTY      TIME    CMD
 8180 pts/4    00:00:00 bash
29231 pts/4    00:00:00 ps
[1] +   已杀死                   vim   <==结果显示 vim 进程已被杀死
```

实际上被杀死的进程已经不存在,因此并没有显示进程号。

【示例 11.11】　停止进程的运行。在前台利用 top 命令创建一个测试进程,进程号为 29449,然后向该进程发送 SIGTSTP 信号。请留意对应于 top 命令的进程的状态为 T,也即它是被停止了,而非终止了。

```
[root@ localhost ~]# top          <==首先利用 top 命令创建一个测试进程
```

```
top - 10:29:43 up 1 day,   3:10,   4 users,   load average: 0.00, 0.00, 0.00
Tasks: 163 total,   1 running, 159 sleeping,   3 stopped,   0 zombie
Cpu(s):  0.6%us,  1.0%sy,  0.0%ni, 98.0%id,  0.3%wa,  0.0%hi,  0.1%si,  0.0%st
Mem:   1551512k total,   715800k used,   835712k free,   33968k buffers
Swap:  4161528k total,       0k used,  4161528k free,  362096k cached


  PID USER      PR  NI VIRT  RES  SHR S %CPU %MEM    TIME +    COMMAND
 2520 root      20   0 65720  20m 8408 S  3.8  1.3   5:13.58   Xorg
(省略部分显示结果,注意按 Ctrl + Z 停止 top 进程)


[5] +   Stopped                top -d 10
[root@ localhost ~]# ps -l    <==结果显示 29449 号进程的状态(字段 S) 为 T(已被停止)
F S   UID   PID  PPID  C PRI   NI ADDR SZ WCHAN    TTY           TIME CMD
0 S    0   8180  3277  0 80    0 -  1728    -      pts/4     00:00:01 bash
4 T    0  29449  8180  0 80    0 -  665     -      pts/4     00:00:00 top
4 R    0  30007  8180  0 80    0 -  1582    -      pts/4     00:00:00 ps
```

11.2.4   调整进程优先级

1. 谦让度

进程的优先级是操作系统在进程调度时用于判决进程是否能够获取 CPU 的依据之一。进程的优先级越高,则越能在竞争中胜出而获得 CPU 时间。在 Linux 系统中,进程的优先级以一个整数表达,数值越低,优先级越高。每个普通进程的优先级默认为80。

根据进程占用 CPU 的实际情况,系统会根据一定的算法对进程的优先级进行调整。同时,管理员可以根据实际需要自行设置进程的谦让度(NICE),以此调整某些进程的优先级。进程的谦让度是一个取值范围为 −20~19 的整数值,顾名思义一个进程越是"谦让",则表示它对 CPU 资源的要求越没那么迫切。谦让度默认取值为0,也即不起作用。进程的谦让度为负数时,反映其对 CPU 资源的要求较为迫切,其优先级升高(也即代表优先级的数值下降)。如果进程的谦让度为正数时,则进程的优先级下降(也即优先级的数值升高了)。在 Linux 中,普通用户一般只能调高优先级数值,也即让自己的进程"谦让"一点。如果要让某个服务进程能够及时响应请求,管理员可将该进程的谦让度值降低。

2. 相关命令

1) nice 命令

功能:设定要启动的进程的谦让度。如果不指定谦让度,则默认设置为10。

格式:

```
nice   [选项]   启动的命令及其选项和参数
```

主要选项:

-n(nice):该选项后面需要给出参数设定谦让度。

【示例11.12】 设定需要启动的进程的谦让度。结果显示 vim 进程的优先级(PRI)为77,而谦让度(NI)为预设的 −3。

```
[root@ localhost ~]# nice -n -3 vim &        <==启动 vim 编辑器作为测试进程, PID 值 32740
[1] 32740
[root@ localhost ~]# ps -l                     <== 查看为 vim 进程设置的 NICE 值
F S  UID  PID    PPID   C PRI  NI ADDR SZ WCHAN    TTY       TIME   CMD
0 S   0   28638  3277   0  80   0  - 1728    -        pts/14    00:00:00 bash
4 T   0   32740  28638  1  77  -3  - 3156    -        pts/14    00:00:00 vim
4 R   0   32742  28638  2  80   0  - 1582    -        pts/14    00:00:00 ps

[1] +  Stopped               nice -n -3 vim
```

2）renice 命令

功能：调整进程的优先级，普通用户仅可设置他所拥有的进程的优先级。

格式：

```
renice  [选项] 谦让度  进程 PID 号
```

【示例 11.13】 调整正在运行的进程的谦让度。调整上一示例中的 vim 进程的谦让度，结果可见由于进程的谦让度由 –3 改为 3，进程优先级（PRI）随之改变为 83，即进程的优先级降低了。

```
[root@ localhost ~]# renice -n 3 32740
32740: old priority -3,  new priority 3
[root@ localhost ~]# ps -l
F S  UID  PID    PPID   C PRI  NI ADDR SZ WCHAN TTY       TIME      CMD
4 R   0   474    28638  2  80   0  - 1574    -     pts/14    00:00:00  ps
0 S   0   28638  3277   0  80   0  - 1728    -     pts/14    00:00:00  bash
4 T   0   32740  28638  0  83   3  - 3156    -     pts/14    00:00:00  vim
```

11.2.5 守护进程

1. 守护进程与系统服务

Linux 系统在初始化时也会同时启动很多系统服务，这些服务分别依赖于运行在后台的各种守护进程（Daemon）。守护进程独立于控制终端，也就是说它们并不是通过某个 bash 进程启动的，它们的父进程是 init 进程。例如查看守护进程 sshd 的列表信息：

```
[root@ localhost ~]# ps -el| grep sshd          <==注意第 4 和 5 个字段分别为 PID 和 PPID
5 S      0  2219        1  0 80  0 - 2124 -   ?       00:00:00 sshd
```

sshd 进程（PID 为 2219）的父进程正是 init 进程（PID 为 1）。

守护进程周期性地执行某种任务或等待处理某些事件，如来自于网络的客户端服务请求等。守护进程的生存期较长，常常在系统初始化时启动，在系统关闭时终止。一个守护进程启动或终止实际就意味着一种系统服务的启动和终止。表 11.2 列出了一些在后续学习中将会使用到的服务及其守护进程。

表 11.2　Linux 系统中的部分系统服务及其守护进程

守护进程/服务名称	提供的服务功能
atd	提供执行临时性作业的服务
crond	提供执行周期性作业的服务
syslogd	提供系统日志服务
auditd	提供系统审计服务
network	提供激活/关闭各个网络接口的服务
iptables	提供网络防火墙服务
sshd	提供安全的远程连接服务
vsftpd	提供网络文件传输服务
smbd	提供局域网络文件共享服务
named	提供域名解析服务
httpd	提供网页内容(WWW)服务
xinetd	超级守护进程,提供对各项服务统一管理的服务

表 11.2 中所列服务对应的守护进程均为独立工作(Stand-alone)的守护进程,它们之中许多是起到网络服务器的角色,如 sshd、httpd、vsftpd 等,需要监听来自于特定网络端口的客户端请求,独立工作模式能为这些进程提供较好的服务性能。xinetd 进程属于一种超级守护进程(Super Daemon),它的地位和作用较为特殊。xientd 进程管理着一类非独立工作的守护进程,这类服务往往不需要处理频繁的服务请求,因此可由 xientd 进程统一管理。xientd 进程负责监听这些守护进程的服务端口,并且在有客户端请求的时候才启动对应的守护进程提供服务,与独立工作模式相比这样更能节省系统资源。

2. 守护进程的启动和关闭

如前所述,对于独立工作的守护进程往往需要在系统初始化和关闭时随之启动和关闭,而受 xientd 进程管理的守护进程,则需要通过 xientd 进程对其启动和关闭。因此,针对特定某个运行级(Run Level),系统需要记录每个服务是否需要启动或关闭,以便于在切换至该运行级时实施相应的操作。可以通过 chkconfig 命令查看各个服务在每种运行级下的启动设置。

1) chkconfig 命令

功能:设置守护进程在各个运行级下启动或关闭。

格式:

```
chkconfig    [选项]    [服务名]
```

主要选项:

--list:该选项后面可给出服务名用于指定所要查看的守护进程设置情况,默认显示所有守护进程的设置情况。

--level:该选项后面需给出运行级编号用于指定服务在哪个运行级下启动(on)或关闭。

【示例 11.14】　查看系统中所有服务在每个运行级下的启动设置。默认情况下受 xientd 进程管理的守护进程是禁止启动的。

```
[root@ localhost ~]# chkconfig
NetworkManager  0: 关闭   1: 关闭   2: 启用   3: 启用   4: 启用   5: 启用   6: 关闭
abrtd           0: 关闭   1: 关闭   2: 关闭   3: 启用   4: 关闭   5: 启用   6: 关闭
acpid           0: 关闭   1: 关闭   2: 启用   3: 启用   4: 启用   5: 启用   6: 关闭
atd             0: 关闭   1: 关闭   2: 关闭   3: 启用   4: 启用   5: 启用   6: 关闭
(省略部分显示结果)
基于 xinetd 的服务:
(省略部分显示结果)
    rsync:              关闭
    tcpmux-server:      关闭
    time-dgram:         关闭
    time-stream:        关闭
```

【示例11.15】 设置 sshd 服务在第 4 运行级下关闭。注意需要等系统切换至对应的运行级后才会按照设置启动或者关闭守护进程。

```
[root@ localhost ~]# chkconfig --list sshd
sshd              0: 关闭   1: 关闭   2: 启用   3: 启用   4: 启用   5: 启用   6: 关闭
[root@ localhost ~]# chkconfig --level 4   sshd off
[root@ localhost ~]# chkconfig --list   sshd
sshd              0: 关闭   1: 关闭   2: 启用   3: 启用   4: 关闭   5: 启用   6: 关闭
```

由于守护进程启动和关闭时需要完成一系列的相关准备工作,因此相应地有专门用于启动和关闭守护进程的 shell 脚本。对于独立工作的守护进程,这些脚本一般存放在目录"/etc/init. d"中。为实现在特定运行级下启动指定服务,Linux 在目录/etc/rc. d/rc?. d(?代表运行级)下存放了调用对应脚本的符号链接。

【示例11.16】 查看 sshd 服务的状态以及启动脚本的所在位置。脚本"/etc/init. d/sshd"是 sshd 服务的 shell 脚本。如果直接执行该脚本,将会被提示需要给出"start|stop|…"等参数以控制或查看守护进程的运行。在"/etc/rc. d/rc5. d"目录中存有 sshd 的符号链接。

```
[root@ localhost ~]# /etc/init. d/sshd        #直接执行脚本 sshd 即可启动或关闭 sshd 服务
用法: /etc/init. d/sshd {start|stop|restart|reload|force-reload|condrestart|try-restart|status}
[root@ localhost ~]# /etc/init. d/sshd status
openssh-daemon (pid   2143) 正在运行...
[root@ localhost ~]# ls -d /etc/rc. d/rc?. d   <== 每个运行级有对应目录存放调用脚本的链接
/etc/rc. d/rc0. d   /etc/rc. d/rc2. d   /etc/rc. d/rc4. d   /etc/rc. d/rc6. d
/etc/rc. d/rc1. d   /etc/rc. d/rc3. d   /etc/rc. d/rc5. d
[root@ localhost ~]# ls -l /etc/rc. d/rc5. d|grep sshd
lrwxrwxrwx. 1 root root 14   9 月 23 12:25 S55sshd -> ../init. d/sshd
```

为了更方便地管理守护进程,Linux 提供了 service 命令用于直接启动或关停某个守护进程。

2）service 命令

功能：查看、启动或关停系统服务。

格式：

```
service   服务名   {start|stop|restart|status|…}
```

主要选项：

--status-all：显示所有独立工作服务的当前状态。

【示例 11.17】 重启 sshd 服务。

```
[root@ localhost ~]# service sshd restart
停止 sshd：                                           [确定]
正在启动 sshd：                                       [确定]
```

对于非独立工作的守护进程，它们的启动和关停就需要通过 xientd 守护进程来实现。关于这些非独立工作的守护进程的配置文件存放在"/etc/xinetd.d"中：

```
[root@ localhost xinetd. d]# ls              <==注意当前目录位置
amanda              cvs                discard-dgram      echo-stream       time-dgram
chargen-dgram       daytime-dgram      discard-stream     rsync             time-stream
chargen-stream      daytime-stream     echo-dgram         tcpmux-server
```

如果没有在"/etc/xinetd.d"中有对应的配置文件，则说明服务器软件还没有安装。

【示例 11.18】 此处以启动 rsync 服务（一种被广泛使用的用于不同计算机之间文件数据镜像备份的服务）为例，讨论如何通过超级守护进程 xinetd 启动或关停非独立工作的守护进程。可以查看 rsync 服务的配置文件，可发现按默认该服务是不允许启动的：

```
[root@ localhost xinetd. d]# cat rsync
# default:  off
# description: The rsync server is a good addition to an ftp server, as it \
#    allows crc checksumming etc.
service rsync
{
    disable     = yes           #默认禁止启动 rsync 服务，如需启动则修改值为 no
    flags       = IPv6
    socket_type = stream
    wait        = no
    user        = root
    server      = /usr/bin/rsync
    server_args = --daemon
    log_on_failure  + = USERID
}
```

因此需要将对应配置参数 disable 的值改为 no，然后重新启动 xinetd 服务：

```
[ root@ localhost ~]# service xinetd restart
停止 xinetd:                                                    [确定]
正在启动 xinetd:                                               [确定]
[ root@ localhost ~]# chkconfig --list rsync       <==这时可发现 rsync 服务已经开启
rsync              启用
```

11.3　综合实训案例

案例 11.1　谦让度与进程优先级的调整

由于 CPU 资源的有限性造成了进程间需要轮流使用 CPU,而操作系统更倾向于让优先级更高的进程获得 CPU 资源。谦让度反映了进程对 CPU 资源要求的迫切程度,用户可以通过设置进程的谦让度来调整进程的优先级,从而让目标进程在 CPU 资源竞争中更具优势或者相反。

本案例将通过实验演示进程谦让度是如何调整进程的优先级并以此影响进程在竞争CPU 资源时的表现。实验的思路是编写一个对 CPU 资源要求较高的脚本,通过同时启动若干个关于该程序的测试进程,并且对这些进程分别设置不同的谦让度,以此观察它们在CPU 竞争中是处于优势还是劣势。以下是本案例的操作步骤。

第 1 步,编写并执行测试脚本。编写测试脚本的目的是创建一个大量消耗 CPU 时间的进程。测试脚本 process. sh 的代码如下:

```
#!/bin/sh
count = $1
while [ $count -gt 0 ]
do
     count = $[ $count - 1]
     sleep 0. 001
done
echo "process $$ finish. "
```

脚本根据用户所给的第一个参数执行若干次循环,每次循环内部通过 sleep 命令延迟 0.001秒。为简化脚本代码,这里并没有检查用户输入参数的合法性。

第 2 步,测试和检查硬件情况。在测试脚本 process. sh 中设定脚本需要一个参数来设置脚本执行的循环次数,然而脚本的执行时间不仅取决于所设参数,还与当前执行脚本的CPU 硬件条件有关。为了在后面设置一个较为合理的参数,建议用以下命令测试当前硬件条件下脚本的执行速度,其中设置了系统时间的显示格式为"分钟: 秒":

```
[ root@ localhost ~]# date + "% M:% S"; . /process. sh 1000; date + "% M:% S"
57:02
process 12401 finish.
57:10
```

从测试结果可知当给定参数为 1000 时脚本执行时间约为 8~10 秒。注意不同 CPU 硬件条件下脚本执行的速度会略有所不同,在后面的实验中可以根据实际情况设定合适的参数值。

此外,值得注意的是为了突出实验效果,应在 VMware 中设置虚拟机的 CPU 个数仅为 1 个(CPU 核心),这样能够避免向虚拟机提供过多的 CPU 资源而导致了进程间竞争不明显。具体设置方法是在 VMware 中选中当前使用的虚拟机,并在虚拟机关机状态下通过调用 VMware 菜单"虚拟机"→"设置"启动"虚拟机设置"对话框来设置虚拟机具有的 CPU 数量,如图 11.1 所示。

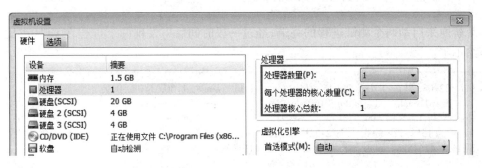

图 11.1　设置虚拟机的处理器数量

第 3 步,启动两个测试进程并观察竞争结果。一个进程的谦让度设为"−20",而另一进程的谦让度设置为"19",也即设置两个测试进程之间在谦让度上差异最大。以下是启动进程的命令:

```
[ root@ localhost ~]#　( nice -n -20 ./process. sh 100000 &) ; ( nice -n 19 ./process. sh 100000 &) ; top -d 10

top - 21:58:02 up 1 day, 20:40,　4 users,　load average: 0.98, 1.69, 1.02
Tasks: 162 total,　2 running, 160 sleeping,　0 stopped,　0 zombie
Cpu(s):　8.5%us, 88.0%sy,　1.4%ni,　2.0%id,　0.0%wa,　0.1%hi,　0.0%si,　0.0%st
Mem:　1551512k total,　770104k used,　781408k free,　84368k buffers
Swap: 4161528k total,　0k used,　4161528k free,　365980k cached


  PID USER      PR   NI   VIRT    RES    SHR S %CPU %MEM    TIME +   COMMAND
23120 root       0  -20   6636   1156   1020 S 14.1  0.1   0:01.87   process. sh
23122 root      39   19   6636   1156   1020 S  3.9  0.1   0:00.58   process. sh
```

从 CPU 占用率(字段 %CPU)以及累计使用的 CPU 时间(字段 TIME +)的结果上可见,谦让度为"−20"的进程在竞争中明显优于谦让度为"19"的进程。注意记录两个测试进程的 PID 后及时进入第 4 步操作。

第 4 步,暂停两个测试进程并调整谦让度。记录下两个测试进程的 PID 后,需要在其他终端上向两个测试进程发送 SIGSTOP 信号让它们暂停运行,然后缩小两个进程在谦让度上的差距:

```
[ root@ localhost ~]# kill -SIGSTOP 23120 23122
[ root@ localhost ~]# renice -n -5 23120
```

```
23120: old priority -20,  new priority -5
[ root@ localhost ~]# renice -n 5 23122
23122: old priority 19,  new priority 5
```

第 5 步,恢复执行两个测试进程并观察竞争结果。调整好两个进程的谦让度后,继续输入如下命令:

```
[ root@ localhost ~]# kill -SIGCONT 23120 23122
```

继续观察原来启动两个测试进程的终端,经过一段时间后可发现两个进程在 CPU 占比上的差距缩小了:

```
top - 22:03:20 up 1 day, 20:45,  4 users,   load average: 1.30, 1.07, 0.92
Tasks: 161 total,   1 running, 160 sleeping,   0 stopped,   0 zombie
Cpu(s):  4.5%us, 90.9%sy,  2.3%ni,  2.3%id,  0.0%wa,  0.0%hi,  0.0%si,  0.0%st
Mem:  1551512k total,   772732k used,   778780k free,    84576k buffers
Swap:  4161528k total,       0k used,  4161528k free,   365996k cached

  PID USER     PR  NI   VIRT   RES  SHR S %CPU %MEM   TIME +   COMMAND
23120 root     15  -5   6636  1156 1020 S 11.4  0.1  0:14.98   process. sh
23122 root     25   5   6636  1164 1020 S  6.8  0.1  0:05.74   process. sh
```

第 6 步,暂停两个测试进程并在另一个终端上将两者的谦让度调整为 0,然后重新恢复执行进程:

```
[ root@ localhost ~]# kill -SIGSTOP 23120 23122        <== 暂停执行两个进程
[ root@ localhost ~]# renice -n 0 23120 23122
23120: old priority -5,  new priority 0
23122: old priority 5,  new priority 0
[ root@ localhost ~]# kill -SIGCONT 23120 23122        <== 重新执行两个进程
```

继续在原来启动测试进程的终端上观察调整后的结果:

```
top - 22:11:10 up 1 day, 20:53,  4 users,   load average: 0.97, 0.72, 0.79
Tasks: 163 total,   3 running, 160 sleeping,   0 stopped,   0 zombie
Cpu(s):  8.5%us, 89.6%sy,  0.0%ni,  1.9%id,  0.0%wa,  0.0%hi,  0.0%si,  0.0%st
Mem:  1551512k total,   773128k used,   778384k free,    84808k buffers
Swap:  4161528k total,       0k used,  4161528k free,   365996k cached

  PID USER     PR  NI   VIRT   RES   SHR S %CPU %MEM   TIME +   COMMAND
23120 root     20   0   6636  1156  1020 S  9.3  0.1  0:31.07   process. sh
23122 root     20   0   6636  1164  1020 S  9.3  0.1  0:16.76   process. sh
```

第 7 步,按照上述操作反复调整进程谦让度并观察进程在竞争 CPU 时的表现。完成练习后可直接发送信号终止两个进程的运行:

```
[ root@ localhost ~]# kill -SIGKILL 23120 23122
```

进一步,在练习上述操作步骤时,可以同时启动两个以上的进程并分别设置不同的优先级,以此观察进程间竞争的情况。

案例 11.2 理解平均负载

在前一个案例的基础上,本案例将讨论系统的平均负载(Load Average)这一概念。首先,系统的负载是指系统所要承担的计算工作量,而平均负载是指系统在一段时间内的负载情况。在 Linux 中平均负载被表示为一组 3 个数字,它们分别反映了 5 分钟、10 分钟和 15 分钟之内的系统负载情况。可以通过查看/proc/loadavg 获知系统当前的平均负载:

```
[ root@ localhost ~]# cat /proc/loadavg
0.00 0.61 0.76 1/261 8152         <== 前 3 个数字即为平均负载
```

也可以通过 top 命令获知系统的平均负载:

```
[ root@ localhost ~]# top

top - 15:42:25 up 2 days, 10:10,   4 users,   load average: 0.00, 0.40, 0.66
(省略部分显示结果)
```

为进一步从实际中理解平均负载这一概念并实现更有效地监控系统,这里利用前一案例中的测试脚本进行实验,通过观察实验结果的变化讨论平均负载中 3 个数字的具体含义。进行如下操作步骤时需要注意首先设置 VMware 中进行实验的虚拟机具有的 CPU 数量应为1 个(核心)。

第 1 步,启动一个测试进程,观察平均负载的变化直至进程执行完毕。期间可同时观察CPU 使用率的占比。以如下结果为例 CPU 使用占比上仍有 21.8% 为空闲(idel)时间。注意为不影响实验结果,应设置较长的 top 命令更新时间间隔(如 10 秒)。

```
[ root@ localhost ~]# ./process.sh 10000 &
[2] 2891
[ root@ localhost ~]# top -d 10

top - 16:36:37 up 2 days, 11:04,   4 users,   load average: 0.24, 1.09, 1.28
Tasks: 168 total,   1 running, 160 sleeping,   7 stopped,   0 zombie
Cpu(s):   6.6%us, 71.5%sy,  0.0%ni, 21.8%id,  0.0%wa,  0.1%hi,  0.0%si,  0.0%st
Mem:   1551512k total,  1114864k used,   436648k free,   223040k buffers
Swap:  4161528k total,        0k used,  4161528k free,   563436k cached

  PID USER     PR  NI  VIRT  RES  SHR S %CPU %MEM   TIME +   COMMAND
 2891 root     20   0  6636 1160 1020 S  11.5  0.1   0:10.41  process.sh
```

第 2 步,待上一步的进程执行完毕后再启动两个测试进程,观察平均负载的变化直至所有进程结束运行。观察时注意需要等待表示平均负载的第一个数字逐渐增大并稳定。此时CPU 仍有少量的空闲时间(1.7% id)。

```
[ root@ localhost ~]# ( ./process. sh 10000 &) ; ( ./process. sh 10000 &)
[ root@ localhost ~]# top -d 10

top - 16:40:51 up 2 days, 11:09,   4 users,   load average: 1.11, 0.86, 1.10
Tasks: 168 total,   1 running, 160 sleeping,   7 stopped,   0 zombie
Cpu(s):   6.5%us, 91.8%sy,  0.0%ni,  1.7%id,  0.0%wa,  0.0%hi,  0.0%si,  0.0%st
Mem:   1551512k total,  1115160k used,   436352k free,   223112k buffers
Swap:  4161528k total,        0k used,  4161528k free,   563440k cached

  PID USER     PR  NI  VIRT  RES   SHR S %CPU %MEM    TIME +   COMMAND
12980 root     20   0  6636  1164  1020 S  10.5  0.1   0:10.62   process. sh
12978 root     20   0  6636  1156  1020 S   9.9  0.1   0:10.09   process. sh
```

第 3 步,待上一步的进程执行完毕后再启动 4 个测试进程,观察平均负载的变化直至所有进程结束运行。观察时同样注意需要等待表示平均负载的第一个数字逐渐增大并稳定。从 CPU 占用率可发现,当前 CPU 已经充分被利用,空闲时间很少。

```
[ root@ localhost ~]# ( ./process. sh 10000 &); ( ./process. sh 10000 &); ( ./process. sh 10000 &); (. /
process. sh 10000 &)
[ root@ localhost ~]# top -d 10

top - 16:51:38 up 2 days, 11:19,   4 users,   load average: 3.78, 3.12, 2.11
Tasks: 174 total,   5 running, 162 sleeping,   7 stopped,   0 zombie
Cpu(s):   7.2%us, 92.7%sy,  0.0%ni,  0.1%id,  0.0%wa,  0.0%hi,  0.0%si,  0.0%st
Mem:   1551512k total,  1115920k used,   435592k free,   223344k buffers
Swap:  4161528k total,        0k used,  4161528k free,   563456k cached

  PID USER     PR  NI  VIRT  RES   SHR S %CPU %MEM    TIME +   COMMAND
 8662 root     20   0  6636  1164  1020 S   5.5  0.1   0:11.13   process. sh
 8664 root     20   0  6636  1164  1020 S   5.5  0.1   0:11.25   process. sh
 8666 root     20   0  6636  1164  1020 S   5.4  0.1   0:11.22   process. sh
 8668 root     20   0  6636  1164  1020 S   5.3  0.1   0:11.15   process. sh
```

从以上的实验结果可以发现,启动越多的测试脚本,系统的负载就会升得越高,当脚本执行结束后系统的负载就会降低。对于只具有一个 CPU 的系统来说,表示平均负载的 3 个数字其具体含义是指在最近一段时间之内(5 分钟、10 分钟、15 分钟)处于就绪状态的进程个数。数字越大,表明就绪队列(Ready Queue)中的等待 CPU 的进程越多。

11.4　实训练习题

(1) 列出当前系统中的所有进程,如何观察进程的优先级?

(2) 查看当前终端运行的 bash 进程的 PID,在当前终端启动 vim 编辑器并让其在后台执行,然后列出在当前终端中执行的进程的家族树。

(3) 请自行挂载 U 盘或光盘,然后列出与该设备关联的所有进程。

(4) 启动 top 命令后暂停对应进程的执行,然后查看该进程的 PID,最后通过 kill 命令发送信号让该进程终止执行。

（5）利用 nice 程序启动 3 个 vim 程序,设置它们的谦让度分别为 5、10、15,使用 ps 命令观察这 3 个 vim 程序的优先级设置结果。

（6）请通过 ps 命令指出当前系统中的一些守护进程,列出它们的 PID 以及谦让度。

（7）查看守护进程 sshd 的当前状态,检查 sshd 服务在第 3、5 运行级下是否设置为启动。

（8）参考综合实训案例 11.1 和案例 11.2,利用案例所提供的 process.sh 脚本,启动 3 个进程并分别设置它们的谦让度为 -15、0 和 15,运行一段时间后观察这 3 个进程在累计占用 CPU 时间(TIME +)及占用 CPU 比率(% CPU)上的差异以及系统的平均负载的变化,然后暂停上述 3 个进程的执行,重新设置它们的谦让度为 -5、0 和 5,再次在运行一段时间后继续观察它们竞争 CPU 的表现。

实训 12   作 业 管 理

12.1   实 训 要 点

（1）理解作业与进程的关系。
（2）查看和控制作业的执行。
（3）制订和执行一次性作业计划。
（4）制订和执行全局的周期性作业计划。
（5）根据实际系统管理任务制订全局作业计划。
（6）制订和执行用户个人的周期性作业计划。

12.2   基础实训内容

12.2.1   作业的基本概念

在 Linux 中，作业（Job）是一个需要与进程相区分的概念，它是指用户向系统提交并要求执行的一个任务。视任务的具体内容而定，一个作业可能需要执行一个或多个程序，即对应于一个或多个进程。用户每输入的一个 shell 命令其实可以看作是一个作业，这个作业经 shell 解释后对应于一个到多个进程加以执行。

【示例 12.1】   作业与进程的关系。用户提交第一条命令"ls -l /etc/ | more &"后系统将其视作第 1 号作业，该作业由两个进程（PID = 5425,5426）所构成，由于作业提交至后台执行，而 more 命令需要等待用户操作才能继续执行，因此两个进程都处于暂停状态。

```
[root@ localhost ~]# ls -l /etc/ | more &
[1] 5426
[root@ localhost ~]# ps -l
F S   UID  PID  PPID  C PRI  NI ADDR SZ WCHAN    TTY       TIME CMD
0 S    0  4286 4027   0 80   0    -  1728 -      pts/0   00:00:00 bash
0 T    0  5425 4286   0 80   0    -   602 -      pts/0   00:00:00 ls
0 T    0  5426 4286   0 80   0    -  1436 -      pts/0   00:00:00 more
4 R    0  5427 4286   1 80   0    -  1582 -      pts/0   00:00:00 ps

[1] +  Stopped               ls --color = auto -l /etc/ | more
```

12.2.2 作业的查看和控制

1. 前台与后台

作业管理的一个重要内容是用户如何通过终端按要求启动并执行某个作业,并且监控和调整作业的执行过程。对于一个终端,它有所谓前台(foreground)和后台(background)的概念。作业可以在前台执行,这时用户可以跟作业进行交互。由于前台只可执行一个作业,因此当用户并不需要与作业交互时,则作业可能需要在后台执行。如果用户想在作业启动之初就让其在后台运行,就需要在关于该作业的 shell 命令结尾加上"&"。

需要注意的是,前台和后台是对于终端而非整个系统而言,每个终端都有自己的前台和后台,它们彼此是独立的。从上一个示例中可知,作业执行时有作业号,用户可根据作业号查看作业的状态,以及设置作业在前台或后台运行。Linux 提供了 jobs、fg 和 bg 3 个命令实现进程的查看和控制。

2. 相关命令

关于作业管理最基本的命令是 jobs 命令,它用于查看系统中当前的作业列表。

1) jobs 命令

功能:查看当前终端中的后台作业。

格式:

```
jobs   [选项]   [作业号]
```

主要选项:

-l(list):列出更为详细的作业信息,包括构成作业的进程列表。

-s(stop):列出处于停止(暂停)状态的作业。

-r(running):列出处于运行状态的作业。

jobs 命令执行后将会返回显示一个作业列表。作业列表的每行信息以"[n]+"或"[n]-"开头,其中"n"表示该行信息对应于第 n 号作业,而"+"号则表示该作业是最近第一个被放置在后台的作业,"-"号表示该作业是最近第二个被放置在后台的作业,注意由于不断有作业在前后台切换,因此每次显示的作业列表均有所不同。作业号旁边的是相关进程的PID 号。

【示例 12.2】 显示当前终端的作业列表。先后启动了两个 vim 编辑器和一个 top 命令作为作业。

```
[ root@ localhost ~]# vim &
[1] 10719
[ root@ localhost ~]# top &
[2] 10721

[1] +   Stopped                    vim        <==1 号作业是最近第一个被调到后台执行的
[ root@ localhost ~]# vim &
[3] 10942
```

```
[2]+   Stopped                      top          <==2 号作业变成最近第一个被调到后台执行的
[root@ localhost ~]# jobs -l
[1]   10719 停止（tty 输出）        vim
[2]-  10721 停止（tty 输出）        top          <==2 号作业是最近第二个被调到后台执行的
[3]+  10942 停止（tty 输出）        vim          <==3 号作业是最近第一个被调到后台执行的
```

fg 和 bg 命令分别用于设置作业在前台或后台执行。一般来说，需要与用户交互的作业才需要放置在前台执行，其余作业则放置在后台执行。

2）fg 命令

功能：让作业在终端前台执行。

格式：

```
fg   作业号
```

3）bg 命令

功能：让作业在终端后台执行。对于需要与用户交互的进程，如 vim 编辑器、top 命令等，它们将会处于被停止的状态，直到被调到前台执行。

格式：

```
bg   作业号
```

【示例 12.3】 前台和后台执行作业。本示例需要使用到综合实训案例 11.1 中的脚本 process.sh。总共在后台启动了 3 个作业（vim 作业、top 作业和脚本作业）：

```
[root@ localhost ~]# vim &                             <==启动 vim 作业（1 号）
[1] 16416
[root@ localhost ~]# top &                             <==启动 vim 作业（2 号）
[2] 16418

[1]+   Stopped                      vim
[root@ localhost ~]# ./process.sh 10000 &              <==启动脚本作业（3 号）
[3]   16421

[2]+   Stopped                      top
[root@ localhost ~]# jobs -l
[1]-  16416 停止   （tty 输出）     vim               <== vim 和 top 暂停执行
[2]+  16418 停止   （tty 输出）     top
[3]   16421 Running              ./process.sh 10000 &  <== 脚本仍在后台执行
[root@ localhost ~]# fg 3                              <== 将脚本切换至前台执行
./process.sh 10000
^Z( 此处按 Ctrl + Z 组合键后脚本将暂停并切换至后台)
[3]+   Stopped                      ./process.sh 10000
[root@ localhost ~]# jobs -l
[1]   16416 停止   （tty 输出）     vim
[2]-  16418 停止   （tty 输出）     top
```

```
[3]+  16421 停止              ./process.sh 10000          <==脚本已经暂停
[ root@ localhost ~]# bg 3                                <==此处让脚本继续在后台执行
[3]+  ./process.sh 10000 &
[ root@ localhost ~]# jobs -l
[1]-  16416 停止（tty 输出）    vim
[2]+  16418 停止（tty 输出）    top
[3]   16421 Running          ./process.sh 10000 &        <==脚本在后台执行
[ root@ localhost ~]# process 16421 finish.

[3]   Done                   ./process.sh 10000          <==最后脚本执行完毕
[ root@ localhost ~]# jobs -l
[1]-  16416 停止（tty 输出）    vim
[2]+  16418 停止（tty 输出）    top
```

12.2.3　一次性作业

1. atd 进程

用户使用计算机的过程实际就是向操作系统提交并执行各种作业,并且获得处理结果的过程。这些作业的执行可以是一次性的,也可以是具有周期性的。无论是一次性作业还是周期性作业的执行,用户都需要指定何时系统开始执行作业,也即制订执行作业的计划。对于一次性作业的执行,需要检查是否已启动 atd 守护进程:

```
[ root@ localhost ~]# service atd status
atd ( pid   2470) 正在运行…
```

atd 进程专门负责定时监控作业队列并在用户指定的时间到达时执行作业。当用户向 atd 进程提交作业计划后,atd 进程将会在"/var/spool/at"目录生成对应于此作业的执行脚本代码。

为了防止用户随意向系统提交作业,atd 进程设置有"/etc/at.allow"和"/etc/at.deny"两个文件。"/etc/at.allow"文件是"白名单",如果该文件存在,atd 进程将检查提交作业的用户是否在此名单中,如果用户不被列入 at.allow 中则不允许使用 atd 服务。"/etc/at.deny"文件是"黑名单",如果该文件存在,atd 进程将检查提交作业的用户是否在此名单中,如果用户被列入 at.deny 则同样不允许使用 atd 服务。at.allow 文件比 at.deny 文件更优先读取,也就是说 atd 进程将首先检查 at.allow 文件,如果不能判定的话再去检查 at.deny文件。

2. at 命令

用户需要使用 at 命令制定作业的执行计划,包括指定执行作业的时间和作业的内容等。

功能:在指定时间一次性地执行作业。

格式:

```
at     [选项]   作业执行时间
```

作业管理

主要选项：

-l：对于 root 用户，列出所有作业队列中的作业，对于普通用户则列出由该用户制定的作业。该选项相当于执行 atq 命令。

-c：该选项后面需给出作业号参数，用于查看指定作业的执行内容。

-f(file)：该选项后面需给出所要执行的作业文件路径。默认情况下 at 命令建立一个环境供用户输入要执行的命令。

-d(delete)：该选项后面需给出作业号参数，用于删除指定的作业。

利用 at 命令制订作业执行计划需要正确表达作业的计划执行时间。at 命令提供了许多表示时间格式的方法，一般可分为绝对时间和相对时间两种表示方法。

（1）绝对时间：如"小时:分钟 月日年"、"小时:分钟"、"月日年"等。

（2）相对时间：如"base + ? min"、"base + ? hour"、"base + ? day"等，其中 base 表示一个基准时间，它可以表示为上述绝对时间，也可以通过 now 表示当前时间，而 ? 表示一个整数。作业计划执行的时间就是基准时间加上若干分钟、小时或天。

【示例 12.4】 设置 2015 年 9 月 30 日凌晨 1 点重启系统。提交作业后又再将其从队列中删除，因此实际该作业并不会执行。

```
[ root@ localhost ~]# at 01:00 09302015
at > reboot
at > <EOT>(按 Ctrl + D 组合键结束编辑)
job 18 at 2015-09-30 01:00          <== 第 18 号作业已经设定在指定时间执行
[ root@ localhost ~]# at -d 18      <== 删除第 18 号作业
[ root@ localhost ~]# at -l         <== 当前作业队列里面并没有作业
```

【示例 12.5】 设置从现在起 2 分钟后使用 wall 命令向所有终端广播信息"hello"。可以查看作业队列确定该作业已经提交。使用 wall 命令时只需将所要广播的内容作为参数给出即可。

```
[ root@ localhost ~]# at now + 2min
at > wall hello
at > <EOT>(按 Ctrl + D 组合键结束编辑)
job 19 at 2015-09-24 17:18
[ root@ localhost ~]# at -l              <== 查看作业队列中该作业的设置情况
19   2015-09-24 17:18 a root
[ root@ localhost ~]#                    <== 时间到达后作业被执行
Broadcast message from root@localhost. localdomain ( Thu Sep 24 17:18:01 2015):hello
```

【示例 12.6】 禁止 study 用户使用 atd 服务。默认情况下系统只有 at. deny 文件，可自行创建 at. allow 文件。

```
[ root@ localhost at]# cat /etc/at. allow          <== 当前 at. allow 文件内容为空

[ root@ localhost ~]# echo study >> /etc/at. deny  <== 将 study 写入 at. deny 中，每行一个账号
[ root@ localhost at]# su study
```

```
[ study@ localhost ~]$ at
You do not have permission to use at.
```

3. batch 命令

由于用户提交的作业有可能会占用许多系统资源,因此系统可能需要在负载较大时暂缓调度作业。batch 命令能够满足这一方面的需求。batch 命令实际也是调用 at 命令执行作业,但是它在执行某个作业前会先检查系统的负载水平,默认只有低于 0.8 时才能开始执行作业。另一点与 at 命令不同的是,batch 命令并不接受设定作业的指定时间,提交作业后如果系统负载过高就会一直等待到负载降至 0.8 以下才会调度执行,如果系统负载并未超出0.8 则作业会立即执行。

【示例 12.7】 batch 命令的使用。这里将会使用到综合实训案例 11.1 中的测试脚本process.sh,目的是让系统负载超过 0.8。从以下结果可见,当系统负载超过 0.8 时,即使提交了要求立即重启系统的作业也只能放置在作业队列中等待。测试完毕后将作业从队列中删除了。

```
[ root@ localhost ~]# ( ./process 10000 &) ; ( ./process 10000 &) ; ( ./process 10000 &)
[ root@ localhost ~]# cat /proc/loadavg
0.82 0.66 0.58 5/263 16094          <== 当前系统负载已经超过 0.8
[ root@ localhost ~]# batch
at > reboot
at > <EOT>
job 25 at 2015-09-25 20:52
[ root@ localhost ~]# at -l          <== 即使提交了 reboot 命令也只能放置在队列中等待
25    2015-09-25 20:52 b root
[ root@ localhost ~]# at -d 25        <== 最后删除了第 25 号作业
```

12.2.4 周期性作业

1. 全局作业

在系统管理中有许多任务是需要定期执行的,如数据备份、日志的分析和轮转(log rotate)、临时文件清理和安全漏洞的排查等。因此有必要制订作业的周期性执行计划。与一次性作业类似,需要检查是否已启动守护进程 crond,该进程负责监控和调度周期性作业:

```
[ root@ localhost ~]# service crond status
crond ( pid   2459) 正在运行...
```

而用户则同样需要制订周期性作业的执行计划。与一次性作业不同的是,由于周期性作业是每隔一段时间重复执行的,因此用户需要指定周期性作业执行的频率,如"每小时的零分"、"每周一的 1:00"、"每月 30 号的 17:30"等。

crond 进程将周期性作业分为全局作业和个人用户(Individual User)作业两类。全局作业属于系统的例行工作,不属于与某个用户而是由管理员负责配置和维护。个人用户作业则是由用户自行安排的作业。全局作业的设置记录在"/etc/crontab"配置文件中,初始时它为用户提供了一个制订作业执行计划的模板:

```
[root@ localhost ~]# cat /etc/crontab
SHELL = /bin/bash                        #使用的 shell
PATH = /sbin: /bin: /usr/sbin: /usr/bin   #作业的默认存放路径
MAILTO = root              #邮件通知用户,如果作业执行有错误将会发信至此用户的邮箱
HOME = /                   #工作路径,也即作业的输出文件信息将保存在此


# For details see man 4 crontabs


# Example of job definition:
# .---------------- minute (0 - 59)
# |  .------------- hour (0 - 23)
# |  |  .---------- day of month (1 - 31)
# |  |  |  .------- month (1 - 12)  OR jan, feb, mar, apr ...
# |  |  |  |  .---- day of week (0 - 6)  (Sunday = 0 or 7)  OR sun, mon, tue, wed, thu, fri, sat
# |  |  |  |  |
# *  *  *  *  *    command to be executed
```

配置文件"/etc/crontab"首先定义了与执行作业有关的环境变量,在执行作业时系统的环境变量 PATH 和 HOME 等将被改变,例如 HOME 值被改变为"/",因此编写作业脚本时使用到这些变量必须要特别注意到这些改变。

"/etc/crontab"以注释内容告诉了用户如何表示一个周期性作业的执行计划。周期性作业的执行计划包括了作业执行的频率和作业执行的内容两部分,而写好作业执行的频率是制订周期性作业执行计划的关键。作业的执行频率表示形式如下:

分钟(0-59) 小时(0-23) 日期(1-31) 月份(1-12) 星期(0-6,星期天 = 0 或 7)

结合以下特殊符号就能非常灵活地表达作业执行的周期时间。

(1) ∗:用于表示时间取值范围内的任意值,如"01 ∗ ∗ ∗ ∗"表示"(任意日期下的)每小时 01 分"。

(2) -:用于表示一个时间范围,如"0 9-17 ∗ ∗ 1-5"表示"每逢星期 1 至 5,早上 9 点到下午 5 点",也即工作时间。

(3) ,:用于表示若干时间点,如"30 0,12 ∗ ∗ ∗"表示"每天的凌晨 0 点 30 分和中午 12 点 30 分"。

(4) /n:用于表示每隔 n 个时间单位,如" ∗/3 ∗ ∗ ∗ ∗"表示"每隔 3 分钟",又如"0 0 ∗ ∗ ∗/2"表示"每隔两个星期后的 0 点 0 分"。

与一次性作业类似,作业的执行内容需要给出所要执行的命令,它可以是一条简短的 shell 命令,但更常见的情况是根据任务事先编写好 shell 脚本然后指定该脚本的所在路径。另外需要注意在作业执行内容前列出执行者身份。下面结合示例讨论具体如何制订周期性作业的执行计划。

【示例12.8】 设置每5分钟广播提醒。需要在"/etc/crontab"最后加入如下行：

```
*/5 * * * * root wall "Time has passed for 5 minutes"
```

然后等待时间点到触发作业的执行,可发现系统将每隔5分钟将广播"Time has passed for 5 minutes"信息。如要停止广播只需将"/etc/crontab"中的对应行删去或注释即可。

```
[ root@ localhost ~] # date
2015 年 09 月 26 日 星期六 15:58:07 CST
[ root@ localhost ~]#
Broadcast message from root@ localhost. localdomain ( Sat Sep 26 16:00:01 2015): Time has passed for 5 minutes

Broadcast message from root@ localhost. localdomain ( Sat Sep 26 16:05:01 2015): Time has passed for 5 minutes

Broadcast message from root@ localhost. localdomain ( Sat Sep 26 16:10:01 2015): Time has passed for 5 minutes
```

对于系统全局来说,需要运行的往往是一批而非一个作业。Linux 在"/etc"目录下分别设置了 cron. hourly、cron. daily、cron. weekly 和 cron. monthly 4 个子目录,专门用于分别存放每小时、每天、每星期和每月所要执行的作业脚本。既可以使用上述 4 个目录,也可以指定别的目录用于存放计划成批执行的作业,此时需要在设置"/etc/crontab"时利用 Linux 所提供的工具脚本"/usr/bin/run-parts"来指定成批执行的作业的所在目录。

【示例12.9】 设置每小时成批执行作业。首先在"/root"下新建 cron 目录并创建两个测试脚本 cron1 和 cron2,注意需自行设置这两个脚本的可执行权限：

```
[ root@ localhost ~] # ls -l /root/cron
总用量  8
-rwxr--r--. 1 root root 36   9 月 27 15:07 cron1
-rwxr--r--. 1 root root 36   9 月 27 15:07 cron2
[ root@ localhost ~] # cat cron1          <== cron1 脚本的内容
#!/bin/sh
cp /root/cron1 /tmp/cron1
[ root@ localhost ~] # cat cron2          <== cron2 脚本的内容
#!/bin/sh
cp /root/cron2 /tmp/cron2
```

假设当前系统时间为：

```
[ root@ localhost ~] # date
2015 年 09 月 27 日 星期日 15:08:51 CST
```

并根据当前时间设置"/etc/crontab",即设置延迟几分钟后执行该计划：

```
10 15 * * * root run-parts /root/cron
```

保存 crontab 文件后,等待时间点来临后触发计划作业的执行,然后检查结果:

```
[root@ localhost ~]# ls -l /tmp/cron*              <== 两个脚本已经复制至/tmp 目录下
-rwxr--r--. 1 root root 36   9 月 27 15:10 /tmp/cron1
-rwxr--r--. 1 root root 36   9 月 27 15:10 /tmp/cron2
```

2. 个人用户作业

每个用户都可以定制自己的作业执行计划,但与使用 atd 服务类似,前提是用户账号被允许使用 crond 服务。同样系统中有"/etc/cron. allow"和"/etc/cron. deny"两个文件用于记录允许和禁止使用 crond 服务的用户列表,使用方法与"/etc/at. allow"和"/etc/at. deny"相类似,读者可自行参考前面的内容。

前面已经介绍了如何编辑"/etc/crontab"文件指定全局作业计划。对于个人用户作业,可使用 crontab 命令制订作业执行计划,crontab 命令将会启动 vi 编辑器打开"/var/spool/cron/"中以用户名命名的 cron 文件,用户可以对该文件进行编辑和保存,制订作业计划内容的方法与前面全局作业的制订方法是相同的。下面介绍 crontab 命令的具体使用方法。

命令名: crontab。
功能: 维护个人用户的周期性作业计划文件。
格式:

```
crontab      [选项]
```

主要选项:
-u(user): 该选项后面需要给出用户名参数,用于指定所要配置的用户 cron 作业计划文件。注意 root 用户才能使用该选项,且需要配合-e、-l、-r 等选项使用。
-e: 编辑当前用户的作业执行计划。
-l: 打印当前用户的作业执行计划。
-r: 删除当前用户的作业执行计划。

【示例 12.10】 root 用户为 study 用户创建作业执行计划。这一作业与示例 12.8 相同,每隔 5 分钟向所有终端广播信息。study 用户也可自行创建该计划。通过查看 study 用户的周期性作业文件,可直接读取作业执行计划的内容。

```
[root@ localhost ~]# crontab -u study -e
no crontab for study - using an empty one
crontab: installing new crontab
(进入作业编辑界面,作业内容可参照示例 12.8)
[root@ localhost ~]# crontab -u study -l              <== 通过 crontab 命令查看作业计划
*/5 **** wall "study: Time has passed for 5 minutes"
[root@ localhost ~]# cat /var/spool/cron/study        <== 直接查看作业计划内容
*/5 **** wall "study: Time has passed for 5 minutes"
[root@ localhost ~]#
Broadcast message from study@ localhost. localdomain ( Sat Sep 26 21:30:01 2015) study: Time has passed
for 5 minutes
```

```
Broadcast message from study@localhost.localdomain (Sat Sep 26 21:35:01 2015) study: Time has passed
for 5 minutes

[root@localhost ~]# crontab -u study -r          <== 删除 study 用户的作业任务
[root@localhost ~]# crontab -u study -l          <== 查看 study 的作业任务是否已经删除
no crontab for study
```

12.3 综合实训案例

案例 12.1 制定监控登录用户人数的作业

许多系统程序都需要监控系统的某个方面的状态,因此它们定期获取系统的状态信息并决定是否采取进一步的行动。从全局周期性作业的制定方法可知,执行周期性作业的最大频率可以是每分钟执行一次作业。这时需要在"/etc/crontab"文件中加入:

```
0-59 * * * * root 执行命令
```

对于监控系统的程序来说,这个频率基本已经能够满足它们的应用需求。因此可以利用crond 守护进程以一定的频率启动监控程序,从而保证系统处于程序的监控之中。

在综合实训案例 5.2 中讨论过如何编写脚本统计来自特定 IP 地址范围登录用户人数,本案例将继续沿用这个脚本并做进一步修改,并将演示如何利用 crond 服务实现监控来自特定 IP 地址范围的用户人数,当人数超过设定上限时脚本将触发日志记录。以下是操作步骤。

第 1 步,编写作业脚本。新脚本名称为 olwatch.sh,存放在"/root/cron/"目录中:

```
#!/bin/sh
#ip1,ip2,limit 是作业执行的参数,分别表示要过滤的地址范围以及上限人数,可自行调整
ip1="(192\.168\.2\.[1-9])"
ip2="(192\.168\.2\.[1-9][0-9])"
limit=0

strdate=`date "+%Y-%m-%d %H:%M:%S"`
count1=`who|grep $ip1|wc -l`
count2=`who|grep $ip2|wc -l`
count=$[$count1 + $count2]

if [ $count -gt $limit ]; then
    echo "$strdate: current users count: $count, exceed limit :$limit" >> /var/log/statiplog
fi
```

这里要监控的是来自于 IP 地址为 192.168.2.1-99 的登录用户人数,为便于测试,设定的人数上限为 0。

217

第 2 步,配置测试环境。这里需要根据综合实训案例 2.1 来配置测试环境,用户从宿主机(Windows 系统, IP 地址为 192.168.2.22)登录至 Linux。配置结果如下:

```
[root@ localhost ~]# who
root          tty1         2015-09-28 16:24 (:0)
study         pts/1        2015-10-03 09:02 (192.168.2.22)
student01     pts/2        2015-10-03 09:03 (192.168.2.22)
root          pts/3        2015-09-28 16:53 (:0.0)
root          pts/4        2015-10-03 09:07 (:0.0)
```

根据第 1 步的设置,显然当前来自于设定 IP 地址范围的在线人数已经超过限制。

第 3 步,在"/etc/crontab"中设置作业计划。这里设置每小时的 0 分、15 分、30 分以及 45 分启动作业,在"/etc/crontab"中加入:

```
0,15,30,45  *  *  *  *  root /root/cron/olwatch.sh
```

第 4 步,启动 crond 服务和测试作业是否有效启动。首先检查 crond 进程是否已经启动,如果没有需要将其启动。然后测试脚本是否能够正常执行,可以先执行脚本查看是否正常执行:

```
[root@ localhost cron]# service crond status
crond (pid   2419) 正在运行…
[root@ localhost cron]# chmod u + x olwatch.sh
[root@ localhost cron]# ./olwatch.sh
[root@ localhost cron]# tail /var/log/statiplog
2015-10-03 09:18:38: current users count: 2, exceed limit : 0
```

第 5 步,等待和检查作业执行。当时间点来临后 crond 服务将启动脚本,可以通过查看 statiplog 日志获取进一步的信息:

```
[root@ localhost cron]# date
2015 年 10 月 03 日 星期六 09:30:13 CST
[root@ localhost cron]# tail /var/log/statiplog
2015-10-03 09:18:38: current users count: 2, exceed limit : 0
2015-10-03 09:30:01: current users count: 2, exceed limit : 0
```

案例 12.2 制订定期备份数据的作业计划

除了监控系统的程序之外,数据备份程序也同样需要定期自动执行。在综合实训案例 5.3 中讨论了如何编写备份文件的脚本。以此为基础本案例将继续讨论如何制订周期性备份文件的作业计划。

与综合实训案例 5.3 中的脚本不同,用于周期性自动执行的脚本不能够在前台获取用户输入的参数,因此应将需要备份的目标文件列表记录在某个文件中。同样,用于周期性自动执行的脚本在执行完毕之后一般不将工作结果输出到前台,而是记录在某个日志文件中,或者以邮件的方式告知作业制订者该作业的执行情况。本案例将据此对综合实训案例5.3的原脚本做进一步修改,并演示如何制订定期备份数据的作业计划。以下是操作步骤。

第1步,编写作业脚本。以原脚本为基础做进一步修改,使得脚本能够根据备份文件列表 baklist 复制文件至备份目录,作业脚本名为 cronbackup.sh,存放在"/root/cron/"目录中:

```
#!/bin/bash
filelist=`cat $HOME/cron/baklist`          #备份的目标文件列表存放在文件 baklist 中
strdate=`date "+%Y%m"`                      #日期标签
backupdir=$HOME/backup$strdate             #备份目录路径

if [! -e $backupdir]; then                 #新建备份目录之前检查是否已经存在
    mkdir $HOME/$backupdir
fi

#将备份记录写入日志
echo "$strdate: backup start, the directory name is $backupdir" >> /var/log/baklog
for filename in $filelist
do
    if [ -e $filename]; then
        #复制过程中的错误不显示在屏幕上,而是记录在/var/log/baklog 中
        cp  $filename "$backupdir/" 2>/dev/null
        if [$? -ne 0]; then
            echo "$strdate: copy for $filename failed" >> /var/log/baklog
        fi
    fi
done
```

第2步,配置测试环境。以下文件作为备份测试,将它们的绝对路径写入到文件 filelist 中:

```
[root@ localhost cron]# cat /root/cron/baklist
/etc/crontab
/etc/fstab
/etc/inittab
```

第3步,在"/etc/crontab"中设置作业计划。备份作业的周期可设置为每个月执行一次。但是需要根据当前实验的具体时间:

```
[root@ localhost cron]# date
2015 年 10 月 03 日 星期六 11:08:35 CST
```

设定用于测试作业计划的临时配置,因此在"/etc/crontab"中加入:

```
10 11 3 * * root /root/cron/cronbackup.sh
```

注意：在实验时需根据当前系统时间更改上述作业计划配置，一般来说可设置测试时间点为当前系统时间的一小段时间之后。

第 4 步，测试作业是否有效启动。作业在设定的时间点来临时将会被启动执行，可以查看日志"/var/log/baklog"了解备份作业的执行情况：

```
[ root@ localhost ~]# date
2015 年 10 月 03 日 星期六 11:10:00 CST
[ root@ localhost ~]# ls -l /root/backup201510              <== 查看备份的结果
总用量   12
-rw-r--r--. 1 root root 695 10 月   3 11:10 crontab
-rw-r--r--. 1 root root 972 10 月   3 11:10 fstab
-rw-r--r--. 1 root root 884 10 月   3 11:10 inittab
[ root@ localhost ~]# cat /var/log/baklog                   <== 查看备份记录日志
201510: backup start, the directory name is /root/backup201510
```

此外，如果实验结果并不符合预期，除了查看作业脚本的日志之外，也可以查看 root 用户邮箱，守护进程 crond 会把错误报告发送至 root 的邮箱。例如，在编写脚本时产生了一个错误，测试时 crond 将错误报告发至 root 的邮箱：

```
[ root@ localhost ~]# mail
Heirloom Mail version 12.4 7/29/08.   Type ? for help.
"/var/spool/mail/root": 88 messages 1 unread
(省略部分显示结果)
>U 87 Cron Daemon              Sat Oct   3 10:30   23/819   "Cron < root@ localhost >"
   88 Cron Daemon              Sat Oct   3 10:47   23/820   "Cron < root@ localhost >"
& 88
Message 88:
From root@ localhost. localdomain   Sat Oct   3 10:47:01 2015
Return-Path: < root@ localhost. localdomain >
X-Original-To:  root
Delivered-To: root@ localhost. localdomain
From:  root@ localhost. localdomain ( Cron Daemon)
To:  root@ localhost. localdomain
Subject: Cron < root@localhost > /root/cron/cronbackup. sh
Content-Type: text/plain; charset = UTF-8
Auto-Submitted:  auto-generated
X-Cron-Env: < SHELL = /bin/bash >
(省略部分显示结果)
Date: Sat,   3 Oct 2015 10:47:01  +0800 ( CST)
Status: RO

cat: //cron/baklist: No such file or directory      <== 邮件中给出了作业出错的相关提示

&
```

12.4　实训练习题

（1）启动两个 vim 编辑器在后台执行，然后查看当前有哪些作业正在执行。

（2）打开 ls 命令的帮助手册后，先暂停执行，再转出到前台重新执行，最后退出手册。

（3）利用 at 命令向系统所有用户在当前时间之后的 3 分钟广播"hello"信息。

（4）请定制如下一次性作业：于今天中午 12 点将"/root/tmp"文件备份为"/root/tmpbackup"，可自行新建 tmp 文件以作测试，需留意是否已有同名目录，若有则可将 tmp 文件改为其他名字。设置完毕后需要检查作业是否执行以及执行的实际效果。

（5）请定制如下全局作业：设定每天中午 12 点将"/root/tmp"文件备份为"/root/tmpbackup"。设置完毕后需要检查作业是否执行以及执行的实际效果。

作业管理

实训 13　　软件安装与维护

13.1　实训要点

（1）使用 rpm 软件管理器安装和维护软件。
（2）配置客户端使用 yum 服务。
（3）使用 yum 服务安装和维护软件。
（4）使用 gcc 编译器编译软件源代码。
（5）使用 make 命令和 makefile 文件编译和安装软件源代码。
（6）制定软件维护的周期性作业。
（7）获取和安装 tarball 软件。

13.2　基础实训内容

13.2.1　常见的软件安装方式

软件的安装与维护是系统管理中一种较为重要的日常性工作,同时它又是许多系统配置工作的起点。例如,要配置某个网络服务器,首先就需要安装必要的服务器软件以及配置工具等。又如,在综合实训案例 1.2 中就已经介绍过如何在 Linux 中安装 VMware Tools,当时需要执行 VMware Tools 安装光盘里面的 Perl 脚本程序,该脚本执行时将与用户交互并确定安装配置。

由于安装软件的方式不同而相应地维护软件的手段也会不一样,因此这里需要首先讨论几种常见的软件安装与维护的方式。根据安装来源来分类,主要有如下几种。

1. 以源代码的方式安装

Linux 属于一种自由软件,自然许多支持 Linux 系统的软件也同样是自由软件,它们直接提供了软件的整套源代码。因此要在系统中使用该软件就需要利用 gcc 和 make 等工具对源代码进行编译后得到可执行的二进制文件,然后还需要将生成的可执行文件以及相关的配置文件等放置在正确的文件系统路径位置,此外可能还需要修改一些系统配置才能完成全部安装过程。

2. 以软件包的方式安装

由于以源代码的方式安装软件相对较为复杂,经常在安装过程中会出现各种问题,一般用户会更倾向于使用软件包(Software Package)安装的方式。软件包是指软件提供方已经将软件程序编译好,并且将所有相关文件打包后所形成的一个安装文件。软件包需要有专门的软件管理工具负责软件包的安装、更新和删除等,因此不同类型的安装包就需要使用不同的软件包管理工具完成管理工作。在 Linux 业界主要有以下两种形式的软件包。

(1). rpm 软件包:. rpm 软件包由 Redhat 公司提出并使用在 Redhat、Fedora、CentOS 等 Linux 系统中,对应的软件包管理工具称为 rpm 包管理器(RPM Package Manager)。

(2). deb 软件包:. deb 软件包由 Debian 社区提出并使用在 Debian 和 Ubuntu 等 Linux 系统中,对应的软件包管理工具称为 dpkg(Debian Packager)。

以软件包的方式安装软件虽然比以源代码方式安装更为简便,但由于软件包之间存在依赖关系,即在安装某个软件包之前,必须安装某些其所依赖的软件包,一旦依赖关系继续递进安装过程就会变得十分复杂以致用户难以完成。

3. 在线方式安装

为了让用户更为简便地获取和使用软件,许多 Linux 发行版本都已经提供了软件的在线安装服务,只要系统能够连接在线软件更新服务器,软件包管理工具就能够根据安装任务分析软件包的依赖关系并从在线软件更新服务器中获取相关软件包,并自动完成软件安装和更新工作。与软件包及其管理工具的类型相对应,主要有两种维护软件的在线服务,分别是 yum (Yellowdog Updater Modified,对应于. rpm 软件包)服务和 apt (Advanced Packaging Tool,对应于. deb 软件包)服务。

下面分别讨论如何通过上述 3 种安装方式完成软件的安装与维护工作。为便于开展实验和更好地展开讨论,将首先介绍 rpm 软件包管理器的使用,然后再介绍如何利用基于 rpm 的 yum 服务实现软件的在线安装和维护,最后将会讨论如何编译源代码并安装软件。

13.2.2 rpm 软件包管理器的使用

1. rpm 软件包的命名

针对本书的实训环境,首先以 rpm 软件包的安装、查询、删除等操作为例,介绍 Linux 系统的软件安装和维护工作。要正确安装软件,需要选择合适的 rpm 软件包,然而这又首先需要读懂 rpm 软件包的命名,因为在 rpm 文件的名称中包含了许多与安装有关的重要信息。

rpm 软件包的文件名以. rpm 为后缀名,它的基本格式如下:

> 软件名称-版本号-发布版本次数. 硬件架构. rpm

以"nmap-5. 21-3. el6. i686. rpm"为例:"nmap"是软件名称。"5. 21"是版本号,其中"5"是主版本号,"21"是次版本号。紧接着的"3"是发布版本次数,在发布版本次数的后面往往会附加该软件使用的系统平台,如这里的"el6"是指 RHEL6. 0。"i686"表示该软件包使用的硬件平台为 Intel 686 平台,如果是在 64 位 Linux 操作系统中安装软件,则硬件架构应表示为"x86_64"。为了有更好的向下兼容性,许多 rpm 软件包会提供"i386"版本,即硬件架构表示为"i386"。

2. rpm 命令

如前所述,rpm 软件包需要由 rpm 包管理器负责管理,rpm 包管理器需要由 root 用户使用 rpm 命令执行。

命令名：rpm。

功能：安装和维护 rpm 软件包。

格式：

> rpm　[选项]　　[rpm 软件包文件位置/软件名称]

重要选项：

-i(install)：安装指定的软件包文件，选项后面需要给出 rpm 软件包文件路径参数。

-v(verbose)：显示详细过程信息。

-h：一般结合"-v"选项用于显示进度。

-q(query)：需要给出软件名称参数以指定所要查询的软件。该选项可结合"-i(info)"选项获取详细的软件安装信息，或结合"-a"选项列出系统已安装的所有软件。

-U(upgrade)：升级指定的软件包文件，选项后面需要给出 rpm 文件所在路径参数。

-V(verify)：根据 rpm 数据库的安装信息检查软件是否被改动过，不仅仅验证可执行文件，配合"-f"选项与该软件相关的配置文件、链接文件等都可以验证。如果不给出软件名称参数指定要检查的软件，那么默认将对 rpm 数据库中所有软件进行校验。

-e(erase)：需要给出软件名称参数指定所要删除的软件。注意如果软件 A 被软件 B 所依赖，则只能先将软件 B 删除完毕，才能删除软件 A。

-K：检查 rpm 软件包的签名。选项后面需要给出 rpm 软件包文件路径参数。

【示例 13.1】　查询某个软件是否已经安装。这里查询的是 WWW 服务器软件的安装情况。

```
[ root@ localhost ~]# rpm -q httpd
httpd-2.2.15-5.el6.i686                        <==显示完整的 rpm 软件包文件名称
[ root@ localhost ~]# rpm -qa | grep httpd     <==过滤系统已安装的所有 rpm 软件
httpd-manual-2.2.15-5.el6.noarch
httpd-2.2.15-5.el6.i686
httpd-tools-2.2.15-5.el6.i686
```

【示例 13.2】　安装 rpm 软件包。完整的 Linux 安装光盘一般包括了整套系统自带的 rpm 软件包，可以挂载光盘并安装某个软件包。有关光盘挂载的方法请参见实训 8 中关于 mount 命令的相关示例。假设当前已将 RHEL 6.0 系统的安装光盘挂载在"/mnt/cdrom"目录下，进入光盘的 Packages 目录，里面存放了所有系统提供的 rpm 软件包。以安装网络探测工具软件 nmap 为例：

```
[ root@ localhost Packages]# rpm -q nmap         <==确认并没有安装 nmap 软件
package nmap is not installed
[ root@ localhost Packages]# ls | grep nmap       <==查找所要安装 rpm 包
nmap-5.21-3.el6.i686.rpm
[ root@ localhost Packages]# rpm -ivh nmap-5.21-3.el6.i686.rpm    #开始安装
warning: nmap-5.21-3.el6.i686.rpm: Header V3 RSA/SHA256 Signature, key ID fd431d51: NOKEY
Preparing...                           ####################[ 100% ]
   1: nmap                             ####################[ 100% ]
```

【示例 13.3】 利用 rpm 软件包升级软件。可以通过后面介绍的 yum 服务在线升级软件，也可以直接找到更高版本的 rpm 软件包进行软件升级。一般来说较为流行的自由软件会有自己的官方网站，如 nmap 的官网为"https://nmap.org/"，它能提供软件的最新版本，可以通过如下方式升级软件：

```
[ root@ localhost ~] # rpm -vhU https://nmap.org/dist/nmap-6.46-1.i386.rpm
Retrieving https://nmap.org/dist/nmap-6.46-1.i386.rpm
Preparing...                    ####################[ 100% ]
    1: nmap                     ####################[ 100% ]
[ root@ localhost ~] # rpm -q nmap            <==确认软件正确安装
nmap-6.46-1.i386
```

由于是直接通过网络安装，因此 rpm 命令执行时需要等待文件下载完毕才开始安装。当然也可以从"https://nmap.org/dist/"处先下载 rpm 软件包文件然后在本地升级。也可以通过一些第三方网站，如"http://rpmfind.net/"等找到所需的 rpm 软件包。

【示例 13.4】 验证软件是否有改动过。这里作为测试利用 touch 命令改变了 nmap 程序的修改时间（ Modified Time）。

```
[ root@ localhost ~] # rpm -V nmap              <==软件没有改动过的话不返回任何信息
[ root@ localhost ~] # which nmap
/usr/bin/nmap
[ root@ localhost ~] # touch /usr/bin/nmap
[ root@ localhost ~] # rpm -V nmap              <==软件发生了变化
.......T.     /usr/bin/nmap
```

如果软件被改动过，rpm 管理器将会返回改动的标志信息，总共有 8 种标志。

S(file Size differs)：文件大小发生改变。

M(Mode differs)：文件访问权限或类型发生改变。

5(MD5 sum differs)：文件内容发生改变，以致文件的 MD5 校验码发生改变。

D(Device major/minor number mismatch)：设备的主次编号发生改变。

L(readLink(2) path mismatch)：符号链接的指向发生改变。

U(User ownership differs)：软件的用户归属关系发生改变。

G(Group ownership differs)：软件的组群归属关系发生改变。

T(mTime differs)：文件的修改时间（ Modified Time）发生改变。

P(caPabilities differ)：软件执行的权限发生改变。

可以加上"-f"选项去验证一些重要的系统文件是否又被改动过：

```
[ root@ localhost ~] # rpm -Vf /etc/crontab
S.5....T.   c /etc/crontab          <== 留意这个文件类型标志
```

标志信息与文件名之间有一个文件类型标志，它被定义如下。

c(configuration)：配置文件。

d(documentation)：文档。

g(ghost)：不被任何软件包含的文件。

l(license)：授权文件。

r(readme)：自述文件。

3. rpm 数字签名

从上面安装和更新软件的示例可以知道,实际上可以从各种渠道获取 rpm 软件包并进行安装,然而这样无法保证 rpm 软件包没有被恶意篡改过。为了解决上述问题,Linux 软件发行方可以在软件包中加入数字签名(Digital Signature),也即关于该 rpm 软件包的一个独一无二的数字标识,而用户需要根据发行方所提供的公钥对 rpm 软件包的数字签名进行验证,就可确定自己拿到的 rpm 软件包是否即为发行方所提供的 rpm 软件包。

为实现 rpm 数字签名认证,每个 Linux 发行版本都会提供自己的公钥文件,例如在 RHEL 系统中,公钥(public key)文件存放在"/etc/pki/rpm-gpg/"目录：

```
[root@localhost ~]# ls  /etc/pki/rpm-gpg/
RPM-GPG-KEY-redhat-beta              RPM-GPG-KEY-redhat-legacy-release
RPM-GPG-KEY-redhat-release
RPM-GPG-KEY-redhat-legacy-former     RPM-GPG-KEY-redhat-legacy-rhx
```

可以查看其中一些公钥文件的内容：

```
[root@localhost ~]# cat /etc/pki/rpm-gpg/RPM-GPG-KEY-redhat-release
The following public key can be used to verify RPM packages built and
signed by Red Hat, Inc.   This key is used for packages in Red Hat
products shipped after November 2009, and for all updates to those
products.

Questions about this key should be sent to security@redhat.com.

pub   4096R/FD431D51 2009-10-22 Red Hat, Inc.  (release key 2) <security@redhat.com>

-----BEGIN PGP PUBLIC KEY BLOCK-----
Version: GnuPG v1.2.6 (GNU/Linux)
(省略部分显示结果)
```

这些公钥是使用 GPG(GNU Privacy Guard,GNU 项目的一部分)软件所生成并由 Redhat 公司发布。当需要验证由 Red hat 公司发行的 rpm 软件包,就需要引入如下公钥：

```
[root@localhost ~]# rpm --import /etc/pki/rpm-gpg/RPM-GPG-KEY-redhat-release
```

同理,当需要使用其他 Linux 发行方(如 CentOS 的发行方)所提供的软件时,就要引入对应于该发行方的公钥。当引入某个公钥文件后,系统将安装以"pgp-pubkey-…"命名的 rpm 软件,因此能够通过 rpm 命令查询到该公钥文件。

【示例 13.5】 查询系统当前所安装的公钥。系统中可能有多个 Linux 发行方所提供的公钥文件。

```
[ root@ localhost ~] # rpm -qa|grep pubkey
gpg-pubkey-2fa658e0-45700c69
gpg-pubkey-c105b9de-4e0fd3a3
gpg-pubkey-fd431d51-4ae0493b
[ root@ localhost ~] # rpm -qi gpg-pubkey-fd431d51-4ae0493b
Name          : gpg-pubkey                    Relocations:  ( not relocatable)
(省略部分显示结果)
Signature     : ( none)
Summary       : gpg( Red Hat, Inc. ( release key 2) < security@ redhat. com >)
Description :
-----BEGIN PGP PUBLIC KEY BLOCK-----
Version: rpm-4. 8. 0 ( NSS-3)
(省略部分显示结果)
```

【示例 13.6】 检查 rpm 软件包的签名。对 RHEL 安装光盘中的 rpm 软件包进行签名检查,以 nmap 软件为例,注意当前位置是 RHEL 安装光盘挂载点中的 Packages 目录:

```
[ root@ localhost Packages] # pwd
/mnt/cdrom/Packages
[ root@ localhost Packages] # rpm -K nmap-5. 21-3. el6. i686. rpm
nmap-5. 21-3. el6. i686. rpm: rsa sha1 ( md5) pgp md5 OK     < == 检查通过
```

13.2.3 使用 yum 服务

1. yum 服务简介

如前所述,使用软件包安装方式的一个最大的问题在于用户难于解决软件包之间的依赖关系问题。如果软件 A 的安装需要依赖于软件 B_1-B_n 先安装,而软件 B_1 又依赖于软件 C_{11}-C_{1k},这样递推下去就会形成一个树状的依赖关系结构,对于用户来说要分析和解决这种复杂的结构关系十分耗时耗力也没有必要,更何况实际中软件包依赖关系问题比上述例子甚至更为复杂。为此,许多 Linux 发行版本提供了在线软件安装与维护服务,RHEL 系统使用的是一种称为 yum 的在线服务,该项服务需要 yum 客户端(即 yum 命令)通过访问互联网中的 yum 服务器,获取软件的依赖关系列表,然后据此从服务器下载软件并进行安装和维护。

“/etc/yum. conf”文件是 yum 客户端使用 yum 服务的全局配置文件,它的内容如下。

```
[ root@ localhost ~] # cat /etc/yum. conf
[ main]
cachedir = /var/cache/yum/$basearch/$releasever    #yum 缓存所在位置
keepcache = 0                                        #是否保存缓存,1 为保存,0 不保存
debuglevel = 2                                       #调试级别
logfile = /var/log/yum. log                          #日志位置
exactarch = 1                                        #是否允许使用不同硬件架构的 RPM 包
obsoletes = 1                                        #是否允许更新至旧的版本
gpgcheck = 1                                         #是否检查 rpm 软件包的数字签名
```

```
plugins = 1                    #是否允许使用插件,0 为禁用
installonly_limit = 3          #最大同时可安装软件数目,0 为禁用该项设置
（省略部分显示结果）
```

2. 配置客户端连接 yum 容器

在 yum 服务中,存储软件及其之间依赖性关系元数据的位置称为 yum 容器(Repository, 也称为 yum 源或 yum 仓库),yum 容器可以位于网络上的某个服务器中,也可以位于本地。 yum 客户端要使用某个 yum 服务,就需要在本地"/etc/yum. repos. d/"目录下通过. repo 文件记录对应的 yum 容器的基本信息。"/etc/yum. repos. d/"目录中的每个. repo 文件均记录了对应于某个 yum 服务器所提供的 yum 容器的配置信息,yum 客户端正是根据这些配置信息找到 yum 服务的。

当安装 RHEL 后,默认已经有 Red hat 公司所提供的 yum 服务,该服务属于商业性质, 要求客户安装的 RHEL 系统必须在 RHN(RedHat Network,红帽网络)中注册。除使用 RHN 提供的 yum 服务之外,也可以通过往"/etc/yum. repos. d/"目录加入新的. repo 文件,告诉软件包管理器连接网络上的第三方 yum 容器,或者利用 RHEL 的安装光盘制作本地 yum 容器。此外,可以修改"/etc/yum/pluginconf. d/"目录中的配置文件 rhnplugin. conf,禁用 RHN 服务插件,修改如下:

```
[root@ localhost pluginconf. d] # cat rhnplugin. conf
[main]
cnabled = 0                 #设置为 0
```

下面举例说明如何配置连接第三方 yum 容器和本地 yum 容器。

【示例 13.7】 配置使用第三方 yum 容器。这里选择使用国内网易公司提供的关于 CentOS 的 yum 镜像服务器,首先从"http://mirrors. 163. com/. help/centos. html"处下载 yum 容器的. repo 文件,此处选择 CentOS6(与 RHEL6 对应)的 yum 容器配置文件"CentOS6-Base-163. repo"。然后通过 gedit 或 vim 等编辑器打开该文件,将所有$releasever 替换为"6",文件内容部分显示如下:

```
[root@ localhost ~] # cat /etc/yum. repos. d/CentOS6-Base-163. repo
（省略部分显示结果）
[base]
name = CentOS-6 - Base - 163. com
baseurl = http://mirrors. 163. com/centos/6/os/$basearch/
#mirrorlist = http://mirrorlist. centos. org/?release = 6&arch = $basearch&repo = os
gpgcheck = 1
gpgkey = http://mirror. centos. org/centos/RPM-GPG-KEY-CentOS-6
（省略部分显示结果）
```

为避免配置文件之间产生冲突,可将/etc/yum. repos. d 中已有的. repo 文件备份转移到其他地方后,然后将修改好的文件"CentOS6-Base-163. repo"复制至"/etc/yum. repos. d",清除并

重新生成 yum 缓存:

```
[ root@ localhost ~]# cd /etc/yum. repos. d/
[ root@ localhost yum. repos. d] # ls                    <== 其他.repo 文件先转移到别的地方
CentOS6-Base-163. repo
[ root@ localhost yum. repos. d] # yum clean all          <== 清除 yum 缓存
Loaded plugins: refresh-packagekit
Cleaning up Everything
[ root@ localhost yum. repos. d] # yum makecache          <== 重新生成 yum 缓存
Loaded plugins: refresh-packagekit
base                                          | 3.7KB      00:00
base/group_gz                                 | 214KB      00:33
base/filelists_db                             | 5.2MB      00:21
base/primary_db                               | 3.6MB      00:14
(省略部分显示结果)
Metadata Cache Created
```

【示例13.8】 配置使用本地 yum 容器。首先需要挂载 RHEL 的安装光盘,具体方法可参见实训 8 中关于 mount 命令的示例。假设当前已将光盘挂载在"/mnt/cdrom",在"/etc/yum. repos. d/"中创建文件 local. repo,内容如下:

```
[ root@ localhost ~]# cat /etc/yum. repos. d/local. repo
[ local]
name = local
baseurl = file: ///mnt/cdrom/Server
gpgcheck = 1
gpgkey = file: ///mnt/cdrom/RPM-GPG-KEY-redhat-release
enabled = 1
```

然后清除并重新生成 yum 缓存,从结果可知,同时使用了两个 yum 源(163. com 的 CentOS 源和本地的源)。

```
[ root@ localhost ~]# yum clean all
Loaded plugins: refresh-packagekit, rhnplugin
Cleaning up Everything
[ root@ localhost ~]# yum makecache
(省略部分显示结果)
local                                         | 3.7KB      00:00 ...
local/filelists_db                            | 3.0MB      00:00 ...
local/primary_db                              | 2.3MB      00:00 ...
local/other_db                                | 1.1MB      00:00 ...
local/group_gz                                | 190KB      00:00 ...
(省略部分显示结果)
Metadata Cache Created
[ root@ localhost ~]# yum repolist   all                  <== 列出当前所有的容器
(省略部分显示结果)
```

软件安装与维护

repo id	repo name	status
base	CentOS-6 - Base - 163.com	enabled: 4,968
centosplus	CentOS-6 - Plus - 163.com	disabled
contrib	CentOS-6 - Contrib - 163.com	disabled
extras	CentOS-6 - Extras - 163.com	enabled: 39
local	**local**	**enabled: 2,646**
updates	CentOS-6 - Updates - 163.com	enabled: 344
repolist: 7,997		

从以上两个示例可以知道,配置连接某个 yum 容器关键在于设置好"/etc/yum.d"目录中的.repo 文件。以上述示例中的 local.repo 文件为例,里面包括了一个最为基本的 yum 容器的配置信息。

(1) [local]:.repo 文件分为若干节,每一节属于某一个 yum 容器。[local]标记了关于 local 这个 yum 容器的配置信息起始位置。

(2) name = local:yum 容器的全名。

(3) baseurl = file:///mnt/cdrom/Server:baseurl 记录了 yum 容器的所在位置。如果 yum 容器位于本地,则需要以"file://绝对路径"表达 yum 容器的位置,如果位于互联网,则需要给出具体的网址(参考 CentOS6-Base-163.repo 文件的内容)。

(4) gpgcheck = 1:是否检查 rpm 软件包的数字签名。

(5) gpgkey = file:///mnt/cdrom/RPM-GPG-KEY-redhat-release:用于验证 rpm 软件包数字签名的公钥文件存放位置。注意不同的发行版本存放的位置会有所不同。也可以使用系统存放公钥文件的位置或者某个具体存放公钥文件的网址(参考 CentOS6-Base-163.repo 文件的内容)。

(6) enabled = 1:该容器是否启用,如果不启用则设置 enabled 的值为 0。

理解了上述一些基本设置参数的含义就能够在以后根据自己的需要自行修改.repo 文件,灵活配置连接 yum 容器。

3. 在线软件安装和更新

yum 命令是一个基于 rpm 的软件包在线管理器。用户使用 yum 命令能实现自动安装、更新或删除 rpm 软件。与 fdisk 等工具类似,yum 命令内置了一组操作命令,部分重要的命令列举如下。

(1) install [软件名列表]:安装列表中的软件包。

(2) update [软件包列表]:更新列表中的软件包。如果 update 命令不加任何参数,那么将会更新所有的已安装软件。如果加入选项"--obsoletes"(也即在"/etc/yum.conf"中设置"obsoletes = 1")则允许安装更低版本软件包。

(3) remove [软件名列表]:移除列表中的软件包。

(4) list [软件名列表]:列出可用软件包的各种信息。

(5) info [软件名列表]:显示可用软件包的描述和总体信息。

(6) provides [特征]:找出所有符合特征信息的软件包。

(7) clean:清除 yum 缓存,一般可以使用 all 参数以清除所有的缓存。

(8) makecache:重新生成 yum 缓存。

（9）repolist：列出当前所有的容器。

【示例13.9】 显示 gcc 编译器的描述信息。

```
[ root@ localhost ~]# yum info gcc
Loaded plugins: refresh-packagekit
Installed Packages              <==已安装的软件包
Name         : gcc
Arch         : i686
Version      : 4.4.4              <==显示安装的软件版本号
Release      : 13. el6
Size         : 15M
Repo         : installed
From repo    : anaconda-RedHatEnterpriseLinux-201009221732. i386
Summary      : Various compilers ( C, C ++, Objective-C, Java, …)
URL          : http: // gcc. gnu. org
License      : GPLv3 + and GPLv3 + with exceptions and GPLv2 + with exceptions
Description  : The gcc package contains the GNU Compiler Collection version 4.4.
             : You'll need this package in order to compile C code.

Available Packages              <==可以获取的软件包
Name         : gcc
Arch         : i686
Version      : 4.4.7              <==更高的版本号
Release      : 16. el6
Size         : 8.2M
Repo         : base              <==从哪个容器中获取
Summary      : Various compilers ( C, C ++, Objective-C, Java, …)
URL          : http: // gcc. gnu. org
License      : GPLv3 + and GPLv3 + with exceptions and GPLv2 + with exceptions
Description  : The gcc package contains the GNU Compiler Collection version 4.4.
             : You'll need this package in order to compile C code.
```

【示例13.10】 更新 gcc 编译器。注意由于各种原因，yum 软件包管理器可能在连接某个 yum 服务器时会出现失败，这时需要多次尝试直至软件更新完成。

```
[ root@ localhost ~]# yum update gcc
Loaded plugins: refresh-packagekit
Setting up Update Process
Resolving Dependencies
--> Running transaction check
--> Processing Dependency: gcc =4.4.4-13. el6 for package: gcc-c ++-4.4.4-13. el6. i686
--> Processing Dependency: gcc =4.4.4-13. el6 for package: gcc-gfortran-4.4. 4-13. el6. i686
---> Package gcc. i686 0:4.4.7-16. el6 set to be updated
(省略部分显示结果，以下显示依赖关系的分析结果)
Dependencies Resolved
```

231

实
训
13

```
========================================================================
Package          Arch          Version          Repository       Size
========================================================================
Updating:
gcc              i686          4. 4. 7-16. el6    base             8. 2 M
Updating for dependencies:
cpp              i686          4. 4. 7-16. el6    base             3. 4 M
gcc-c ++         i686          4. 4. 7-16. el6    base             4. 3 M
(省略部分显示结果)
Transaction Summary
========================================================================
Instal          0 Package( s)
Upgrade         9 Package( s)

Total size: 22 M
Total download size: 3. 4 M     <==本示例实际经过了两次安装,第二次下载只需 3.4MB
Is this ok [ y/N]: y
Downloading Packages:           <==开始下载所需 rpm 软件包
(安装过程的显示结果略)
Complete!
```

13.2.4 编译源代码与软件安装

Linux 使用了大量的自由软件。根据公共通用许可证(GPL)的规定,遵循 GPL 的自由软件必须开放其源代码,任何人都可以充分利用自由软件已有的源代码,自由地修改代码和重新发布新软件。正因为如此,尽管在 Linux 中基于 rpm 等形式的软件包安装以及在线软件安装十分普遍,然而直接编译源代码同样是一种获取和安装软件的重要途径。通过编译软件源代码,能够得到软件的可执行的二进制文件。

以编译源代码的方式获取软件的优势在于能够获取官方发行的最新版本的软件,相比之下由于软件发行方制作 rpm 软件包以及提供 yum 安装服务需要一定的时间,因而未必能通过安装 rpm 软件包或使用 yum 服务得到软件的最新版本。而且,有不少专业类软件由于使用范围较小,没有提供相应的 rpm 软件包,以编译源代码的方式获取软件便成了用户唯一的选择。

1. gcc 编译器

Linux 中编译源代码的重要工具之一是 gcc 编译器。gcc 编译器提供了对 C 或者 C++ 源代码进行预处理、编译、汇编和连接的功能。用户需要通过执行 gcc 命令来使用 gcc 编译器。下面介绍关于 gcc 命令的定义和使用方法。

gcc 命令的格式如下:

```
gcc  [选项]  输入文件
```

重要选项:

-o(output):该选项后面需要设置输出文件路径参数,如果不使用该选项,那么默认将在当前目录输出文件 a. out。

-c(complie)：只对源代码进行预处理、编译和汇编，不进行连接，也即只生成目标文件（.o 文件）。

-I(include)：该选项后面需要设置目录参数，编译器将会从该目录中查找是否有所需的头文件(.h 文件)。

【示例13.11】 编写并编译"Hello world"程序。这里首先需要检查 gcc 编译器是否已经正确安装，可以利用 yum 在线服务检查 gcc 编译器的安装情况，具体方法可见前面的示例。然后需要利用 vim 或 gedit 等编辑器新建文件 hello. c 并编写一个最简单的"Hello world"程序：

```
[ root@ localhost ~]# cat hello. c
#include < stdio. h >
void main()
{
    printf( "hello world\n");
}
[ root@ localhost ~]# gcc -o hello hello. c        <==编译生成 hello 二进制文件
[ root@ localhost ~]# ./hello
hello world
```

如果只需要编译源代码生成目标文件而非二进制可执行文件，那么需要使用"-c"选项：

```
[ root@ localhost ~]# gcc -c hello. c
[ root@ localhost ~]# ls -l hello. o
-rw-r--r--. 1 root root 852 10 月 14 21:15 hello. o
```

2. 大型程序的编译

如果程序的源代码仅仅是一个 c 文件，那么直接使用 gcc 编译器即可完成编译工作。然而对于大型程序的源代码，其中包括了众多源代码文件(.c 和.h 文件)，它们之间存在某种依赖关系，在编译上也需要有一定的先后次序才能正确构建程序。make 命令的作用在于在编译多个代码文件时确定它们之间的编译顺序。在使用 make 命令时，用户提供 makefile 文件供 make 命令读取，从而确定源代码文件之间的依赖关系和构建规则。这一点对于编译大型程序来说尤其重要。下面结合示例探讨 make 命令与 makefile 文件在编译大型程序时的作用。

【示例13.12】 首先需要创建两个头文件(world1. h 和 world2. h)、3 个 c 文件(main. c、hello1. c、hello2. c)，代码如下：

```
[ root@ localhost makehello]# cat main. c        <==注意相关源代码在目录 makehello 中
#include "world1. h"
#include "world2. h"

void main()
{
    hello1();
    hello2();
```

233

实训

13

```
}
[ root@ localhost makehello] # cat world1. h
void hello1();
[ root@ localhost makehello] # cat world2. h
void hello2();
[ root@ localhost makehello] # cat hello1. c
#include "world1. h"
#include < stdio. h >
void hello1()
{
    printf( "hello world1 \n");
}
[ root@ localhost makehello] # cat hello2. c
#include "world2. h"
#include < stdio. h >
void hello2()
{
    printf( "hello world2 \n");
}
```

分析上述示例源代码可知,首先需要编译 main. c、hello1. c 和 hello2. c 并分别得到 main. o、hello1. o 和 hello2. o 3 个目标文件,才能通过连接这 3 个目标文件得到程序 makehello。因此编译以上代码可按如下次序执行编译命令:

```
[ root@ localhost makehello] # gcc -c main. c
[ root@ localhost makehello] # gcc -c hello1. c
[ root@ localhost makehello] # gcc -c hello2. c
[ root@ localhost makehello] # gcc -o makehello main. o hello1. o hello2. o
[ root@ localhost makehello] # ./makehello
hello world1
hello world2
```

如果将以上源代码文件之间的依赖关系表达在 makefile 文件中,可以得到如下 makefile 文件:

```
[ root@ localhost makehello] # cat makefile
makehello:  main. o hello1. o hello2. o
    gcc -o makehello main. o hello1. o hello2. o
hello1. o:  hello1. c world1. h
    gcc -c hello1. c
hello2. o:  hello2. c world2. h
    gcc -c hello2. c
main. o:  main. c world1. h world2. h
    gcc -c main. c
```

然后清除已有的目标文件并使用 make 命令重新生成 makehello 程序:

```
[ root@ localhost makehello] # rm -f main. o hello1. o hello2. o        <==需要清除原有的目标文件
[ root@ localhost makehello] # make                                      <==然后重新构建 makehello
gcc -c main. c
gcc -c hello1. c
gcc -c hello2. c
gcc -o makehello main. o hello1. o hello2. o
[ root@ localhost makehello] # ./makehello
hello world1
hello world2
```

由此可见,make 命令将会根据 makefile 文件中所设定的构建规则编译并连接命令。不仅如此,当对其中某个文件如 world1. h 进行改动后,make 命令会根据 makefile 文件对依赖于 world1. h 这个头文件的两个目标文件 main. o 和 hello1. o 进行重新编译,而 hello2. o 是无须重新编译的:

```
[ root@ localhost makehello] # touch world1. h
[ root@ localhost makehello] # make
gcc -c main. c
gcc -c hello1. c
gcc -o makehello main. o hello1. o hello2. o
```

由此可见,make 命令与 makefile 文件是编译具有复杂依赖关系的源代码文件的重要工具。

不仅如此,利用 make 命令与 makefile 文件还能在完成源代码编译之后实现程序的安装以及一系列的系统配置工作。它让以编译源代码方式安装软件变得相对简单且可靠。

3. make 命令与 makefile 文件

下面介绍 make 命令的基本定义与 makefile 文件的基本编写方法。注意需要利用 yum 服务或 rpm 软件包管理器检查 make 命令是否已安装,否则需参考 gcc 命令的安装示例自行安装该软件。

命令名:make。

功能:自动确定源代码的编译部分并执行对应的编译命令。

格式:

```
make      [选项]    [目标]
```

重要选项:

-f(file):该选项后面需给出文件路径参数用于指定一个文件作为 makefile。如果不使用该选项,make 命令默认在当前目录查找并读取 makefile 文件。

-I(include):该选项后面需要给出目录路径参数用于指定一个包含了 makefile 文件的目录。

从之前的示例可知,make 命令是依据 makefile 文件中的内容对源代码进行编译的。因此如何阅读和编写 makefile 文件是利用好 make 命令的关键。makefile 文件由一组规则所构成,每条规则的定义格式如下:

```
目标: 相关文件列表
制表符(Tab 键)    执行命令
```

注意目标中的"相关文件列表"以空格分隔各文件名称,它可以是关于该目标的一些源代码文件、生成的程序文件等,或者是连接并输出可执行文件时所依赖的目标文件,前者可以忽略但目标文件列表是不可忽略的。这是因为 make 命令要根据目标文件列表自动分析编译次序,例如对于目标 makehello:

```
makehello: main. o hello1. o hello2. o
    gcc -o makehello main. o hello1. o hello2. o
```

它的执行需要 main. o 等 3 个目标文件,make 命令据此将会转移执行 main. o 等相关目标,然后再执行该目标。

【示例 13.13】 往 makefile 文件加入新目标。在上一示例的源代码及 makefile 文件的基础上,往 makefile 文件最后加入关于新目标 clean 的内容,此目标所要执行的工作也即是在上一示例中执行 make 命令前所做的清理目标文件的工作:

```
clean:
    rm -f main. o hello1. o hello2. o
```

然后执行 make 命令:

```
[ root@ localhost makehello] # make clean          <== 执行目标 clean
rm -f main. o hello1. o hello2. o
[ root@ localhost makehello] # make main. o        <== 执行目标 main. o
gcc -c main. c
[ root@ localhost makehello] # make                <== make 只需完成剩余目标便可创建程序
gcc -c hello1. c
gcc -c hello2. c
gcc -o makehello main. o hello1. o hello2. o
```

如前所述,利用 make 命令能够实现编译所得软件的自动安装,这时需要在 makefile 文件中加入相关的目标。

【示例 13.14】 利用 make 命令安装软件。往 makehello 程序的 makefile 文件中加入如下目标:

```
install:
    @ cp makehello /usr/local/bin
    @ echo "install finish. "
```

其中符号@表示 make 在执行后面的命令时不输出命令内容。重新执行 make 命令,可发现 makehello 已经安装在系统中。

```
[root@ localhost hellodir]# make clean
rm -f main. o hello1. o hello2. o
[root@ localhost hellodir]# make
gcc -c main. c
gcc -c hello1. c
gcc -c hello2. c
gcc -o makehello main. o hello1. o hello2. o
[root@ localhost makehello]# make install
install finish.
[root@ localhost hellodir]# which makehello            <== makehello 已经安装在系统中
/usr/local/bin/makehello
```

默认情况下,make 命令只执行 makefile 中的第一个目标。通过内置定义的目标 all,可以指定 make 命令所要执行的最终目标。例如,可以将上述关于 makehello 程序的 makefile 文件修改为:

```
[root@ localhost makehello]# cat makefile
all: makehello install clean
hello1. o: hello1. c world1. h
    gcc -c hello1. c
hello2. o: hello2. c world2. h
    gcc -c hello2. c
main. o: main. c world1. h world2. h
    gcc -c main. c
makehello: main. o hello1. o hello2. o
    gcc -o makehello main. o hello1. o hello2. o
clean:
    @ rm -f main. o hello1. o hello2. o
    @ echo "clear all temporary files. "
install:
    @ cp makehello /usr/local/bin
    @ echo "install finish. "
```

这时只需执行 make 命令即可完成软件的源代码编译、安装和临时文件清除工作。

```
[root@ localhost makehello]# make
gcc -c main. c
gcc -c hello1. c
gcc -c hello2. c
gcc -o makehello main. o hello1. o hello2. o
install finish.
clear all temporary files.
```

此外,make 命令本身已内置了大量的规则,例如可以直接利用 make 命令对前面的 hello. c 文件进行编译并得到程序 hello:

```
[root@ localhost ~]# make hello
cc      hello. c    -o hello
```

软件安装与维护

而且 makefile 还允许定义宏,可以利用宏定义一些常量。例如,在关于程序 makehello 的 makefile 文件的开头加入宏定义:

```
INSTALLDIR = /usr/local/bin
```

引用宏 INSTALLDIR 的方法与脚本中访问某个变量的值相似,以"$(宏名称)"的形式获取宏的值,例如将 makefile 中的目标 install 改为:

```
install:
    @ cp makehello $( INSTALLDIR)
    @ echo "install finish in" $( INSTALLDIR)
```

便可使用到宏 INSTALLDIR 的值。

13.3　综合实训案例

案例 13.1　制定软件验证的周期性作业

定期进行软件验证,查看软件以及重要的系统配置文件是否存在安全方面的问题是系统日常维护的一个重要工作。该项工作显然具有周期作业性质。本案例将演示如何制定关于软件验证的周期性作业。

前面介绍了验证系统中已安装的 rpm 软件包的方法,如果需要对所有已安装软件及相关文件进行验证,可以使用如下命令:

```
[ root@ localhost ~]# rpm -Va
```

该命令将会全面检查系统所有软件并得出相关检查结果。然而该命令在执行时将会占用大量的硬件资源。因此,需要制订一个合理的作业计划,安排检查任务在一个系统并不繁忙的时间执行。另外,可以编写脚本,将检查发现的特定问题通过邮件及时告知 root 用户。下面介绍操作步骤。

第 1 步,编写作业脚本。脚本名为 rpmVerify. sh,代码如下:

```
#!/bin/sh

rpm -Va > /tmp/rpmVResult                    #将检查结果保存在/tmp 目录

cat /tmp/rpmVResult | while read line
do
    i = `expr index "$line" 5`               #判断每一行结果的第三个标志是否为5
    if [ $i -eq 3 ]; then                    #如果是则说明该文件的 MD5 值被改变过
        echo $line >> /tmp/rpmVResult_md5
    fi
done
```

```
if [ -e /tmp/rpmVResult_md5 ]; then
    mail root < /tmp/rpmVResult_md5          #将检查结果发邮件告知 root
    rm -f /tmp/rpmVResult_md5                #最后将临时文件删去
fi
```

注意上述代码中,cat 命令利用管道将临时文件的内容传送给 while 语句,然后每次读取一行记录后存于变量 line 中。while 循环中的 expr 命令用于字符串运算,由于关于 MD5 码的检查标志 5 固定在第三位中,因此如果在每一行的检查结果中找到标志 5 在第三位则说明对应的软件被修改过,我们把这些重要的信息汇集发信给 root。

第 2 步,设定脚本的执行周期。设定在每周一零时开始执行脚本 rpmVerify. sh。在 /etc/crontab 文件中加入如下设置:

```
0 0 ** 1 root /root/cron/rpmVerify. sh
```

第 3 步,检查作业是否启动。可调整系统时间测试作业是否按时执行,检查 crond 的日志:

```
[ root@ localhost ~]# date
2015 年 10 月 19 日 星期一 00:05:04 CST
[ root@ localhost ~]# tail   /var/log/cron
(省略部分显示结果)
Oct 19 00:00:32 localhost CROND[3345]: (root) CMD (/root/cron/rpmVerify.sh)
```

第 4 步,查收检查结果邮件。可从邮件内容获知到作业已经成功执行完毕。

```
[ root@ localhost ~]# mail
Heirloom Mail version 12.4 7/29/08.    Type ? for help.
"/var/spool/mail/root": 146 messages 1 new
(省略部分显示结果)
> N146 root                    Mon Oct 19 00:11   54/2102
& 146
Message 146:
From root@ localhost. localdomain   Mon Oct 19 00:11:53 2015
Return-Path: < root@ localhost. localdomain >
X-Original-To:  root
Delivered-To: root@ localhost. localdomain
Date: Mon, 19 Oct 2015 00:11:53  +0800
To: root@ localhost. localdomain
User-Agent: Heirloom mailx 12.4 7/29/08
Content-Type:  text/plain; charset = us-ascii
From:  root@ localhost. localdomain ( root)
Status: R

S.5....T.  c /etc/crontab
S.5....T.  c /etc/printcap
S.5....T.  c /root/.bash_profile
(省略部分显示结果)
```

案例 13.2　tarball 软件的编译及安装

在实训 7 中介绍了使用 tar 命令和 gzip 命令对一组文件进行打包和压缩并形成一个归档压缩文件。tarball 软件就是指自由软件开发者将整套软件的文件集合通过 tar 命令以及诸如 gzip 或 bzip2 等工具打包并压缩成为一个相对较小而便于发行的文件,对应的 tarball 文件的后缀名为 .tgz 或 .tar.bz2。事实上,如果把之前关于 make 命令的示例程序 makehello 的相关源代码通过 tar 命令和 gzip 命令压缩并打包后,所得文件也即是一个没有实际功能的 tarball 软件。

显然 tarball 软件需要经过编译和安装后才可以开始使用。本案例将以著名的网络安全扫描软件 nmap 为例演示如何编译和安装 tarball 软件,而在本实训的前面内容已介绍过关于 nmap 软件的 rpm 软件包安装方法。

第 1 步,从 nmap 网站中下载 tarball 软件。从网址"https://nmap.org/download.html"能够下载到 nmap 的最新版 tarball 文件,在撰写本书时当前最新版本为 nmap-6.49BETA5,练习时可根据实际选择最新版本下载。这里选择下载 nmap-6.49BETA5.tgz 文件,存放下载文件的位置是"/root/nmap"(自行创建该目录)。

第 2 步,对文件 nmap-6.49BETA5.tgz 解压并还原为源代码文件集。

```
[root@ localhost nmap]# tar -zxvf nmap-6.49BETA5.tgz
(省略部分显示结果)
nmap-6.49BETA5/docs/nmap.xsl
nmap-6.49BETA5/docs/nmap_gpgkeys.txt
nmap-6.49BETA5/portlist.cc
nmap-6.49BETA5/services.cc
nmap-6.49BETA5/targets.h
[root@ localhost nmap]# ls
nmap-6.49BETA5    nmap-6.49BETA5.tgz
```

执行 tar 命令后,tarball 文件将被解压并还原文件集于当前目录下的子目录 nmap-6.49BETA5,里面即包含有整套源代码:

```
[root@ localhost nmap]# cd nmap-6.49BETA5
[root@ localhost nmap-6.49BETA5]# ls
acinclude.m4      nmap_error.cc      nsock
aclocal.m4        nmap_error.h       osscan2.cc
BSDmakefile       nmap_ftp.cc        osscan2.h
(省略部分显示结果)
```

第 3 步,阅读 README 文件。实际上未必所有 tarball 软件都会提供 README 文件,例如 nmap 本身有自己的官方网站,里面有详细的软件介绍和安装指引,因此也没有配 README 文件。

第 4 步,执行 configure 脚本。由于每个安装用户所使用的系统环境均有所不同,因此 configure 脚本的作用是检查系统安装环境并且创建对应的 Makefile 等文件。

```
[ root@ localhost nmap-6.49BETA5] # ./configure
checking whether NLS is requested... yes
checking build system type... i686-pc-linux-gnu
checking host system type... i686-pc-linux-gnu
checking for gcc... gcc
(省略部分显示结果)
configure: creating ./config.status
config.status: creating Makefile
config.status: creating config.h
(省略部分显示结果,此处应显示一个图案代表配置过程成功完成)
    NMAP IS A POWERFUL TOOL -- USE CAREFULLY AND RESPONSIBLY
Configuration complete.    Type make ( or gmake on some *BSD machines) to compile.
```

第5步,使用make命令编译软件源代码。

```
[ root@ localhost nmap-6.49BETA5] # make
(省略部分显示结果)
Nping compiled successfully!
make[3]: Leaving directory '/root/nmap/nmap-6.49BETA5/nping'
make[2]: Leaving directory '/root/nmap/nmap-6.49BETA5/nping'
make[1]: Leaving directory '/root/nmap/nmap-6.49BETA5'
```

第6步,安装软件。安装软件一般需要执行 install 目标,具体需要参考安装指引
(README 文件)。

```
[ root@ localhost nmap-6.49BETA5] # make install
/usr/bin/install -c -d /usr/local/bin /usr/local/share/man/man1 /usr/local/share/nmap
/usr/bin/install -c -c -m 755 nmap /usr/local/bin/nmap
/usr/bin/strip -x /usr/local/bin/nmap
(省略部分显示结果)
NPING SUCCESSFULLY INSTALLED
make[1]: Leaving directory '/root/nmap/nmap-6.49BETA5/nping'
NMAP SUCCESSFULLY INSTALLED
```

第7步,检查软件安装版本。注意如果之前已经使用 rpm 软件包或 yum 服务安装了
nmap,当前的安装将会覆盖之前已安装的软件,但由于是以编译源代码的方式安装 nmap,
rpm 数据库未有更新,因此使用 rpm -qi nmap 命令将会显示 nmap 的旧版本信息。查询最新
安装版本状态可使用如下命令:

```
[ root@ localhost nmap-6.49BETA5] # nmap -V

Nmap version 6.49BETA5 ( https://nmap.org)
Platform: i686-pc-linux-gnu
Compiled with: nmap-liblua-5.2.3 openssl-1.0.1e nmap-libpcre-7.6 nmap-libpcap-1.7.3 nmap-libdnet-
1.12 ipv6
Compiled without:
Available nsock engines: epoll poll select
```

以上结果说明了 nmap 的 tarball 软件已经成功安装。

13.4　实训练习题

（1）请列出当前系统中所有与 Samba 服务有关的 rpm 软件包。

（2）请查看当前系统中是否已安装软件 httpd。

（3）请在挂载 RHEL 安装光盘后，找到 vsftpd 软件包并对其进行安装。

（4）请通过 RHEL(或其他 Linux 发行版本)的安装光盘配置本地 yum 容器。

（5）13.2.4 节给出了 makehello 程序的相关代码，请为其增加 world3.h 和 hello3.c 两个文件，文件内容与前面的 world1.h 和 hello1.c 类似。修改 main.c 及 makefile 文件，利用 make 命令重新编译和安装 makehello 程序，使得新的 makehello 程序能在屏幕上多显示一行信息"hello world3"。

网络配置基础

14.1 实 训 要 点

（1）回顾 TCP/IP 网络的基础知识。

（2）为网络接口设置 IP 地址。

（3）查看和设置主机路由。

（4）设置主机名及域名服务。

（5）查看主机中的网络连接。

（6）诊断网络是否连通。

（7）设置 IP 别名与添加新网卡。

14.2 基础实训内容

Linux 最为重要的应用之一就是为网络服务器提供一个安全而可靠的操作系统平台。在学习搭建和维护各种基于 Linux 的网络服务器之前，需要具备一定的 Linux 网络配置知识和技能。本实训主要讨论如何配置和维护 Linux 的网络功能，其中包括各种网络参数的配置、一些重要的网络配置命令和工具的使用等。在介绍每个方面的内容之前，会根据本实训的需要回顾一些关于计算机网络的基本概念。

14.2.1 网络接口

1. IP 地址概念回顾

把连接在网络中的计算机及相关设备称为主机（Host），把运行 Windows 或 Linux 系统的主机分别简称 Windows 主机和 Linux 主机。IP 地址是 TCP/IP 网络中用于识别主机的唯一地址，可分为 IPv4 地址和 IPv6 地址两种。传统的 IPv4 地址更为常用，它由 32 个 0 或 1 的数字构成，每 8 位以十进制数字（0~255）表示并通过点号分隔。例如，在前面实训所使用的 IP 地址 192.168.2.5 等属于 IPv4 地址，在本书中，如果没有特别说明，所使用和讨论的 IP 地址均为 IPv4 地址。每个 IP 地址实际分配给某个网络接口，如以太网卡接口、无线网卡接口等，因此一台计算机可以因为安装有多个网络接口而拥有多个 IP 地址，每个分配有 IP 地址的网络接口即被视为 TCP/IP 网络上的一个结点。

IP 地址不仅用于标识主机，同时本身也可以用于标识网络。IPv4 地址被分为 A~E 共 5 类，最为常用的是 A、B、C 3 类 IP 地址（表 14.1）。

表 14.1　A、B、C 类 IP 地址

分　类	起 始 地 址	结 束 地 址	子 网 掩 码
A	0.0.0.0	127.255.255.255	255.0.0.0(/8)
B	128.0.0.0	191.255.255.255	255.255.0.0(/16)
C	192.0.0.0	223.255.255.255	255.255.255.0(/24)

如表 14.1 所示，利用子网掩码对 IP 地址进行逻辑与运算，能够对每个 IP 地址划分为网络号(Network Number)和主机号(Host Number)两部分。例如，对于一个 C 类网络的 IP 地址，假设它的格式为"192.x.y.z"，默认子网编码为"255.255.255.0"，两者按位进行逻辑与运算后，可知"192.x.y"是网络号，而"z"则为主机号。需要注意的是，A~C 类地址划分部分区间作为私有 IP 地址，如下这些地址并不使用在互联网上。

(1) A 类：10.0.0.0~10.255.255.255。

(2) B 类：172.16.0.0~172.31.255.255。

(3) C 类：192.168.0.0~192.168.255.255。

例如在一般小型局域网中使用得最多的 IP 地址格式为"192.168.x.y"，它实际是属于私有 IP 地址，不同局域网中的计算机分配了同一个私有 IP 地址并不会引起冲突。除上述私有 IP 地址范围被保留外，还有一个称为 link-local 的 IP 地址范围(169.254.1.0~169.254.254.255)同样也被保留，主要用在当主机无法通过 DHCP 服务自动获取 IP 地址时，从上述地址范围内分配一个 IP 地址给主机。

上述 IP 地址的分类方法实际上固定了每个类别的网络所能拥有的 IP 地址。例如，按默认一个 C 类网络的子网掩码是 255.255.225.0，因此 IP 地址范围可以是 192.168.2.0~192.168.2.255，即最多拥有 256 个 IP 地址。为了更为灵活地划分网络以及避免网络划分过细，经常会采取一种称为 CIDR(Classless Inter-Domain Routing)的方法来划分子网。根据 CIDR 方法上述 C 类网络被表示为 192.168.2.0/24，即网络中的每个 IP 地址前 24 位为网络号，剩余 8 位则为主机号，而数字 24 实际对应了子网掩码 255.255.255.0 中的 24 个数字 1(表 14.1)。CIDR 打破了原来的按类别来划分网络的方法，例如上述 C 类网络可以重新划分为 192.168.2.0/23，这时网络已不再是 C 类网络，IP 地址的主机号共 9 位，因此该网络拥有 512 个 IP 地址。而如果网络被划分为 192.168.2.0/25，则该网络的 IP 地址范围是 192.168.2.0~192.168.2.127。

关于 IP 地址，还需要回顾如下概念。

(1) 网络地址：如果某 IP 地址的主机号全部为 0，则此 IP 地址表示的是对应的整个网络。例如，网络地址 192.168.2.0/24 表示的是网络号为 192.168.2 的整个网络。

(2) 环回(loopback)地址：整个 127.0.0.0/8 网络的 IP 地址都被用作环回地址，发往这些地址的信息实际将回送至本机(localhost)接收。按默认在 Linux 系统中使用的环回地址是 127.0.0.1。

(3) 广播地址：如果某 IP 地址的主机号全部为 1，则此 IP 地址是其所在网络的广播地址。发往该地址的信息实际将向网络中所有的计算机广播。例如，对应网络 192.168.2.0/24，其广播地址即为 192.168.2.255。

由网络地址和广播地址的概念可知，为某个主机分配的 IP 地址不应是网络地址或广

播地址。例如,对于网络 192.168.2.0/24 中的主机,实际能够分配的 IP 地址范围为 192.168.2.1~192.168.2.254。

2. 网络接口 lo

Linux 的网络功能直接由内核处理,网络设备并没有在/dev 目录中有对应的设备文件, 而是以网络接口(Network Interface)的形式供用户使用和管理。在内核安装了合适的设备 驱动后,对应的网络接口才可以使用。网络接口可以对应于某个物理网络设备,但也可以仅 仅是一个虚拟的网络设备,它们分别以某种方式连接计算机网络。针对本书的实验环境,下 面介绍 lo 以及 eth 这两种较为重要的网络接口,除此之外,Linux 系统还提供了 ppp、wlan 等 网络接口,分别用于提供以拨号方式连接网络和无线网络连接等网络功能。

lo 被称为本地环回接口(Local Loopback),它是一种虚拟网络设备,默认配置的 IP 地址 为 127.0.0.1。本地环回接口主要用于本地计算机的内部通信,它也经常被用于各种网络 及服务器功能的内部测试。实际上,即使在计算机无法连接其他计算机时,由于本地环回接 口的存在,仍然能够测试计算机内部的网络功能以及服务器工作是否正常。

【示例14.1】 连接本地 SSH 服务。这里首先断开了整个虚拟机的网络连接,单击 VMware 中菜单"虚拟机"→"设置"并在"虚拟机设置"对话框的硬件列表中选择"网络适配 器"选项,然后在右边的"设备状态"栏中取消勾选"已连接"项。假设虚拟机只有一个网络 适配器(如有多个则重复上述操作),原本以桥接模式连接物理网络,所配置的 IP 地址为 192.168.2.5,这时由于系统的物理网卡已经断开连接,因此用户在系统中不能连接自己的 SSH 服务器:

```
[ root@ localhost ~] # ssh root@ 192.168.2.5
ssh: connect to host 192.168.2.5 port 22: Network is unreachable
```

但是仍然可以利用 lo 网络接口测试本地的 SSH 服务。

```
[ root@ localhost ~] # ssh root@ 127.0.0.1
root@ 127.0.0.1's password:
Last login: Sat Oct  3 15:16:16 2015 from localhost.localdomain
[ root@ localhost ~] # exit
logout
Connection to 127.0.0.1 closed.
```

练习完毕后注意重新连接虚拟机中的网络适配器。

3. 网络接口 eth

网络接口 eth 用于提供以太网络(Ethernet Network)连接功能。为了连接多个网络,计 算机系统中可以添加多块以太网卡,分别连接到不同的网络上,这时就需要在 Linux 中有对 应的多个以太网络接口。以太网络接口以 eth 命名,eth0 对应于第一块以太网卡,eth1 对应 于第二块以太网卡,以此类推。这些网络接口需要分别设置不同的 IP 地址,以使它们都能 够连接到 TCP/IP 网络上。网络接口 eth0 获取 IP 地址的方式有两种:静态(Static)分配和 由网络中的 DHCP 服务器分配。例如,在综合实训案例 1.3 中,分别通过桥接模式和 NAT 模式使虚拟机(Linux 系统)连接网络,其中桥接模式下使用的是 IP 地址静态分配方式,

Linux 被分配了一个固定的物理网络中的 IP 地址,而 NAT 模式下 Linux 则是通过从虚拟的 DHCP 服务器中获取 IP 地址,所得 IP 地址是动态分配的,因而每次获取的 IP 地址可能并不相同。

可以使用 ifconfig 命令来查看、设置、启动或关停某个网络接口。下面以对 eth0 网络接口进行配置为例,介绍 ifconfig 命令的基本使用。其命令格式如下:

```
ifconfig  [网络接口]  [IP 地址]    [netmask 子网掩码]  [up/down]
```

其中 up/down 用于启动/关停对应的网络接口。

【示例 14.2】 查看网络接口 eth0 的配置。本例以及以下两个示例 eth0 均以桥接模式连接到物理网络。当前 eth0 配置的 IP 地址为 192.168.2.5。从设置结果上除了可以看到 IPv4 地址(inet addr)之外,还可以获知网络接口对应的以太网卡 MAC 地址(HWaddr)、广播地址(Bcast)、子网掩码(Mask)以及 IPv6 地址(inet6 addr)。

```
[ root@ localhost ~] # ifconfig eth0
eth0        Link encap: Ethernet    HWaddr 00:0C:29:11:3C:4E
            inet addr:192.168.2.5   Bcast:192.168.2.255   Mask:255.255.255.0
            inet6 addr: fe80:: 20c: 29ff: fe11: 3c4e/64 Scope: Link
            UP BROADCAST RUNNING MULTICAST    MTU: 1500    Metric: 1
            RX packets: 536 errors: 0 dropped: 0 overruns: 0 frame: 0
            TX packets: 136 errors: 0 dropped: 0 overruns: 0 carrier: 0
            collisions: 0 txqueuelen: 1000
            RX bytes: 45837 (44.7 KiB)    TX bytes: 17389 (16.9 KiB)
            Interrupt: 19 Base address: 0x2424
```

【示例 14.3】 停用 eth0 网络接口。

```
[ root@ localhost ~] # ifconfig eth0 down
[ root@ localhost ~] # ifconfig eth0          <== 再次查看 eth0 的配置信息
eth0        Link encap: Ethernet    HWaddr 00: 0C: 29: 11: 3C: 4E
            BROADCAST MULTICAST    MTU: 1500    Metric: 1
            RX packets: 626 errors: 0 dropped: 0 overruns: 0 frame: 0
            TX packets: 173 errors: 0 dropped: 0 overruns: 0 carrier: 0
            collisions: 0 txqueuelen: 1000
            RX bytes: 55076 (53.7 KiB)    TX bytes: 22521 (21.9 KiB)
            Interrupt: 19 Base address: 0x2424
```

【示例 14.4】 启用 eth0 网络接口并重新配置它的 IP 地址为 192.168.2.10。

```
[ root@ localhost ~] # ifconfig eth0 192.168.2.10 up
[ root@ localhost ~] # ifconfig
eth0        Link encap: Ethernet    HWaddr 00: 0C: 29: 11: 3C: 4E
            inet addr:192.168.2.10   Bcast: 192.168.2.255   Mask: 255.255.255.0
            inet6 addr: fe80:: 20c: 29ff: fe11: 3c4e/64 Scope: Link
(省略部分显示结果)
```

需要注意的是,为 eth0 配置的新 IP 地址立即生效,但在系统重新启动网络时该 IP 地址配置将会失效,通过 service 命令重启网络服务:

```
[ root@ localhost etc] # service network restart
正在关闭接口 eth0:                                          [确定]
关闭环回接口:                                               [确定]
弹出环回接口:                                               [确定]
弹出界面 eth0:                                              [确定]
[ root@ localhost etc] # ifconfig              <==eth0 的 IP 地址又改为原来的
eth0        Link encap: Ethernet    HWaddr 00: 0C: 29: 11: 3C: 4E
            inet addr: 192. 168. 2. 5    Bcast: 192. 168. 2. 255    Mask: 255. 255. 255. 0
```

这是因为新的 IP 地址并未有记录在 eth0 的配置文件中。下面介绍网络接口的配置文件及启动/关停脚本。

4. 配置文件及启动/关停脚本

在综合实训案例 1.3 中就已经介绍了如何利用具有图形化界面的工具设置系统中的以太网络接口 eth0。在 RHEL 中,该项桌面功能由服务 NetworkManager 负责,主要目的是为普通用户提供网络自动配置服务,特别是为个人计算机用户在使用无线网络时提供便利。然而在系统中又有另外一个称为 network 的服务负责管理网络。在后面的实训内容中,需要讨论通过编辑配置文件的方式配置网络接口,network 服务就接管了网络配置和管理功能,这时可将 NetworkManager 服务关停,以免两种服务在设置上产生冲突,设置如下:

```
[ root@ localhost ~]# service NetworkManager stop          <== 设置 NetworkManager 马上关闭
停止 NetworkManager 守护进程:                              [确定]
[ root@ localhost ~]# chkconfig NetworkManager off          <== 设置 NetworkManager 永久关闭
[ root@ localhost ~]# chkconfig --list NetworkManager
NetworkManager    0: 关闭  1: 关闭  2: 关闭  3: 关闭  4: 关闭  5: 关闭  6: 关闭
```

前面介绍了利用 ifconfig 命令设置 eth0 的 IP 地址。然而为了永久保存设置,系统中的各种网络接口的配置参数实际都被记录在"/etc/sysconfig/network-scripts/"中,其中以"ifcfg-网络接口名"格式命名的文件为对应的网络接口的参数配置文件:

```
[ root@ localhost ~]# ls /etc/sysconfig/network-scripts/ifcfg∗
/etc/sysconfig/network-scripts/ifcfg-eth0          <== eth0 网络接口的配置文件
/etc/sysconfig/network-scripts/ifcfg-lo            <== lo 网络接口的配置文件
```

可以查看文件 ifcfg-eth0 的内容,示例如下:

```
[ root@ localhost ~]$ cat /etc/sysconfig/network-scripts/ifcfg-eth0
DEVICE = eth0               #物理设备名称
ONBOOT = yes               #系统启动时是否也启动该网络接口,可设为 yes
TYPE = Ethernet            #网络接口类型
BOOTPROTO = none           #地址确定方式,有 none 或 dhcp(自动获取 IP 地址)等
IPADDR = 192. 168. 2. 5     #IP 地址
NETMASK = 255. 255. 255. 0  #子网掩码
GATEWAY = 192. 168. 2. 1    #默认网关的 IP 地址
```

```
DEFROUTE = yes                         #是否将默认路由
IPV4_FAILURE_FATAL = yes               #若设置 IPv4 地址失败是否即报告连接失败
IPV6INIT = no                          #是否允许设置 IPv6 地址
NAME = "System eth0"                   #网络接口命名
```

如果需要修改网络接口 eth0 的 IP 地址,只需直接修改 ifcfg-eth0 文件中的 IPADDR 等参数值,然后利用 service 命令重启网络即可使设置永久生效。注意除了上述参数外,实际可能还有其他参数,如 HWADDR(网卡 MAC 地址)、UUID 等,这些都不是必需的,可以不设置。如果使用了 NetworkManager 服务后,在配置文件中可能会有上述参数,可按默认处理。

除了配置文件之外,"/etc/sysconfig/network-scripts/"目录还有许多关于各种网络接口启动/关停的脚本:

```
[ root@ localhost ~] # ls /etc/sysconfig/network-scripts/ifup *
/etc/sysconfig/network-scripts/ifup
/etc/sysconfig/network-scripts/ifup-aliases
/etc/sysconfig/network-scripts/ifup-bnep
/etc/sysconfig/network-scripts/ifup-eth
/etc/sysconfig/network-scripts/ifup-ippp
(省略部分显示结果)
[ root@ localhost ~] # ls /etc/sysconfig/network-scripts/ifdown *
/etc/sysconfig/network-scripts/ifdown
/etc/sysconfig/network-scripts/ifdown-bnep
/etc/sysconfig/network-scripts/ifdown-eth
/etc/sysconfig/network-scripts/ifdown-ippp
```

/etc/init. d/network(即 network 服务程序)每次启动网络时就会运行或读取/etc/sysconfig/netwok-scripts 目录中的网络接口配置信息和相关脚本,以此实现网络接口的启用或停用。

14.2.2　默认网关与主机路由

1. 基本概念回顾

在前面对 ifcfg-eth0 文件内容的解释中,并没有详细讨论 GATEWAY 这个参数的设置,它对应于主机的默认网关(Default Gateway)。默认网关是一个网络的出入口,同一个网络中的主机会将发往网络外的数据包送给默认网关,再由它转发到其他网络结点。例如,对于网络 192.168.2.0/24,网络内的主机之间是可以根据网卡 MAC 地址直接通信的,然而 192.168.2.0/24 网络中的主机如果需要访问如网络 192.168.1.0/24 中的主机时,就需要将数据包发给默认网关并由它来转发该数据包。

路由器(Router)是指用在跨网络间传递数据包的网络设备。处于不同网络区间的主机需要借助路由器进行通信。可以通过图 14.1 理解关于路由的概念。在图 14.1 中有两个局域网络,分别是 192.168.1.0/24 和 192.168.2.0/24,它们通过路由器相连,也即路由器同时处于两个局域网之中。这时主机 A1、A2 均可设置其默认网关 IP 地址为 192.168.2.1,而主机 B1、B2 也均可设置其默认网关 IP 地址为 192.168.1.1,也即路由器本身就充当了两个局域网的网关。如果路由器已经接入到互联网,那么它将会把访问互联网上某台主机的数据包转发到其他路由器上由它们决定如何将数据包传递到目标主机上。

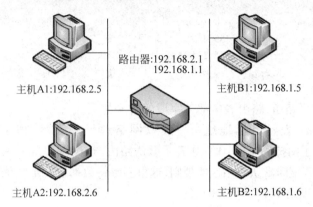

路由器:192.168.2.1
192.168.1.1

主机A1:192.168.2.5

主机B1:192.168.1.5

主机A2:192.168.2.6

主机B2:192.168.1.6

图 14.1   路由的概念示意图

2. 设置主机路由

连在网络上的每台主机内部都需要存储并管理自己的路由表。例如,在图 14.1 中当主机 A1 需要跨网络向主机 B1 发送数据包时,主机 A1 就需要检查自己的路由表,根据数据包的目标地址得知需要将数据包发往路由器。当路由器接收到主机 A1 发来的数据包时,它将读取数据包的目标地址信息,并根据其内部存储的路由表决定将数据包转发到主机 B1。

如前所述,网络上的每台主机均有自己的路由表用于决定所发出的数据包将要转发到哪一个网络结点上。此处介绍 route 命令用于查看和更改主机的路由表。

命令名:route。

功能:查看和管理路由表。

格式:

```
route    [选项]
```

重要选项:

-n(numeric):一般单独使用该选项用于查看路由表,路由表中内容以数字形式显示 IP 地址,不将 IP 地址解释为名称。

add:增加一个网络或主机的路由,该选项需要配合“-net”或“-host”选项使用。

del:删除一个网络或主机的路由,该选项需要配合“-net”或“-host”选项使用。

netmask:为网络地址设置子网掩码,该选项需要配合“-net”选项使用,选项后面需要指定子网掩码参数。

dev:指定网络接口,该选项后面需要指定网络接口参数。

-net:指定目标网络,该选项需要配合 add/del 选项使用,选项后面需要指定网络地址参数。

-host:指定目标主机,选项后面需要指定 IP 地址参数。

【示例 14.5】 查看路由表。

```
[ root@ localhost makehello] # route
Kernel IP routing table
Destination     Gateway          Genmask         Flags Metric  Ref    Use  Iface
192.168.2.0     *                255.255.255.0   U     0       0      0    eth0
link-local      *                255.255.0.0     U     1002    0      0    eth0
default         192.168.2.1      0.0.0.0         UG    0       0      0    eth0
```

这是一个简单的主机路由,路由表中部分字段的含义如下。

(1) Destination:表示目标地址。一般以网络地址来表示,如 192.168.2.0(结合 Genmask 字段中的子网掩码)。0.0.0.0 表示默认路由(这里以 default 表示),也即当以上所有路由表规则都不匹配时默认采用这条规则,这里实际将数据包发至默认网关 192.168.2.1。link-local 表示的是网络 169.254.0.0/16。

(2) Gateway:表示默认网关。0.0.0.0(这里表示为 *)表示直接通过 Iface 字段中的网络接口发送数据包而不经过默认网关。

(3) Genmask:表示子网掩码。

(4) Flags:U 表示路由可用,G 表示发往目标地址的数据包需要经由网关。

(5) Iface(Interface):发送数据包的网络接口。

【示例 14.6】 删除关于目标地址为 link-local (169.254.0.0/16)的路由。注意如果重启网络服务后,link-local 的路由又会重新加到路由表里面。

```
[ root@ localhost ~] # route -n                      <==重新利用-n 选项查看路由表
Kernel IP routing table
Destination     Gateway          Genmask         Flags Metric  Ref    Use  Iface
192.168.2.0     0.0.0.0          255.255.255.0   U     0       0      0    eth0
169.254.0.0     0.0.0.0          255.255.0.0     U     1002    0      0    eth0
0.0.0.0         192.168.2.1      0.0.0.0         UG    0       0      0    eth0
[ root@ localhost ~] # route -del 169.254.0.0 netmask 255.255.0.0   <==删除路由
[ root@ localhost ~] # route                         <==查看结果
Kernel IP routing table
Destination     Gateway          Genmask         Flags Metric  Ref   Use Iface
192.168.2.0     *                255.255.255.0   U     0       0     0   eth0
default         192.168.2.1      0.0.0.0         UG    0       0     0   eth0
```

14.2.3 主机名及域名服务

1. 设置主机名

主机名(Host Name)是一种用于区分网络上主机的标识,例如在图 14.1 中,正是通过赋予网络主机不同的名称来区分它们,尽管在实际通信时却是通过 IP 地址来标识主机。在一个小型局域网络中,主机之间只需要统一给定合适的标识就可以互相区分。然而在互联网中主机数量巨大,它们各自归不同的组织管理,不可能统一加以命名。互联网由各种网络所构成,一台主机设备往往归属于某个网络,后者同样可以用域名(Domain

Name)来区分,这时主机名就需要结合域名加以表示,主机名有时也被统称为域名。例如,对于"www.163.com",可以认为它是"163.com"这个域中的一台主机的名称,在互联网中可以通过主机名 www.163.com 在域 163.com 中找到对应的主机。

hostname 命令用于获取或设置当前系统的主机名称,但实际只是修改内核中的主机名。其格式如下:

```
hostname        [主机名]
```

【示例 14.7】 设置当前系统的主机名为 www.163.com。一开始仅用 hostname 命令修改主机名:

```
[root@ localhost ~]# hostname www.163.com
[root@ localhost ~]# cat /proc/sys/kernel/hostname
www.163.com                        <==实际修改的是内核中的主机名称
```

打开另外的终端,可以发现命令行提示符中的主机名已改变为 www:

```
[root@ www ~]# hostname
www.163.com
```

然而当重启系统后,主机名又会改回原来的名称:

```
[root@ localhost ~]# hostname
localhost.localdomain
```

要真正改变主机名需要修改"/etc/sysconfig/network"文件中的 HOSTNAME 参数:

```
[root@ www ~]# cat /etc/sysconfig/network
NETWORKING = yes
HOSTNAME = www.163.com
```

再次重启系统后新的主机名会永久生效。然而当测试 www.163.com 这个主机名时可发现它没有被解释为本机的 IP 地址,相反 localhost 这个名称仍然可以被解释为 127.0.0.1 这个 IP 地址:

```
[root@ www ~]# ping www.163.com              <==注意这时系统仍未配置所要使用的 DNS 服务
ping: unknown host www.163.com
[root@ www ~]# ping localhost              <==系统中使用的主机名仍然是 localhost
PING localhost.localdomain (127.0.0.1) 56(84) bytes of data.
64 bytes from localhost.localdomain (127.0.0.1): icmp_seq = 1 ttl = 64 time = 0.065 ms
(省略部分显示结果)
```

下面将结合域名服务的设置进一步讨论上述结果。

2. 设置域名服务

对于个人用户来说,主机名是易读而且方便记忆的,而 IP 地址则难于理解且不便记忆。

因此,在访问互联网的某服务器时,总是通过主机名来访问对应于该服务器的某台主机,也即需要给出某个"网址"。然而实际计算机通信是通过 IP 地址标识主机,因此主机名与 IP 地址之间存在一种映射关系。在访问互联网之前需要设置好所要使用的 DNS(Domain Name System,域名系统)服务器,目的就是为了在上网时能够让计算机通过 DNS 服务器根据网址查询得到对应主机的 IP 地址。

关于域名解释涉及"/etc/hosts"和"/etc/resolv. conf"两个配置文件。"/etc/hosts"文件用于记录主机名以及相对应的 IP 地址。可将经常访问的部分主机域名存放到该文件中,以获得较快的访问速度。"/etc/resolv. conf"文件用于记录系统所要使用的 DNS 服务器的 IP 地址。

【示例 14.8】 将 www. 163. com 解释为本机 IP 地址。该示例结果可解释上一示例最后所留下的问题。实际上,"/etc/hosts"与"/etc/sysconfig/network"是两个起不同作用的配置文件,前者负责主机名的解释工作,而后者负责记录系统的主机名。

```
[ root@ www ~]# echo "127.0.0.1 www.163.com" >> /etc/hosts    <==将主机名映射到 IP 地址
[ root@ www ~]# ping www.163.com
PING www.163.com (127.0.0.1) 56(84) bytes of data.
64 bytes from localhost.localdomain (127.0.0.1): icmp_seq = 1 ttl = 64 time = 0.095 ms
64 bytes from localhost.localdomain (127.0.0.1): icmp_seq = 2 ttl = 64 time = 0.074 ms
(按 Ctrl + C 组合键结束)
--- www.163.com ping statistics ---
2 packets transmitted, 2 received, 0% packet loss, time 1725ms
rtt min/avg/max/mdev = 0.074/0.084/0.095/0.013 ms
```

系统作为客户端使用 DNS 服务时,需要在文件/etc/resolv. conf 中列出所要使用的 DNS 服务器列表,格式如下:

```
nameserver   DNS 服务器   IP 地址
```

最多允许配置 3 个 DNS 服务器。一般来说,以距离客户端的远近对 DNS 服务器进行罗列。可以从网络服务提供方获取 DNS 服务器的 IP 地址,或者使用一些公用的 DNS 服务器。如果主机的默认网关能够记录 DNS 服务器的 IP 地址并且将域名查询请求转发给 DNS 服务器,就可以直接将默认网关的地址加入到"/etc/resolv. conf"文件。

【示例 14.9】 设置主机的 DNS 服务。这里利用默认网关(192.168.2.1)转发 DNS 请求,练习该示例时需要根据当前网络的实际情况配置合适的 DNS 服务器地址。假设当前"/etc/resolv. conf"文件并没有设置其他的 DNS 服务器地址,这里使用 dig 命令查询主机名 www.163.com 对应的 IP 地址,实际获得的将是一组 IP 地址。关于 dig 命令以及如下结果的含义将在实训 17 中进行详细说明。

```
[ root@ www ~]# echo "nameserver 192.168.2.1" >> /etc/resolv.conf
[ root@ www ~]# dig www.163.com            <==使用 dig 命令查询主机的 IP 地址

; <<>> DiG 9.7.0-P2-RedHat-9.7.0-5.P2.el6 <<>> www.163.com
```

```
;; global options:  + cmd
;; Got answer:
;; ->> HEADER <<- opcode: QUERY, status: NOERROR, id: 17416
;; flags: qr rd ra; QUERY: 1, ANSWER: 9, AUTHORITY: 0, ADDITIONAL: 0

;; QUESTION SECTION:
;www. 163. com.                        IN   A

;; ANSWER SECTION:
www. 163. com.                238   IN   CNAME   www. 163. com. lxdns. com.
www. 163. com. lxdns. com.    474   IN   CNAME   163. xdwscache. ourglb0. com.
163. xdwscache. ourglb0. com.   77   IN   A   113. 107. 112. 214
163. xdwscache. ourglb0. com.    77   IN   A   113. 107. 57. 43
(省略部分显示结果)

;; Query time: 52 msec
;; SERVER: 192. 168. 2. 1#53(192. 168. 2. 1)
;; WHEN: Sun Oct   4 22:23:14 2015
;; MSG SIZE   rcvd: 209
```

对原来在"/etc/hosts"文件中添加的"127.0.0.1 www. 163. com"配置行前加入注释符,使其不起作用,重新 ping www. 163. com 可发现 www. 163. com 被解释为互联网上真正的主机 IP 地址。

```
[ root@ www  ~] # cat /etc/hosts
127. 0. 0. 1   localhost. localdomain   localhost
:: 1   localhost6. localdomain6   localhost6
#127. 0. 0. 1  www. 163. com
[ root@ www  ~] # ping www. 163. com
PING 163. xdwscache. ourglb0. com (113. 107. 112. 214) 56( 84) bytes of data.
64 bytes from 113. 107. 112. 214: icmp_seq = 1 ttl = 56 time = 31. 1 ms
64 bytes from 113. 107. 112. 214: icmp_seq = 2 ttl = 56 time = 37. 2 ms
(省略部分显示结果,按 ctrl + C 组合键结束)
```

由此可见,当系统需要解释一个主机名时,将首先查询"/etc/hosts"文件中是否有对应的映射,如果没有再将查询提交给 DNS 服务器。

为统一起见,在后面的实训内容里面,如果没有特别指出,仍然采用以往默认的主机名,即 localhost. localdomain。请自行修改"/etc/sysconfig/network"文件中的主机名设置。

14.2.4 网络连接

1. 服务及其端口号

在实训 11 进程管理部分谈到了守护进程与系统服务,其中有相当一部分属于网络服务,如 SSH 服务、FTP 服务、DNS 服务和 WWW 服务等,它们同时在同一台主机上为网络客户端提供服务。因此当系统接收到来自某个网络客户端的服务请求时,它必须能够区分这是属于何种网络服务的请求,对应的守护进程才能够获取属于它的数据包并为客户端服务。

服务端口号是一种用于区分各种网络服务的数字标识,它的取值范围为 0~65535(0 未被使用)。国际上有互联网数字分配机构(Internet Assigned Numbers Authority, IANA)专门负责分配和管理包括这些服务端口号在内的各类重要互联网资源。对于较为重要的网络服务,如 SSH 等服务,它们会被分配一个从 1~1024 之间的固定数字作为默认的服务端口号,而对于其他网络服务程序,它可以在占用一些未被分配的服务端口号。绑定了某个端口号后,每种服务的守护进程将会监听它的端口号并获取来自网络的服务请求数据包。

"/etc/services"文件列出系统中所有可用服务及其端口号等基本信息。例如,通过如下操作查看 SSH 服务所占用的端口号:

```
[root@ localhost ~]# grep ssh /etc/services
ssh                22/tcp                          # The Secure Shell (SSH) Protocol
ssh                22/udp                          # The Secure Shell (SSH) Protocol
(省略部分显示结果)
```

表 14.2 列出了一些较为重要的网络服务端口分配情况,如果要获取最新的 IANA 端口分配情况,可以访问网址"http://www.iana.org/assignments/port-numbers"查询。

表 14.2　重要的网络服务端口号

服 务 名 称	服务内容解释	默认端口号
FTP	文件传输服务	21
SSH	Secure Shell 服务	22
SMTP	简单邮件传输服务	25
DNS	域名服务	53
HTTP	WWW 服务	80
HTTPS	安全的 WWW 服务	443

2. 套接字

一台网络服务器显然需要同时为多个客户端服务,这时服务器的守护进程与远程主机中的客户端进程通过网络进行通信,相应地服务器进程与客户端进程都需要建立关于对方的套接字(Socket)。套接字也有属于它的地址,格式为"IP 地址:端口号"。如果一个远程主机中的多个客户端进程与某个服务器连接,则在这个远程主机内部也需要分别占用一些临时的网络端口。

大家知道,互联网所使用的传输协议主要有 UDP(User Datagram Protocol)和 TCP(Transmission Control Protocol)两种。其中,UDP 协议主要面向一些轻量的、对可靠性要求不高的数据传输任务,如 DNS 服务使用的是 UDP 协议。相反,TCP 协议主要面向一些传送数据量较大,对可靠性要求高的数据传输任务,如 SSH 服务、FTP 服务、HTTP 服务等均使用 TCP 协议。因此互联网套接字也主要有以下两种。

(1) 数据报套接字(Datagram Socket):也称为无连接套接字,使用 UDP 协议传输数据。

(2) 流套接字(Stream Socket):也称为有连接套接字,使用 TCP 协议传输数据。

Linux 系统中的套接字可分为互联网套接字和系统内部使用的套接字两种。相应地,系统内部使用的套接字同样也可分为数据报套接字和流套接字两种。

3. netstat 命令

netstat 命令是一个用于监控系统中的网络连接、路由表等状态的重要工具。值得一提的是,不仅 Linux 等 UNIX 类型的操作系统中有 netstat 命令,Windows 系列的操作系统也同样有该命令。它的详细定义如下:

```
netstat    [选项]
```

功能:显示并统计系统中的各类网络信息。如果不加入选项,默认显示所有网络连接及活动的套接字信息。

重要选项:

-a(all):列出所有活动的网络连接以及主机所监听的 TCP/UDP 端口。

-n(numeric):以数字显示网络地址和端口号,否则将地址及端口号解释为某个符号标志并将其显示。

-p(process):列出某个进程所使用的套接字。

-l(listen):列出所有正在监听的网络连接。

-u(UDP):列出 UDP 类型的网络连接。

-t(TCP):列出 TCP 类型的网络连接。

-s(statics):显示各个协议的统计信息。

【示例 14.10】 列出当前的网络连接及活动的网络套接字。在练习之前可参考综合实训案例 2.3 利用 Windows 系统(这里的 IP 地址是 192.168.2.78)来远程访问 Linux 系统,这样将会分别建立两个关于 SSH 服务的网络连接。netstat 返回的结果列表如下:

```
[ root@ localhost ~]#netstat
Active Internet connections ( w/o servers)          <== 当前的 Internet 连接
Proto Recv-Q Send-Q Local Address         Foreign Address          State
tcp      0      0    192.168.2.5:ssh       192.168.2.78:21780       ESTABLISHED
tcp      1      0    192.168.2.5:49206     204.2.171.74:http        CLOSE_WAIT
tcp      0      0    192.168.2.5:ssh       192.168.2.78:21609       ESTABLISHED
Active UNIX domain sockets ( w/o servers)           <== 活动的系统内部套接字
Proto RefCnt Flags  Type        State     I-Node   Path
unix   2       [ ]   DGRAM                 8823     @/org/kernel/udev/udevd
unix   2       [ ]   DGRAM                 14085    @/org/freedesktop/hal/udev_event
unix   26      [ ]   DGRAM                 12962    /dev/log
(省略部分显示结果)
```

上述结果共有两个表格,第一个表格关于当前网络连接的列表,各字段的含义如下。

Proto:连接类型,分 TCP 和 UDP 两种。

Recv-Q:使用该连接的用户程序未从套接字缓冲中复制的字节数。

Send-Q:用户程序已发出但未经远程主机确认的数据字节数。Recv-Q 和 Send-Q 两个字段的值一般为 0,但当网络状况较差时两值会增大。

Local Address:本机中对应此连接的 IP 地址及端口。

Foreign Address:远程主机中对应此连接的 IP 地址及端口。

State：套接字状态。主要有 ESTABLISHED（已建立连接套接字）、CLOSED（连接已经关闭）、CLOSE_WAIT（运程端已经关闭，等待关闭套接字）、LISTEN（套接字正在监听连接）等，其余状态可参考 netstat 的命令手册。

第二个表格是关于当前系统内部活动的套接字列表，各字段的含义如下。

Proto：使用的协议，一般为 UNIX。

RefCnt：使用该套接字的进程个数。

Flags：连接标志。主要有 SO_ACCEPTON（ACC，等待连接请求），其余状态可参考 netstat 的命令手册。

Type：套接字的访问类型。主要有 DGRAM 和 STREAM 两种类型，其中 DGRAM 代表数据报套接字，而 STREAM 表示流套接字。

State：套接字状态，主要有 CONNECTED（已连接）等状态。

Path：附属于该套接字的相关进程。

【示例 14.11】 查看当前系统中正在监听的 SSH 连接。结合上一示例可知当前共有两个 SSH 连接，详细信息可查看上例结果中黑体显示部分。

[root@ localhost ~] # netstat -lt	grep ssh			
tcp 0	0 *: ssh		*:*	LISTEN
tcp 0	0 *: ssh		*:*	LISTEN

14.3 综合实训案例

案例 14.1 使用 ping 命令诊断网络连通性

ping 是网络配置中最为常用的命令之一，Windows 和 Linux 中都有此命令。它的基本使用方法十分简单，在前面的实训内容中已经多次使用过 ping 命令来检验网络设置的效果，在后面配置防火墙及网络服务器等练习中还会经常使用到。

ping 命令的工作原理是根据 ICMP（Internet Control Message Protocol）协议向目标主机发送 ECHO_REQUEST 数据包，如果目标主机是可访问的，它将返回 ICMP ECHO_RESPONSE 数据包。下面正式介绍 ping 命令的定义。

> ping　[选项]　IP 地址或主机名

功能：使用 ICMP 传输协议，向目标主机发出要求回应的信息。默认会一直向目标主机发送 ICMP 数据包。

主要选项：

-c（count）：该选项后面需要给出参数用于指定发送数据包的数量。如果不指定发送数据包数量，ping 命令将一直执行直至被强制退出。

本案例将演示如何利用 ping 命令检查网络连通性。在本案例里面，虚拟机中的 Linux 仍以桥接模式与宿主机（Windows 系统）连接在物理网络 192.168.2.0/24。下面演示案例具体操作步骤。

第 1 步,设置 Linux 系统的 IP 地址、默认网关及 DNS 服务设置。这里设置的 Linux 系统 IP 地址为 192.168.2.5,默认网关 IP 地址为 192.168.2.1。具体设置方法请参考前面的相关示例。如果前面的示例已经在计算机中完成练习,则无须再重复设置。

第 2 步,检查宿主机(Windows)防火墙是否允许通过有关规则。打开 Windows 系统的控制面板,打开"Windows 防火墙"设置项后单击其中的"高级设置"项,如图 14.2 所示。

图 14.2　Windows 防火墙设置

在"高级设置"内容中先后选取"入站规则"和"出站规则"两个选项,分别找到并选中所有名称为"文件和打印机共享(回显要求-ICMPv4-In)"和"文件和打印机共享(回显要求-ICMPv4-Out)"等规则并右击,选取"启用规则"菜单项以启用上述规则。注意需要设置防火墙规则操作为"允许",设置方法是:分别选中上述规则后右击,选取"属性"菜单项,然后在弹出的"属性"对话框中选取"允许"操作后单击"确定"按钮并返回。设置结果如图 14.3 所示。

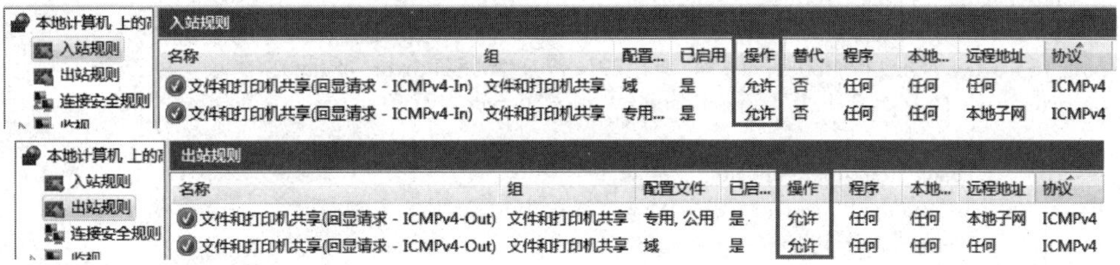

图 14.3　在 Windows 中启用规则允许回显 ICMP 请求

第 3 步,如果可以,检查默认网关是否设置允许接受 ping。一般来说默认网关会响应局域网中计算机的 ping 检测。

第 4 步,利用 ping 命令检查网络连接。将按照下列次序对系统所在网络进行网络连接检查,以逐步排除网络连接问题。

(1) ping 回环地址(127.0.0.1):检查内核网络协议栈是否运行正常。

(2) ping 本地 IP 地址:检查网卡是否配置正常。

(3) ping 局域网内其他主机的 IP 地址:检查局域网是否正常工作。

(4) ping 默认网关的 IP 地址:检查默认网关是否工作正常。

(5) ping DNS 服务器的 IP 地址或互联网中的主机名:检查远程路由器及 DNS 服务器

网络配置基础

是否正常工作。

以下是上述操作次序的执行结果:

```
[ root@ localhost ~]# ping -c 1 127.0.0.1              <== ping 回环地址
ping 127.0.0.1 (127.0.0.1) 56(84) bytes of data.
64 bytes from 127.0.0.1: icmp_seq = 1 ttl = 64 time = 0.100 ms

--- 127.0.0.1 ping statistics ---
1 packets transmitted, 1 received, 0% packet loss, time 0ms
rtt min/avg/max/mdev = 0.100/0.100/0.100/0.000 ms
[ root@ localhost ~]# ping -c 1 192.168.2.5            <== ping 本机 IP 地址
ping 192.168.2.5 (192.168.2.5) 56(84) bytes of data.
64 bytes from 192.168.2.5: icmp_seq = 1 ttl = 64 time = 0.195 ms

--- 192.168.2.5 ping statistics ---
1 packets transmitted, 1 received, 0% packet loss, time 0ms
rtt min/avg/max/mdev = 0.195/0.195/0.195/0.000 ms
[ root@ localhost ~]# ping -c 1 192.168.2.22          <== ping 宿主机( Windows 系统) 的 IP 地址
ping 192.168.2.22 (192.168.2.22) 56(84) bytes of data.
64 bytes from 192.168.2.22: icmp_seq = 1 ttl = 128 time = 2.13 ms

--- 192.168.2.22 ping statistics ---
1 packets transmitted, 1 received, 0% packet loss, time 2ms
rtt min/avg/max/mdev = 2.132/2.132/2.132/0.000 ms
[ root@ localhost ~]# ping -c 1 192.168.2.1            <== ping 默认网关的 IP 地址
ping 192.168.2.1 (192.168.2.1) 56(84) bytes of data.
64 bytes from 192.168.2.1: icmp_seq = 1 ttl = 64 time = 100 ms

--- 192.168.2.1 ping statistics ---
1 packets transmitted, 1 received, 0% packet loss, time 101ms
rtt min/avg/max/mdev = 100.571/100.571/100.571/0.000 ms
[ root@ localhost ~]# ping -c 1 www.163.com           <== ping 互联网上的主机
ping 163.xdwscache.ourglb0.com (14.215.231.174) 56(84) bytes of data.
64 bytes from 14.215.231.174: icmp_seq = 1 ttl = 56 time = 38.6 ms

--- 163.xdwscache.ourglb0.com ping statistics ---
1 packets transmitted, 1 received, 0% packet loss, time 73ms
rtt min/avg/max/mdev = 38.634/38.634/38.634/0.000 ms
```

案例 14.2   设置网络接口的 IP 别名

在许多网络应用场合,可能需要主机同时占用两个或两个以上的 IP 地址。例如,在同一台主机中分别架设了两个 WWW 网站,如果它们都需要占用主机的 80 端口,这时可以让服务器主机占用两个 IP 地址,然后通过将两个 WWW 网站服务分别映射至两个不同的 IP 地址,这样客户端就能访问到在同一台主机中的两个 WWW 网站了,具体的操作方法将在讨论 WWW 服务器的实训内容中介绍。

现在要解决如何利用一台主机占用多个 IP 地址的问题。其中一个方法可以通过设置 IP 别名(IP aliasing)来让一个网络接口绑定多个 IP 地址,这时系统好像有多个网络接口,有时也会称这些使用 IP 别名的网络接口为逻辑网络接口,因为实际只有一个以太网卡这样的物理设备。设置 IP 别名的步骤十分简单。本案例将沿用前面所使用的网络接口 eth0 的设置,演示如何为 eth0 设置 IP 别名。以下是具体的操作步骤。

第 1 步,在"/etc/sysconfig/network-scripts"中创建关于 eth0 的 IP 别名的配置文件。可直接复制 eth0 的配置文件 ifcfg-eth0 为 ifcfg-eth0:0:

```
[ root@ localhost ~]# cd /etc/sysconfig/network-scripts
[ root@ localhost network-scripts]# cp ifcfg-eth0 ifcfg-eth0:0
```

然后为逻辑网络接口 eth0:0 配置 IP 地址,需要修改 ifcfg-eth0:0 文件的内容,对比前面介绍的 ifcfg-eth0 文件的内容,设置 DEVICE、IPADDR 及 NAME 等几个参数值:

```
[ root@ localhost network-scripts]# vim ifcfg-eth0:0
[ root@ localhost ~]$ cat /etc/sysconfig/network-scripts/ifcfg-eth0:0
DEVICE = eth0:0
ONBOOT = yes
TYPE = Ethernet
BOOTPROTO – none
IPADDR = 192.168.2.6
NETMASK = 255.255.255.0
GATEWAY = 192.168.2.1
DEFROUTE = yes
IPv4_FAILURE_FATAL = yes
IPv6INIT = no
NAME = "System eth0:0"
```

第 2 步,重新启动网络并查看设置结果。执行如下命令重启网络:

```
[ root@ localhost network-scripts]# service network restart
正在关闭接口 eth0:                                              [ 确定]
关闭环回接口:                                                   [ 确定]
弹出环回接口:                                                   [ 确定]
弹出界面 eth0:                                                  [ 确定]
```

再利用 ifconfig 命令查看系统已有的网络接口,可发现系统中多了一个网络接口 eth0:0:

```
[ root@ localhost network-scripts]# ifconfig
eth0        Link encap: Ethernet    HWaddr 00:0C:29:11:3C:4E
            inet addr:192.168.2.5   Bcast:192.168.2.255   Mask:255.255.255.0
            inet6 addr: fe80::20c:29ff:fe11:3c4e/64 Scope:Link
            UP BROADCAST RUNNING MULTICAST   MTU:1500   Metric:1
            RX packets:20 errors:0 dropped:0 overruns:0 frame:0
            TX packets:47 errors:0 dropped:0 overruns:0 carrier:0
            collisions:0 txqueuelen:1000
            RX bytes:1392 (1.3 KiB)   TX bytes:5389 (5.2 KiB)
            Interrupt:19 Base address:0x2424
```

网络配置基础

```
eth0:0        Link encap: Ethernet    HWaddr 00:0C:29:11:3C:4E
              inet addr: 192.168.2.6    Bcast: 192.168.2.255    Mask: 255.255.255.0
              UP BROADCAST RUNNING MULTICAST    MTU: 1500    Metric: 1
              Interrupt: 19 Base address: 0x2424
(省略部分显示结果)
```

第3步,测试网络接口 eth0:0 是否有效。利用 ping 命令测试网络接口 eth0:0,结果如下:

```
[root@localhost ~]# ping -c 2 192.168.2.6
ping 192.168.2.6 (192.168.2.6) 56(84) bytes of data.
64 bytes from 192.168.2.6: icmp_seq = 1 ttl = 64 time = 0.216 ms
64 bytes from 192.168.2.6: icmp_seq = 2 ttl = 64 time = 0.068 ms

--- 192.168.2.6 ping statistics ---
2 packets transmitted, 2 received, 0% packet loss, time 1000ms
rtt min/avg/max/mdev = 0.068/0.142/0.216/0.074 ms
```

测试通过,这时主机已经拥有了两个 IP 地址了。如果还需要绑定更多的 IP 地址,可以按上述方法继续设置 eth0:1、eth0:2 等 IP 别名。

第4步,利用新绑定的 IP 地址访问 SSH 服务。具体访问方法可参考综合实训案例2.3,在 Windows 系统中通过新绑定的 IP 地址(192.168.2.6)访问 Linux 系统的 SSH 服务,结果如下:

```
C:\Windows\System32 > ssh study@192.168.2.6
The authenticity of host '192.168.2.6 (192.168.2.6)' can't be established.
RSA key fingerprint is 43:17:1c:92:70:d3:41:55:49:f3:f7:18:a6:c5:a5:d6.
Are you sure you want to continue connecting (yes/no)? yes
Warning: Permanently added '192.168.2.6' (RSA) to the list of known hosts.
study@192.168.2.6's password:
Warning: your password will expire in 3 days
Last login: Tue Nov 17 17:03:01 2015 from 192.168.2.22
[study@localhost ~]$ pwd
/home/study
[study@localhost ~]$
```

案例 14.3   添加新网卡

另外一种让主机拥有多个 IP 地址的方法是添加更多的物理以太网卡,然后为每个物理以太网卡分配不同的 IP 地址。与上一案例设置 IP 别名不一样,为主机添加多个物理网卡的目的是使主机能够连接在多个网络之上,这是 Linux 主机能够充当路由器等角色的必要前提。

本案例将演示如何在 VMware 中增加虚拟网卡,假设虚拟机中已有的网络适配器被设置以桥接模式连接网络,现增加的新虚拟网卡将设置为以 NAT 模式连接网络,这使得 Linux 主机同时处于物理网络以及虚拟网络 VMnet8（NAT 模式）。具体操作步骤如下。

第 1 步,增加虚拟网络适配器。方法与之前添加虚拟硬盘类似(详见综合实训案例 8.1),在 VMware 虚拟机中选取菜单"虚拟机"→"设置"项,然后单击"添加"按钮,在"添加硬件向导"中选取硬件类型为"网络适配器"后单击"下一步"按钮进入"选择网络适配器类型",选取"NAT 模式"后单击"完成"按钮即可生成一个虚拟的新网络适配器。设置结果如图 14.4 所示,单击"确定"按钮后正式生成网络适配器。如果是在运行虚拟机时完成上述操作,虚拟机将会自动保存系统快照然后再重新恢复快照。

图 14.4　增加网络适配器

第 2 步,获取虚拟网络 VMnet8 的配置信息。首先需要检查宿主机(Windows 系统)中关于 NAT 网络的服务是否启动,具体步骤可参考综合实训案例 1.3。然后在 VMware 虚拟机中选取菜单"编辑"→"虚拟网络编辑器",将弹出"虚拟网络编辑器"对话框,如图 14.5 所示。

"虚拟网络编辑器"对话框中有关于 3 个虚拟网络 VMnet0、VMnet1、VMnet8 的列表,选取"VMnet8"项后该对话框将列出 VMnet8 的子网 IP(192.16.85.0)及子网掩码(255.255.255.0)。单击"NAT 设置"按钮,将会查询到 VMnet8 的网关 IP(192.16.85.2),如图 14.6 所示。

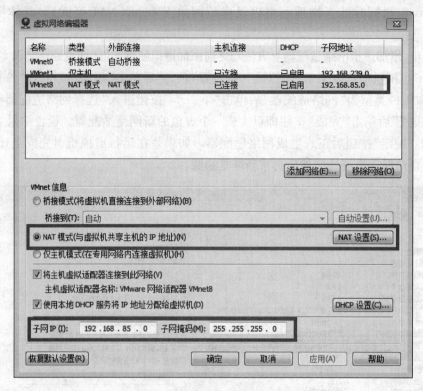

图 14.5 "虚拟网络编辑器"对话框

图 14.6 VMnet8 的网关 IP 的设置

第 3 步,创建新网卡的配置文件。实际上 Linux 将会自动识别新网卡,但是并没有为网卡创建配置文件。为便于日后管理,需要自行创建配置文件,内容与 ifcfg-eth0 类似:

```
[ root@ localhost ~]$ cat /etc/sysconfig/network-scripts/ifcfg-eth1
DEVICE = eth1
ONBOOT = yes
TYPE = Ethernet
BOOTPROTO = none
IPADDR = 192.168.85.5
NETMASK = 255.255.255.0
GATEWAY = 192.168.85.2
DEFROUTE = no
IPV4_FAILURE_FATAL = yes
IPV6INIT = no
NAME = "System eth1"
```

第 4 步,启动新网卡。重启网络后能发现网络接口 eth1 的新设置参数生效了。

```
[ root@ localhost ~] # service network restart
正在关闭接口 eth0:                                          [ 确定 ]
正在关闭接口 eth1:                                          [ 确定 ]
关闭环回接口:                                               [ 确定 ]
弹出环回接口:                                               [ 确定 ]
弹出界面 eth0:                                              [ 确定 ]
弹出界面 eth1:                                              [ 确定 ]
[ root@ localhost ~] # ifconfig eth1
eth1       Link encap: Ethernet    HWaddr 00:0C:29:11:3C:58
           inet addr: 192.168.85.5  Bcast: 192.168.85.255   Mask: 255.255.255.0
           inet6 addr: fe80:: 20c: 29ff: fe11: 3c58/64 Scope: Link
           UP BROADCAST RUNNING MULTICAST    MTU: 1500    Metric: 1
           RX packets: 227 errors: 0 dropped: 0 overruns: 0 frame: 0
           TX packets: 131 errors: 0 dropped: 0 overruns: 0 carrier: 0
           collisions: 0 txqueuelen: 1000
           RX bytes: 29911 (29.2 KiB)    TX bytes: 17362 (16.9 KiB)
           Interrupt: 16 Base address: 0x24a4
```

第 5 步,测试新网卡。可以通过宿主机(Windows 系统)执行 ping 命令测试这块网卡是否有效。首先需要确定 Windows 中使用在 VMnet8 网络的虚拟网卡是否已经启用。具体方式是:打开 Windows 中的命令行程序(cmd.exe),输入命令"ipconfig"查询得到关于 VMnet8 网络的网卡 IP 地址:

```
C:\Windows\System32 > ipconfig

Windows IP 配置
(省略部分显示结果)
以太网适配器 VMware Network Adapter VMnet8:

    连接特定的 DNS 后缀 . . . . . . . :
```

```
本地链接 IPv6 地址. . . . . . . . . : fe80:: 2d49: e32b: 16ae: 20%18
IPv4 地址. . . . . . . . . . . . . : 192.168.85.1
子网掩码 . . . . . . . . . . . . . : 255.255.255.0
默认网关. . . . . . . . . . . . . :
```

如果没有启动,则需要在 Windows 系统中的"控制面板"→"网络和共享中心"→"更改适配
器配置"中找到 VMware Network Adapter VMnet8,然后启用该连接。启用连接后可通过 ping
命令测试 Windows 是否能通过新网卡连接 Linux:

```
C: \Windows\System32 > ping 192.168.85.5

正在 Ping 192.168.85.5 具有 32 字节的数据:
来自 192.168.85.5 的回复: 字节 =32 时间<1ms TTL =64
来自 192.168.85.5 的回复: 字节 =32 时间<1ms TTL =64
来自 192.168.85.5 的回复: 字节 =32 时间<1ms TTL =64
来自 192.168.85.5 的回复: 字节 =32 时间<1ms TTL =64

192.168.85.5 的 Ping 统计信息:
    数据包: 已发送 =4,已接收 =4,丢失 =0 (0% 丢失),
往返行程的估计时间(以毫秒为单位):
    最短 =0ms, 最长 =0ms, 平均 =0ms
```

第 6 步,设置默认路由。此时 Linux 主机同时处于 192.168.2.0/24 及 192.168.85.0/24 这
两个网络中。路由表经过更新后设置默认网关为 192.168.85.2:

```
[ root@ localhost  ~]# route
Kernel IP routing table
Destination      Gateway        Genmask          Flags   Metric  Ref      Use   Iface
192.168.85.0     *              255.255.255.0    U       0       0        0     eth1
192.168.2.0      *              255.255.255.0    U       0       0        0     eth0
link-local       *              255.255.0.0      U       1002    0        0     eth0
link-local       *              255.255.0.0      U       1003    0        0     eth1
default          192.168.85.2   0.0.0.0          UG      0       0        0     eth1
```

这是因为在 ifcfg-eth1 文件中,参数 DEFROUTE 被设置为 yes,在重启网络服务时 eth1 后于
eth0 被启动,所以 network 服务最终设置了 192.168.85.2 为默认路由,可以利用 route 命令
将其替换为真正的默认网关 IP 地址 192.168.2.1:

```
[ root@ localhost  ~]# route del default gateway 192.168.85.2
[ root@ localhost  ~]# route add default gateway 192.168.2.1
[ root@ localhost  ~]# route
Kernel IP routing table
Destination      Gateway        Genmask          Flags   Metric  Ref      Use   Iface
192.168.85.0     *              255.255.255.0    U       0       0        0     eth1
192.168.2.0      *              255.255.255.0    U       0       0        0     eth0
link-local       *              255.255.0.0      U       1002    0        0     eth0
link-local       *              255.255.0.0      U       1003    0        0     eth1
default          192.168.2.1    0.0.0.0          UG      0       0        0     eth0
```

14.4　实训练习题

注意以下练习题可以根据实际网络情况选择合适可用的 IP 地址和子网掩码等网络配置参数。

（1）修改配置文件将 eth0 设备的 IP 地址修改为同一局域网中的另一个 IP 地址（如192.168.2.10），并且设置合适的子网掩码（如 255.255.255.0），然后启用该配置。

（2）通过修改配置文件，将当前系统中所配置的主机名修改为 abc（abc 代表你的姓名拼音字母）。

（3）修改配置文件，将 www.kernel.org 的主机地址解析为本机地址，并通过 ping 命令验证设置是否成功。

（4）修改客户端的配置文件，将系统的 DNS 服务器配置修改为"8.8.8.8"。然后通过dig 命令查询 www.kernel.org 的 IP 地址来验证是否配置成功。

（5）列出系统中当前使用 TCP 协议的网络连接并且显示关于该连接的对应进程。

（6）参考综合实训案例 14.2，为 eth0 添加一个设备别名 eth0:0，然后为其配置另一个IP，请通过 ping 命令验证该设备别名能否正常工作。

（7）参考综合实训案例 14.3，为系统添加一块虚拟网卡，该网卡的网络连接方式设置为 NAT 模式，为该网卡设置合适的网络参数，并通过 ping 命令验证网卡是否有效。

网络配置基础

实训 15 网络安全管理

15.1 实 训 要 点

（1）理解 SELinux 的工作原理。
（2）启动和关停 SELinux。
（3）配置 SELinux 的工作模式。
（4）查看和设置进程和文件的安全上下文。
（5）查看和设置 SELinux 的布尔值。
（6）理解包过滤防火墙的工作原理。
（7）建立、编辑及删除 iptables 防火墙规则。

15.2 基础实训内容

Linux 操作系统被广泛应用在各类网络服务环境中，在后面的实训中将会介绍若干重要且典型的网络服务器的搭建与维护工作。无论需要利用 Linux 提供何种网络服务，一个必要的前提条件是 Linux 本身应具备安全、可靠的操作系统环境。操作系统的安全主要基于控制和隔离两种方式。为此，在本实训将围绕 SELinux、防火墙等话题讨论如何在 Linux 中开展安全管理工作，这些知识将为后面关于服务器搭建与维护的实训学习提供准备。

15.2.1 SELinux

1. 应用背景

系统安全的实现首先依赖于某种访问控制机制，它保护系统中的各种信息不被非法访问。在实训 7 的文件管理中围绕文件权限设置的内容对此已有所讨论。例如，如果一个普通用户不具备读取某个文件内容的权限，那么他读取该文件的行为将会被禁止，这就是一种最为基本的访问控制手段。一般来说，访问控制涉及 3 个方面的要素：一是主体［subject，也称为源（source）］，即提出访问的用户或进程等；二是客体［object，也称为目标（target）］，即被访问的文件和内存信息等；三是控制机制，即描述在什么条件下主体对客体可以实施什么访问行为。

较早提出的访问控制机制是自主访问控制（Discretionary Access Control，DAC）机制，它被应用在大多数的操作系统中。自主访问控制最大的特点是基于主体（用户）及其所属组群的身份来确定对某个客体是否具有某种访问权限，而所谓"自主"是指某个客体的拥有者能自主决定其他主体如何访问该客体。例如，对于某个文件，其拥有者可以任意设置文件权限而不受系统的约束。

然而这种自主访问控制的机制在实际应用中出现了一些问题。在前面所讨论的用户管理、文件权限管理、硬盘配额管理等内容中,所要监控和限制的均是针对普通用户的行为,而对于 root 这样的"超级用户"来说,实际上并没有加以绝对的限制。由于 root 用户拥有绝对的权力,导致了一旦 root 用户账号安全受到威胁,则整个系统的安全性就无法保证。另一方面,在自主访问控制的机制下某个主体的权限能够直接或间接地传递到其他主体上,这样 root 用户执行的进程便拥有与 root 用户相同的权限,也就是说,系统的安全依赖于这些进程本身是否安全,然而这往往难以保证。

【示例 15.1】 自主访问控制下的权限传递。容易知道普通用户是无法查看和复制 /etc/shadow 文件,例如对于用户 study,实施如下操作时将会被禁止。

```
[ study@ localhost ~]$ cp /etc/shadow /home/study/
cp: 无法打开"/etc/shadow" 读取数据: 权限不够
```

然而假如 root 用户误信了 study 用户,接受 study 发来的脚本并运行它:

```
[ root@ localhost shellscript] # ls -l permission
-rwxrwxrwx. 1 study study 74 10 月 17 16：58 permission
[ root@ localhost shellscript] # cat permission
#!/bin/sh

cp /etc/shadow /home/study/shadow
chmod 777 /home/study/shadow
[ root@ localhost shellscript] # ./permission
```

结果就是 study 窃取了 shadow 文件的内容:

```
[ root@ localhost shellscript] # ls -l /home/study/shadow
-rwxrwxrwx 1 root root 2586 10 月 17 16：59 /home/study/shadow
```

2. 工作原理

SELinux(Security-Enhanced Linux)是 Linux 中的一个内核安全模块,它提供了另外一种被称为强制访问控制(Mandatory Access Control, MAC)的安全机制,目的就是为了消除因单一使用自主访问控制而导致的潜在系统安全隐患。与自主访问控制相比,强制访问控制的主体是进程而不是用户。SELinux 特别针对的是提供网络服务的守护进程,因为它们是最有可能发生严重安全性问题的地方。强制访问控制的特点是它基于控制策略而非用户身份实施访问控制,也就是说即使是某个进程以 root 用户的身份执行一些控制策略所不允许的操作同样会被禁止。

关于 SELinux 的工作原理如图 15.1 所示。当某个进程作为主体访问某个文件时,它需要将访问请求提交给 SELinux 审核。SELinux 的审核工作依赖于安全上下文及策略数据库。如果 SELinux 审核通过,则系统再利用既有的文件权限审核方法判断进程是否对文件具有访问权限,如果两种审核都通过了就允许进程对文件实施访问操作,否则将被拒绝。

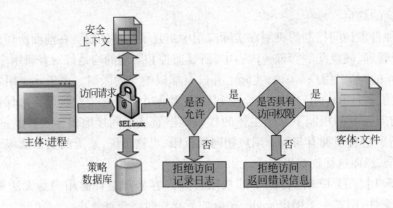

图 15.1　SELinux 的工作原理

安全上下文[Security Contexts,也称为标签(Lable)]包含在主体和客体中,也即每个进程和文件都会有安全上下文。对于进程,它的安全上下文存放于"/proc"文件系统中,ps 命令利用"-Z"选项能够查看到进程的安全上下文。而每个文件的安全上下文则存在于对应的索引结点中,可以通过"ls -Z"命令查看每个文件的安全上下文:

```
[root@ localhost attr]# cat /proc/1/attr/current          <==查看 init 进程的安全上下文
system_u: system_r: init_t: s0
[root@ localhost ~]# ps -Z
LABEL                                                     PID TTY   TIME CMD
unconfined_u: unconfined_r: unconfined_t: s0-s0: c0. c1023 17500 pts/3 00: 00: 00 ps
unconfined_u: unconfined_r: unconfined_t: s0-s0: c0. c1023 21227 pts/3 00: 00: 00 bash
[root@ localhost ~]# ls -Z test                           <==查看/root/test 文件的安全上下文
-rw-r--r--. root root system_u: object_r: admin_home_t: s0 test
```

安全上下文共包括了以下 3 个字段的内容。

(1) 用户名(user name):主要有 root、system_u、user_u 等用户名,注意用户名与 Linux 中的用户账号名并不对应。

(2) 角色(role):可分为 system_r、object_r 等。

(3) 域(domain)/类型(type):SELinux 实施访问控制实际依靠类型和域这两个概念进行。每个进程属于某个域,而每个文件属于某个类型。SELinux 中的策略库记录了每个域的相关规则,其中包括了域可以访问的客体(文件)的类型。

SELinux 的控制策略(policy)主要分为 targeted 和 strict 两种,默认采用 targeted 策略。每种策略主要由一组规则所构成,它被编译为二进制文件并存放在"/etc/selinux"目录下:

```
[root@ localhost ~]# ls /etc/selinux/targeted/policy/
policy. 24
```

如前所述,SELinux 对主体(进程)的管理是按域管理,而对客体(文件)的管理则是按类型管理。根据进程和文件的安全上下文,SELinux 能得知进程所属的域和文件所属的类型。给定的策略文件记录了域与类型之间的映射规则,因此 SELinux 能够据此判定主体(进程)是否有权限访问客体(文件)。整个 SELinux 会作为虚拟文件系统挂载在"/selinux"下,下面的示例说明了即使是作为拥有者的 root 也被 SELinux 禁止随意地在其中增加文件。

【示例 15.2】 root 用户被禁止在"/selinux"中增加文件。假设当前 SELinux 已经启动(可通过后面的示例查看 SELinux 的状态以及启动它),注意 root 用户作为拥有者对 SELinux 目录具有"rwx"权限,但始终被禁止在该目录下新建文件。

```
[root@ localhost selinux] # ls -dl /selinux
drwxr-xr-x. 7 root root 0 10 月 18 15:23 /selinux
[root@ localhost selinux] # touch test
touch: 无法创建"test": 权限不够
```

在实际管理中 SELinux 还引入了一个称为"布尔值"(boolean)的概念。由于 SELinux 的策略库中包括有许多规则,它们之间的关系错综复杂,管理员实际使用起来不可能逐条设置规则。这些布尔值相当于某种功能的开关,它对应于一组规则的启用和停用。布尔值让基于 SELinux 的管理工作变得容易。布尔值存放于"/selinux/boolean"中。

【示例 15.3】 查看 SELinux 中与 SSH 服务相关的布尔值。

```
[root@ localhost booleans] # ls -lZ | grep ssh          <== 当前目录为/selinux/boolean
-rw-r--r--. root root system_u: object_r: security_t: s0   allow_ssh_keysign
-rw-r--r--. root root system_u: object_r: security_t: s0   sftpd_write_ssh_home
-rw-r--r--. root root system_u: object_r: security_t: s0   ssh_sysadm_login
```

3. SELinux 的启动、关停和状态查看

早在 RHEL 4 的版本上 SELinux 就已经被支持使用,SELinux 也在 CentOS 等发行版本的 Linux 中被使用。"/etc/selinux/config"是 SELinux 的基本配置文件,它用于控制 SELinux 的状态,内容如下,此处对文件中的注释做了基本的翻译。

```
[root@ localhost ~] # cat /etc/selinux/config

# This file controls the state of SELinux on the system.
# SELINUX = can take one of these three values: (SELINUX 用于设置 SELinux 的工作模式)
#     enforcing - SELinux security policy is enforced. (强制模式,必须执行 SELinux 安全策略)
#     permissive - SELinux prints warnings instead of enforcing. (宽容模式,警告但不限制)
#     disabled - No SELinux policy is loaded. (禁用 SELinux)
SELINUX = enforcing                 #此处设置 SELinux 的工作模式
# SELINUXTYPE = can take one of these two values: (SELINUXTYPE 用于设置应用策略类型)
#     targeted - Targeted processes are protected, (默认只针对目标进程作限制)
#     mls - Multi Level Security protection. (多层次的安全保护)
SELINUXTYPE = targeted               #此处设置 SELinux 使用的控制策略
```

文件中的注释已清楚地说明了 SELINUX 和 SELINUXTYPE 两个参数值的含义和取值。所谓 targeted 策略,就是指只有特定的目标进程,如 httpd、vsftpd 等一系列的网络服务器进程会受到 SELinux 的限制,而其他进程则不受限制。这是出于性能和安全两方面的平衡而制定的策略。

默认情况下 SELinux 已经启动,如果要关闭 SELinux 服务则需要设置/etc/selinux/config 文件中的参数 SELINUX 值为 disabled。如果需要重新启动 SELinux,则需要重新设置 SELINUX 值为 enforcing 或 permissive。上述设置均需要重启 Linux 系统才能生效。系统在启动时初始化 SELinux 需要较长的时间,这是因为需要重新构建 SELinux 的安全上下文。

可以通过 sestatus 命令查看 SELinux 当前的状态信息,sestatus 命令的格式如下:

```
sestatus    [选项]
```

重要选项:

-v: 检查"/etc/sestatus. conf"中所列的文件及进程的安全上下文。

-b: 列出当前策略下的布尔值(boolean)启动状态(on 或 off)。

【示例 15.4】 查看当前 SELinux 的状态信息以及检查"/etc/sestatus. conf"中所列的文件及进程的安全上下文。

```
[ root@ localhost ~] # sestatus -v
SELinux status:              enabled        <== SELinux 的状态
SELinuxfs mount:             /selinux       <== SELinux 的挂载点
Current mode:                enforcing      <== 当前工作模式
Mode from config file:       enforcing      <== 配置文件中设置的模式
Policy version:              24             <== 策略版本号( 文件名为 policy. 24)
Policy from config file:     targeted       <== 使用的策略类型

Process contexts:                           <== 以下是进程的安全上下文
Current context:    unconfined_u: unconfined_r: unconfined_t: s0-s0: c0. c1023
Init context:       system_u: system_r: init_t: s0
/usr/sbin/sshd      system_u: system_r: sshd_t: s0-s0: c0. c1023

File contexts:                              <== 以下是文件的安全上下文
Controlling term:   unconfined_u: object_r: user_devpts_t: s0
/etc/passwd         system_u: object_r: etc_t: s0
/etc/shadow         system_u: object_r: shadow_t: s0
/bin/bash           system_u: object_r: shell_exec_t: s0
(省略部分显示结果)
```

由于在实际使用中可能需要将 SELinux 在强制模式(Enforcing)和宽容模式(Permissive)之间切换,此时可使用 getenforce 命令查看当前 SELinux 所处工作模式以及使用 setenforce 命令使 SELinux 在上述两种模式间切换。

【示例 15.5】 getenforce 命令和 setenforce 命令的使用。

```
[ root@ localhost ~] # getenforce              <== 查看当前 SELinux 所处工作模式
Enforcing
[ root@ localhost ~] # setenforce 0            <== 切换为宽容模式
[ root@ localhost ~] # getenforce
```

```
Permissive
[root@ localhost ~]# setenforce 1            <== 切换为强制模式
[root@ localhost ~]# getenforce
Enforcing
```

4. 查看 SELinux 日志

SELinux 作为一个安全内核模块对主体进程的访问行为进行监控,所有因主体进程非法操作而被 SELinux 拒绝访问的事件都会被记录在相关日志中,以便于管理员日后查看日志和排查系统安全问题。这些拒绝访问事件有可能只是管理上的一些设置错误,但也有可能是因为非法入侵而导致的,管理员需要分析日志后才能确定问题的来源。

Linux 系统中的守护进程 auditd 专门负责系统审计工作,也即负责记录各类系统性事件,如用户登录、系统调用等。默认守护进程 auditd 会被启动,如果没有需要利用 chkconfig 命令启动该守护进程。auditd 将审计日志信息记录在"/var/log/audit/audit. log"中,与 SELinux 有关的事件将会标记有"AVC"(Access Vector Cache)。

【示例 15.6】 查看关于 SELinux 的审计日志信息。注意应设置 auditd 进程启动。

```
[root@ localhost ~]# chkconfig --list auditd          <==检查 auditd 服务是否已启用
auditd          0: 关闭   1: 关闭   2: 启用   3: 启用   4: 启用   5: 启用   6: 关闭
[root@ localhost ~]# grep AVC /var/log/audit/audit. log|tail
(省略部分显示结果)
type = AVC msg = audit( 1445131308. 498: 1366): avc:   denied   { search }  for   pid = 4257 comm =
"tpvmgp" name = "vmware-tools" dev = dm-0 ino = 139693 scontext = system_u: system_r: cupsd_t: s0-s0:
c0. c1023 tcontext = system_u: object_r: vmware_sys_conf_t: s0 tclass = dir
```

由于关于 SELinux 安全事件而记录下的日志信息有很多,而守护进程 auditd 也并非只为 SELinux 服务,因此日志 audit. log 混杂有各种审核事件的日志内容。为便于管理员查阅和利用 SELinux 日志,可以安装和使用辅助服务 setroubleshoot。守护进程 setroubleshootd 将会监听从 SELinux 发出的审计事件并记录在日志文件"/var/log/message"中。sealert 是 setroubleshoot 服务向用户提供的具有图形化用户界面以及命令行形式的日志分析工具,其命令格式如下:

```
sealert     [选项]
```

重要选项:

-a(analyze):扫描日志文件并分析其中的 AVC 类型事件。SELinux 该选项后面需要给出所要分析的日志文件。

-l(lookupid):根据 id 查阅事件的详细信息。

【示例 15.7】 安装并使用 setroubleshoot 工具。默认情况下该工具并没有安装,可以使用 yum 服务在线安装 setroubleshoot 工具:

```
[root@ localhost ~]# yum install setroubleshoot
(安装过程略)
```

从 audit.log 中提取日志的时间会比较长,由于 audit.log 文件在被 sealert 分析时仍然在增长,因此实际不能完全对所有日志内容进行分析,结束时 sealert 将会对此提出警告:

```
[ root@ localhost ~]#sealert -a /var/log/audit/audit.log > /root/mylogfile        <== 提取 SELinux 日志
(省略部分显示结果)
```

生成的 mylogfile 文件记录了日志分析和汇总的结果,以下是其中的部分内容:

```
found 14 alerts in /var/log/audit/audit.log
-----------------------------------------------------------------------------------------

概述:
(省略部分显示结果)

附加信息:

源上下文                                          system_u: system_r: cupsd_t: s0-s0: c0. c1023
目标上下文                                        system_u: object_r: vmware_sys_conf_t: s0
目标对象                                          /etc/vmware-tools [ dir]
(省略部分显示结果)
```

5. SELinux 策略及其规则的查阅和设置

SELinux 提供了 seinfo、sesearch、getsebool、setsebool 等命令用于查阅和设置策略及其规则。注意检查这些命令是否已经安装,否则需要利用 yum 服务安装软件 setools:

```
[ root@ localhost ~]# yum install setools
(安装过程略)
```

下面结合一些示例介绍 seinfo 等命令的基本使用。

1) seinfo 命令

功能:查询指定策略文件的组成信息。默认查询当前 SELinux 所使用的策略文件的组成。

格式:

```
seinfo   [选项]·  [策略文件]
```

重要选项:

-u(user):列出 SELinux 的所有用户名。

-r(role):列出 SELinux 的所有角色。

-t(type):列出 SELinux 的所有类型。

-b(boolean):列出策略中所包括的规则。

【示例 15.8】 查看当前 SELinux 使用的 targeted 策略的组成信息。数据显示当前共有168 条规则,3073 种类型。

```
[ root@ localhost ~] # seinfo

Statistics for policy file: /etc/selinux/targeted/policy/policy. 24        <==策略文件所在位置
Policy Version & Type: v. 24 ( binary, mls)

    Classes:          77      Permissions:      229
    Sensitivities:    1       Categories:       1024
    Types:            3073    Attributes:       250
    Users:            9       Roles:            13
    Booleans:         168     Cond. Expr.:      203
(省略部分显示结果)
```

【示例 15.9】 查看当前 SELinux 所有与 http 服务有关的安全上下文类型。

```
[ root@ localhost ~] # seinfo -t | grep httpd
    httpd_php_tmp_t
    httpd_var_lib_t
    httpd_var_run_t
(省略部分显示结果)
```

2）sesearch 命令

功能：在一个 SELinux 策略中搜索规则。

格式：

```
sesearch   规则类型 [选项]    [SELinux 策略]
```

sesearch 命令格式中的规则类型是必须要给出的, 可以是--all、--allow、--neverallow、--auditallow 等。

重要选项：

-t(target)：根据客体(目标)的类型参数查找规则。

-s(source)：根据主体(源)的类型参数查找规则。

-b(boolean)：根据布尔值参数查找规则。

【示例 15.10】 查找 SELinux 所允许的,且主体进程为 sshd_t 类型,客体类型为 admin_home_t 类型的规则。这里可以看到 sshd 进程访问 admin_home_t 类型的文件(如/root 中的文件)时具有读写等权限。

```
[ root@ localhost ~] # sesearch --allow  -s sshd_t -t admin_home_t
Found 2 semantic av rules:
    allow ssh_server admin_home_t : dir { ioctl read write getattr lock add_name remove_name search open };
    allow sshd_t admin_home_t : dir { getattr search open };
```

3）getsebool 命令

功能：获取 SELinux 的布尔值。

格式：

getsebool	[选项]	[SELinux 布尔值]

重要选项：

-a(all)：列出所有 SELinux 布尔值的设置情况。

4）setsebool 命令

功能：设置 SELinux 的布尔值。

格式：

setsebool	[选项]	SELinux 布尔值 on/off

重要选项：

-P(policy)：默认不使用该选项，将不会把布尔值写入策略文件。

【示例 15.11】 查看并设置 SELinux 的所有与 httpd 进程有关的布尔值。

```
[root@ localhost ~]# getsebool -a | grep httpd
allow_httpd_anon_write --> off
allow_httpd_mod_auth_ntlm_winbind --> off
allow_httpd_mod_auth_pam --> off
allow_httpd_sys_script_anon_write --> off
httpd_builtin_scripting --> on
httpd_can_check_spam --> off
httpd_can_network_connect --> off
(省略部分显示结果)
[root@ localhost ~]# setsebool httpd_can_network_connect on
[root@ localhost ~]# getsebool httpd_can_network_connect
httpd_can_network_connect --> on
```

6. 安全上下文的设置

之前介绍了查看文件安全上下文的方法，修改文件的安全上下文可以通过 chcon 命令实施，其命令格式如下：

chcon	[选项]	文件路径

重要选项：

-t(type)：该选项后面需要给出参数用于设定文件安全上下文中的类型。

-r(role)：该选项后面需要给出参数用于设定文件安全上下文中的角色。

-u(user)：该选项后面需要给出参数用于设定文件安全上下文中的用户。

--reference = FILE：将按照 FILE 的安全上下文设置。

【示例 15.12】 修改文件的安全上下文中的类型设置。假设在"/root"中有文件 test，默认它的安全上下文中的类型为 admin_home_t，将其复制到"/home"下，类型变为 home_root_t，可以进一步修改类型为 user_home_t，即普通用户创建的文件所具有的安全上下文类型。

```
[ root@ localhost ~]# ls -Z test
-rw-r--r--.  root root unconfined_u: object_r: admin_home_t: s0 test
[ root@ localhost ~]# ls -Z /home/test                                <== 注意类型变化
-rw-r--r--.  root root unconfined_u: object_r: home_root_t: s0 /home/test
[ root@ localhost ~]# chcon -t user_home_t /home/test                  <== 将类型修改为 user_home_t
[ root@ localhost ~]# ls -Z /home/test
-rw-r--r--.  root root unconfined_u: object_r: user_home_t: s0 /home/test
```

【示例 15.13】 修改 student01 用户的主目录的安全上下文。在综合实训案例 9.2 中的最后一步里面，实际临时将 SELinux 设置为宽容模式，原因在于迁移至新硬盘中的 student01 用户主目录的安全上下文类型为 file_t：

```
[ root@ localhost ~]# ls -Zd /mnt/vdisk-student/student01/
drwxr-xr-x.  student01 student01 unconfined_u: object_r: file_t: s0  /mnt/vdisk-student/student01/
```

而不是默认的 user_home_dir_t，这样会导致 student01 用户（远程）登录系统时会有如下提示：

```
C: \Windows\System32 > ssh student01@ 192.168.2.5
student01@ 192.168.2.5's password:
Last login: Wed Nov 18 16:14:54 2015 from 192.168.2.22
Could not chdir to home directory /home/student01: Permission denied
[ student01@ localhost /]$
```

如果重新将"/mnt/vdisk-student/student01"目录的安全上下文改为 user_home_dir_t：

```
[ root@ localhost ~]# chcon -t user_home_dir_t /mnt/vdisk-student/student01/
[ root@ localhost ~]# ls -Zd /mnt/vdisk-student/student01/
drwxr-xr-x.  student01 student01 unconfined_u: object_r: user_home_dir_t: s0 /mnt/vdisk-student/
student01/
```

重新登录系统可发现上述问题已经解决：

```
C: \Windows\System32 > ssh student01@ 192.168.2.5
student01@ 192.168.2.5's password:
Last login: Wed Nov 18 16:27:09 2015 from 192.168.2.22
[ student01@ localhost ~]$ getenforce
Enforcing
```

15.2.2 防火墙

1. netfilter 和 iptables

除利用 SELinux 实现对系统内信息的访问控制外，关于网络安全的另一个实现手段是隔离，也即将网络区分为内部网和外部网，在两者之间构建安全屏障，以此保护内部网内的系统不受到非法入侵。防火墙是利用隔离手段实现网络安全的重要工具,它的基本原理是预先定义一组规则并据此对内外网之间的网络流量做出某种操作(禁止/允许)。

防火墙主要可分为包过滤型防火墙和代理服务型防火墙,这里主要讨论包过滤型防火墙。网络流量以 IP 数据包为单位,包过滤型防火墙通过检查 IP 数据包中位于头部的源地址、目的地址和协议类型等信息,并且根据防火墙规则判断是否接受或拒绝 IP 数据包,从而实现禁止或允许某种网络流量通过防火墙。在 Linux 中,包过滤防火墙系统由 netfilter 和 iptables 两部分构成,netfilter 是由 Linux 内核模块提供的,负责包过滤、网络地址转换和端口转换等功能,而 iptables 是一个用户程序,主要负责提供界面接口让系统管理员配置来自于 netfilter 的表及其存储的链和规则。早在综合实训案例 2.3 中便已使用过具有图形化界面的防火墙配置工具。

2. 表格与链

前面谈到防火墙的基本工作原理,里面最基本的构成是规则(rule)。每条规则包括匹配条件(match)及目标(target)。如图 15.2 所示,防火墙根据规则对照 IP 数据包的信息,如果符合规则的匹配条件就执行规则中的目标,否则就根据下一条规则继续比对 IP 数据包。规则与规则之间存在一个应用次序,也就是说,有些规则应该优先应用,而有些规则应该在其他规则应用之后才能应用,规则按照应用次序排列就构成了数据包所要经过的链(chain)。

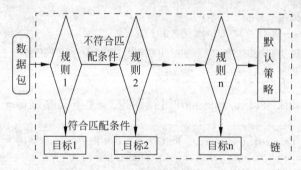

图 15.2　防火墙规则与链的关系

一组用作某种用途的链构成了防火墙的表格。iptable 内置了三张表：filter 表、NAT 表和 mangle 表,分别用于数据包过滤、网络地址转换及数据包修改 3 个方面。由于 Linux 系统多应用在网络服务器场合,因此最为重要的是 filter 表,因为它控制着 Linux 系统中与网络服务有关的数据包的进站与出站。filter 表共有 INPUT、OUTPUT 和 FORWARD 三条链路。

INPUT：处理入站信息包。

OUTPUT：处理出站信息包。

FORWARD：处理转发信息包。

除了内置的链之外,用户还可以根据需要增加自定义的规则以及链路。

3. iptables 命令

Linux 中的防火墙需要 iptables 这个系统服务来完成。首先需要利用 service 命令启动 iptables 服务：

```
[ root@ localhost ~]# service iptables start
iptables: 应用防火墙规则:                                              [确定]
iptables: 载入额外模块: nf_conntrack_ftp nf_conntrack_netbi            [确定]
```

防火墙管理主要包括了规则的建立、编辑以及删除等工作,它们需要使用 iptables 命令来完成。其命令格式如下:

```
iptables   [表格指定]   命令选项  [匹配条件]   [目标]
```

从以上命令格式可知,iptables 命令共有 4 个部分。下面首先对表格指定、规则的匹配条件以及目标进行基本的说明,然后结合命令选项以及具体的示例讨论如何使用 iptables 命令。注意练习以下示例时防火墙的实际设置未必一定要与示例中的完全相同,需要根据实际设置作出调整。

(1) 表格指定:使用“-t”选项并给出 filter, nat 或 mangle 等参数来指定当前所要操作的表。如果不指定,默认操作的表格是 filter。

(2) 匹配条件表示。

-s 源地址:源地址可以是主机名、单个 IP 地址或某个网络,如 192.168.2.0/24 等。

-d 目标地址:目标地址表示与源地址相同。

-p 协议名:规则所使用的协议名可以是 tcp、udp、icmp 等,默认设置为 tcp 协议,也可以直接指定 all 表示全部协议。

--sport 源端口号:指定数据包的源端口号。

--dport 目标端口号:指定数据包的目标端口号。由于网络服务器需要监听它的服务端口,因此设置防火墙是否开放某种网络服务实际即设置规则是否接受具有对应目标端口号的数据包。

(3) 目标表示:使用“-j”选项并给出 ACCEPT 等参数来指定规则的目标。基本应用中主要有 ACCEPT、DROP 和 REJECT 等目标, ACCEPT 表示允许数据包通过防火墙,而 DROP 表示丢弃该数据包,REJECT 与 DROP 类似,但将会向发送方返回关于错误提示消息。

(4) 命令选项的使用:在使用 iptables 时命令选项是必须要给出的。这些选项主要用于指出 iptables 所要执行的操作。

-L(list):该命令可给出数据链名称作为参数,用于查看指定数据链的所有规则。该选项可以配合参数“-line-numbers”使用,可显示结果中的规则编号。

【示例 15.14】 查看 filter 表中 INPUT 链路的所有规则,并对每条规则进行编号。

```
[ root@ localhost ~]# iptables -L INPUT --line-numbers
Chain INPUT ( policy ACCEPT)

num  target  prot  opt  source      destination
1    ACCEPT  all   --   anywhere    anywhere        state RELATED, ESTABLISHED
2    ACCEPT  icmp  --   anywhere    anywhere
3    ACCEPT  all   --   anywhere    anywhere
4    ACCEPT  tcp   --   nywhere     anywhere        state NEW tcp dpt: ftp
```

```
5    ACCEPT   tcp    --   anywhere   anywhere     state NEW tcp dpt: ssh
6    ACCEPT   tcp    --   anywhere   anywhere     state NEW tcp dpt: http
7    REJECT   all    --   anywhere   anywhere     reject-with icmp-host-prohibited
```

可以看到当前系统已经向外网开放了 ftp、ssh 及 http 服务(能够处理入站的服务请求)。而所有其他的服务均不开放,因此最后一条规则拒绝了其他所有的访问请求。显示结果中的各个字段的含义分别为编号(num)、目标(target)、适用协议(prot)、源地址(source)、目标地址(destination)、附加说明。

-I(insert):在指定链路中的某个位置插入一条或多条规则。该选项后面需要给出格式为"链路名称 规则编号 规则匹配条件 目标"的参数。如果规则编号为1,则在链的最前面插入规则,以此类推。

【示例 15.15】 设置拒绝来自某台主机的访问。当前 Linux 的 IP 地址设置为 192.168.2.5,假定网络上有另一台主机,其 IP 地址为 192.168.2.78。在 Linux 系统的防火墙添加规则,拒绝所有来自该主机的访问。

```
[root@ localhost ~]# iptables -I INPUT 1 -s 192.168.2.78 -j REJECT
[root@ localhost ~]# iptables -L INPUT --line-numbers
Chain INPUT ( policy ACCEPT)

num   target       prot  opt  source          destination
1     REJECT       all   --   192.168.2.78  anywhere   reject-with icmp-port-unreachable
(省略部分显示结果)
```

被拒绝访问的主机使用的是 Windows 系统,尝试利用 ping 命令测试规则是否有效,得到如下结果:

```
C:\Users\think > ping 192.168.2.5

正在 ping 192.168.2.5 具有 32 字节的数据:
来自 192.168.2.5 的回复: 无法连到端口.
(省略部分显示结果)
```

练习时可将所要添加的规则其目标改为 DROP,对比目标 REJECT 和 DROP 的不同结果。

-R(replace):重置指定链路中的某条规则。该选项后面需要给出格式为"链路名称 规则编号 规则匹配条件 目标"

【示例 15.16】 假设当前 filter 表的 INPUT 链中第 8 条规则用于开放 http 服务,现在需要重置该规则为关闭 http 的服务端口。

```
[root@ localhost ~]# iptables -L INPUT --line-numbers
Chain INPUT ( policy ACCEPT)
num   target      prot opt  source      destination
(省略部分显示结果,以下是第 8 条规则原来的内容)
8    ACCEPT   tcp -- anywhere  anywhere          state NEW tcp dpt: http
9    REJECT   all  -- anywhere  anywhere          reject-with icmp-host-prohibited
[root@ localhost ~]# iptables -R INPUT 8 -p tcp --dport 80 -j REJECT #重置第 8 条规则
```

```
[ root@ localhost ~]# iptables -L INPUT --line-numbers
Chain INPUT ( policy ACCEPT)
num   target     prot   opt    source              destination
(省略部分显示结果,以下是第8条规则的重置结果)
8 REJECT   tcp   --   anywhere anywhere     tcp dpt: http reject-with icmp-port-unreachable
9 REJECT   all   --   anywhere   anywhere     reject-with icmp-host-prohibited
```

-D(delete):在指定链路中删除指定的一条或多条规则。该选项后面需要给出格式为
"链路名称 规则编号"或"链路名称 规则匹配条件 目标"的参数。

【示例15.17】 测试网络屏蔽。对示例15.15所增加的规则1进行重置,将规则中的
源地址修改为Linux所在的整个局域网(192.168.2.0/24)。

```
[ root@ localhost ~]# iptables -R INPUT 1 -s 192.168.2.0/24 -j REJECT   <==重置第1条规则
[ root@ localhost ~]# iptables -L INPUT --line-numbers              <==查看更新结果
Chain INPUT ( policy ACCEPT)
num   target     prot opt   source          destination
1   REJECT    all   --    192.168.2.0/24  anywhere   reject-with icmp-port-unreachable
```

然后作为测试下面利用 ping 命令与默认网关通信:

```
[ root@ localhost ~]# ping 192.168.2.1                <==无法获取默认网关返回的 ICMP 包
ping 192.168.2.1 (192.168.2.1) 56(84) bytes of data.
(按 Ctrl + C 组合键结束)
--- 192.168.2.1 ping statistics ---
9 packets transmitted, 0 received, 100% packet loss, time 8339ms

[ root@ localhost ~]# iptables -D INPUT 1               <==删除刚重置的第1条链路
[ root@ localhost ~]# ping 192.168.2.1
ping 192.168.2.1 (192.168.2.1) 56(84) bytes of data.
64 bytes from 192.168.2.1: icmp_seq = 1 ttl = 64 time = 10.1 ms
64 bytes from 192.168.2.1: icmp_seq = 2 ttl = 64 time = 23.7 ms
(按 Ctrl + C 组合键结束)
--- 192.168.2.1 ping statistics ---
2 packets transmitted, 2 received, 0% packet loss, time 1173ms
rtt min/avg/max/mdev = 10.148/16.950/23.753/6.803 ms
```

-A(append):在指定链路末尾附加一条规则。选项后面需要给出格式为"链路名称 规
则匹配条件 目标"的参数。

-P(policy):在指定链路中设置默认策略,选项后面需要给出格式为"链路名称 目标"
的参数。

【示例15.18】 修改默认策略为 DROP。

```
[ root@ localhost ~]# iptables -P INPUT DROP
[ root@ localhost ~]# iptables -L INPUT
Chain INPUT ( policy DROP)
(省略部分显示结果)
```

网络安全管理

【示例 15.19】 开放 DNS 服务端口。DNS 的服务端口是 tcp/53 和 udp/53,在恰当的位置(这里在第 4 条规则前)增加规则如下:

```
[ root@ localhost ~]# iptables -I INPUT 4 -p tcp --dport 53 -j ACCEPT
[ root@ localhost ~]# iptables -I INPUT 4 -p udp --dport 53 -j ACCEPT
[ root@ localhost ~]# iptables -L INPUT
Chain INPUT ( policy ACCEPT)
target    prot  opt  source                 destination
(省略部分显示结果)
ACCEPT  udp   --   anywhere              anywhere                udp dpt: domain
ACCEPT  tcp   --   anywhere              anywhere                tcp dpt: domain
(省略部分显示结果)
```

注意:增加关于开放网络服务端口的防火墙规则时需要将规则放置在屏蔽某些网络的规则之后,以使这些网络中的主机不能访问服务器。

15.3 综合实训案例

案例 15.1 利用 SELinux 控制访问 vsftpd 服务

如前所述,SELinux 默认使用 targeted 策略,也即主要针对网络服务器进程实施访问控制。SELinux 是如何实现这个目标的呢? 结合之前所讨论的 SELinux 的工作原理,本案例将通过 vsftpd 服务器的配置和使用来演示 SELinux 如何对网络服务器进程实施访问控制。vsftpd(very secure ftp)是 RHEL 中默认安装的 FTP 服务器软件。

第 1 步,检查软件 vsftpd 是否正确安全并已经启动。首先可利用 rpm 命令或 yum 服务查看软件 vsftpd 是否已经正确安装,如果已经安装则继续检查 vsftpd 进程是否已经启动:

```
[ root@ localhost ~]# rpm -q vsftpd                  <==检查 vsftpd 软件是否已经安装
vsftpd-2. 2. 2-6. el6. i686
[ root@ localhost ~]# service vsftpd status          <==检查 vsftpd 服务是否已经启动
vsftpd ( pid 4104) 正在运行...
```

如果没有安装 vsftpd 软件则可利用 yum 服务安装该软件:

```
[ root@ localhost ~]# yum install vsftpd
(安装过程略)
```

然后启动守护进程 vsftpd。

第 2 步,检查防火墙,增加开放 FTP 服务的规则。利用如下命令查看 filter 表中的 INPUT 链路是否已经设置了接受目标端口为 FTP 服务端口(21)的数据包的规则,设置结果如下:

```
[ root@ localhost ~]# iptables -L INPUT
Chain INPUT ( policy ACCEPT)
target     prot opt   source              destination
(省略部分显示结果)
ACCEPT   tcp  --   anywhere            anywhere            state NEW tcp dpt: ftp
(省略部分显示结果)
```

如果没有该规则,需要增加相应的规则:

```
[ root@ localhost ~]# iptables -I INPUT 1 -p tcp --dport 21 -j ACCEPT
[ root@ localhost ~]# iptables -L INPUT
Chain INPUT ( policy ACCEPT)
target     prot opt   source              destination
ACCEPT   tcp  --   anywhere            anywhere            tcp dpt: ftp
```

这里设置接受 FTP 数据包的规则为 INPUT 链中的第一条规则,实际并不应当这样做,特别是当防火墙设置中有关于屏蔽某些网络或主机的其他规则时,应当将它放置在这些规则之后。

第 3 步,检查 SELinux 是否已经设置为 Enforcing 工作模式:

```
[ root@ localhost ~]# getenforce
Enforcing
```

如果设置为 Permissive 模式则需要利用 setenforce 命令设置 SELinux 为 Enforcing 模式:

```
[ root@ localhost ~]# setenforce 1
```

第 4 步,利用宿主机(Windows 系统)连接虚拟机中的 Linux。请参考综合实训案例 2.3 的方法,利用 Windows 中的 cmd. exe 程序连接 Linux 系统。在 cmd 程序中输入如下命令:

```
C: \Users\think-x > ftp 192.168.2.5          <==Linux 系统的 IP 地址为 192.168.2.5
连接到 192.168.2.5.
220 ( vsFTPd 2.2.2)
用户(192.168.2.5:(none)): study
331 Please specify the password.
密码:
500 OOPS: cannot change directory: /home/study
登录失败.
ftp > quit                                    <==可以利用 quit 命令退出 FTP 服务
500 OOPS: priv_sock_get_cmd
```

实际 FTP 服务器是可以连接的,但是不允许 study 用户切换至主目录中。如果用匿名用户登录 FTP 服务器(默认设置是允许以匿名用户身份登录的):

```
C: \Users\think-x > ftp 192.168.2.5
连接到 192.168.2.5.
```

```
220 ( vsFTPd 2.2.2)
用户(192.168.2.5: (none)): anonymous
331 Please specify the password.
密码:
230 Login successful.
ftp > pwd
257 "/"
```

之所以 study 用户不能登录系统,是因为 SELinux 不允许 study 用户将目录切换至其主目录"/home/study"下。而匿名用户登录后所在目录是"/var/ftp/",即以"/var/ftp/"为根(/)。

第 5 步,修改布尔值 ftp_home_dir。该布尔值控制了是否允许用户利用 FTP 服务登录到他的主目录中。可以设置 ftp_home_dir 的值为 on:

```
[ root@ localhost ~]# setsebool ftp_home_dir on
[ root@ localhost ~]# getsebool ftp_home_dir
ftp_home_dir --> on
```

第 6 步,study 重新登录 FTP 服务器。

```
C:\Users\think-x > ftp 192.168.2.5
连接到 192.168.2.5.
220 ( vsFTPd 2.2.2)
用户(192.168.2.5: (none)): study
331 Please specify the password.
密码:
230 Login successful.
ftp > pwd                        <==在 FTP 服务器中使用内置的 pwd 命令
257 "/home/study"
```

可见 study 用户已成功登录 FTP 服务器。

第 7 步,查看相关日志。如果已经安装 setroubleshoot 软件,可以查看"/var/log/messages"的最新记录,并可利用 sealert 命令查看第 4 步中拒绝访问事件的详细信息和建议。

```
[ root@ localhost ~]# tail /var/log/messages           <==注意日志中的提示信息
Oct 21 14:51:44 localhost setroubleshoot: SELinux is preventing /usr/sbin/vsftpd from search access on
the directory /home. For complete SELinux messages. run sealert -l 5b8ebc70- 5161- 4b67-
bfef-0b8b18d5482d
[ root@ localhost ~]# sealert -l 5b8ebc70-5161-4b67-bfef-0b8b18d5482d   #根据提示进行查询
SELinux is preventing /usr/sbin/vsftpd from search access on the 目录 /home.

(省略部分显示结果)
***** 插件 catchall_boolean (47.5 置信度) 建议   ********************************
```

```
If 您要 allow ftp to read and write files in the user home directories
Then 您必须启用 'ftp_home_dir' boolean 告知 SELinux 这个情况.
Do
setsebool -P ftp_home_dir 1
```

也可以直接查看"/var/log/audit/audit.log"的相关日志记录:

```
[root@ localhost ~]# grep AVC /var/log/audit/audit.log
type = AVC msg = audit(1445410299.590:1005): avc:  denied  { search } for  pid = 12564 comm =
"vsftpd" name = "home" dev = dm-0 ino =652803
scontext = unconfined_u: system_r: ftpd_t: s0-s0: c0. c1023
tcontext = system_u: object_r: home_root_t: s0 tclass = dir
```

案例 15.2　利用 nmap 检查防火墙设置

　　网络探测工具软件 nmap 是一款著名的网络安全软件,它能够快速地扫描某个网络或主机,探测其中开放的网络服务(端口)及其状态,并获知扫描对象的许多有用信息,如所使用的操作系统、防火墙及物理网卡等。在实训 13 的相关示例及综合实训案例 13.1 中已经讨论了如何安装 nmap 软件。关于 nmap 的详细使用介绍可参考官方网站"https://nmap.org/man/zh/"所提供的中文说明手册。

　　本案例将结合 nmap 工具的使用,演示如何利用 nmap 检查 iptables 防火墙设置。可以假设 nmap 的使用者为潜在的网络攻击方,通过各种网络探测行为尝试获取防火墙在设置上的漏洞。为更清楚地演示案例,这里做了一定程度的简化。进行实验需要有两个 Linux 系统,假设主机 A 为防守方,安装并运行 iptables 防火墙,IP 地址设置为 192.168.2.5,主机 B 为攻击方,安装并运行 nmap,IP 地址设置为 192.168.2.15。完成以下案例练习时,可以两人为一组进行,也可以一人同时运行两个 Linux 虚拟机。操作步骤如下,里面所使用到的 nmap 命令请根据实际网络环境设置正确的 IP 地址,详细的 nmap 命令介绍请查阅 nmap 中文手册,此处不做具体的说明。

　　第 1 步,在主机 B 中尝试使用 nmap 扫描主机 A 的开放端口。由于已经确定了扫描对象为主机 A,因此这里不从整个网络开始扫描,而是直接扫描主机 A 的所有开放端口。确认主机 A 的防火墙已经启动,但并没有设置特定针对主机 B 的规则。然后在主机 B 中输入以下命令:

```
[root@ localhost ~]# nmap -sS 192.168.2.5          <==扫描主机 A 的所有开放端口

Starting Nmap 6.49BETA5 (https://nmap.org) at 2015-10-21 17:16 CST
Nmap scan report for 192.168.2.5
Host is up (0.0070s latency).
Not shown: 996 filtered ports
PORT        STATE        SERVICE
21/tcp      open         ftp
22/tcp      open         ssh
```

```
53/tcp    closed    domain
80/tcp    closed    http
MAC Address: 00:22:69:5A:B9:B0 (Hon Hai Precision Ind. Co.)
```

从以上结果可知,现在主机 A 已经开放了包括 FTP 服务在内的若干端口,防火墙并没有特定针对主机 B 的数据包过滤。注意当前主机 A 的系统中 DNS 服务及 HTTP 服务并没有启动。

第 2 步,主机 A 设置防火墙规则以屏蔽主机 B 的访问。在主机 A 中增加防火墙规则如下:

```
[root@localhost ~]# iptables -I INPUT 1 -s 192.168.2.15 -j DROP
[root@localhost ~]# iptables -L
Chain INPUT (policy ACCEPT)
target    prot opt   source              destination
DROP      all  --    192.168.2.15        anywhere
(省略部分显示结果)
```

这时显然主机 B 不能利用 ping 命令访问主机 A,在主机 B 中输入如下命令测试主机 A 是否对其开放:

```
[root@localhost ~]# ping -c 3 192.168.2.5
PING 192.168.2.5 (192.168.2.5) 56(84) bytes of data.

--- 192.168.2.5 ping statistics ---
3 packets transmitted, 0 received, 100% packet loss, time 12002ms
```

第 3 步,主机 B 利用 nmap 继续扫描主机 A 的端口。在主机 B 中输入如下命令:

```
[root@localhost ~]# nmap -sS 192.168.2.5

Starting Nmap 6.49BETA5 (https://nmap.org) at 2015-10-21 16:45 CST
Nmap scan report for 192.168.2.5
Host is up (0.0084s latency).
All 1000 scanned ports on 192.168.2.5 are filtered
MAC Address: 00:22:69:5A:B9:B0 (Hon Hai Precision Ind. Co.)

Nmap done: 1 IP address (1 host up) scanned in 21.48 seconds
```

从上面的结果可知,主机 A 中所有的服务端口对于主机 B 都是关闭的。特别地,在主机 B 中输入以下针对 FTP 服务端口(21)进行扫描的命令:

```
[root@localhost ~]# nmap -p21 192.168.2.5

Starting Nmap 6.49BETA5 (https://nmap.org) at 2015-10-21 16:51 CST
Nmap scan report for 192.168.2.5
Host is up (0.0086s latency).
```

```
PORT      STATE       SERVICE
21/tcp    filtered    ftp
MAC Address: 00:22:69:5A:B9:B0 (Hon Hai Precision Ind. Co.)

Nmap done: 1 IP address (1 host up) scanned in 0.42 seconds
```

从以上结果可知,主机 B 发向主机 A 的 FTP 数据包被过滤了。

第 4 步,主机 B 利用 nmap 向主机 A 发送伪造源地址的数据包。在主机 B 中利用 nmap 命令伪造源地址为 192.168.2.105 的数据包并以此扫描主机 A 的开放端口,nmap 将尝试把指定的 IP 地址绑定到网络接口中 eth0,失败后将提出警告。

```
[root@localhost ~]# nmap -sS 192.168.2.5 -S 192.168.2.105 -e eth0
WARNING: If -S is being used to fake your source address, you may also have to use -e <interface> and
-Pn.  If you are using it to specify your real source address, you can ignore this warning.

Starting Nmap 6.49BETA5 (https://nmap.org) at 2015-10-21 16:46 CST
NSOCK ERROR [0.1460s] mksock_bind_addr(): Bind to 192.168.2.105:0 failed (IOD #1): Cannot
assign requested address (99)
Nmap scan report for 192.168.2.5
Host is up (0.010s latency).
Not shown: 996 filtered ports
PORT      STATE       SERVICE
21/tcp    open        ftp
22/tcp    open        ssh
53/tcp    closed      domain
80/tcp    closed      http
MAC Address: 00:22:69:5A:B9:B0 (Hon Hai Precision Ind. Co.)

Nmap done: 1 IP address (1 host up) scanned in 5.35 seconds
```

这时可以发现主机 A 对于该类数据包是开放的。

第 5 步,主机 B 修改 IP 地址,成功绕过主机 A 的防火墙。在主机 B 中修改 IP 地址为 "192.168.2.105":

```
[root@localhost ~]# ifconfig eth0 192.168.2.105 netmask 255.255.255.0
```

然后重新利用 ping 命令检测主机 A,可发现主机 A 有应答:

```
[root@localhost ~]# ping -c 1 192.168.2.5
ping 192.168.2.5 (192.168.2.5) 56(84) bytes of data.
64 bytes from 192.168.2.5: icmp_seq = 1 ttl = 64 time = 16.7 ms

--- 192.168.2.5 ping statistics ---
1 packets transmitted, 1 received, 0% packet loss, time 17ms
rtt min/avg/max/mdev = 16.706/16.706/16.706/0.000 ms
```

进一步可利用主机 B 访问主机 A 开放的 FTP 服务。该案例说明了只有合理的防火墙设置才能真正有效地保障系统的安全。

15.4 实训练习题

（1）查看当前系统中的 SELinux 的工作模式，将其设置为宽容模式。

（2）以根用户身份在"/root"目录下创建一个文件，再以普通用户身份在其主目录下创建一个文件，对比这两个文件的安全上下文的差异。

（3）查看当前与 Samba 服务有关的 SELinux 的布尔值设置情况。

（4）查看 SELinux 布尔值 ftp_home_dir 的设置值，并将其设置为 on 状态。

（5）利用 iptables 命令在当前防火墙的 filter 表的 INPUT 链中增加一条规则，对进入的所有 ICMP 协议的数据包实施拒绝操作。

（6）利用 iptables 命令在当前防火墙的 filter 表的 INPUT 链中增加一条规则，拒绝来自 192.168.2.0/25（即 192.168.2.0～192.168.2.127）网络的 HTTP 请求，注意上述网络地址可根据实际网络环境进行修改。然后参考综合实训案例 15.2 利用 nmap 工具检查防火墙设置是否生效，并且通过伪造数据包源地址的方法实现欺骗防火墙。

实训 16 Samba 服务器

16.1　实　训　要　点

（1）理解 Samba 服务与 NetBIOS 的关系。
（2）了解 Samba 服务的基本功能。
（3）查阅和配置 smb. conf 文件。
（4）创建和管理 Samba 用户。
（5）在 Samba 服务器中设置共享内容。
（6）在 Windows 系统中使用 Samba 服务。
（7）通过 Samba 客户端访问 Samba 服务器。

16.2　基础实训内容

16.2.1　Samba 简介

Windows 操作系统提供的网上邻居功能是一种十分常见的局域网服务。在一个局域网内部，使用 Windows 操作系统的计算机被称为 Windows 主机，它们之间能够通过该服务共享文件和打印机。然而在使用不同类型操作系统的主机之间是否也能实现文件和打印机共享？正如在使用不同语言的人之间沟通需要有翻译工具一样，这时就需要安装一种服务器软件实现通信内容的转换。

Samba 服务器是一种应用于局域网之内，为安装有 Windows、Linux 等操作系统的主机之间提供文件和打印机共享服务的自由软件。"Samba"一词来自于对术语 SMB（Server Message Block，服务信息块）的扩展，也即是说 Samba 是 SMB 的另一种表述。SMB 协议是一种可用于实现文件与打印机共享的应用层网络协议。如图 16.1 所示，通过在一台 Linux 主机上搭建 Samba 服务器，局域网中的 Windows 主机和 Linux 主机均能通过 Samba 服务器实现互相共享文件和打印机。

Samba 服务十分友好易用。对于 Windows 主机来说，Samba 服务的一个最为重要的特点是 Windows 主机无须额外安装任何软件即可通过原有的网络邻居功能发现局域网中的 Linux 主机。而对于 Linux 主机来说，除了 Samba 服务器之外，Samba 软件还提供了一整套功能强大的客户端软件。总体来说，Samba 服务提供了如下几种功能。

（1）文件和打印机共享服务。
（2）身份验证和授权服务：即在用户使用文件共享等功能前验证用户是否具有合法身

288

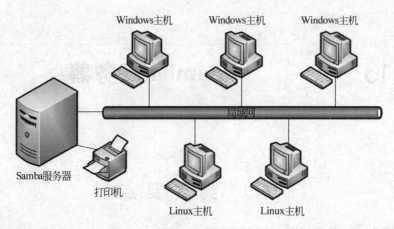

图 16.1　Samba 服务器与文件及打印机的局域网共享

份以及相应权限的服务功能。

（3）名字解析服务：即对每台主机的 NetBIOS 名字进行解释，使局域网中的计算机之间能够互相发现的服务功能。

（4）浏览服务列表功能：即查看网络上某台主机所提供的共享内容的服务。

关于 Samba 服务更为详细的介绍可浏览官方网站"https://www.samba.org/"。

16.2.2　Samba 服务器的工作原理

1. Samba 服务与 NetBIOS

要理解 Samba 服务的工作原理首先需要讨论 NetBIOS 这一重要的工具。一直以来人们为了实现局域网中主机间的通信而设计了许多工具和协议，其中以 NetBIOS（Network Basic Input Output System，网络基本输入输出系统）历史最为悠久。NetBIOS 并非局域网通信协议，而是 IBM 公司早在 1983 年为其个人计算机的局域网而设计的应用程序编程接口（Application Programming Interface，API）。应用软件可利用 NetBIOS 在局域网中通过 NetBIOS 名字解析功能找到网内的其他计算机并进行通信。NetBIOS 后来经微软公司引入并应用在 Microsoft 网络中。

如今，NetBIOS 已发展成为运行在 TCP/IP 网络上的 NBT（NetBIOS over TCP/IP，也有简称 NetBT）协议，已有的使用 NetBIOS API 的应用程序不再局限运行于局域网，TCP/IP 网络上的主机运行这些程序同样可以实现局域网式的文件共享。这时原有的使用 NetBIOS API 的程序并不需要做出改变，但主机的 NetBIOS 名字与 IP 地址之间相应地需要建立起一个映射关系，为此就需要有专门的服务器提供这种转换服务，Samba 服务器正是以此为基础而提出的。

如前所述，Samba 服务器与客户端遵循 SMB 协议进行通信。SMB 协议本身既可以直接运行在 TCP 之上，也可以通过 NetBIOS API 运行在 NBT 协议之上。Samba 服务能够使得局域网中的 Windows 系统直接通过网络邻居功能发现 Linux 系统并与其通信，这正是因为 SMB 协议的运行是基于 NBT 协议的。

后来，微软提出了被称为 CIFS（Common Internet File System）的协议套件，目的在于统一管理 NetBIOS、SMB 以及一系列的相关工具及协议。实际上 CIFS 相当一部分核心内容是以 SMB 协议为基础的。可以认为 SMB 协议实际就是 CIFS 的一个开放源代码的实现版本。

2. smbd 与 nmbd 守护进程

Samba 服务器包括 smbd 和 nmbd 两个守护进程,它们分别负责管理 Samba 服务所提供的 4 种主要功能。

(1) smbd 进程:用于提供文件和打印机共享服务以及身份验证和授权服务。局域网络中的主机可以通过 Samba 服务器中的 smbd 进程将需要共享的文件向合法用户授予某种共享访问权限。

(2) nmbd 进程:维护 NetBIOS 与 IP 地址之间的映射,提供 NetBIOS 名字解析服务以及浏览服务列表功能。依靠该进程提供的服务,Windows 主机能够通过网络邻居功能访问 Linux 主机。

【**示例16.1**】 启动 Samba 服务器并查看相关连接。在安装有 Samba 服务器软件(安装软件列表在后面介绍)的系统中输入如下命令启动 Samba 服务器:

```
[ root@ localhost ~] # service smb start
启动 SMB 服务:                                        [确定]
[ root@ localhost ~] # service nmb start
启动 NMB 服务:                                        [确定]
[ root@ localhost ~] # netstat -lp | grep netbios
[ root@ localhost ~] # netstat -lp | grep netbios
tcp    0    0    *: netbios-ssn          *:*   LISTEN    22902/smbd
udp    0    0    192.168.2.255: netbios-ns   *:*           22916/nmbd
udp    0    0    192.168.2.5: netbios-ns     *:*           22916/nmbd
udp    0    0    *: netbios-ns           *:*               22916/nmbd
udp    0    0    192.168.2.255: netbios-dgm  *:*           22916/nmbd
udp    0    0    192.168.2.5: netbios-dgm    *:*           22916/nmbd
udp    0    0    *: netbios-dgm          *:*               22916/nmbd
```

在以上网络连接列表中的各字段的含义如下。

(1) netbios-ssn:表示 NetBIOS 会话(Session),由 smbd 负责监听 139 端口或 445 端口,用于实现利用 TCP 协议传输数据。

(2) netbios-ns:表示 NetBIOS 名字服务(Name Server),由 nmbd 负责监听 137 端口,主要用于实现 NetBIOS 名字的注册以及解析服务。

(3) netbios-dgm:表示 NetBIOS 数据报服务(Datagram Service),由 nmbd 负责监听 138 端口,提供数据报的分发服务。

在搭建了 Samba 服务器的局域网中,Windows 主机和 Linux 主机都可以作为客户端通过访问 Samba 服务器的 nmbd 进程获取网络中的主机和共享资源列表,并且通过 smbd 进程完成身份验证以及文件数据的传输过程。

16.2.3 Samba 服务器的基本设置

1. Samba 软件及其相关文件

在配置 Samba 服务器之前首先需要安装 Samba 服务器软件。可以通过如下命令检查

Linux 系统是否已经正确安装与 Samba 服务有关的 rpm 软件包,如果缺少某一项可以通过 yum 服务在线安装对应的软件包:

```
[ root@ localhost Packages] # rpm -qa | grep samba
samba-winbind-3. 6. 23-20. el6. i686
samba-common-3. 6. 23-20. el6. i686
samba-client-3. 6. 23-20. el6. i686
samba-winbind-clients-3. 6. 23-20. el6. i686
samba-3. 5. 4-68. el6. i686
```

以上软件包列表中的每个软件功能解释如下。

(1) samba:Samba 服务器软件以及基本的客户端软件。

(2) samba-client:增强型的 Samba 客户端软件。

(3) samba-common:为 Samba 服务器软件及客户端软件提供一些公共文件。

(4) samba-winbind(可选):守护进程 winbindd 能够允许 Linux 作为一个 Windows 域的完全成员并使用 Windows 用户或组群账号。

(5) samba-winbind-clients(可选):winbind 服务的客户端软件。

安装好相关软件后,可以在“/etc/samba”目录中找到 Samba 服务器的主要配置文件。

① smb. conf:Samba 服务器的主配置文件,后面将会详细介绍它的配置。

② lmhosts:类似于“/etc/hosts”文件,提供了 NetBIOS 名称与 IP 地址之间的映射记录。

③ smbusers:Samba 用户列表。

2. smb. conf 文件的基本结构

smb. conf 是 Samba 服务器的主配置文件,它以段(section)为基本构成部分。每段都会包含一组参数的设置,每行设置一个参数,其设置形式如下:

```
参数名 = 参数值
```

如果需要让参数失效可以在上述设置行前加入“#”或“;”。smb. conf 预置有以下 3 个特别段。

(1) [global]:关于一些全局参数的设置,如安全级别、工作组等。该段一共分有若干部分,其中包括网络相关选项、日志选项、独立服务器选项、域成员选项、域控制器选项等,大多数的参数实际并没有生效,而是预留日后使用,一般按默认设置即可。

(2) [homes]:当客户端以 Samba 用户的身份成功通过验证后,服务器将会根据该段的设置向用户提供共享服务。默认将以用户的主目录为共享目录。

(3) [printers]:用于提供打印机共享的参数设置。

除 3 个特别段之外,用户可以自定义一些共享段用于设置特定的文件共享服务。形式类似于上述特别段,以“[段名称]”为标志表示一个段的开始,例如自定义共享段 student-share:

```
[ student-share]
参数名 1 = 参数值
```

```
参数名 2 = 参数值
…
```

在 smb. conf 文件内容的末尾,已经给出了一些设置共享段的典型例子,以此为模板可以快速设置共享段。

3. smb. conf 文件的主要参数

smb. conf 文件中的参数可分为两类,一类是全局参数,它们位于[global]段,另一类是关于共享设置方面的参数。下面列举一些本实训所涉及的重要全局参数,其余未列举的参数可取默认值。

(1) security:表示安全级别,该参数是 Samba 服务器设置中最为重要的参数之一。默认设置为 user,即用户需要提供 Samba 用户名和密码供服务器验证,成功登录后才能使用文件共享等服务。如果需要局域网内用户不验证身份即可使用文件共享服务,可将该参数设置为 share。

(2) workgroup:表示所在工作组,一般建议设置为与局域网中 Windows 主机所在的工作组相同。

(3) netbios name:表示 Samba 服务器的 NetBIOS 名称,注意需要与服务器的主机名(hostname)区分开,主机的 NetBIOS 名称可以与主机名不相同,设置好 NetBIOS 名称后,局域网中的 Windows 才能通过网络邻居发现 Samba 服务器。

对于共享设置方面的参数,它们可以使用在[homes]、[printers]以及用户自定义的共享段。针对本实训所讨论的内容,下面列举一些较为重要的共享设置方面的参数。

① comment:关于该段的基本说明。

② path:共享内容的所在目录。

③ browseable:是否在可用共享名称列表中显示该段,可设置为 yes 或 no。

④ writable:是否可以向共享目录写入内容,可设置为 yes 或 no。

⑤ valid users:可以访问共享内容的有效用户列表。如果该列表为空则表示所有用户都能登录。该参数可以指定组群为参数值,格式为"@组群名"。

⑥ guest ok:是否开放来宾账号,默认设置为 no。

由于 smb. conf 文件所涉及的参数非常多,因此这里不能逐个讨论,在实际练习时,可以查阅相关的手册。

```
[ root@ localhost ~]# man smb. conf
```

或者在之前所介绍的 Samba 组织的官方网站中查阅手册文档。

4. 利用 testparm 检查 smb. conf 文件

每次配置完 smb. conf 文件后注意需要重启 smb 和 nmb 两个服务。但由于 smb. conf 文件很长且内容较多,许多未有启用的参数也写在了文件之中,这为查看实际设置内容造成困难。为此,可在配置完成后,使用 testparm 工具查阅实际已启用的参数并检查配置是否正确,确认无误后再重启 Samba 服务。testparm 属于 Samba 软件套装的一部分。

【示例 16.2】 利用 testparm 命令检查 smb. conf 文件的配置正确性。假设当前用户错误地在 smb. conf 文件中使用了未知的参数 guest,testparm 命令将发现该错误并给出相关提示。

```
[root@ localhost mnt]# testparm
Load smb config files from /etc/samba/smb. conf
rlimit_max: increasing rlimit_max (1024) to minimum Windows limit (16384)
Processing section "[homes]"
Unknown parameter encountered: "guest"              <==在[homes]段发现未知的参数 guest
Ignoring unknown parameter "guest"
Loaded services file OK.
Server role: ROLE_STANDALONE
Press enter to see a dump of your service definitions  <==按 Enter 键后将会显示具体的设置内容


[global]                                            <==[global]段中启用的参数
(省略部分显示结果)
[homes]                                             <==[homes]段中启用的参数
(省略部分显示结果)
```

5. 设置 SELinux 和防火墙

SELinux 和 iptables 防火墙是 Linux 系统的两个重要组成部分,大多数的服务器都会有相关内容涉及这两个工具的设置问题,服务器配置的关键之一也在于如何保障服务器的安全运行,免遭非法访问。因此不赞成通过禁用 SELinux 和 iptables 防火墙的方法达到完成服务器配置的目的。但是在服务器故障排查时为了快速检查问题所在,可以临时禁用 SELinux 或设置其运行在宽容模式,也可以临时关闭防火墙,以此通过排除法得知故障的原因出在哪里。然而用户必须了解每个服务器在上述两个工具中的相关设置,并在实际服务器配置中运用它们,这样才能全面掌握服务器的配置方法。

首先是关于 SELinux 的设置。对于已经启动了 SELinux 的 Linux 系统,管理员需要注意阅读 smb. conf 文件起始部分中关于 SELinux 设置的详细说明。主要有如下几点需要关注。

(1)对于用户创建的所有需要共享的目录都要设置其安全上下文类型为"samba_share_t",否则 SELinux 将会拒绝共享访问。

【示例 16.3】 假设在/home 目录下有新建目录 share 供普通用户共享,这时需要设置 share 目录的安全上下文类型为"samba_share_t"。

```
[root@ localhost home]# mkdir share           <==root 用户在/home 下设置共享目录
[root@ localhost home]# ls -Zd share          <==留意 share 目录的安全上下文类型
drwxr-xr-x. root root unconfined_u: object_r: home_root_t: s0 share
[root@ localhost home]# chcon -t samba_share_t /home/share
[root@ localhost home]# ls -Zd share          <==修改 share 目录的安全上下文类型
drwxr-xr-x. root root unconfined_u: object_r: samba_share_t: s0 share
```

(2)需要注意一些 SELinux 布尔值的设置,包括以下参数的设置。

① samba_enable_home_dirs:允许共享用户主目录。

② samba_export_all_rw:允许共享由系统创建的目录。

可以根据需要设置,例如,如下命令永久设置允许普通用户共享其主目录内容:

```
[ root@ localhost tmp] # setsebool -P samba_enable_home_dirs on
```

对于防火墙设置,首先可以通过 iptables 命令增加规则使得目标端口为 137~139 和 445 的数据包通过防火墙。为简便起见也可以直接利用 Linux 桌面所提供的防火墙配置工具设置 Samba 服务和 Samba 客户端两项通过防火墙。设置方法可参考综合实训案例 2.3 中的相关内容,即通过在 Linux 桌面面板菜单中选择"系统"→"管理"→"防火墙"来打开防火墙配置程序,然后在服务列表中选中"Samba"和"Samba 客户端"两项服务,最后单击工具栏中的"应用"按钮以完成防火墙设置。设置结果如下:

```
[ root@ localhost ~] # iptables -L INPUT
Chain INPUT ( policy ACCEPT)
target          prot      opt     source              destination
(省略部分显示结果)
ACCEPT          udp       --      anywhere            anywhere            state NEW udp dpt: netbios-ns
ACCEPT          udp       --      anywhere            anywhere            state NEW udp dpt: netbios-dgm
ACCEPT          tcp       --      anywhere            anywhere            state NEW tcp dpt: netbios-ssn
ACCEPT          tcp       --      anywhere            anywhere            state NEW tcp dpt: microsoft-ds
ACCEPT          udp       --      anywhere            anywhere            state NEW udp dpt: netbios-ns
ACCEPT          udp       --      anywhere            anywhere            state NEW udp dpt: netbios-dgm
(省略部分显示结果)
```

6. Samba 用户管理

在配置和调试 Samba 服务器时请注意区分 Windows 用户、Linux 用户及 Samba 用户这 3 种账号类型,它们分别应用于不同的场合。Linux 用户账号和 Windows 用户账号分别用于登录对应的操作系统时使用。当 Linux 用户访问 Windows 系统中的共享内容时,假如 Windows 系统需要验证用户身份,他就需要提供有效的 Windows 用户账号和密码,而非 Linux 用户账号和密码。无论 Linux 用户还是 Windows 用户访问 Samba 服务器时,都需要提供的是 Samba 用户账号和密码,而非 Linux 用户账号和密码。

Samba 用户是指登录 Samba 服务器以获取服务的用户,默认情况下 Linux 用户并非 Samba 用户,但 Samba 用户一定首先是 Linux 用户。Samba 用户需要设置自己的 Samba 密码,在 smb. conf 文件中看到的参数设置:

```
passdb backend = tdbsam
```

其中存储密码的数据库后台是 tdbsam。实际上 Samba 用户的账号和密码信息均存储在数据库里面,数据库文件存放在"/var/lib/samba/private"目录中,而 Samba 用户的管理主要通过 pdbedit 命令来完成。其命令格式如下:

```
pdbedit      [选项]    [Samba 用户名]
```

重要选项:
-L(list): 列出所有 Samba 用户。
-u: 该选项后面需要给出 Samba 用户名参数以指定所要操作(查看,增加或移除)的

294

Samba 用户。

-a(add)：增加一个 Samba 用户，需要给出 Samba 用户名作为参数。如果 Samba 用户已存在，则会提示用户重置密码。

-x：删除一个 Samba 用户，需要给出 Samba 用户名作为参数。

-v：显示用户的详细信息。

【示例 16.4】 增加 study 用户作为 Samba 用户。首先 study 已经是 Linux 用户，执行如下操作即将其增加为 Samba 用户：

```
[ root@ localhost ~]# pdbedit -a study
new password:                           <==输入登录 Samba 服务器时所用的密码
retype new password:
Unix username:        study
NT username:
Account Flags:        [ U          ]
User SID:             S-1-5-21-785522070-2601792991-1640401470-1003
Primary Group SID:    S-1-5-21-785522070-2601792991-1640401470-513
Full Name:            study
Home Directory:       \\linux-a\study
HomeDir Drive:
Logon Script:
Profile Path:         \\linux-a\study\profile
Domain:               LINUX-A
(省略部分显示结果)
```

除 pdbedit 命令外，还有 smbpasswd 命令可用于修改 Samba 用户密码：

```
[ root@ localhost ~]# smbpasswd study
New SMB password:
Retype new SMB password:
```

7. 查看 Samba 服务器状态

最后介绍用于查看 Samba 服务器的使用情况的 smbstatus 命令，它对于用户配置和调试 Samba 服务器有一定的帮助。其命令格式如下：

```
smbstatus    [选项]
```

功能：报告当前 Samba 服务器的连接。

【示例 16.5】 列出当前 Samba 服务器中已建立的网络连接。从以下结果可见，当前服务器共建立了 3 个连接，其中已有 Samba 用户 study 从主机 think-x-pc（IP 地址为 192.168.2.22）登录到服务器。

```
[ root@ localhost ~]# smbstatus

Samba version 3.5.4-68. el6
```

```
PID       Username       Group            Machine
-------------------------------------------------------------------------
22581     study          study            think-x-pc    ( :: ffff: 192. 168. 2. 22)

Service       pid        machine          Connected at
-------------------------------------------------------------------------
IPC$          17110      linux-b          Fri Oct 23 22: 27: 43 2015
IPC$          22581      think-x-pc       Sat Oct 24 11: 04: 27 2015
study         22581      think-x-pc       Sat Oct 24 11: 04: 27 2015

No locked files
```

16.2.4 在 Windows 系统中使用 Samba 服务

1. 启用网络发现和文件共享

如前所述,局域网中 Windows 主机能够通过网络邻居功能发现 Samba 服务器,而且无须额外安装任何软件。这里介绍安装有 Windows 7 操作系统的主机中如何发现和使用 Samba 服务器所提供的共享服务,以及如何向网络中的其他主机提供共享。

一般来说,在 Windows 7 中默认是允许使用文件和打印机共享功能。如果没有开启该功能,将会影响到 Samba 服务器的使用。为此,可以在"开始"菜单中打开"控制面板"项,然后选取"网络和共享中心"项并单击其中的"高级共享设置",如图 16.2 所示。根据当前局域网的设置类型(家庭或工作网络,公用网络)分别启用"网络发现"以及"文件和打印机共享"功能。

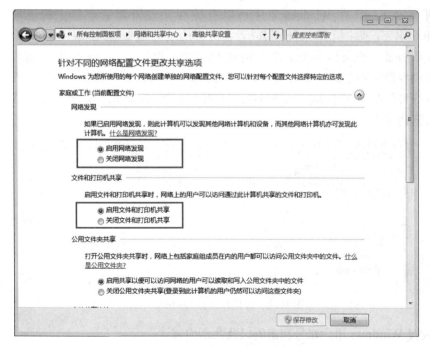

图 16.2 启用"网络发现"等功能

2. 使用网络邻居功能发现 Samba 服务器

如图 16.3 所示,安装并启动 Samba 服务器之后,在 Windows 主机中的任意文件资源管理器中(可通过"开始"菜单中的"计算机"项打开新的文件资源管理器),选择左侧的"网络"列表,即可发现网络中的所有 Windows 系统以及运行 Samba 服务器的 Linux 主机。注意"网络"列表中的计算机名称就是其 NetBIOS 名称,而非主机名称(hostname)。如果 Samba 服务器刚启动,则需要在右侧"计算机"列表中右击,并选择"刷新"菜单项以重新发现网络上的 Samba 服务器。

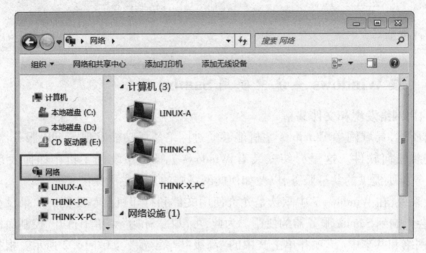

图 16.3　Windows 7 的网络邻居功能

3. 查找并浏览 Samba 服务器的共享资源

如图 16.4 所示,在 Windows 7 中可以直接在文件资源管理器中的地址栏处输入"\\NetBIOS 名字(或主机 IP 地址)",或者在旁边的搜索框中输入"NetBIOS 名字",即可找到 Samba 服务器。也可以在地址栏直接输入"\\NetBIOS 名字(或主机 IP 地址)\共享目录",即可浏览服务器中的共享目录内容。注意如果 Samba 服务器运行在 user 安全级别就会要求进行身份验证,此时应输入 Samba 用户账号(如 Samba 用户 study)和密码,成功登录后将能浏览共享内容。

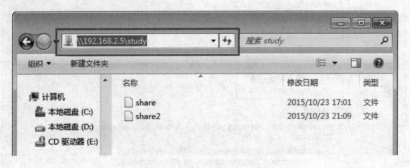

图 16.4　查找和浏览 Samba 服务器

4. 设置 Windows 用户账号和密码以及共享内容

在向包括 Linux 主机在内的其他主机提供共享服务前,需要设置好 Windows 用户账户、密码及其共享目录。设置 Windows 用户账号和密码在"控制面板"→"用户账户"中设置。当用户需要设置共享目录时,可以通过鼠标右键选中某个目录,然后调用菜单"共享"→"特定用户",打开"文件共享"对话框,如图 16.5 所示。在"文件共享"对话框中的文本框处输入并添加共享用户,并给予用户列表中的每个用户某个权限级别。

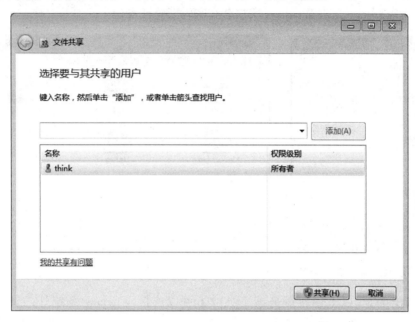

图 16.5 "文件共享"对话框

5. 取消远程连接

一旦用户在 Windows 系统中成功登录并访问 Samba 服务器后,系统将保存当前网络连接状态,用户并不需要重复身份验证过程。然而在实际的服务器配置和调试阶段,有可能需要 Windows 系统反复连接 Samba 服务器,这时可以使用如下 Windows 命令清空网络连接列表:

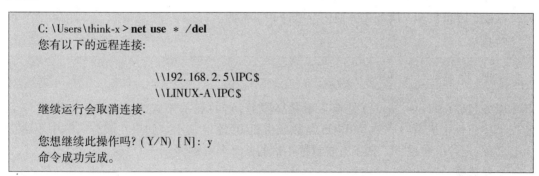

```
C:\Users\think-x > net use * /del
您有以下的远程连接:

                 \\192.168.2.5\IPC$
                 \\LINUX-A\IPC$
继续运行会取消连接.

您想继续此操作吗? (Y/N) [N]: y
命令成功完成。
```

16.2.5　在 Linux 系统中使用 Samba 服务

1. 图形化界面工具

RHEL 系统中已经提供了一个较为友好易用,具有图形化界面的服务器连接工具。在桌面面板上选择菜单"位置"→"连接到服务器",将会显示如图 16.6 所示的对话框,选择

"服务类型"为"Windows 共享",然后在"服务器"一栏的文本框中输入需要访问的 Windows 主机的 IP 地址或 NetBIOS 名称,单击"连接"按钮后如果 Windows 主机可用将会列出 Windows 系统所有可用的共享内容,如图 16.7 所示。获取了共享内容的列表后,就可以按照以往习惯操作来浏览和使用共享资源了。使用期间 Windows 系统可能会要求提供用户名和密码,此时需要注意提供 Windows 用户名和密码以验证身份。

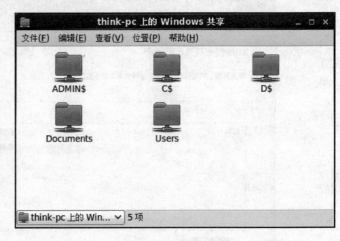

图 16.6 "连接到服务器"对话框   图 16.7 查看共享内容

值得指出的是,以上连接服务器工具除了可以连接 Windows 系统外,当然也能连接 Samba 服务器,只需在图 16.6 的"服务器"一栏的文本框中填入 Samba 服务器的 IP 地址即可。此外,RHEL 系统本身也有一个类似于 Windows 网络邻居的功能项,可通过选择桌面面板"位置"→"网络"菜单项获取。

2. smbclient 命令

smbclient 命令以类似于使用 FTP 服务器的方式连接 Samba 服务器,查看及获取共享内容等。

命令名: smbclient。

功能: 访问 Samba 服务器并使用局域网共享资源。

格式:

> smbclient [选项]   服务名称

其中服务名称(Service Name)是指某项共享服务,它的表示格式为"//目标主机/共享名称",其中目标主机可以通过 NetBIOS 名称或主机 IP 地址表示。如果在服务名称中不给出共享名称,则可以通过"-L"选项查看目标主机的共享名称列表。

重要选项:

-L(list): 该选项后面需要给出目标主机参数,它根据服务名称列出目标主机的共享内容。

-U(user): 该选项后面需要给出 Samba 用户名以指定登录的 Samba 用户。

【示例 16.6】 当前局域网中有一台 Samba 服务器,它的 NetBIOS 名称为 LINUX-A。以下命令以 Samba 用户 study 的身份列出该服务器的共享资源。请注意查看共享名称

(Sharename)列表,后面就通过该名称确定所要获取的共享内容。

```
[root@localhost ~]# smbclient -L //LINUX-A -U study
Enter study's password:
Domain = [WORKGROUP]  OS = [Unix]  Server = [Samba 3.5.4-68.el6]
#例如//LINUX-A/study 即为一个服务名称,而 study 即为共享名称
    Sharename        Type        Comment
    ---------        ----        -------
    IPC$             IPC         IPC Service (Samba Server Version 3.5.4-68.el6)
    study            Disk        Home Directories
Domain = [WORKGROUP]  OS = [Unix]  Server = [Samba 3.5.4-68.el6]
#当前网络的主机列表
    Server                   Comment
    -----------              -------
    LINUX-A                  Samba Server Version 3.5.4-68.el6
    THINK-PC
    THINK-X-PC
#所在工作组名称以及主服务器
    Workgroup                Master
    ---------------          ----------
    WORKGROUP                LINUX-A
```

【示例16.7】 假设当前局域网中有一台 NetBIOS 名称为 think-pc 的 Windows 主机,Windows 系统中有用户账号 think,在某台 Linux 主机中使用该账号访问 Windows 系统中的共享目录 Documents,因此服务名称为"//think-pc/Documents"。

```
[root@localhost ~]# smbclient -U think  //think-pc/Documents
Enter think's password:
Domain = [THINK-PC]  OS = [Windows 7 Ultimate 7601 Service Pack 1]  Server = [Windows 7 Ultimate 6.1]
smb: \>
```

连接成功后可以通过 ls 命令查看目录中的内容。smbclient 提供了类似访问 FTP 服务器的方式使用共享资源,可以通过输入"?"获取所有可用命令:

```
smb: \> ?
?               allinfo          altname         archive          blocksize
cancel          case_sensitive cd               chmod            chown
close           del              dir             du               echo
exit            get              getfacl         geteas           hardlink
(省略部分显示结果)
```

其中有些命令的含义与前面所学的同名命令相同。下面列举部分重要命令。

　　cd:切换服务主机中的目录。

　　lcd:切换本地主机中的目录。

　　del:删除文件。

　　ls:查看目录内容。

　　get:下载文件内容。

put：上传文件内容。

quit/exit：退出服务。

下面使用 get 命令和 put 命令来下载和上传文件。

```
smb: \> get share.txt                  <==默认将下载到当前所在目录
getting file \share.txt of size 4 as share.txt (0.2 KiloBytes/sec) (average 0.2 KiloBytes/sec)
smb: \> lcd /tmp
smb: \> get share.txt
getting file \share.txt of size 4 as share.txt (0.1 KiloBytes/sec) (average 0.1 KiloBytes/sec)
smb: \> lcd /tmp                        <==将客户端的当前所在目录切换至/tmp
smb: \> put file sharefile             <==上传/tmp/file 文件为 Documents/sharefile 文件
putting file file as \sharefile (409.6 kb/s) (average 409.6 kb/s)
smb: \> ls                             <==列表查看结果
  .                          D        0  Sat Oct 24 14:44:48 2015
  ..                         D        0  Sat Oct 24 14:44:48 2015
  share.txt                  A        4  Sat Oct 24 11:35:59 2015
  sharefile                  A    42365  Sat Oct 24 14:44:48 2015

        40867 blocks of size 8388608. 11735 blocks available
```

3. 以挂载方式使用 Samba 服务

无论是使用桌面工具还是 smbclient 命令来获取共享服务，每次使用完毕后网络连接就会断开，下次使用时又需要重新连接。为方便用户使用，可使用 mount 命令将共享目录挂载至本地，挂载的文件系统类型为 cifs。挂载命令的格式如下：

```
mount -t cifs    //主机 IP 地址/共享目录    挂载点 -o username = 用户名
```

【示例 16.8】 以上一示例为基础继续将共享目录 Documents 挂载在/mnt/think-docs 目录。

```
[root@ localhost ~]# mkdir /mnt/think-docs
[root@ localhost ~]# mount -t cifs   //192.168.2.78/Documents /mnt/think-docs -o username = think
Password:                                       <==需要验证身份
[root@ localhost ~]# mount|grep think-docs       <==已经挂载在/mnt/think-docs 目录
//192.168.2.78/Documents/ on /mnt/think-docs type cifs (rw, mand)
[root@ localhost ~]# cd /mnt/think-docs/
[root@ localhost think-docs]# ls                 <==可以按往常方式来使用
sharefile    share.txt
```

16.3　综合实训案例

案例 16.1　配置安全级别为 share 的 Samba 服务器

假设局域网中有一个 NetBIOS 名称为 LINUX-A 的 Samba 服务器专用于放置共享文件。另外有一台 Linux 主机，为方便起见设置其主机名为 LINUX-B。LINUX-B 在 LINUX-A 中设置有一个存放共享文件的目录"/home/LINUX-B-Share/",LINUX-B 通过该共享目录向所有局域网内的其他主机提供需要共享的文件。局域网内的主机能够以游客身份通过 Samba 服务器 LINUX-A 获取 LINUX-B 共享的文件内容,但只有 LINUX-B 能够通过 LINUX-A 发布关于它的共享内容。

本案例将根据上述网络环境描述和要求配置安全级别为 share 的 Samba 服务器。LINUX-A 和 LINUX-B 运行在两台 VMware 虚拟机中,它们以桥接模式与宿主机(Windows 系统)相连,设置 LINUX-A 的主机 IP 地址为 192.168.2.5,而 LINUX-B 的主机 IP 地址为 192.168.2.15。下面演示设置步骤。

第 1 步,设置两台主机的主机名地址解析。修改 LINUX-A 的"/etc/hosts"文件,将 LINUX-B 的主机名即 IP 地址加入到该文件中:

```
[ root@ localhost ~]# echo 192.168.2.15 LINUX-B >> /etc/hosts
[ root@ localhost ~]# ping -c 1 LINUX-B
PING LINUX-B (192.168.2.15) 56(84) bytes of data.
64 bytes from LINUX-B (192.168.2.15): icmp_seq = 1 ttl = 64 time = 2.87 ms

--- LINUX-B ping statistics ---
1 packets transmitted, 1 received, 0% packet loss, time 3ms
rtt min/avg/max/mdev = 2.872/2.872/2.872/0.000 ms
```

以同样的方法修改 LINUX-B 的"/etc/hosts"文件:

```
[ root@ localhost ~]# echo 192.168.2.5 LINUX-A >> /etc/hosts
```

第 2 步,在 LINUX-A 中修改/etc/smb.conf 文件。其中[global]段的内容主要修改如下参数:

```
workgroup = WORKGROUP
netbios name = LINUX-A          <==设置 NetBIOS 名字为 LINUX-A
hosts allow = 192.168.2.0/24    <==设置可访问的网段
security = share                <==将安全级别设为 share 级别
```

然后将[homes]段的内容暂时注释,加入如下自定义共享段的内容:

```
[ BShare]
    comment = share
    path = /home/LINUX-B-Share
    browseable = yes
    guest ok = yes
    writable = no               <==设置共享目录只能获取内容,不能更改
```

最后利用 testparm 命令检查 smb.conf 文件的设置是否正确:

```
[ root@ localhost ~]# testparm
(省略部分显示结果)
```

```
[ global]
    netbios name = LINUX-A
    server string = Samba Server Version % v
    security = SHARE
(省略部分显示结果)


[ BShare]
    comment = share
    path = /home/LINUX-B-Share
    guest ok = Yes
```

第 3 步,在 LINUX-A 中设置 SELinux 及防火墙。新建共享目录/home/LINUX-B-Share,修改该目录的安全上下文为 samba_share_t。

```
[ root@ localhost ~] # mkdir /home/LINUX-B-Share
[ root@ localhost ~] # chcon /home/LINUX-B-Share -t samba_share_t
[ root@ localhost ~] # ls -Zd /home/LINUX-B-Share
drwxr-xr-x.  root root unconfined_u: object_r: samba_share_t: s0 /home/LINUX-B-Share
```

防火墙设置过程略,可参考前面的讨论。

第 4 步,在 LINUX-A 中创建 Linux 用户。首先在 LINUX-A 中为 LINUX-B 主机的用户创建一个账号 LINUX-B-USER,并将目录"/home/LINUX-B-Share"的所有者和所属组群修改如下:

```
[ root@ localhost ~] # useradd LINUX-B-USER
[ root@ localhost ~] # passwd LINUX-B-USER
(省略部分显示结果)
[ root@ localhost ~] # chown LINUX-B-USER: LINUX-B-USER /home/LINUX-B-Share/
[ root@ localhost ~] # ls -ld /home/LINUX-B-Share/
drwxr-xr-x.  3 LINUX-B-USER LINUX-B-USER 4096 10 月 24 20: 25 /home/LINUX-B-Share/
```

第 5 步,在 LINUX-A 中重新启动 smb 和 nmb 两个服务。过程略。

第 6 步,在 LINUX-B 中上传共享文件至 LINUX-A 的共享目录。用户可在 LINUX-B 中利用 scp 命令将需要共享的文件远程复制到服务器 LINUX-A 中的"/home/LINUX-B-Share"目录。注意 LINUX-B 中的用户需要具有账号 LINUX-B-USER 的密码:

```
[ root@ localhost ~] # scp -r /root/backup. d/ LINUX-B-USER@ LINUX-A: /home/LINUX-B-Share
The authenticity of host 'linux-a (192. 168. 2. 5) ' can't be established.
RSA key fingerprint is 43: 17: 1c: 92: 70: d3: 41: 55: 49: f3: f7: 18: a6: c5: a5: d6.
Are you sure you want to continue connecting ( yes/no) ? yes
Warning:  Permanently added 'linux-a, 192. 168. 2. 5' ( RSA) to the list of known hosts.
LINUX-B-USER@ linux-a's password:
chen3                                                    100%      0      0.0KB/s   00: 00
chen1                                                    100%      0      0.0KB/s   00: 00
chen2                                                    100%      0      0.0KB/s   00: 00
```

scp 命令主要功能是利用 ssh 服务将文件内容复制到远程主机,具体使用方法可参考其 man 手册。

第 7 步,局域网中其他主机访问共享文件。由于在本案例中安全级别设置为 share,因此所有用户并不需要经过身份验证即可访问 LINUX-B 共享的内容。可选择其中一个 VMware 宿主机的 Windows 系统通过网络邻居功能访问 LINUX-A 中的 Samba 服务器内容,即可发现共享目录 BShare,如图 16.8 所示,此时可复制文件到本地。然后尝试在 BShare 目录中新建目录或文件,系统将提示“目标文件夹访问被拒绝”。由此可见,共享目录已经成功设为只读。

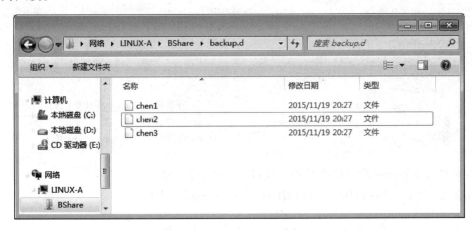

图 16.8　Windows 主机访问共享内容

需要指出的是,案例中的 LINUX-B 主机实际也可以改为某台 Windows 主机,这时只需要在 Windows 主机中安装 OpenSSH 等工具,同样可以利用 scp 等命令将需要共享的文件上传到 LINUX-A 中。

案例 16.2　配置供组群共享文件的 Samba 服务器

实际的 Samba 服务器应用可能更需要将用户按组群来管理并设置共享内容,而非像上一案例那样将共享内容向网络内的所有用户开放。在综合实训案例 6.2 中编写脚本并批量创建了普通用户 student01-05,然后在综合实训案例 9.2 中为该 5 个用户创建了组群 studentgrp,将他们的用户主目录迁移至/mnt/vdisk-student/student01-05,并且在独立硬盘分区(挂载点为/mnt/vdisk-student)上完成了对该 5 个用户的硬盘配额管理设置。

在本案例中将继续为 student01-05 设置共享文件的 Samba 服务器。每个 Samba 用户本身在[homes]段已经定义了共享设置,用于共享他们的用户主目录内容。按默认所有 Samba 用户能够获取其他 Samba 用户主目录的共享内容。这里为组群 studentgrp 创建一个共享目录,该目录只对组群 studentgrp 成员开放,而且只有 root 用户才能在共享目录发布内容。为便于测试,延续上一案例的已有结果,称 Samba 服务器为 LINUX-A,在另一台 Linux 系统(即上一案例中的主机 LINUX-B)中进行测试。以下是操作步骤。

第 1 步,修改 LINUX-A 中的 smb.conf 文件。首先可注释上一案例中的自定义共享段 [BShare]的内容使其不起作用。然后重新启用[homes]段的内容。这里创建自定义共享段 [student-share]用于供组群 studentgrp 中的成员共享文件,组内成员可以下载由 student-share

提供的文件,但不允许上传文件或更改共享文件的内容。smb. conf 文件中需配置的主要参数如下,其中[global]段需要将安全级别改为 user:

```
security = user
```

[homes]段和[student-share]段的内容如下:

```
[homes]
    comment = Home Directories
    browseable = yes
    writable = yes                        <==用户可上传文件至自己的主目录
    create mode = 0640                    <==设置上传文件的权限
[student-share]
    comment = student share directory
    browseable = yes
    writable = no                         <==设置用户不可更改共享内容
    path = /mnt/vdisk-student/student-share    <==设置共享目录
    valid users = @ studentgrp           <==设置只对组群 studentgrp 开放
```

完成后可使用 testparm 命令检查是否已经设置正确,过程略。

第 2 步,在 LINUX-A 中将 student01-05 添加为 Samba 用户。

```
[root@ localhost ~]# pdbedit -a student01
new password:
retype new password:
Unix username:          student01
NT username:
Account Flags:          [ U          ]
User SID:               S-1-5-21-785522070-2601792991-1640401470-1002
Primary Group SID:      S-1-5-21-785522070-2601792991-1640401470-513
Full Name:
Home Directory:         \\linux-a\student01
(省略部分显示结果)
```

student02-05 的 Samba 用户可照此重复创建。这里需要另外添加一个测试用户 testsamba,该用户并不属于组群 studentgrp,创建过程略。

第 3 步,在 LINUX-A 中设置 SELinux 布尔值并设置共享目录的安全上下文。由于这里需要设置用户主目录为共享目录,因此需要检查 SELinux 布尔值 samba_enable_home_dirs 是否已经开启:

```
[root@ localhost ~]# setsebool samba_enable_home_dirs on
[root@ localhost ~]# getsebool samba_enable_home_dirs
samba_enable_home_dirs -> on
```

此外由于 student01-05 的用户主目录在综合实训案例 9.2 中已经全部分别移至目录/mnt/vdisk-student/student01-05,需要对这 5 个目录设置安全上下文类型为 samba_share_t:

```
[ root@ localhost ~]# cd /mnt/vdisk-student/
[ root@ localhost vdisk-student]# chcon -t samba_share_t student0[1-5]
```

然后需创建组群 studentgrp 的共享目录"/mnt/vdisk-student/student-share"并设置其所属组群为 studentgrp 以及安全上下文类型为 samba_share_t:

```
[ root@ localhost vdisk-student]# mkdir student-share
[ root@ localhost vdisk-student]# chown root: studentgrp student-share
[ root@ localhost vdisk-student]# chcon -t samba_share_t student-share
```

设置好之后的结果如下,注意观察 student-share 的拥有者和所属组群:

```
[ root@ localhost vdisk-student]# ls -Zd student*
drwxr-xr-x. student01    student01    unconfined_u: object_r: samba_share_t: s0 student01
drwxr-xr-x. student02    student02    unconfined_u: object_r: samba_share_t: s0 student02
drwxr-xr-x. student03    student03    unconfined_u: object_r: samba_share_t: s0 student03
drwxr-xr-x. student04    student04    unconfined_u: object_r: samba_share_t: s0 student04
drwxr-xr-x. student05    student05    unconfined_u: object_r: samba_share_t: s0 student05
drwxr-xr-x. root         studentgrp   unconfined_u: object_r: samba_share_t: s0 student-share
```

全部配置完毕后注意需重启 Samba 服务器。

第 4 步,准备测试文件。首先在 LINUX-B 的"/root"目录下建立一个用于测试上传权限的 testshare 文件:

```
[ root@ localhost ~]# touch testshare
[ root@ localhost ~]# ls -l testshare          <== 留意测试文件原来的权限
-rw-r--r--. 1 root root 0 10 月 25 11:37 testshare
```

然后在 LINUX-A(服务器)的共享目录"/mnt/vdisk-student/student-share"下建立测试下载权限的文件 std-share-test,注意它的安全上下文类型被自动设置为 samba_share_t:

```
[ root@ localhost student-share]# touch std-share-test
[ root@ localhost student-share]# ls -Zl std-share-test
-rw-r--r--. 1 unconfined_u: object_r: samba_share_t: s0 root root 0 10 月 25 11:38 std-share-test
```

第 5 步,在 LINUX-B 中利用 student01 用户测试 Samba 服务。首先获取共享内容列表,在 LINUX-B 中输入如下命令,可获取目标主机 LINUX-A 中关于 student01 用户的两项共享名称:

```
[ root@ localhost ~]# smbclient   -L //LINUX-A/ -U student01
Enter student01's password:
Domain = [ WORKGROUP]  OS = [ Unix]  Server = [ Samba 3. 5. 4-68. el6]
#可发现两项共享内容
```

```
        Sharename          Type          Comment
        ---------          ----          -------
        student-share      Disk          student share directory
        IPC$               IPC           IPC Service (Samba Server Version 3.5.4-68.el6)
        student01          Disk          Home Directories
(省略部分显示结果)
```

然后在 LINUX-B 中根据共享名称列表以 student01 用户的身份访问其主目录的共享内容：

```
[root@localhost ~]# smbclient   //LINUX-A/student01 -U student01
Enter student01's password:
Domain = [WORKGROUP] OS = [Unix] Server = [Samba 3.5.4-68.el6]
smb: \> ls
  .                                    D        0   Sun Oct 25 11:38:08 2015
  ..                                   D        0   Sun Oct 25 09:51:03 2015
  .bashrc                              H      124   Tue Jun 22 23:50:03 2010
(省略部分显示结果)
              42492 blocks of size 16384. 40250 blocks available
smb: \> put testshare            <==测试上传权限,通过
putting file testshare as \testshare (0.0 kb/s) (average 0.0 kb/s)
smb: \> get testshare            <==测试下载权限,通过, testshare 文件将下载至/root
getting file \testshare of size 0 as testshare (0.0 KiloBytes/sec) (average 0.0KiloBytes/sec)
smb: \> quit                     <==退出
```

下面开始在 LINUX-B 中以 student01 用户的身份测试共享内容 student-share：

```
[root@localhost ~]# smbclient   //LINUX-A/student-share -U student01
Enter student01's password:
Domain = [WORKGROUP] OS = [Unix] Server = [Samba 3.5.4-68.el6]
smb: \> ls
  .                                    D        0   Sun Oct 25 09:00:37 2015
  ..                                   D        0   Sun Oct 25 09:51:03 2015
  std-share-test                                0   Sun Oct 25 09:00:37 2015

              42492 blocks of size 16384. 40249 blocks available
smb: \> get std-share-test       <==测试下载权限,通过
getting file \std-share-test of size 0 as std-share-test (0.0 KiloBytes/sec) (average 0.0 KiloBytes/sec)
smb: \> put testshare            <==被禁止上传文件/root/testshare 至服务器的 student-share 目录
NT_STATUS_ACCESS_DENIED opening remote file \testshare
```

接着在 LINUX-A 中修改"/mnt/vdisk-student/student-share/std-share-test"文件的同组用户和其他用户的读权限：

```
[root@localhost student-share]# chmod 600 std-share-test
[root@localhost student-share]# ls -l std-share-test
-rw-------. 1 root root 0 10 月 25 11:38 std-share-test
```

这时再次在 LINUX-B 中以 student01 用户的身份下载 std-share-test 就会被禁止。

```
smb: \> get std-share-test
NT_STATUS_ACCESS_DENIED opening remote file \std-share-test
```

由此可见用户实际能否访问共享文件不仅要看 Samba 服务器中权限参数设置,还需要看对应的文件权限设置。

第6步,在 LINUX-B 中利用 testsamba 用户测试 Samba 服务。首先测试 testsamba 获取用户 student01 的主目录内容,注意之前第5步中 student01 用户已经把 testshare 文件上传至其主目录中。在 LINUX-B 中输入以下命令尝试以 testsamba 用户的身份下载 testshare 文件:

```
[ root@ localhost ~]# smbclient   //LINUX-A/student01 -U testsamba
Enter testsamba's password:
Domain =[ WORKGROUP] OS =[ Unix] Server =[ Samba 3. 5. 4-68. el6]
smb: \> get testshare        <==测试下载功能,被禁止
NT_STATUS_ACCESS_DENIED opening remote file \testshare
```

下载被禁止是因为服务器(LINUX-A)的 smb. conf 文件中参数 create mode 被设置为 0640,student01 用户上传该文件后,在 LINUX-A 中查看文件"/mnt/vdisk-student/student01/testshare"的权限设置结果:

```
[ root@ localhost ~]# ls -l /mnt/vdisk-student/student01/testshare
-rw-r-----. 1 student01 studentgrp 0 10 月 25 11:47 /mnt/vdisk-student/student01/testshare
```

在 LINUX-A 中创建"/mnt/vdisk-student/student01/test"文件,使其他用户对其具有读权限:

```
[ root@ localhost student01]# touch test
[ root@ localhost student01]# ls -l test
-rw-r--r--. 1 root root 0 10 月 23 15:02 test
```

在 LINUX-B 中继续操作如下命令:

```
smb: \> get test           <==测试下载权限,通过
getting file \test of size 0 as test (0. 0 KiloBytes/sec) ( average 0. 0 KiloBytes/sec)
```

然后重新以 testsamba 的身份上传"/root/testshare"文件至服务器中 student01 用户的主目录:

```
smb: \> put testshare        <==被禁止上传文件
NT_STATUS_ACCESS_DENIED opening remote file \testshare
```

可见 testsamba 对 student01 用户的主目录是可以下载共享文件,但不具备上传权限。继续在 LINUX-B 中执行如下命令:

```
[ root@ localhost ~]# smbclient    //LINUX-A/student-share -U testsamba
Enter testsamba's password:
Domain = [ WORKGROUP] OS = [ Unix] Server = [ Samba 3. 5. 4-68. el6]
tree connect failed:  NT_STATUS_ACCESS_DENIED
```

用户 testsamba 并非组群 studentgrp 的成员,因此被禁止访问 student-share 的共享内容。

第 7 步,在 LINUX-A 中取消 std-share-test 文件的共享。可以在 LINUX-A 中将 std-share-test 的 SELinux 布尔值改为 file_t:

```
[ root@ localhost student-share]# chcon -t file_t std-share-test
[ root@ localhost student-share]# ls -Z std-share-test
-rw-r--r--.  root root unconfined_u: object_r: file_t: s0    std-share-test
```

然后在 LINUX-B 中访问 LINUX-A 的共享内容 student-share,可发现 std-share-test 文件不在文件列表中:

```
[ root@ localhost ~]# smbclient    //LINUX-A/student-share -U student01
Enter student01's password:
Domain = [ WORKGROUP] OS = [ Unix] Server = [ Samba 3. 5. 4-68. el6]
smb: \> ls
  .                                 D        0   Sun Oct 25 11: 38: 41 2015
  ..                                D        0   Sun Oct 25 09: 51: 03 2015

              42492 blocks of size 16384.  40250 blocks available
```

16.4 实训练习题

(1) 参考综合实训案例 16.1,配置一台安全级别为 share 的 Samba 服务器,要求设置临时共享目录为"/tmp/share",共享目录中的内容供网络中所有用户读取,但不提供写入和上传文件的功能。配置完毕后请以宿主机(Windows 系统)作为客户端访问 Samba 服务器的共享内容。

(2) 参考综合实训案例 16.2,配置一台安全级别为 user 的 Samba 服务器,要求提供共享 Samba 用户主目录的功能。假设现有 Samba 用户 test1 和 test2,为该两个用户创建共享目录"/home/share",要求只有 test1 和 test2 两个用户使用该共享目录的内容。

DNS 服务器

17.1 实训要点

（1）理解域名系统的基本结构。

（2）理解 DNS 服务器的工作原理。

（3）理解资源记录各字段的基本含义。

（4）编写区文件为网络服务器提供域名解析。

（5）搭建主 DNS 服务器和辅助 DNS 服务器。

（6）搭建 DNS 缓存服务器。

（7）使用 dig 命令查询和测试 DNS 服务器。

17.2 基础实训内容

17.2.1 DNS 简介

1. 主机名与域名

DNS 服务是大家非常熟悉的网络服务之一，这是因为当用户利用计算机访问互联网之前，一个重要步骤就是需要指定所要使用的 DNS 服务器，它把用户所请求的互联网地址中的主机名解析成为 IP 地址。实际上，网址的正式名称是"统一资源定位符"（Uniform Resource Locator, URL）。例如：

```
http://www.example.com/index.html
```

其中"www.example.com"是主机名，而"example.com"是域名，index.html 则是在主机 www.example.com 中的一个文件。实际上此处的主机名和域名只是一种便于区分的说法，把能够对应于某个 IP 地址的域名称为主机名，也就是说主机名和域名其实都可以统称为域名。关于 URL 其余部分的详细解释将安排在实训 18 中详细介绍。顺便指出的是上面的 example.com（包括 example.net、example.org）是可用的域名，它被 ICANN 保留作为域名使用的例子。

另外需要指出的是，当我们称 www.example.com 为主机时并不是真的意味着它只有一台计算机负责提供服务，特别是对于大型网站，主机名 www.example.com 的背后往往有多台服务器主机同时提供服务。总之，当用户给出一个网址时，DNS 服务需要为用户提供这个网址包含的主机名所对应的那组 IP 地址。

2. 域名系统

在 Linux 系统上相关的 DNS 客户端配置已在实训 14 中介绍过,本实训讨论的是如何搭建 DNS 服务器。什么是 DNS 服务器? 它是如何工作的? 这些都需要从 DNS 这个基本概念开始谈起。

DNS 是 Domain Name System 的缩写,也即指域名系统。从字面上理解 DNS 就是一个由域名所构成的系统。对于计算机网络中的一台主机来说,它往往并非一个孤立的存在而是属于某个主机的集合,这个主机的集合就可称为域。为了标识不同的主机集合,有必要赋予它们名字,这就是域名的由来。正如现实世界中的许多事物都可以组织成为一个具有树状结构的系统一样,同样可以对互联网上的每个域赋予一个特定的域名,并将这些域名组织成为具有树状结构的系统,这个系统就是域名系统了。

图 17.1 表示了互联网上的域名系统所具有的树状结构。域名系统的顶端是根区(root zone),它被表示为“.”。根区之下的一级域名集被称为顶级域(top-level domains, TLDs),其中包括了 com、org、edu 等通用顶级域以及 cn、uk 等国家代码顶级域。顶级域之下是二级域乃至三级域,例如 kernel. org 就是一个二级域名,在该域中可以有 www. kernel. org 等提供网络服务的主机。

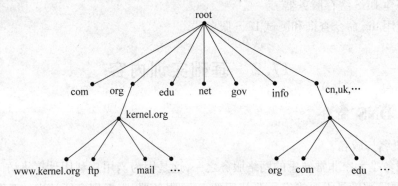

图 17.1 域名系统的树状结构

域名系统的管理也跟其他具有树状结构的系统的管理方式类似。根区和顶级域受一个称为“互联网名称与数字地址分配机构”(Internet Corporation for Assigned Names and Numbers, ICANN)的国际组织所管理。二级和三级域名则接受上一级的对应顶级域的管理机构管理,如 tsinghua. edu. cn 是一个三级域名,它受二级域 edu. cn 的相关管理机构管理,而包括 edu. cn 在内的二级域则受 cn 域的国家管理机构管理。每个组织可以通过域名注册商(Domain Name Registrar)申请一个未被注册的二级域名或三级域名。域名注册商是商业的或非盈利的组织,他们被上述域管理机构授权负责管理和分配未被注册的域名。

17.2.2 DNS 服务器的工作原理

1. 主机名的查询过程

DNS 服务器的作用是将某个主机名称解析成为对应的 IP 地址。在实训 14 介绍过修改/etc/hosts 文件,建立主机名与 IP 地址映射关系的示例。然而当系统在 hosts 文件中查找不到对应关系时,就需要向记录在/etc/resolv. conf 文件中的 DNS 服务器提交互联网地址解析请求。不过,直接为用户提供服务的 DNS 服务器不可能记录所有的网址解析结果,这是因为互联网的域及其主机不仅数量庞大,而且分散在世界各地,经常发生变动,没有任何一台 DNS 服务器能够记录互联网中所有域的每台主机与 IP 地址之间的映射关系。

域名系统是通过分布式存储的方法来解决上述问题的。当某个组织申请了一个域名(如 kernel. org)之后,该组织必须通过一个 DNS 服务器去记录它的域中某台主机(www. kernel. org)与 IP 地址之间的映射关系,当 DNS 服务器接收到相关查询请求时,它应该能够返回对应的映射关系记录。也就是说,世界上的所有域名实际都是由拥有该域名的组织通过 DNS 服务器来维护域名在互联网上的有效性和权威性。如果一个域的 DNS 服务器停止服务,实际上这个域的主机就无法通过网址来访问,这可见 DNS 服务器的重要性。

现在的问题是,人们日常所使用的 DNS 服务实际往往是由互联网服务提供商(Internet Service Provider, ISP)提供的,ISP 的 DNS 服务器又是如何找到诸如 kernel. org 的 DNS 服务器? 这时同样需要依靠前面介绍的 DNS 树状结构来进行。可以将图 17.1 中从根区开始往下的顶级域、二级域和三级域的每一个结点看作是一台 DNS 服务器,既然每个域中的主机解析任务由该域的 DNS 服务器来负责,那么根区和顶级域,以及二级域结点所对应的 DNS 服务器只需要记录它们下一级域的 DNS 服务器的所在位置,然后从根区开始沿着树状结构一层一层往下查询,最终就能找到某个域的 DNS 服务器了。以查询主机 www. kernel. org 的 IP 地址为例,整个查询过程是这样的。

(1) 如果/etc/hosts 文件中没有对应的主机-IP 地址映射记录,DNS 客户端将向 ISP 的 DNS 服务器提交请求查询 www. kernel. org 的 IP 地址。

(2) 如果 ISP 的 DNS 服务器中的缓存有相关记录,则直接向 DNS 客户端返回该记录,否则将查询请求转交给根区的 DNS 服务器。

(3) 由于根区的 DNS 服务器只记录了顶级域的 DNS 服务器的信息,它将向 ISP 的 DNS 服务器返回关于域 org 的 DNS 服务器的 IP 地址。

(4) 获知域 org 的 DNS 服务器位置后,ISP 的 DNS 服务器根据查询请求访问域 org 的 DNS 服务器,该服务器记录了域 kernel. org 的 DNS 服务器位置,因此域 org 的 DNS 服务器将域 kernel. org 的 DNS 服务器的 IP 地址返回给 ISP 的 DNS 服务器。

(5) 获知 kernel. org 域的 DNS 服务器的 IP 地址后,ISP 的 DNS 服务器将查询请求提交给域 kernel. org 的 DNS 服务器,从而获取到主机 www. kernel. org 所对应的 IP 地址。

(6) ISP 的 DNS 服务器最终将查询结果返回给 DNS 客户端。

上述查询过程被称为 DNS 递归(DNS recursion)查询。从以上的查询过程也可以看出,一个合法的 DNS 服务器必须在上级 DNS 服务器中被记录,从这个角度来看也可知道关于根区的 DNS 服务器在互联网服务中的重要性。

2. DNS 服务器类型

DNS 服务器可分为 3 种类型。

(1) 主 DNS 服务器(Master Server):它向外界提供解析本域中主机名的权威性数据。

(2) 辅助 DNS 服务器(Slave Server):由于 DNS 服务器的重要性,因此设置了辅助 DNS 服务器,它的功能基本与主 DNS 服务器相同,能起到保证本域的 DNS 服务正常工作的作用,同时也能减轻主 DNS 服务器的负担。为保证 DNS 数据的一致性,辅助服务器需要定期从主服务器中获取数据更新。

（3）缓存 DNS 服务器（Cache-only Server）：这类服务器并没有管理和维护某个域，它实际通过查询其他 DNS 服务器来获取结果并记录在缓存中供以后再次查询时使用。缓存服务器能起到提高查询速度的作用。

17.2.3　准备工作

1. BIND 软件的安装

BIND（Berkeley Internet Name Domain）是互联网中使用最为广泛的 DNS 服务器软件，它由美国加州大学伯克利分校设计。在配置 BIND 服务器之前需要检查是否已经安装了相关软件：

```
[ root@ localhost ~]# rpm -qa|grep bind
bind-utils-9.7.0-5.P2.el6.i686          <==查询 DNS 服务器的应用软件
bind-9.7.0-5.P2.el6.i686                <==BIND 服务器软件
bind-libs-9.7.0-5.P2.el6.i686           <==BIND 服务器及其应用软件使用的库文件
bind-chroot-9.7.0-5.P2.el6.i686         <==用于加强 BIND 服务器安全性的软件
（省略部分显示结果）
```

如果没有安装上述软件，可使用 yum 服务安装 BIND 软件包：

```
[ root@ localhost ~]# yum install bind
[ root@ localhost ~]# yum install bind-chroot
（省略安装过程信息）
```

bind-chroot 是一个加强 BIND 服务器安全性的软件。它用于将 BIND 服务器在访问文件系统时局限在默认为"/var/named/chroot"目录中。也即后面所使用的诸如"/etc/named.conf"等文件实际访问的是"/var/named/chroot/etc/named.conf"。关于 bind-chroot 的相关设置文件为"/etc/sysconfig/named"：

```
[ root@ localhost ~]# tail -n 1 /etc/sysconfig/named
ROOTDIR =/var/named/chroot        <==文件中只有这个参数,用于表示 chroot 目录位置
```

由于 DNS 服务器在启动时已将相关目录绑定（Bind）至实际工作目录，因此一般在原来的文件位置直接操作即可，无须切换至"/var/named/chroot"下操作，可以通过 mount 命令查看相关设置：

```
[ root@ localhost ~]# mount
（省略部分显示结果）
/etc/named on /var/named/chroot/etc/named type none ( rw, bind)
/var/named on /var/named/chroot/var/named type none ( rw, bind)
/etc/named.conf on /var/named/chroot/etc/named.conf type none ( rw, bind)
（省略部分显示结果）
```

2. 守护进程 named

BIND 软件有一个守护进程 named，安装完毕后可启动 named 进程：

```
[ root@ localhost ~] # service named start
启动 named:                                                    [确定]
```

值得指出的是，named 进程启动完毕并非表示没有任何问题，如果存在问题将会记录在"/var/log/messages"中，要注意通过日志排查 DNS 服务器的问题。

可以通过 netstat 命令查看 named 进程监听的端口：

```
[ root@ localhost ~] # netstat -lnp|grep named
tcp        0       0 127.0.0.1:53          0.0.0.0:*          LISTEN       22857/named
tcp        0       0 127.0.0.1:953         0.0.0.0:*          LISTEN       22857/named
tcp        0       0 0::1:53               :::*              LISTEN       22857/named
tcp        0       0 0::1:953              :::*              LISTEN       22857/named
udp        0       0 127.0.0.1:53          0.0.0.0:*                       22857/named
udp        0       0 0::1:53               :::*                            22857/named
```

可以看到守护进程 named 监听 53 端口和 953 端口，其中 53 端口是 DNS 服务器用于提供主机名查询服务的端口，而 953 端口是为了管理员能够利用 rndc(remote name daemon control)程序远程控制 DNS 服务器而开放的端口，DNS 服务器监听该端口并接受传送过来的控制命令。

除安装相关软件之外，还需要设置防火墙规则使目标端口为 53 和 953 的数据包能通过防火墙，设置方法与 Samba 服务器类似，如果是使用 Linux 桌面面板所提供的防火墙设置工具，则注意除了在"可信的服务"列表中选中"DNS"之外，还需要选择左侧分类列表中的"其他端口"，然后单击"添加"按钮，在弹出的"端口和协议"对话框中选择端口"953"后单击"确定"按钮，以此添加关于 953 端口的防火墙规则。设置好后的结果如下：

```
[ root@ localhost ~] # iptables -L INPUT
Chain INPUT ( policy ACCEPT)
target     prot  opt     source          destination
ACCEPT     tcp   --      anywhere        anywhere        state NEW tcp dpt: domain
ACCEPT     udp   --      anywhere        anywhere        state NEW udp dpt: domain
ACCEPT     udp   --      anywhere        anywhere        state NEW udp dpt: rndc
```

3. 测试命令

在配置 DNS 服务器时经常会使用一些测试工具获取 DNS 服务器的状态信息以及其中的数据记录。其中常用的测试命令有 host、nslookup 及 dig 等，其中以 dig 命令的功能最为强大，也便于后面内容的学习，在实训 14 中已使用过 dig 命令，现正式介绍 dig 命令的定义。

命令名：dig(domain information groper)。

功能：查询 DNS 服务器并获取相关结果。

格式：

```
dig   [@ DNS 服务器]      [主机名/域名]      [查询类型选项]
```

如果需要指定某个 DNS 服务器查询主机名或域名，则通过"@ IP 地址"的格式指出所要使用的 DNS 服务器,否则 dig 命令将会使用/etc/resolv. conf 文件中所列的 DNS 服务器。如果不给出选项和参数,dig 命令将按默认执行查询根区的 DNS 服务器的操作。

重要选项:

-t(type):用于指定所要查询的资源记录类型。该选项后面需要给出资源记录类型参数,资源记录类型的表示可参见后面关于资源记录类型的有关列表。

-x:用于反向查询(即以 IP 地址查询对应主机名)。该选项后面需要给出 IP 地址参数。

【示例 17.1】 使用 IP 地址为 208. 67. 222. 222 的 DNS 服务器查询主机名 www. kernel. org。该 DNS 服务器是由 OpenDNS 公司免费提供的公众 DNS 服务器。在该示例以及后面的其他示例使用 dig 命令练习时要注意实际网络环境可能已经发生变化,因此显示结果会有所不同。

```
[ root@ localhost ~] # dig @ 208. 67. 222. 222    www. kernel. org

; <<>> DiG 9. 7. 0-P2-RedHat-9. 7. 0-5. P2. el6 <<>> @ 208. 67. 222. 222 www. kernel. org
; (1 server found)
;; global options:  + cmd
;; Got answer:
;; ->> HEADER <<- opcode: QUERY, status: NOERROR, id: 2566
;; flags: qr rd ra; QUERY: 1, ANSWER: 4, AUTHORITY: 0, ADDITIONAL: 0

;; QUESTION SECTION:                <==QUESTION SECTION 指出查询的内容
; www. kernel. org.          IN   A

;; ANSWER SECTION:                 <== ANSWER SECTION 指出回答结果(资源记录)
www. kernel. org.        590   IN   CNAME   pub. all. kernel. org.
pub. all. kernel. org.     590   IN   A       199. 204. 44. 194
pub. all. kernel. org.     590   IN   A       198. 145. 20. 140
pub. all. kernel. org.     590   IN   A       149. 20. 4. 69

;; Query time: 112 msec             <==最后列出所使用的服务器以及查询时间统计
;; SERVER: 208. 67. 222. 222#53( 208. 67. 222. 222)
;; WHEN: Wed Oct 28 11: 15: 23 2015
;; MSG SIZE  rcvd: 102
```

17.2.4 基本配置工作

1. 区与区文件

DNS 服务器中实际就是一个存储主机名与 IP 地址映射关系记录的数据库,因此如何表示和记录这种映射关系是 DNS 服务器首先需要考虑的问题。首先,为了更有效地管理DNS,可以将 DNS 的树状结构按区(Zone)来划分,由被授权的管理者负责管理一个区中的域名。区可以包含一个或多个域,一种常见的简化情形是将单独的一个域看作是一个区。

BIND 软件通过区文件(Zone File)来记录一个区中主机名与 IP 地址之间的映射关系。由主机名解析得到 IP 地址的过程被称为正向解析,反之根据 IP 地址解析得到主机名便称为反向解析,正向解析和反向解析结果分别记录在正向区文件和反向区文件中。

关于区的一个典型例子是根区,根区是互联网 DNS 中最为重要的区,它位于 DNS 树状结构中的顶端。每个 DNS 服务器都在/var/named 目录中存放了关于一个名为 named.ca 的文件,它指出了根区服务器的 IP 地址。这样 DNS 服务器在遇到自己无法解析的查询要求时,可将查询要求转发给根区的服务器。可以通过网址"http://www.internic.net/domain/named.root"获取最新的 named.ca 文件。

【示例 17.2】 查看关于根区服务器 IP 地址的信息文件,文件路径为/var/named/named.ca。

```
[ root@ localhost named] # cat named.ca
(省略部分显示结果)
;; ADDITIONAL SECTION:
A. ROOT-SERVERS. NET.    3600000   IN   A       198.41.0.4
(省略部分显示结果)
M. ROOT-SERVERS. NET.    3600000   IN   AAAA   2001: dc3:: 35
(省略部分显示结果)
```

named.ca 文件中记录了编号从 A~M 的根区服务器的对应 IP 地址,示例显示的 named.ca 文件内容的每一行分别表示了一条被称为资源记录(Resource Records, RR)的信息。资源记录是 DNS 的基本信息单元,无论是正向区文件还是反向区文件,实际都是一组资源记录的集合。因此下面首先讨论资源记录这个基本概念,然后再讨论正向和反向区文件的内容。

2. 资源记录

一条完整的资源记录包括了如下字段。

(1)名字(Name):表示了该记录是关于谁的记录,也可以说这条记录属于这个名字所表示的拥有者。可以使用符号"@"表示当前区的名称,也即表示了当前记录是关于整个区的记录。

(2)记录的生存期(Time to Live, TTL):表示了当客户端持有该记录的时间(单位为秒)超过了记录的生存期时,应该丢弃该记录并重新查询。可以在区文件的一开始定义全局变量 TTL。

(3)记录种类(Record Class):表示记录所属的名字空间,该字段一般记为 IN,表示 Internet 的意思。

(4)记录类型(Record Type):通过如下的一些标志表示了下一个字段,即记录数据所存储的信息类型。

① A(Address):IPv4 地址。

② AAAA:IPv6 地址。

③ NS(Name Server):DNS 服务器的主机名。

④ SOA(Start of Authority):SOA 是授权信息的起始标志,也即表示后面的记录数据是关于 DNS 服务器的一些授权信息。

⑤ MX(Mail Exchanger):邮件服务器的主机名。

⑥ CNAME(Canonical name):关于名字字段的另一个表示(别名),它一般更长而且更为正式。

⑦ PTR（Pointer）：用于反向区文件中，表示后面的记录数据为 IP 地址所对应的主机名。

（5）记录数据（Record Data）：记录数据即为 IP 地址、DNS 服务器主机名等信息，它可以由多条信息所构成。

3. 域名的表示

在 DNS 设置中，关于资源记录中名字字段的表示方法是需要特别注意的。当在资源记录中表示一个域名或主机名时，并非以人们日常使用的形式来表示，而是一般以 FQDN（Fully Qualified Domain Name，完全限定域名）的形式来表示。FQDN 的最大特点是明确表示了域名在 DNS 层级结构中的绝对位置。例如，对于主机名 www.kernel.org，它的 FQDN 应为"www.kernel.org."，也即在结尾多加一个点"."，这个点表示了 DNS 中的根，然后沿着 DNS 层级一直往下并从右到左逐级表示域名就可得到相应的 FQDN。如果资源记录中的名字不以 FQDN 的形式给出，则 DNS 服务器会自动根据区文件所对应的域名在名字的结尾补充完整，例如如果只给出"www"作为资源记录的名字，则 kernel.org 的 DNS 服务器会将其自动补充为"www.kernel.org."，但如果资源记录的名字写为"www.kernel.org"，也即没有以点结尾，就会出现错误，实际的主机名就会被处理为"www.kernel.org.kernel.org."。

【示例 17.3】 在之前的示例中，使用 dig 命令查询主机名 www.kernel.org，共获得了 DNS 服务器返回的 4 条资源记录。现对其进行分析，以第 1 条记录为例：

www.kernel.org.	590	IN	CNAME	pub.all.kernel.org.
主机名	ttl	记录种类	记录类型	记录数据

从资源记录的内容可知：

（1）主机名均以 FQDN 的形式表示。该条资源记录是关于主机名"www.kernel.org."的资源记录。

（2）资源记录的生存期为 590 秒。

（3）资源记录的种类为 IN，即 Internet 类型。

（4）资源记录的类型为 CNAME，因此记录数据"pub.all.kernel.org."是所要查询的主机名"www.kernel.org."的另一个主机名。

然后分析另外 3 条记录，它们的内容是类似的，以第 2 条记录为例：

pub.all.kernel.org.	590	IN	A	199.204.44.194

内容的重点在于资源记录的类型为 A，也即后面的记录数据（199.204.44.194）是主机名"pub.all.kernel.org."所代表的主机的 IP 地址。从第 2~4 条资源记录可知，主机 www.kernel.org 共有 3 个 IP 地址。

4. NS 类型的资源记录

除了记录域中一些主机名与 IP 地址的映射关系之外，区文件中还需要有关于域的 DNS 服务器主机的名称与 IP 地址的映射关系，这类资源记录在记录类型字段中被表示为"NS"类型。

【示例 17.4】 查询 kernel.org 的 DNS 服务器的 IP 地址。这里使用了预设在"/etc/

resolv. conf"文件中的 DNS 服务器,通过如下命令能够得到查询结果:

```
[ root@ localhost ~]# dig -t NS kernel. org
(省略部分显示结果)
;; ANSWER SECTION:
kernel. org.      80011   IN   NS   ns2. kernel. org.
kernel. org.      80011   IN   NS   ns0. kernel. org.
kernel. org.      80011   IN   NS   ns4. kernel. org.
(省略部分显示结果)
```

查询获得的资源记录类型均为 NS,表明主机"ns2. kernel. org."等是域 kernel. org 的 DNS 服务器主机名。继续查询主机 ns2. kernel. org. 对应的 IP 地址,有:

```
[ root@ localhost ~]# dig -t A ns2. kernel. org.
(省略部分显示结果)
;; ANSWER SECTION:
ns2. kernel. org.     85246   IN   A   149. 20. 4. 80         <==DNS 服务器的 IP 地址
(省略部分显示结果)
```

如果指定使用"ns2. kernel. org."查询关于主机名"www. kernel. org"的记录,能够得到相关的查询结果:

```
[ root@ localhost ~]# dig @149. 20. 4. 80 www. kernel. org
(省略部分显示结果)
;; ANSWER SECTION:
www. kernel. org.      600   IN   CNAME   pub. all. kernel. org.
pub. all. kernel. org.      600   IN   A      149. 20. 4. 69         <==主机 www. kernel. org 的记录
(省略部分显示结果)
```

然而如果查询其他域名:

```
[ root@ localhost ~]# dig @149. 20. 4. 80 www. example. com
(省略部分显示结果)
;; WARNING: recursion requested but not available

;; QUESTION SECTION:
;www. example. com.       IN   A
(省略部分显示结果)
```

这时就会因为 DNS 服务器中没有相关记录且不接受递归查询而返回警告。

5. SOA 类型的资源记录

如果一条资源记录的记录类型字段被标记为 SOA,则表示该资源记录是关于当前区文件所对应的区授权信息,同样可以通过 dig 命令获取某个域的一些授权信息。

【示例 17.5】 查询域 kernel. org 的授权信息。

```
[ root@ localhost ~]# dig -t SOA kernel. org
(省略部分显示结果)
```

```
;; ANSWER SECTION:
kernel. org.   600   IN   SOA   ns0. kernel. org.  hostmaster. ns0. kernel. org.  2015102210  600  150
604800 600
```
（省略部分显示结果）

在上面的查询结果记录中，"kernel. org. "是资源记录名称，"600"表示资源记录的生存期为
600 秒，"IN"表示记录种类为 Internet，而"SOA"说明当前资源记录是关于 kernel. org. 域所
在区的授权信息，授权信息包括了如下内容。

（1）DNS 主服务器的主机名：如"ns0. kernel. org. "。

（2）域管理员的电子邮件地址：如"hostmaster. ns0. kernel. org. "。注意由于在区文件
中符号@已经被使用，因此在电子邮件地址中以点号代替。

（3）序列号：它用于辅助 DNS 服务器与主 DNS 服务器之间比较同一个区的区文件的
新旧程度，数字越大说明文件越新。如果辅助 DNS 服务器发现主 DNS 服务器的区文件序
列号要比它自己的要大，则更新区文件。一般习惯是把序列号表示为时间加上更新次数，如
例子中的序列号 2015102210 说明该文件是 2015 年 10 月 22 日第 10 次更新。

（4）更新时间：它指定了辅助 DNS 服务器每隔多长时间更新区文件，如例子中设定每
隔 600 秒辅助 DNS 服务器检查一次更新。

（5）重试时间：它指定了如果辅助 DNS 服务器连接主 DNS 服务器检查更新时失败了，
需要间隔多长时间重新连接主 DNS 服务器并检查更新，如例子中设定 150 秒之后辅助 DNS
服务器重连主 DNS 服务器。

（6）过期时间：它指定了如果辅助 DNS 服务器更新失败并经过反复重试，在多长时间
后停止更新检查并认为服务器中的区文件已经失效，如例子中设定 604800 秒（7 天）后区文
件失效。

（7）缓存时间：它提供了一个资源记录生存期的默认设置值，如例子中设定资源记录
的默认生存期为 600 秒。

需要注意的是，上述更新时间等除了以秒为单位表示为一个整数之外，还可以结合 M
（分钟）、H（小时）、D（天）、W（星期）等单位表示，如 3H、1W 等。当用户为自己的 DNS 服务
器的区文件设置授权信息时，也可以先参考常用网站的典型设置，然后再根据实际情况做
调整。

6. 正向与反向区文件

正向与反向区文件均保存在/var/named 目录中，为便于辨认，可以按"named. 域名"的
格式命名正向区文件，而按"named. IP 网段"的格式来命名反向区文件。如前所述，两种区
文件的内容实际是一组资源记录。区文件中以分号（;）为注释符，必须包含 SOA 类型的资
源记录，可以在开始处设置生存期等默认值。此外，可利用/var/named 目录中的区文件模
板 named. empty 文件来创建区文件。

【示例 17. 6】　一个正向区文件的示例，文件命名为 named. example. com。

```
;设置默认的生存期(1 天)，这样在后面的资源记录中不需逐个写出它们的 TTL 值
$TTL 86400
```

```
; 此处@表示 example.com. 所在的整个区
@   IN   SOA      dns.example.com.  root.example.com.  (
                  2015102801 ；序列号
                  28800 ；更新时间(8 小时)
                  14400 ；重试时间(4 小时)
                  3600000 ；过期时间(1000 小时)
                  86400 ；资源记录的生存期
                  )
; NS 类型记录,记录标识一个区的 DNS 服务器
@   IN   NS   dns.example.com.

; DNS 服务器主机的对应 IP 地址
dns.example.com.        IN  A   192.168.2.5
; ftp 是简写,即表示主机 ftp.example.com.
ftp                    IN  A   192.168.2.15
```

【示例 17.7】 example.com.zone 文件的反向区文件,文件命名为 named.192.168.2。

```
; 默认生存期,SOA 记录以及 NS 记录与正向文件相同
$TTL 86400
@   IN   SOA      dns.example.com.  root.example.com.  (
                  2015102801 ；序列号
                  28800 ；更新时间(8 小时)
                  14400 ；重试时间(4 小时)
                  3600000 ；过期时间(1000 小时)
                  86400 ；资源记录的生存期
                  )
@   IN   NS   dns.example.com.

; DNS 服务器会根据后面介绍的 named.conf 中的 zone 语句设置补全 IP 地址
; 此处也即表示 192.168.2.5 对应的主机为 dns.example.com.
5    IN   PTR   dns.example.com.
15   IN   PTR   ftp.example.com.
```

7. named.conf 文件

/etc/named.conf 文件是关于 BIND 的基本配置文件。named.conf 文件由 option、logging、zone 等语句(statement)构成,语句中包含了一组子句(clauses),并以分号作为结束标志。每个语句的子句放置在一对花括号"{}"内同样也以分号";"作为结束标志。named.conf 文件采用了类似于 C 语言的注释风格,即采用"//"作为注释符,但它也同时支持使用井号"#"作为注释符。下面对一些较为重要的语句进行介绍。

1) option 语句

option 语句包含有许多关于服务器全局设置的子句。以下是安装了 BIND 软件后 option 语句的初始设置,其中一些较为重要的子句已附上了相关注释:

```
options {
    //指定接受 DNS 查询的网络接口及端口.默认监听端口为53,
```

```
    //子句"127.0.0.1;"表示可接受来自本地的 DNS 查询
    //可以设置为子句"any;"以接受来自所有网络接口的查询
    listen-on port 53 { 127.0.0.1; };
    //指定通过哪个端口监听 IPv6 类型的客户端请求
    listen-on-v6 port 53 { ::1; };
    //区文件存放位置的起始路径
    directory      "/var/named";
    dump-file      "/var/named/data/cache_dump. db";
    //统计信息的记录文件
    statistics-file "/var/named/data/named_stats. txt";
    memstatistics-file "/var/named/data/named_mem_stats. txt";
    //允许可以使用 DNS 查询的主机及网络, 设置为"any;"表示对所有客户端开放
    allow-query      { localhost; };
    //是否允许递归查询, 即当服务器无相关记录时是否将查询请求转发至根区服务器
    recursion yes;
(省略部分内容)
};
```

2) zone 语句

zone 语句用于定义与一个区有关的相关设置, 主要包括了服务器类型以及区文件的所在位置。named. conf 文件中默认已经有关于根区的 zone 语句:

```
zone ". " IN {
    type hint;
    file "named. ca";
};
```

上述 zone 语句表示了关于根区(以. 表示)的设置, 其中服务器类型参数 type 设置为 hint, 含义是指 DNS 服务器将根据下一个参数 file 所指示的 named. ca 文件的提示找到根区服务器。

【示例 17. 8】 设置关于域 example. com 的 zone 语句。在 named. conf 文件中加入代码:

```
//正向解析(主机名→IP 地址)
zone "example. com" IN {
    //当前服务器为主服务器
    type master;
    //指出正向区文件
    file "named. example. com";
};

//反向解析(IP 地址→主机名)
zone "2. 168. 192. in-addr. arpa" IN {
    type master;
    //指出反向区文件
    file "named. 192. 168. 2";
};
```

上述代码中最为特别的是用于反向解析的 zone 语句中的域名"2. 168. 192. in-addr. arpa"，它同样采用了前面介绍的 FQDN 形式来表示，因此应从右到左理解。反向查询的 DNS 数据库的根位于 arpa 域，IPv4 地址使用的是子域 in-addr. arpa。结合前面示例中的反向区文件内容，可知 DNS 服务器实际将地址"5.2.168.192. in-addr. arpa."指向了主机"dns. example. com."。

17.3　综合实训案例

案例 17.1　为 FTP 服务器提供域名解析服务

DNS 服务器的主要功能是为互联网中的各种服务器主机提供了域名解析服务。在本案例中以较为简单的 FTP 服务器为例，讨论如何搭建基本的 DNS 服务器为 FTP 服务器提供域名解析服务。

本案例所使用的域名是 example. com，在 example. com 域中将配置有主 DNS 服务器 dns. example. com（IP 地址为 192. 168. 2. 5）以及 FTP 服务器 ftp. example. com（IP 地址为 192. 168. 2. 15）。配置完毕后，将在测试阶段通过域名访问 FTP 服务器。以下是具体的操作步骤。

第 1 步，配置 named. conf 文件。针对本案例的任务，option 语句配置如下，只需让如下一些子句生效即可，其余子句需要将其注释。

```
options {
    directory      "/var/named";
    dump-file      "/var/named/data/cache_dump. db";
    statistics-file     "/var/named/data/named_stats. txt";
    memstatistics-file "/var/named/data/named_mem_stats. txt";
    allow-query      { any; };      //注意修改该参数,可以允许任意客户端的查询
    recursion yes;
};
// =====logging 语句以及关于根区的 zone 语句按默认设置即可 =====

// =====最后加入示例 17.8 中的两个 zone 语句,此处略 =====
```

第 2 步，设置正向和反向区文件。正向区文件 named. example. com 和反向区文件 named. 192. 168. 2 已经在示例 17. 6 和示例 17. 7 中给出，可根据示例中的文件内容在"/var/named"目录中建立对应的正向和反向区文件。

第 3 步，检查防火墙等相关设置后，启动或重启 named 守护进程。启动完毕后必须要查看在"/var/log/messages"文件中与 named 进程有关的日志信息。举例如下：

```
Oct 29 10:24:26 localhost named[5715]: starting BIND 9.7.0-P2-RedHat-9.7.0-5. P2. el6 -u named -t
/var/named/chroot
(省略部分显示结果)
Oct 29 10:24:26 localhost named[5715]: command channel listening on 127.0.0.1#953
```

```
Oct 29 10:24:26 localhost named[5715]: command channel listening on :: 1#953
Oct 29 10:24:26 localhost named[5715]: the working directory is not writable
Oct 29 10:24:26 localhost named[5715]: zone 0. in-addr. arpa/IN: loaded serial 0
Oct 29 10:24:26 localhost named[5715]: zone 1.0.0.127. in-addr. arpa/IN: loaded serial 0
Oct 29 10:24:26 localhost named[5715]: zone 2.168.192. in-addr. arpa/IN: loading from master
file named. 192.168. 2 failed: permission denied
Oct 29 10:24:26 localhost named[5715]: zone 2.168.192. in-addr. arpa/IN: not loaded due to
errors.
Oct 29 10:24:26 localhost named[5715]: zone 1.0.0.0.0.0.0.0.0.0.0.0.0.0.0.0.0.0.0.0.0.0.0.0.
0.0.0.0.0.0.0.0. ip6. arpa/IN: loaded serial 0
Oct 29 10:24:26 localhost named[5715]: zone example. com/IN: loading from master file named.
example. com failed: permission denied
Oct 29 10:24:26 localhost named[5715]: zone example. com/IN: not loaded due to errors.
Oct 29 10:24:26 localhost named[5715]: zone localhost. localdomain/IN: loaded serial 0
Oct 29 10:24:26 localhost named[5715]: zone localhost/IN: loaded serial 0
Oct 29 10:24:26 localhost named[5715]: running
```

从以上日志可发现,尽管 named 守护进程的确启动了,但关于域 example. com 的正向和反向区文件均没有被装载。再往上反查日志找原因,可知 named 守护进程并没有权限访问这两个文件。下面可以查看一下"/var/named"目录中的文件权限设置情况:

```
[ root@ localhost named] # ls -l
总用量  48
drwxr-x---.   6 root    named   4096   10 月   26 18:59   chroot
drwxrwx---.   2 named   named   4096   10 月   26 19:03   data
drwxrwx---.   2 named   named   4096   10 月   29 09:53   dynamic
-rw-r-----.   1 root    root    532    10 月   29 09:47   named. 192.168. 2
-rw-r-----.   1 root    root    152    12 月   15 2009   named. 192.168. 2 ~
-rw-r-----.   1 root    named   1892   2 月    18 2008   named. ca
-rw-r-----.   1 root    named   152    12 月   15 2009   named. empty
-rw-r-----.   1 root    root    579    10 月   29 09:46   named. example. com
-rw-r-----.   1 root    root    579    10 月   29 09:45   named. example. com ~
(省略部分显示结果)
```

named. example. com 和 named. 192.168. 2 这两个区文件具有与 name. ca 文件和 named. empty 文件同样的读写权限。但由于 example. com 的两个区文件的所属组群仍然是 root,而非 named。实际上 named 守护进程是以 named 用户的身份来运行的:

```
[ root@ localhost ~] # ps -el| grep named       <== 查询 named 进程的 UID 为 25
5 S   25   8800     1   1   80   0 - 12251 -       ?         00:00:00 named
[ root@ localhost ~] # id named
uid = 25( named)  gid = 25( named)  组 = 25( named)
```

这样将会导致 named 守护进程不具备权限访问 example. com 的两个区文件。因此需要修改这两个文件的所属组群：

```
[ root@ localhost named] # chown root: named named. 192. 168. 2
[ root@ localhost named] # chown root: named named. example. com
```

然后重启 named 进程并重新检查 "/var/log/messages" 日志文件能够发现如下两行记录，说明区文件已经装载：

```
Oct 29 10:28:06 localhost named[ 5869] : zone 2. 168. 192. in-addr. arpa/IN: loaded serial 2015102801
Oct 29 10:28:06 localhost named[ 5869] : zone example. com/IN: loaded serial 2015102801
```

此外，可发现 "/var/named/chroot" 目录的所属组群也为 named，但它并不具有写权限，因此日志中也记录了 "the working directory is not writable"。由以上分析可见利用日志排查 DNS 服务器问题的重要性。

第 4 步，设置 "/etc/resolv. conf" 文件。在新搭建的 DNS 服务器主机中将如下内容作为第一配置行加入到 "/etc/resolv. conf" 文件中：

```
nameserver 192. 168. 2. 5
( 其余 DNS 服务器设置写在后面)
```

第 5 步，利用 dig 命令在本地测试 DNS 服务器。首先测试正向解析功能：

```
[ root@ localhost named] # dig ftp. example. com
( 省略部分显示结果)
; ; ANSWER SECTION:                        <== 查询到 DNS 服务器中的资源记录
ftp. example. com.    86400    IN    A    192. 168. 2. 15

; ; AUTHORITY SECTION:
example. com.         86400    IN    NS    dns. example. com.

; ; ADDITIONAL SECTION:
dns. example. com.    86400    IN    A    192. 168. 2. 5
( 省略部分显示结果)
```

然后测试反向解析功能：

```
[ root@ localhost named] # dig -x 192. 168. 2. 15
( 省略部分显示结果)
; ; ANSWER SECTION:
15. 2. 168. 192. in-addr. arpa. 86400 IN   PTR   ftp. example. com.
( 省略部分显示结果)
```

第 6 步，测试通过域名访问 FTP 服务器。可以在另一台 Linux 机器(IP 地址为 192. 168. 2. 15) 中建立 FTP 服务器，具体过程可参考综合实训案例 15. 1。然后在刚才搭建 DNS 服务器主机中通过浏览器访问 FTP 服务器，如图 17. 2 所示。

图 17.2　通过域名访问 FTP 服务器

案例 17.2　搭建辅助 DNS 服务器

本案例将在前一案例的基础上,演示如何搭建辅助 DNS 服务器,从而提供更为可靠的 DNS 服务。本案例与之前的一些案例类似,需要有两台 Linux 主机,分别可称为 Linux-Master 和 Linux-Slave。Linux-Master 的 IP 地址为 192.168.2.5,用于搭建主 DNS 服务器,实际主要工作已于前一案例完成,注意首先应先备份已完成的 named. conf 文件及区文件。而 Linux-Slave 的主机 IP 地址为 192.168.2.15,用于搭建辅助 DNS 服务器。以下是具体的操作步骤。

第 1 步,在 Linux-Slave 中完成安装 BIND 软件以及配置防火墙等准备工作,过程略。

第 2 步,修改两台 DNS 服务器的 named. conf 文件。以前一案例为基础,Linux-Master 的 named. conf 文件内容修改如下:

```
// ===== 只给出 example. com 的两个 zone 语句,其余内容与前一案例的相同 ======
//正向解析(主机名-IP 地址)
zone "example. com" IN {
    type master;
    file "named. example. com";
    //指出辅助 DNS 服务器的位置,允许把区文件传输给它
    allow-transfer {192.168.2.15; };
};

//反向解析(IP 地址-主机名)
zone "2.168.192. in-addr. arpa" IN {
    type master;
    file "named.192.168.2";
    allow-transfer {192.168.2.15; };
};
```

Linux-Slave 的 named.conf 文件内容如下：

```
// =====同样只给出 example.com 的两个 zone 语句, 其余内容与主服务器的相同 ======
//正向解析(主机名-IP 地址)
zone "example.com" IN {
    //当前服务器为辅助服务器
    type slave;
    //指出正向区文件位置(/var/named/slaves/named.example.com)
    file "slaves/named.example.com";
    //指出主服务器的位置, 注意写为 masters
    masters   { 192.168.2.5; };
};

//反向解析(IP 地址-主机名)
zone "2.168.192.in-addr.arpa" IN {
    type slave;
    //指出反向区文件位置
    file "slaves/named.192.168.2";
    masters   { 192.168.2.5; };
};
```

注意：编写两台服务器的 named.conf 配置文件时可互相对照, 以防出错。

第 3 步, 修改主 DNS 服务器的区文件。正向区文件的内容修改如下：

```
; 默认生存期, 包括更新时间等都设置了更小的值
$TTL 600
@   IN  SOA     dns.example.com. root.example.com. (
                2015102901 ; 序列号修改为比案例 17.1 中的更大
                1H ; 更新时间
                10M ; 重试时间
                1W ; 过期时间
                1D ; 资源记录的生存期
                )
@   IN  NS  masterdns.example.com.     ;主服务器
@   IN  NS  slavedns.example.com.      ;辅助服务器

; DNS 服务器的对应 IP 地址
masterdns.example.com.          IN   A   192.168.2.5
slavedns.example.com.           IN   A   192.168.2.15
ftp                             IN   A   192.168.2.15
```

反向区文件内容修改如下：

```
; 默认生存期, SOA 记录及 NS 记录与正向文件相同
$TTL 600
@   IN  SOA     dns.example.com. root.example.com. (
                2015102901 ; 序列号
                1H ; 更新时间(1 小时)
```

```
                    10M；重试时间(10 分钟)
                    1W；过期时间(1000 小时)
                    1D；资源记录的生存期
                    )
@   IN   NS   masterdns. example. com.
@   IN   NS   slavedns. example. com.


5        IN  PTR    masterdns. example. com.
15       IN  PTR    slavedns. example. com.
15       IN  PTR    ftp. example. com.
```

第 4 步,辅助 DNS 服务器从主服务器中下载区域文件。分别重启主 DNS 服务器和辅助 DNS 服务器的 named 守护进程。然后查看 Linux-Master 的"/var/log/messages"文件的最新日志记录,可发现有如下内容:

```
Oct 29 15:54:58 localhost named[10430]：running
Oct 29 15:54:58 localhost named[10430]：zone 2.168.192. in-addr. arpa/IN: sending notifies ( serial 2015102901)
Oct 29 15:54:58 localhost named[10430]：zone example. com/IN: sending notifies ( serial 2015102901)
```

再查看 Linux-Slave 的日志,如果显示如下信息则说明辅助 DNS 服务器已经成功从主 DNS 服务器中下载了区文件:

```
Oct 29 15:28:40 localhost named[23445]：running
Oct 29 15:28:40 localhost named[23445]：zone 2.168.192. in-addr. arpa/IN: Transfer started.
Oct 29 15:28:40 localhost named[23445]：transfer of '2.168.192. in-addr. arpa/IN' from 192.168.2.5#
53：connected using 192.168.2.15#45086
Oct 29 15:28:41 localhost named [23445]：zone 2. 168. 192. in-addr. arpa/IN: transferred serial 2015102901
Oct 29 15:28:41 localhost named[23445]：transfer of '2.168.192. in-addr. arpa/IN' from 192.168.2.5#
53：Transfer completed: 1 messages, 7 records, 230 bytes, 0.038 secs (6052 bytes/sec)
Oct 29 15:28:41 localhost named[23445]：zone 2.168.192. in-addr. arpa/IN: sending notifies ( serial 2015102901)
Oct 29 15:28:41 localhost named[23445]：zone example. com/IN: Transfer started.
(省略部分显示结果)
```

此外,在 Linux-Slave 的"/var/named/slaves"目录中也能发现多了两个区文件:

```
[ root@ localhost slaves] # ls -l
总用量   8
-rw-r--r--. 1 named named 440 10 月 29 15:28 named. 192.168.2
-rw-r--r--. 1 named named 404 10 月 29 15:28 named. example. com
```

第 5 步,利用 dig 命令测试辅助 DNS 服务器。可在 Linux-Master 中利用 dig 命令指定使用 Linux-Slave 中的 DNS 服务器来查询主机名 ftp. example. com 的 IP 地址:

```
[ root@ localhost named] # dig @192.168.2.15 ftp. example. com
(省略部分显示结果)
;; ANSWER SECTION:
ftp. example. com.    600    IN    A    192.168.2.15

;; Query time: 6 msec
;; SERVER: 192.168.2.15#53(192.168.2.15)
;; WHEN: Thu Oct 29 18:15:49 2015
;; MSG SIZE    rcvd: 128
```

第 6 步,测试同步更新功能。修改主 DNS 服务器中的两个区文件,将 SOA 记录中的序列号根据当前系统日期做更改,如果是同一天可仅增大序列号中的更改次数,如"2015103001"。然后重启主 DNS 服务器(无须重启辅助服务器)后可查看 Linux-Slave 中两个区文件,可发现辅助 DNS 服务器中的两个区文件同时也更新了:

```
[ root@ localhost slaves] # ls -l
总用量    8
-rw-r--r--.  1 named named 440 10 月 30 20:47 named.192.168.2
-rw-r--r--.  1 named named 404 10 月 30 20:47 named.example.com
```

案例 17.3   搭建缓存 DNS 服务器

如前所述,缓存 DNS 服务器本身不存储区文件,而只会将查询请求提交给其他 DNS 服务器。缓存 DNS 服务器通过记录历史查询结果,能够提高下次重复查询的速度。为了对上述知识加以印证,本案例将演示如何搭建缓存 DNS 服务器,并且测试对比不同的缓存服务器设置在查询速度上的差异。搭建缓存 DNS 服务器的主机是上一案例中的 Linux-Master,IP 地址为 192.168.2.5,下面是具体的操作步骤。

第 1 步,设置 named. conf 文件。以上一案例中 Linux-Master 中的 named. conf 文件为基础进行修改,注意应先将上一案例的 named. conf 文件备份。由于缓存服务器不需要存储区文件,因此可以将 named. conf 文件中一些无关的 zone 语句删去或注释。缓存服务器的内容如下:

```
options {
    //其他子句的设置与前两个案例的设置相同,仅增加如下三项,后两项暂时注释
    recursion yes;
    //forward only;
    //forwarders {192.168.2.1;};
};

//仅保留关于根区的 zone 语句,内容略
//其余的 zone 语句可以注释让其不起作用
```

第 2 步,重启 named 守护进程,并检查日志是否有报告错误。过程略。

第 3 步,测试缓存服务器的查询速度。测试的网站是国内的 www.163.com。可在缓存

服务器中进行如下本地查询,也可在局域网中任意一台主机中执行查询,结果如下:

```
[root@ localhost named]# dig @192.168.2.5 www.163.com
(查询结果略,仅保留查询统计)
;; Query time: 1328 msec
;; SERVER: 192.168.2.5#53(192.168.2.5)
;; WHEN: Thu Oct 29 20:36:17 2015
;; MSG SIZE   rcvd: 299
```

然后马上再次提交相同的查询:

```
[root@ localhost named]# dig @192.168.2.5 www.163.com
(查询结果略,仅保留查询统计)
;; Query time: 2 msec
;; SERVER: 192.168.2.5#53(192.168.2.5)
;; WHEN: Thu Oct 29 20:36:41 2015
;; MSG SIZE   rcvd: 299
```

由此可见缓存 DNS 服务器的确提高了重复查询的速度。

第 4 步,修改缓存 DNS 服务器的 named.conf 文件,让之前注释的 forward 和 forwarders 子句生效。然后再次重启服务器,此时服务器的缓存将被清空。

第 5 步,再次测试缓存 DNS 服务器的查询速度。第一次查询结果如下:

```
[root@ localhost named]# dig @192.168.2.5 www.163.com
(查询结果略,仅保留查询统计)
;; Query time: 61 msec
;; SERVER: 192.168.2.5#53(192.168.2.5)
;; WHEN: Thu Oct 29 20:37:46 2015
;; MSG SIZE   rcvd: 209
```

本次查询所需时间(61 毫秒)与第 3 步中第一次查询所需时间(1328 毫秒)相比明显降低了。为什么启用了 forward 和 forwarders 两项设置后查询速度会大大提高呢? 这是因为"forward only"的含义是指缓存服务器不将查询请求转发给根区 DNS 服务器,而是转发给 forwarders 子句中所列的 DNS 服务器。"192.168.2.1"是主机的默认网关的 IP 地址,它能够将查询结果转交给互联网服务提供商的 DNS 服务器,它查询国内网站的速度自然要比通过根区 DNS 服务器逐层递归查询的速度要快得多。继续重复查询,结果如下:

```
[root@ localhost named]# dig @192.168.2.5 www.163.com
(查询结果略,仅保留查询统计)
;; Query time: 1 msec
;; SERVER: 192.168.2.5#53(192.168.2.5)
;; WHEN: Thu Oct 29 20:37:53 2015
;; MSG SIZE   rcvd: 209
```

对比第 3 步的第二次查询结果,两者速度基本相同,可见这次服务器同样是返回了缓存中的记录结果。

17.4　实训练习题

参考综合实训案例 17.1 和案例 17.2,分别在两台 Linux 主机中搭建主 DNS 服务器和辅助 DNS 服务器,要求将主机名 ssh.example.com 解析为某台 SSH 服务器主机的 IP 地址,并且实现对应的反向解析。测试时可在 Windows 系统配置使用新搭建的 DNS 服务器,然后参考综合实训案例 2.3 的方法,利用如"ssh study@ ssh. example. com"的命令远程登录到 SSH 服务器主机。

实训 18　WWW 服务器

18.1　实训要点

（1）了解 URL 等与 WWW 有关的基本概念。
（2）理解 WWW 服务器的基本工作原理。
（3）了解 Apache HTTP 服务器的重要目录及文件。
（4）了解 httpd. conf 文件的重要指令及其参数值含义。
（5）设置对 WWW 网站目录的访问控制。
（6）设置 WWW 服务器的身份验证功能。
（7）搭建基于名称和基于 IP 地址的虚拟主机。
（8）搭建普通用户的个人网站。

18.2　基础实训内容

18.2.1　WWW 简介

1. 基本概念

WWW 是 World Wide Web 的缩写，意指一张全球范围的，无所不包的网，大家给它取了一个名字叫"万维网"。WWW 有时也会直接被称为 Web，它实际是指一张由各种网页所构成的，网页间互相通过链接连在一起的"网"。也就是说，WWW 中网络的概念指的是由信息内容所构成的网络。经常与 WWW 放在一起讨论，需要加以区分的另一个概念是互联网，互联网则是指由各种网络主机和设备组成，并且通过 TCP/IP 协议通信的计算机网络。现在所要讨论的 WWW 服务器，属于互联网上最为重要的网络服务器之一，而它所提供的则是 WWW 中的网页内容服务。

WWW 这张网中最基本的组织结点是承载内容信息的网页（Web Page），它实际是一种具有 HTML（Hypertext Markup Language）格式的文本，因此能够在浏览器中呈现包括图片、视频等在内的网络资源。网页中包含了许多超链接（Hyperlink），通过超链接能够把 WWW 中的网页联系在一起。例如，以下超链接：

```
< a href = "http://www.w3.org"> W3C Organization </a>
```

它包含了一条俗称为"网址"的 URL（统一资源定位符）。此条 URL 指向了 W3C（World

Wide Web Consortium)网站的首页,而 W3C 是主要负责制定与 WWW 有关技术标准的国际组织。

2. URL 的表示

URL 对于 WWW 来说特别重要,这是因为 WWW 中的网页以及其他网络资源均通过 URL 定位和访问,而 WWW 服务器也是根据客户端所提交的 URL 提供服务。平常人们所讲的网站(Website),是指一组在 URL 中具有同一个域名的网页及相关的网络资源。URL 的格式定义如下:

> 协议://主机名或 IP 地址:端口/访问路径?查询字符串#片段名

协议:可以是 http、https、ftp 等。

主机名或 IP 地址:表示要访问的主机在互联网中的位置。

端口:主机中的服务器软件所监听的服务端口,对于 WWW 服务器,它的默认服务端口是 80。

访问路径:是指目标资源在服务器中的具体路径位置。它一般表示为服务器所使用的文件系统的相对路径。例如,在 Linux 中 WWW 服务器用于存放网页的默认目录是"/var/www/html"。如果在来访的 URL 中没有给出具体的访问路径,WWW 服务器将默认提供文件"/var/www/html/index.html",也即所谓的网站首页的内容。

查询字符串(可选):一般以"?参数 1 = 值 1& 参数 2 = 值 2…"的形式出现,用于客户端向服务器提交数据。

片段名(fragment,可选):一般用于对网页中段落标题的定位。

18.2.2　WWW 服务器的工作原理

1. HTTP 与 HTTPS

WWW 服务器(Apache HTTP 服务器)在 Linux 中有对应的 httpd 守护进程。在启动了 httpd 进程的情况下,使用如下命令能列出 httpd 守护进程监听的端口:

```
[ root@ localhost html] # netstat -lpn | grep httpd
tcp      0      0 :::80        :::*        LISTEN      22128/httpd
tcp      0      0 :::443       :::*        LISTEN      22128/httpd
```

httpd 进程分别监听 80 端口和 443 端口,其中 80 端口用于 HTTP 通信,而 443 端口用于 HTTPS 通信。

HTTP(Hypertext Transfer Protocol)是 WWW 服务器与客户端之间进行通信的主要协议,其工作方式是"请求-响应"机制,即客户端向服务器提交请求消息,而服务器程序向客户端返回响应消息。消息可分为头(head)和主体(body)两部分。客户端应用程序,最常见的就是浏览器程序向 WWW 服务器发送 HTTP 请求消息,WWW 服务器获取请求消息后将会向客户端返回响应消息,其中包含了关于请求消息的完整状态信息以及客户端所要请求的内容。

默认情况下服务器在每次请求-响应过程中都会重新建立一个 TCP 连接来完成数据传

输,但为了提高服务效率,服务器可以与客户端建立持续连接(Persistent Connection),也即用单个 TCP 连接来完成多次的请求-响应过程。如果客户端所要请求的网页包含了许多网络资源的话,服务器使用持续连接能够更快地将网页内容传送给客户端。但是,如果服务器保持的持续连接过多,则会因消耗过多系统资源而影响服务器的性能,因此需要设置合理的限制。

HTTPS(HTTP over SSL)则是一种基于 SSL(Secure Sockets Layer)加密协议的 HTTP 通信协议,其主要目的是为了保护通信内容不被篡改和泄露,同时防范伪造网站的欺诈问题。根据 SSL 协议,WWW 服务器需要产生用于加密的公钥并在客户端请求连接时将包含公钥的数字证书提供给客户端,然后客户端将生成一个随机密钥并利用获得的公钥对其加密后传回服务器。在服务器获得随机密钥且验证其有效后,客户端和服务器才开始真正的通信过程并利用随机密钥加密通信数据。由于通信内容经过加密,许多知名网站出于保护个人隐私的考虑都支持客户端通过 HTTPS 访问服务器。同时为了便于客户端防范伪造网站欺诈,网站往往通过 CA(Certificate Authority)机构对它提供给客户端的数字证书进行认证。

2. HTTP 请求方法

前面以 WWW 服务器为中心讨论了 HTTP/HTTPS 的通信过程。下面讨论客户端又是怎样向服务器发送请求的。作为客户端,它向 WWW 服务器发送请求时常用的方法有 GET 和 POST 等几种。

(1) GET 方法:主要用于客户端从服务器中获取数据。客户端为明确所要获取的数据,往往需要向服务器提交一些参数值,例如在使用搜索引擎时的关键词等,这些参数值通过 URL 中的查询字符串提交至服务器。由于 URL 长度的限制,GET 方法只适合客户端向服务器提交少量的数据。

(2) POST 方法:主要设计用于客户端向服务器提交大量的数据,这些数据将存储在请求消息的主体中。

(3) OPTIONS 方法:客户端可通过该方法获知服务器所支持的 HTTP 请求方法等信息。

(4) HEAD 方法:客户端使用 HEAD 方法请求服务器时,所获得的响应实际与使用 GET 方法时是一样的,但服务器只会返回响应消息的头部信息而没有消息主体。

(5) DELETE 方法:客户端可以使用 DELETE 方法提交删除服务器中某资源的请求。

18.2.3 准备工作

1. 软件安装及服务启动

Apache HTTP 服务器是一款被广泛使用的 WWW 服务器,也是大多数 Linux 发行版本默认安装的 WWW 服务器。Apache HTTP 服务器同样是自由软件的代表作品,但它遵循的是由 Apache 软件基金会所提出的 Apache 许可证,而非在实训 1 中介绍的通用公共许可证(GPL),两者相比 Apache 许可证对带有商业目的使用源代码的行为更为友好,并不强制要求在修改软件并再发布时公开其修改后的源代码。此外,Apache HTTP 服务器的模块化设计是一个十分突出的特性,它允许使用者根据应用环境条件在运行或编译服务器时指定加载哪些模块,从而使服务器的运行更有效率。

运行 Apache HTTP 服务器需要安装如下软件:

```
[ root@ localhost ~]# rpm -qa | grep httpd
httpd-manual-2.2.15-5.el6.noarch        <== 可选, 完整的服务器手册和参考指引
httpd-2.2.15-5.el6.i686                 <== Apache HTTP 服务器软件
httpd-tools-2.2.15-5.el6.i686           <== Apache HTTP 服务器工具包
```

可以通过 yum 服务在线安装上述软件。其中 httpd-manual 是服务器手册和参考指引, 并不一定需要安装, 可以通过访问 "http://httpd.apache.org/docs/2.2/zh-cn/" 获取相关的最新资料。在后面的许多与服务器设置有关的内容中, 将结合本实训的实际要求讨论较为重要的指令及其参数, 其余内容请自行查阅上述网址中的手册内容。如果已经安装了 httpd-manual 软件, 也可在/var/www/manual 目录找到相关的手册内容。查看手册时, 可利用浏览器输入 "file:///var/www/manual/index.html" 以获取本地的服务器手册索引。

开启 httpd 服务之前需要设置防火墙规则并使目标端口为 80 和 443 的数据包能够通过防火墙, 设置结果如下:

```
[ root@ localhost named]# iptables -L INPUT
Chain INPUT ( policy ACCEPT)
target      prot    opt    source        destination
ACCEPT      tcp     --     anywhere      anywhere        state NEW tcp dpt: http
ACCEPT      tcp     --     anywhere      anywhere        state NEW tcp dpt: https
```

具体设置方法与其他网络服务器配置类似, 可参考前面的实训内容。

除设置防火墙规则外, 另一个准备工作是关于 SELinux 的设置。具体的设置将在相关功能介绍时讨论。此处首先指出的是, 当为网站创建一些测试文件时, 一定要注意这些文件的安全上下文类型的设置。

【示例 18.1】 网站文件的安全上下文设置。"/var/www/html" 目录是默认存放服务器网站内容的地方。可以在其中创建测试页面:

```
[ root@ localhost ~]# cd /var/www/html
[ root@ localhost html]# echo hello > index.html        <== 在/var/www/html 创建测试页面
[ root@ localhost html]# ls -Z index.html               <== 查看该页面的安全上下文
-rw-r--r--. root root unconfined_u: object_r: httpd_sys_content_t: s0 index.html
```

但是如果在其他目录, 如 root 用户的主目录中创建测试页面, 然后移动到 "/var/www/html" 目录下:

```
[ root@ localhost ~]# echo hello > index.html                            <== 注意在/root 创建测试页面
[ root@ localhost ~]# mv index.html /var/www/html/index.html             <== 注意使用 mv 而非 cp 命令
mv: 是否覆盖"/var/www/html/index.html"? y
[ root@ localhost ~]# ls -Z /var/www/html/index.html
-rw-r--r--. root root unconfined_u: object_r: admin_home_t: s0 /var/www/html/index.html
```

由于安全上下文类型为 admin_home_t 的文件并不能供 httpd 进程访问, 因此服务器将会产

生运行错误并记录在日志中。

上述所有准备工作完成后，可以尝试启动 httpd 服务：

```
[ root@ localhost ~]# service httpd start
正在启动 httpd:                                                    [确定]
```

与之前的服务器配置类似，需要在服务器启动后查看相关日志，具体将在下面的内容中作介绍。如果服务器能正常启动，就可以通过本地浏览器输入网址"http://localhost/"。如果没有设置首页 index. html，那么将会显示测试页面(test page)的内容，可以此检查上述准备工作是否已经完成。

最后，值得指出的是使用浏览器测试 WWW 服务器时一定要注意浏览器中的缓存记录将会影响测试结果，特别是对于后面介绍的用户身份认证方面的测试，缓存记录将会使得服务器不再反复验证用户身份。为此，有必要关闭浏览器所有页面后重启浏览器，然后再开始新一轮服务器测试，或者在测试阶段使用不记录缓存的浏览器使用模式以方便测试服务器。

2. 一些重要的目录及文件

与 Apache HTTP 服务器有关的目录及其文件主要分为三类：配置管理类、网站内容类及日志类。

1) 配置管理类

该类文件主要放置在"/etc/httpd/"目录。"/etc/httpd/conf/httpd. conf"文件是 Apache HTTP 服务器的主要配置文件。此外，"/etc/httpd/conf. d"目录放置了一些与服务器应用有关的配置文件，如用于配置 HTTPS 服务的 ssl. conf 文件等。

2) 网站内容类

网站的各种内容默认放置在/var/www/目录，它包括如下一些子目录。

(1) /var/www/html/：默认网站内容的根位置。

(2) /var/www/error/：用于放置显示错误信息的网页。例如，当网站没有设置首页(如 index. html)时，服务器将会显示/var/www/error/noindex. html，也即前面介绍过的测试页面。

(3) /var/www/icons/：用于放置服务器自有的一些网页所需要使用的图标。

(4) /var/www/usage/：服务器使用网站日志分析软件 webalizer 对网站的使用情况做统计后，将会把分析结果以网页形式存放在这个目录中。当网站运行了一段时间后，可查看该目录中的分析结果以获知服务器的运行情况。

(5) /var/www/manual/：是服务器手册的所在目录。

(6) /var/www/cgi-bin/：CGI (Common Gateway Interface)是一种运行在服务器的程序，该目录专门用于存放 CGI 程序。

3) 日志类

与 Apache HTTP 服务器运行有关的日志默认放置在"/var/log/httpd/"目录中，对于 HTTP 和 HTTPS 服务，分别均有访问日志和错误日志两种文件。

(1) access_log/ssl_access_log：访问日志，用于记录所有由服务器处理的 HTTP/HTTPS 请求。

(2) error_log/ssl_access_log：错误日志，记录所有在服务器处理 HTTP/HTTPS 请求过

程中所遇到的错误。

服务器的日志类文件由于会不断增长,需要每隔一段时间把现有的日志转储到其他文件,因此在"/var/log/httpd/"目录中可以见到有多个上述文件。其中在文件名中没有附加日期信息的是当前最新的日志文件,而附有日期信息的则是经过转储的日志文件。

18.2.4 基本配置工作

1. 全局环境配置

如前所述/etc/httpd/conf/httpd. conf 文件是 Apache HTTP 服务器的主要配置文件。httpd. conf 文件共分为 3 个部分:全局环境(Global Environment)、主服务器配置(Main Server Configuration)及虚拟主机(Virtual Hosts)。其中全局环境部分主要用于设置影响服务器整体操作的指令(directive)及其参数,指令的设置格式是"指令名 参数值"。httpd. conf 文件以井号(#)为注释符,需要注意的是为 httpd. conf 文件添加注释时,最好在指令行之上添加注释,在指令行旁边加注释可能会因服务器不能解释而启动失败。

下面讨论一些 httpd. conf 文件中关于全局环境的重要指令及其默认参数设置的含义。

(1) ServerTokens OS:是否允许在响应客户端的消息中包含服务器及操作系统版本等信息。

(2) ServerRoot "/etc/httpd":服务器的顶级目录。服务器的配置管理类文件等存放于该目录之下的二级目录,如 httpd. conf 文件即存放在"/etc/httpd/"下的 conf 子目录之中。

(3) PidFile run/httpd. pid:服务器记录 httpd 守护进程 PID 的文件,结合参数 ServerRoot,可知该文件实际绝对路径为/etc/httpd/run/httpd. pid。

(4) Timeout 60:服务器在 60 秒内未与客户端通信则断开连接。

(5) KeepAlive Off:服务器是否允许与客户端建立持续连接,关于持续连接的概念可参考前面的 WWW 服务器的工作原理。若设置为 Off 即不保持连接,否则设置为 On。

(6) MaxKeepAliveRequests 100:允许建立的最大持续连接数。设置为 0 则表示不设限制。

(7) KeepAliveTimeout 15:服务器如果在 15 秒内等待不到持续连接的下一次 HTTP 请求,则将该连接断开。

(8) Listen 80:默认的服务器监听端口。

(9) LoadModule auth_basic_module modules/mod_auth_basic. so 等:加载要使用的模块。

(10) Include conf. d/ *. conf:指定读入"/etc/httpd/conf. d"目录中的所有配置文件(后缀名为. conf 的文件)。

(11) User apache 及 Group apache:服务器的多处理模块所启动的服务器子进程的所属用户及所属组群。关于多处理模块的概念将在后面解释。

2. 多处理模块的相关设置

除以上参数外,httpd. conf 文件的全局环境设置还包括了多处理模块(MultiProcessing Modules,MPM)的两组指令设置。所谓多处理,是指服务器的控制进程将会创建多个服务器子进程及线程,由它们负责响应客户端请求。而多处理模块则是指使用者能够根据实际应用环境的要求在编译时指定 Apache HTTP 服务器要实现哪种多处理方式。Apache HTTP

服务器定义了以下两种多处理方式。

1) prefork 方式

服务器控制进程负责启动多个子进程用于连接客户端。服务器会预留若干后备进程（Spare Server），以确保客户端请求服务时不需等待服务子进程的创建。以下是关于 prefork 方式在 httpd. conf 文件中的相关设置：

```
< IfModule prefork. c >
#服务器启动时创建的子进程数
StartServers          8
#预留后备子进程的最小数
MinSpareServers       5
#预留后备子进程的最大数
MaxSpareServers       20
#下一个参数 MaxClients 的最大可设置值
ServerLimit           256
#允许创建的最大服务器子进程数
MaxClients            256
#每个子进程可处理的最大请求数
MaxRequestsPerChild   4000
</IfModule >
```

2) worker 方式

服务器控制进程同样会启动多个服务器子进程，但是与 prefork 方式不同，每个子进程将会创建固定数量的服务线程及一个监听线程。监听线程负责获取连接请求并传给某个服务线程处理请求。与 prefork 方式相似的是，服务器会预留一些后备的服务线程。worker 方式的相关设置如下：

```
< IfModule worker. c >
#服务器启动时创建的子进程数
StartServers              4
#服务器可同时连接的最大客户端数
MaxClients                300
#预留后备线程的最小数
MinSpareThreads           25
#预留后备线程的最大数
MaxSpareThreads           75
#每个服务器子进程的固定线程数
ThreadsPerChild           25
#每个服务器子进程可以处理的最大请求数
MaxRequestsPerChild       0
</IfModule >
```

prefork 是 Linux 系统中 Apache HTTP 服务器默认采用的多处理方式。与 worker 方式相比，prefork 方式多用于对可靠性和旧软件兼容性有要求的服务器。

【示例 18.2】 查看 httpd 进程的家族关系。从以下结果可见，HTTP 服务器子进程由控制进程（PID 为 22128）所创建，子进程的所属用户为 apache，这样做能增强系统的安全性。

```
[ root@ localhost ~]# id apache                <== 查看用户 apache 信息, UID = 48
uid = 48( apache)  gid = 48( apache)  组 = 48( apache)
[ root@ localhost ~]# ps -el
F S  UID   PID      PPID  C  PRI  NI  ADDR  SZ    WCHAN  TTY   TIME       CMD
(省略部分显示结果)
5 S   0   22128       1   0   80   0   -    8496    -     ?    00:00:01   httpd
5 S  48   32328   22128   0   80   0   -    8496    -     ?    00:00:00   httpd
(省略部分显示结果)
[ root@ localhost ~]# pstree | grep httpd        <== PID 为 22128 的 httpd 进程创建了 9 个子进程
|-httpd- -9 * [ httpd]                            <== 这些子进程的所属用户为 apache
```

3. 主服务器配置

httpd. conf 文件的主服务器配置和虚拟主机部分是与网站运行有关的设置内容。默认情形下 Apache HTTP 服务器只提供一个 WWW 服务内容,但通过设置虚拟主机(VirtualHost),也可以在同一个服务器中提供多个 WWW 服务内容。httpd. conf 文件中的主服务器配置实际是指默认的,非虚拟主机式网站设置。这些设置可以为后面的虚拟主机式网站提供默认设置值。下面介绍一些主服务器配置中较为重要的指令及其默认参数值:

(1) ServerAdmin root@ localhost:服务器管理员的邮件地址。

(2) ServerName www. example. com:80:用于标识服务器的名称(可以是 IP 地址,视是否有 DNS 服务解析名称而定)及端口号。如果不指定服务器名称,则会使用系统主机名(hostname)作为服务器名称。

(3) UseCanonicalName Off:服务器是否使用 ServerName 参数所设置的服务器名称来生成指向自己的 URL,默认值为 Off,即使用客户端所提供的主机名和端口号来生成该 URL。

(4) DocumentRoot "/var/www/html":网站内容的根位置,也即从参数所表示的目录开始放置网站内容。

(5) DirectoryIndex index. html index. html. var:设置每个目录默认显示的文件内容。可以在后面继续加入其他文件名,如 index. htm 等。

4. 针对目录的访问控制

httpd. conf 文件中的主服务器配置除了上述一些与网站运行有关的指令参数设置外。最重要的是设置服务器进程对于 Linux 系统的各个目录,其中当然也包括了用于放置网站内容的/var/www/html 等目录的访问权限。具体设置有以下格式:

```
<Directory 目录路径>  访问控制指令 </Directory>
```

其中目录路径指出需要设置访问权限的目录,而访问控制指令只对目录路径所指出的目录及其中的文件和子目录有效。主要的访问控制指令有如下几种。

(1) Options:用于设定一些访问功能是否开放,主要有如下几种类型。

① FollowSymLinks:可以使用符号链接文件。

② Indexes:如果当前目录中并没有 DirectoryIndex 参数所指出的文件(如 index. html),

则显示整个目录列表。

（2）AllowOverride：用于设定是否允许覆盖当前的访问权限设置，主要有如下几种类型。

① None：不允许覆盖。

② AuthConfig：允许通过身份认证后覆盖。

③ Limit：允许被访问控制的设置（见下面的 Order 指令）所覆盖。

④ All：总是允许被覆盖。

（3）Order：用于设定访问控制规则的应用次序。Order 指令后面接有若干允许或禁止访问的规则，如"Allow from all"、"Deny from 192.168.2.22"等。因此需要确定这些规则的执行次序，有如下两种次序。

① allow，deny：访问请求首先被考察是否匹配 allow 规则，至少应有一条规则匹配，否则请求将被禁止。然后还要按照 deny 规则进行匹配，若匹配则同样将被禁止。最后，对两种规则都不匹配的默认采取禁止操作。

② deny，allow：访问请求首先被考察是否匹配 deny 规则，除非该请求同样匹配 allow 规则，否则该请求将被禁止。也就是说，同时匹配 deny 和 allow 规则的请求是被允许访问的。另外，任何请求对 allow 和 deny 规则都不匹配的话也将被允许。

理解 Order 中的次序时注意不要与防火墙规则做类比，实际上允许规则和禁止规则都需要同时考察后服务器才会决定允许或禁止访问请求。

【**示例 18.3**】 解读 httpd.conf 文件中关于整个根文件系统的默认访问控制设置。由于所有目录都属于根文件系统，因此相当于为所有目录设置了默认的访问控制。但是如果在httpd.conf 文件中另有专门针对某个目录的其他访问控制设置，则在执行以下所示的访问控制设置之后，仍会继续执行其他访问控制设置。

```
< Directory />
    #允许使用符号链接
    Options FollowSymLinks
    #不允许覆盖该设置
    AllowOverride None
</Directory >
```

【**示例 18.4**】 解读 httpd.conf 文件中关于/var/www/html 目录的默认权限设置。设置内容如下：

```
< Directory "/var/www/html">
    #设置为允许浏览目录内容，并且可使用符号链接
    Options Indexes FollowSymLinks
    #不允许覆盖设置
    AllowOverride None
    #先应用 allow 规则，再应用 deny 规则
    Order allow, deny
    #对所有用户开放
    Allow from all
</Directory >
```

如果需要禁止特定 IP 地址的主机访问,可在规则 Allow from all 后面加入 Deny 规则,例如:

```
Deny from 192.168.2.22
```

重启服务器后可发现使用该 IP 地址的主机被禁止访问服务器(默认仅显示 Apache 的测试页面)。又或者屏蔽特定 IP 地址范围,如:

```
Deny from 192.168.2.0/25
```

即来自 IP 地址为 192.168.2.0~192.168.2.127 的主机都被禁止访问。

5. 针对 HTTP 请求方法的访问控制

一般来说,针对目录的访问控制方法适用于客户端的所有 HTTP 请求方法,但可以通过如下格式限定访问控制只适用于指定的方法:

```
<Limit 方法列表> 访问控制指令 </Limit>
```

对于方法列表中未列出的方法,访问控制指令是不起作用的。这种做法实际比较冒险,因此一般情况下为达到有效的访问控制效果,可以结合如下格式来做进一步限定在 Limit 指令中未列举的其余方法:

```
<LimitExcept 方法列表> 访问控制指令 </LimitExcept>
```

上面语句的含义是指除"方法列表"中所列的方法之外,其余方法均应受到"访问控制指令"的约束。

【示例18.5】 解读 httpd.conf 文件中关于个人网站内容的访问控制设置。关于个人网站的详细讨论请见本实训的后续内容。默认情况下个人网站的内容放置于每个普通用户主目录的 public_html 子目录中,因此 httpd.conf 文件中有如下一段设置(默认并未启用):

```
#对/home/下每个普通用户的主目录实施访问控制
<Directory /home/*/public_html>
    #允许通过身份验证等方式覆盖访问控制设置
    AllowOverride FileInfo AuthConfig Limit
    Options MultiViews Indexes SymLinksIfOwnerMatch IncludesNoExec
    #允许所有客户端通过 GET、POST、OPTIONS 等方法访问个人网站
    <Limit GET POST OPTIONS>
        Order allow, deny
        Allow from all
    </Limit>
    #但除 GET、POST、OPTIONS 方法外,不允许任何客户端使用其他方法访问个人网站
    <LimitExcept GET POST OPTIONS>
        Order deny, allow
        Deny from all
    </LimitExcept>
</Directory>
```

6. 用户身份认证

前面讨论如何在 httpd. conf 文件中设置对目录的访问控制时,指出了如下设置:

> AllowOverride   AuthConfig

此语句是指允许验证用户身份后利用有关设置覆盖 httpd. conf 文件中关于某目录的访问控制设置。这里就此展开讨论 Apache HTTP 服务器如何验证用户身份以及当验证通过后如何覆盖已有的访问控制设置。

Apache HTTP 服务器最为常见的认证方式是基本(Basic)认证,其过程是首先需要利用 htpasswd 命令为用户建立专门的认证账号和密码。与 Samba 用户账号不同,Apache HTTP 服务器的认证账号不需要有对应的 Linux 用户账号。当用户访问一些受到限制的目录时,服务器将查看 httpd. conf 文件中对应的访问控制设置段,如果其访问控制指令 AllowOverride 设置有 AuthConfig 参数,服务器将要求用户提供认证账号和密码以验证身份。由于有效账号列表等信息实际被记录在受限访问目录中的. htaccess 文件里面,因此当用户以有效账号通过身份验证后,httpd. conf 文件中关于受限访问目录的访问控制设置就会被. htaccess 文件中的设置所覆盖。

htpasswd 命令用于创建和更新以基本认证方式登录 Apache HTTP 服务器的用户账号和密码,账号和密码将会保存在指定的密码文件中。htpasswd 命令的定义如下:

> htpasswd   [选项]   密码文件路径   用户账号名

重要选项:

-c(create):创建密码文件,如果密码文件已经存在,则将会覆盖原有的内容。

-m(md5):指定要求使用 MD5 算法加密密码。默认调用系统功能 crypt()加密密码。

-D(delete):删除命令中指定的用户账号。

【示例 18.6】 创建 Apache HTTP 服务器的基本认证用户 apache1 并再次修改其密码。

```
[root@ localhost ~]# htpasswd -c /var/www/testuser. passwd apache1
New password:
Re-type new password:
Adding password for user apache1
[root@ localhost ~]# cat /var/www/testuser. passwd          <==查看用户账号和加密密码
apache1: jhsxtM63Rketg
[root@ localhost ~]# htpasswd /var/www/testuser. passwd apache1    <==修改 apache1 的密码
New password:
Re-type new password:
Updating password for user apache1
[root@ localhost ~]# cat /var/www/testuser. passwd          <==再次查看用户账号和加密密码
apache1: loQDAHzkID7Jg
```

由于利用 htpasswd 命令创建的密码文件仅仅是个普通文件,不应将文件放置在存放网站内容的目录之中,本示例将其存放在"/var/www"目录中,但在练习时应根据实际情况设置,如可自行创建"/usr/local/apache/passwd"目录并用于存放密码文件。

对于基本认证方式来说,关于身份验证的指令主要有如下几个。

（1）AuthType：用于确定验证类型,对于基本认证方式应设置值为 Basic。此外还有摘要方式（Digest）。

（2）AuthName：用于标识授权范围,客户端将以 AuthName 所设置的字符串值作为用户输入账号和密码的提示。

（3）AuthUserFile：用于确定密码文件的所在位置。

（4）Require user：用于确定哪些认证用户能够访问目录资源。如果设置为 valid-user 则所有密码文件内的用户均可访问到。

【示例18.7】 结合上一示例,给出基本认证方式的参数设置。注意该文件不接受注释文本。

```
AuthType Basic
AuthName "Test User"
AuthUserFile /var/www/testuser.passwd
Require user apache1
```

如果将 AuthName 设置为"Test User",那么在验证用户身份时系统将会在输入账号和密码对话框中显示"Test User"的信息。

示例18.7 的设置内容可存放于对应的受限目录中的.htaccess 文件里面,也可以不使用.htaccess 文件而直接将设置内容放置于 httpd.conf 文件的"< Directory 受限目录路径 >…</Directory >"中,同样能实现以认证方式限制目录访问的目的。但是,由于 httpd.conf 文件的拥有者为 root 用户,因此默认情况下普通用户无法修改该文件的内容。然而针对某些拥有者为普通用户的网站目录,例如普通用户的个人网站内容默认放置在其主目录的 public_html 子目录,普通用户也可以通过设置.htaccess 文件自行控制这些目录的访问,这就是.htaccess 文件的价值所在。

此外值得指出的是,除基于用户的认证管理外,Apache HTTP 服务器还提供了基于组群的认证管理,详细内容可参考相关的服务器手册。

7. 虚拟主机简介

虚拟主机（Virtual Hosts）功能使得利用一台计算机中的 Apache HTTP 服务器能够同时提供多个具有不同内容的 WWW 服务。从客户端的角度来看,通过 URL 访问的某台主机好像独享着一台 WWW 服务器主机,因此该功能被称为虚拟主机功能。为实现该虚拟主机功能,服务器需要根据某种信息来区分客户端请求的是哪台虚拟主机。为此,Apache HTTP 服务器提供了以下两种设置虚拟主机的方式。

（1）基于 IP 地址（IP-based）的虚拟主机：服务器需要提供不同的 IP 地址来绑定每台虚拟主机。相应地如果客户端通过主机名访问虚拟主机,那么需要有 DNS 服务器将虚拟主机名解析为不同的 IP 地址。服务器根据客户端请求的 IP 地址来确定它要访问哪台虚拟主机。也可以使用同一个 IP 地址的不同端口来绑定每台虚拟主机,相应地客户端需要在请求的 URL 中指定访问的端口号。

（2）基于名称（Name-based）的虚拟主机：服务器只需要使用一个 IP 地址,而 DNS 服务器也将虚拟主机名解析为同一个 IP 地址。客户端将所要访问的主机名包含在请求消息中发送给服务器,服务器根据请求消息就能分辨出客户端所要使用的是哪台虚拟主机。

httpd. conf 中提供了一个关于虚拟主机设置的模板:

```
#NameVirtualHost *:80
#< VirtualHost *:80 >
#        ServerAdmin webmaster@ dummy-host. example. com
#        DocumentRoot /www/docs/dummy-host. example. com
#        ServerName dummy-host. example. com
#        ErrorLog logs/dummy-host. example. com-error_log
#        CustomLog logs/dummy-host. example. com-access_log common
#</VirtualHost >
```

每台虚拟主机都需要这样一组设置。对于基于 IP 地址的虚拟主机,需要在 < VirtualHost *:80 > 的"*"处设置不同的 IP 地址,如 < VirtualHost 192.168.2.5:80 > 等。而对于基于名称的虚拟主机,首先需要启用 NameVirtualHost 指令,同时需要在 ServerName 中设定不同的主机名。显然,不同的虚拟主机需要设置不同的 DocumentRoot 参数值,可根据需要设置使用不同的错误日志等。具体的虚拟主机功能实现过程将在综合实训案例 18.1 中演示。

8. 个人网站功能的开通

前面讨论用户身份认证中的. htaccess 文件时已经指出,普通用户可以通过. htaccess 文件控制某些网站目录的访问。实际上,Apache HTTP 服务器允许 Linux 用户设置个人网站。用户对自己的个人网站内容拥有全部权限,也可以利用. htaccess 文件设置允许某些用户访问他的个人网站。根据 httpd. conf 文件的默认设置个人网站的内容应放置在用户主目录的 public_html 目录下。客户端通过网址"http://主机名/~Linux 用户名"即可访问某个 Linux 用户的个人网站。下面介绍如何设置开通个人网站功能。

默认情况下服务器并没有开通个人网站功能。要开通个人网站功能,首先需要 root 用户在 httpd. conf 文件中启用一些原来被注释的配置。在 httpd. conf 文件中找到如下关于 mod_userdir 模块的配置部分,修改为如下内容:

```
< IfModule mod_userdir. c >
        #原来默认禁止开通个人网站,现将该行配置注释
        #UserDir disabled
        #设置个人网站的目录
        UserDir public_html
</IfModule >
```

在访问权限设置方面,httpd. conf 文件已经内置了一段尚未启用的设置,在前面的示例 18.5 中讨论过它:

```
#< Directory /home/*/public_html >
#        AllowOverride FileInfo AuthConfig Limit
(省略部分显示结果)
#</Directory >
```

可以根据需要启用这段设置。具体的个人网站构建过程将在综合实训案例 18.2 中演示。

18.3　综合实训案例

案例 18.1　搭建并对比基于名称和基于 IP 地址的虚拟主机

本案例将演示如何通过搭建 DNS 服务器实现基于名称和基于 IP 地址的虚拟主机功能，以此对比这两种搭建虚拟主机方式的差异。假设当前需要搭建的虚拟主机名为 a. example. com 及 b. example. com，它们将共同使用一台 WWW 服务器（IP 地址为 192.168. 2.5）。此外 DNS 服务器实际也与 WWW 服务器使用同一个 Linux 主机。

第 1 步，配置 DNS 服务器。需要以综合实训案例 17.1 为基础在 DNS 服务器中为上述两个主机名添加对应的资源记录。"/etc/named. conf"文件的内容不变，请直接使用原案例中的 named. conf 文件。然后需要修改关于 example. com 的正向和反向区文件，在正向区文件 named. example. com 的最后加入如下两行资源记录：

```
a            IN   A   192.168.2.5
b            IN   A   192.168.2.5
```

然后在反向区文件 named. 192.168.2 的最后加入如下两行资源记录：

```
5     IN   PTR     a. example. com.
5     IN   PTR     b. example. com.
```

重启 named 服务后使用 dig 命令测试 DNS 服务器设置是否生效：

```
[ root@ localhost ~]# dig @192.168.2.5 a. example. com b. example. com
（省略部分显示结果）
;; ANSWER SECTION:
a. example. com.      86400  IN   A    192.168.2.5
（省略部分显示结果）
;; ANSWER SECTION:
b. example. com.      86400  IN   A    192.168.2.5
（省略部分显示结果）
[ root@ localhost ~]# dig @192.168.2.5 -x 192.168.2.5
（省略部分显示结果）
;; ANSWER SECTION:
5.2.168.192. in-addr. arpa. 86400   IN   PTR   a. example. com.
5.2.168.192. in-addr. arpa. 86400   IN   PTR   b. example. com.
（省略部分显示结果）
```

第 2 步，修改"/etc/httpd/conf/httpd. conf"文件。在 httpd. conf 文件的末尾关于虚拟主机的设置部分加入如下设置并保存退出：

```
#指定要实现基于名字的虚拟主机
NameVirtualHost 192.168.2.5:80
```

```
< VirtualHost 192.168.2.5:80 >
    #主机 a 的网页存放位置
    DocumentRoot /var/www/a
    #设置虚拟主机名
    ServerName a.example.com
</VirtualHost >
< VirtualHost 192.168.2.5:80 >
    #主机 b 的网页存放位置
    DocumentRoot /var/www/b
    ServerName b.example.com
</VirtualHost >
```

第 3 步,设置网站内容:

```
[ root@ localhost ~] # cd /var/www
[ root@ localhost www] # mkdir a b
[ root@ localhost www] # echo a-hello > a/index.html
[ root@ localhost www] # echo b-hello > b/index.html
```

然后重新启动 httpd 服务器,如果启动有问题将会提示错误,也可查阅/var/log/httpd/error_log 日志文件中是否报告错误。

第 4 步,测试两台虚拟主机。注意检查"/etc/resolv.conf"文件中如下设置是否为第一设置行:

```
nameserver 192.168.2.5
```

然后在浏览器中通过输入主机名称分别访问这两个虚拟主机,结果如图 18.1 所示。

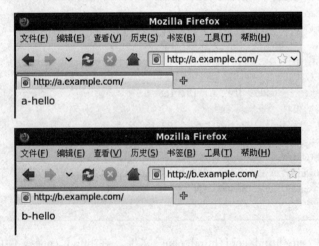

图 18.1　利用域名分别访问两个虚拟主机

进一步通过 Windows 主机测试 Linux 主机中的 WWW 服务器,但要注意设置好 Windows 主机所使用的 DNS 服务器为当前 Linux 主机提供的 DNS 服务器,相关配置过程略,可根据综合实训案例 1.3 中的第 1 步设置 Windows 主机的网络连接参数。

基于 IP 地址的虚拟主机搭建方式与基于域名的虚拟主机相类似。可以利用综合实训案例 14.2 中介绍的 IP 别名功能添加另一个网络接口"eth0:0"并为 Linux 主机增加多一个 IP 地址。如果还没有添加网络接口"eth0:0",需要参考案例 14.2 增加该网络接口。现在继续搭建基于 IP 地址的虚拟主机:

第 5 步,检查网络接口 eth0:0 是否已启动。为该接口分配另一个 IP 地址:

```
[ root@ localhost www]# ifconfig eth0:0 192.168.2.6 netmask 255.255.255.0
[ root@ localhost www]# ifconfig          <== 检查设置结果
(省略部分显示结果)
eth0:0      Link encap: Ethernet      HWaddr 00:0C:29:11:3C:4E
            inet addr: 192.168.2.6   Bcast: 192.168.2.255   Mask: 255.255.255.0
            UP BROADCAST RUNNING MULTICAST   MTU: 1500   Metric: 1
            Interrupt: 19 Base address: 0x2424
```

第 6 步,修改关于 example.com 的正向和反向区文件。将正向区文件中关于主机 b.example.com 的资源记录修改为:

```
b          IN   A    192.168.2.6
```

而反向区文件中关于 b.example.com 的资源记录也要修改为:

```
6          IN   PTR    b.example.com.
```

然后重启 named 服务,并且通过第 1 步中所示方法检查 DNS 服务器设置是否正确。

第 7 步,修改 httpd.conf 文件。可将前面基于名称的虚拟主机设置注释,然后添加如下配置:

```
<VirtualHost 192.168.2.5:80>
     DocumentRoot /var/www/a
     ServerName a.example.com
</VirtualHost>

<VirtualHost 192.168.2.6:80>
     DocumentRoot /var/www/b
     ServerName b.example.com
</VirtualHost>
```

修改完毕后保存 httpd.conf 文件并重启 httpd 服务器。

第 8 步,重复第 4 步访问两台虚拟主机,查看是否能够获得相同的测试效果。注意如果通过 Windows 主机访问 WWW 服务器时,由于 Linux 主机中的 DNS 服务器资源记录的生存期被设置为一天(86400 秒),当 b.example.com 所对应的 IP 地址改为 192.168.2.6 时,Windows 系统中的浏览器可能仍使用旧的资源记录,即仍将 b.example.com 的 IP 地址解析为 192.168.2.5,此时需要重启 Windows 网络连接以更新缓存。

第 9 步,通过服务器的访问日志获取更多的信息:

实训

18

```
[ root@ localhost ~]# tail /var/log/httpd/access_log
(省略部分显示结果)
192.168.2.23 - - [20/Nov/2015:21:16:49 +0800] "GET /favicon.ico HTTP/1.1" 404 289 "http://
a.example.com/" "Mozilla/5.0 (Windows NT 6.1; Win64; x64) AppleWebKit/537.36 (KHTML, like
Gecko) Chrome/46.0.2490.80 Safari/537.36"
(省略部分显示结果)
192.168.2.23 - - [20/Nov/2015:21:17:06 +0800] "GET /favicon.ico HTTP/1.1" 404 289 "http://
b.example.com/" "Mozilla/5.0 (Windows NT 6.1; Win64; x64) AppleWebKit/537.36 (KHTML, like
Gecko) Chrome/46.0.2490.80 Safari/537.36"
```

可以证实两台主机已成功连接。如果发现配置有问题,应进一步通过日志文件"/var/log/httpd/error_log"排查错误。

对比基于名称与基于 IP 地址的两种虚拟主机设置方式,其最终效果是一样的。但是基于 IP 地址的虚拟主机要求服务器拥有两个以上的 IP 地址。如果客户端仅通过主机名访问服务器的话,显然基于名称的虚拟主机设置方式会比基于 IP 地址的虚拟主机设置方式更为方便。但是如果条件所限不能为虚拟主机提供 DNS 服务的话,客户端就需要通过 IP 地址访问虚拟主机,那么基于 IP 地址的虚拟主机设置方式就是一种必要的选择。

案例 18.2　个人网站的搭建及其访问控制

大家知道,普通用户可以通过 Apache HTTP 服务器来建立他的个人网站。默认情况下普通用户的个人网站向所有访客开放,然而用户未必愿意这样。假设系统中已有用户 testuser,他需要开通个人网站,但他只允许部分有效用户访问他的个人网站。本案例将演示管理员如何开通个人网站功能,以及普通用户如何对自己的个人网站实施访问控制。具体设置和操作步骤如下,注意需要按操作步骤中声明的用户身份执行操作。

第 1 步,以 root 用户身份修改 httpd.conf 文件。为开通个人网站功能,需要对 httpd.conf 文件中的 mod_userdir 模块修改为如下结果:

```
< IfModule mod_userdir.c >
    #UserDir disabled
    UserDir public_html
</IfModule >
```

并在 httpd.conf 文件中启用示例 18.5 中所讨论的访问控制设置:

```
< Directory /home/*/public_html >
    AllowOverride FileInfo AuthConfig Limit
(省略部分显示结果)
</Directory >
```

请注意该段设置已经允许通过身份验证的方式来覆盖已有的访问控制设置。

第 2 步,以 root 用户身份检查 SELinux 中的布尔值 httpd_enable_homedirs 是否已经设置为 on。该布尔值控制 httpd 进程是否允许访问用户主目录:

```
[root@ localhost testuser]# setsebool httpd_enable_homedirs on
[root@ localhost ~]# getsebool httpd_enable_homedirs
httpd_enable_homedirs --> on
```

第 3 步,以管理员身份设置 WWW 服务器的身份验证账号。增加 Apache HTTP 服务器的认证账号 apache1,具体方法可参考示例 18.6。

第 4 步,以 testuser 用户的身份在其主目录下新建 public_html 子目录并设置访问权限。首先需要允许访客进入 testuser 的主目录,并且还要允许访客读取 public_html 目录的文件列表:

```
[testuser@ localhost ~]$ mkdir public_html
[testuser@ localhost ~]$ chmod 711 /home/testuser              <== 允许进入/home/testuser
[testuser@ localhost ~]$ chmod 755 /home/testuser/public_html/ <== 允许访问 public_html
```

然后在 public_html 目录中建立测试页面:

```
[testuser@ localhost public_html]$ echo testuser-hello > index. html
```

第 5 步,以 testuser 用户的身份在"/home/testuser/public_html"目录创建. htaccess 文件。假设 testuser 用户允许 apache1 用户访问他的个人网站。具体方法可参考示例 18.7。. htaccess 文件的内容如下:

```
[testuser@ localhost public_html]$ cat . htaccess
AuthType Basic
AuthName "homepage of usertest"
AuthUserFile /var/www/testuser. passwd
Require user apache1
```

而且最好检查一下. htaccess 文件的权限,确认对于其他用户具有读取权限:

```
[testuser@ localhost public_html]$ ls -l . htaccess
-rw-rw-r--. 1 testuser testuser 130 11 月  4 15:59 . htaccess
```

第 6 步,测试个人网站及其访问控制功能。重启服务器后,在本地主机利用浏览器输入网址"http://localhost/~testuser/"以访问 testuser 的个人网站,如图 18.2 所示。有效用户 apache1 通过身份验证后即可访问 testuser 用户的个人网站内容。

完成上述实验步骤后,我们可以通过如下设置步骤对比利用. htaccess 文件进行访问控制与在 httpd. conf 文件中直接设置目录访问控制这两种方式的差异。

第 7 步,testuser 用户将. htaccess 文件从 public_html 子目录移至其主目录下,也即让 . htaccess 文件在访问 testuser 的个人网站时不再起作用。

```
[testuser@ localhost public_html]$ mv . htaccess ~/
[testuser@ localhost public_html]$ ls -a
.   ..   index. html
```

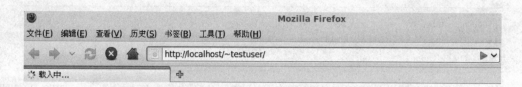

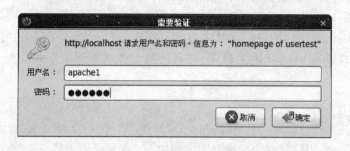

图 18.2　通过身份验证访问普通用户的个人网站

第 8 步，root 用户在 httpd. conf 文件中的"< Directory /home/*/public_html > …</Directory >"设置段之后加入如下设置：

```
< Directory "/home/testuser/public_html">
    AuthType Basic
    AuthName "homepage of usertest( httpd. conf)"
    AuthUserFile /var/www/testuser. passwd
    Require user apache1
</Directory >
```

注意修改了 AuthName 指令的参数以作区别。重启服务器后，根据第 6 步重新进行测试，将会弹出如图 18.3 所示的身份验证对话框。

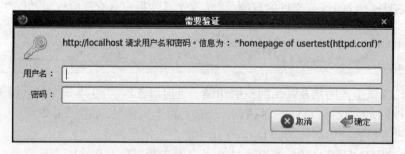

图 18.3　更改设置后重新访问个人网站

从提示信息可以发现实际访问控制来源于刚才在 httpd. conf 文件中增加的设置。由此可见，利用. htaccess 文件进行访问控制与在 httpd. conf 文件中直接设置目录访问控制两种方式都可行。但普通用户利用. htaccess 文件自行控制其个人网站的访问显得更方便和灵活，因为不需要 root 用户过多的干预。如果是要设置全局的网站目录的访问控制，则通过 root 用户直接在 httpd. conf 文件中进行设置会更为合适和直接。

18.4　实训练习题

（1）参考综合实训案例18.1，分别搭建两台(或两台以上)基于名称的虚拟主机和基于IP的虚拟主机。可自行选取虚拟主机的名称。

（2）参考综合实训案例18.2，为系统中某个普通用户搭建个人网站，并且设置该网站只允许 Apache HTTP 服务器的认证账号 test1 和 test2 访问。

实训练习题参考答案

实训 1　Linux 简介与基本使用

（1）什么是 GNU？它与自由软件和 Linux 有什么关系？

答：GNU 是一组用于构建 UNIX 类操作系统的软件，该组软件全部由自由软件所构成。一个完整的 Linux 发行版本往往包括了许多 GNU 软件。请阅读 GNU 官方网站（http://www. gnu. org/）首页的内容进一步了解该论题的背景。

（2）国内有哪些重要的 Linux 发行版本？请列举并谈谈它们的基本情况。

答：国内有许多组织活跃于 Linux 开发和应用领域。下面举两个目前较为活跃的，由国内团队研发的 Linux 发行版本。

① Ubuntu Kylin（http://www. ubuntukylin. com/）：Ubuntu 中国本土化的 Linux 发行版本。

② 深度操作系统（http://www. deepin. org/）：根据网站"http://distrowatch. com/"显示该操作系统在互联网中受关注程度较高。

（3）自行选择一个 Linux 发行版本，下载该发行版本的 Linux 安装光盘并安装系统。要求安装完毕后对其初步进行使用，包括使用网页浏览器访问 http://www. kernel. org/、利用 gedit 等工具编辑文档、利用 PDF 阅读器浏览 PDF 文件。

答：请参考综合实训案例 1. 1~案例 1. 3 安装 Linux 系统（含桌面）并建立基本实验环境。安装成功后系统已附带 Firefox 浏览器、Document Viwer（PDF 阅读器）等工具，可以自行尝试使用并完成题目。

实训 2　初步使用 shell

（1）请指出下面每条命令中哪部分是命令名、选项和参数：

```
wc  -cl   /etc/inittab
find . -name "unix" -print
kill -9 23094
```

答：

```
wc  -cl   /etc/inittab
```

wc 是命令名，-cl 是选项，/etc/inittab 是参数。

```
find . -name "unix" -print
```

find 是命令名，-name 和-print 是选项，find 命令后面的点号及"unix"是参数。

```
kill -9 23094
```

kill 是命令名,-9 是选项,23094 是参数。

(2)以自己的名字在"/home"目录下新建一个目录,把"/etc/inittab"复制到该目录。然后对整个目录进行删除。

答:

```
[ root@ localhost ~]# mkdir /home/yourname
[ root@ localhost ~]# cp /etc/inittab /home/yourname
[ root@ localhost ~]# ls /home/yourname
inittab
[ root@ localhost ~]# rm -r /home/yourname
rm: 是否进入目录"/home/yourname"? y
rm: 是否删除普通文件 "/home/yourname/inittab"? y
rm: 是否删除目录 "/home/yourname"? y
```

(3)以列表及递归方式查看"/dev"目录下的文件。

答:

```
[ root@ localhost ~]# ls -Rl /dev
显示结果略
```

(4)修改当前系统时间为 2015 年 1 月 1 日。

答:注意练习完毕后需要利用 date 命令重新还原系统时间。

```
[ root@ localhost ~]# date 01012015
2015 年 01 月 01 日 星期四 20:15:00 CST
```

(5)分屏显示"/etc/inittab"文件。

答:

```
[ root@ localhost ~]# more /etc/inittab
(显示结果略)
```

(6)查看"/etc/inittab"文件的基本文件信息。

答:

```
[ root@ localhost ~]# stat /etc/inittab
  File: "/etc/inittab"
  Size: 884        Blocks: 8        IO Block: 4096    普通文件
Device: fd00h/64768d  Inode: 132590       Links: 1
Access: (0644/-rw-r--r--)  Uid: ( 0/    root)  Gid: ( 0/    root)
Access: 2015-08-27 15:31:53.050434962 +0800
Modify: 2015-07-02 11:46:22.364858109 +0800
Change: 2015-07-02 11:46:22.373846948 +0800
```

351

（7）查看"/tmp"目录下的所有文件，指出哪些属于隐藏文件。

答：显示结果中，以点为开头的文件，如.esd-0 等均为隐藏文件。

```
[ root@ localhost ~]# ls -a /tmp
.                                    keyring-eLcKMR    orbit-root
..                                   keyring-IFgWhl    pulse-jyj0mIMw4mnl
.esd-0                               keyring-JLWUP5    pulse-Ld5FWubr2I1K
.esd-500                             keyring-kBgs69    pulse-r4Quh5mxCujX
.esd-508                             keyring-T05SAv    pulse-UZfDzj0wqbuS
(省略部分显示结果)
```

（8）统计文件"/etc/fstab"的行数和单词数。

答：统计结果是行数为 15，单词数为 78。

```
[ root@ localhost ~]# wc -lw /etc/fstab
15    78 /etc/fstab
```

（9）查看 ls 命令的操作手册。

答：

```
[ root@ localhost ~]# man ls
(显示结果略)
```

（10）查看当前系统操作历史的最近 10 条命令。

答：

```
[ root@ localhost ~]# history 10
(显示结果略)
```

（11）利用 vim 编辑器新建一个文本，新增一行后输入"hello vi"，保存为 vitest 后退出。

答案略，可参考 2.2.4 节内容操作。

（12）使用 vim 编辑器打开"/etc/inittab"文件，并遍历所有包含单词"init"的地方。

答案略，可参考 2.2.4 节内容操作。

（13）参考综合实训案例 2.3，使用 SSH 服务以 root 用户身份登录 Linux 系统。

答案略，请参考综合实训案例内容完成练习题。

实训 3   shell 命令进阶

（1）利用 ls 命令查找"/root"下以 a、b、c 或 d 开头的文件。

答：

```
[ root@ localhost ~]# ls [a-d] *
anaconda-ks. cfg    data
```

（2）获得系统当前时间并将结果保存在文件 file 中。

答：

```
[ root@ localhost ~]# date > file
[ root@ localhost ~]# cat file
2015 年 08 月 31 日 星期一 16:07:15 CST
```

（3）列表显示"/tmp"目录下的所有文件信息，并将结果保存在文件 allfile 中。

答：

```
[ root@ localhost ~]# ls -al /tmp > allfile
```

（4）启动 vi 编辑器，新建文本 file，写入信息"this is a test"后保存退出。利用附加输出重定向在文本 file 末尾增加重复写入信息"this is a test"。

答：

```
[ root@ localhost ~]# vi file
(编辑过程略)
[ root@ localhost ~]# echo this is a test >> file
[ root@ localhost ~]# cat file
this is a test
this is a test
```

（5）利用 cat 命令以及重定向功能向文件 file 输入信息"this is a test"。

答：

```
[ root@ localhost ~]# cat > file
this is a test
(按 Ctrl + D 组合键结束)
[ root@ localhost ~]# cat file
this is a test
```

（6）利用 cat 命令将文件"/etc/fstab"及文件"/etc/inittab"合并为"/root/mergefile"。

答：

```
[ root@ localhost ~]# cat /etc/fstab /etc/inittab > mergefile
```

（7）利用 ls 命令递归显示"/etc"目录下的所有文件信息，要求分屏显示。

答：

```
[ root@ localhost ~]# ls -aR /etc|more
(显示结果略)
```

（8）利用管道功能和 who 命令获取所有关于 root 用户的在线登录信息。

答：

```
[root@localhost ~]# who|grep 'root'
root       tty1          2015-08-29 16:46 (:0)
root       pts/0         2015-08-29 17:08 (:0.0)
root       pts/2         2015-08-30 14:39 (:0.0)
```

（9）利用 history 读取命令的历史记录，将所有包含 rm 命令的历史记录过滤出来。如果没有相关历史就应先自行练习 rm 命令，注意需要与一些其他命令如 rmdir 等相区分。过滤结果保存在 rmrecord 文件中，要求在文件的末尾附上过滤的时间和日期。

```
[root@localhost ~]# history|grep '[[:blank:]]rm[[:blank:]]' > rmrecord; date >> rmrecord
[root@localhost ~]# tail rmrecord
   445    rm slink
   461    rm slink
   463    rm hlink
   563    rm filedisk.img
   582    rm test1 test2
   586    rm -f test
   590    rm test
   600    rm test
   635    rm tmp
2015 年 11 月 02 日 星期日 18:16:28 CST
```

（10）根据综合实训案例 3.3，实现对系统登录用户信息的过滤，过滤条件可以是 IP 地址或登录时间等。

答案略，可参考综合实训案例 3.3 完成。

实训 4   shell 脚本编程基础

（1）假设在"/tmp"下有以当前用户的账号命名的目录，请在命令行中临时修改环境变量 PATH 的值，要求该目录的路径附加到该变量的最后。

答：

```
[root@localhost ~]# PATH = $PATH:/tmp/$USER
[root@localhost ~]# echo $PATH
/usr/lib/qt-3.3/bin:/usr/local/sbin:/usr/sbin:/sbin:/usr/local/bin:/usr/bin:/bin:/root/bin:/
tmp/root
```

（2）请在命令行中临时设置命令输入提示行格式为"当前系统时间-用户#"。

答：

```
[root@localhost ~]# PS1 = `date`-$USER#
2015 年 09 月 21 日 星期一 08:47:54 CST-root#pwd
/root
```

（3）在命令行定义一个字符串变量 str，并且赋值为"test for shell"，然后利用 expr 命令获取 str 中第一个字符 s 的位置。

答：

```
[ root@ localhost ~]# str = "test for shell"
[ root@ localhost ~]# expr index "$str" s
3
```

（4）利用 bc 计算器，在命令行中计算半径为 5 个单位长度的圆形面积。圆周率可按 3.14 处理，注意乘幂的运算符为^。

答：

```
[ root@ localhost ~]# echo 3.14 *5 ^2|bc
78.50
```

（5）编写一个脚本，显示当前日期及工作目录，并列出有多少个登录用户。

答：程序代码如下。

```
[ root@ localhost ~]# cat homework4-3
#!/bin/sh
echo "current system time is : `date`"
echo "current working directory is : `pwd`"
echo "current numbers of online users is `who|wc -l`"
[ root@ localhost ~]# ./homework4-3
current system time is : 2015 年 09 月 21 日 星期一  08:54:54 CST
current working directory is : /root/shellscript
current numbers of online users is 4
```

（6）定义两个变量 x、y 并对其赋值，然后将 x 和 y 输出为全局环境变量。编写一个脚本，要求实现在脚本内部交换 x 和 y 的值，并在屏幕上输出 x 和 y 交换值前后的结果。

答：程序代码如下。

```
#!/bin/sh
echo before swap:
echo "x = $x"
echo "y = $y"
tmp = $x
x = $y
y = $tmp
echo after swap:
echo "x = $x"
echo "y = $y"
```

执行过程如下，注意需要通过 source 命令的方式执行脚本。

```
[ root@ localhost ~]# x = 3
[ root@ localhost ~]# y = 4
```

```
[ root@ localhost  ~]# export x y
[ root@ localhost  ~]# source homework4-4
before swap:
x = 3
y = 4
after swap:
x = 4
y = 3
[ root@ localhost shellscript]# echo $x $y
4 3
```

实训 5   shell 脚本编程进阶

（1）编写脚本，实现将当前目录中所有子目录的名称输出到屏幕上。

答：脚本代码如下。

```
#!/bin/bash
#列出当前目录下的所有文件
filelist = `ls -a . `

for filename in $filelist
do
    if [ -d $filename ] ; then
        echo $filename
    fi
done
```

脚本保存为 homework5-1. sh 文件，执行脚本测试结果如下：

```
[ root@ localhost  ~]# ./homework5-1. sh
(省略部分显示信息，以下是/root 目录中一些系统自动创建的子目录)
文档
下载
音乐
```

（2）首先以你的姓氏的拼音为开头在当前用户的主目录下新建 3 个文件和 2 个子目录，如 chen1、chen2、chen3 以及子目录 chen. d 和 backup. d。然后写一个 shell 脚本程序，要求把上述所有以你姓氏拼音开头的普通文件全部复制到目录 backup. d 下。

答：参考综合实训案例 5.3，编写脚本代码如下，保存为 homework5-2. sh 文件。

```
#!/bin/bash

filelist = `ls -d $HOME/chen* `
backupdir = $HOME/backup. d

if [ ! -e $backupdir ] ; then
```

```
        mkdir $backupdir
fi

for filename in $filelist
do
    if [ -f $filename ]; then
        cp -f $filename "$backupdir/"
    fi
done
```

执行过程如下：

```
[ root@ localhost ~]# touch chen1 chen2 chen3        <==先创建测试文件和目录
[ root@ localhost ~]# mkdir chen. d backup. d
[ root@ localhost ~]# ls -d chen*
chen1    chen2    chen3    chen. d
[ root@ localhost ~]# . /homework5-2
[ root@ localhost ~]# ls backup. d/                  <==脚本执行的结果
chen1    chen2    chen3
```

实训 6   用户管理

（1）查看 Linux 系统的相关文件，回答以下问题：

① root 用户的 UID 是多少？他的主目录在哪里？

② 请举出一个普通用户，指出他的主目录及其所使用的 shell 是什么？

答：查看/etc/passwd 文件如下，可知用户 root 的 UID 是 0，主目录为/root。其中有普通用户 study，主目录是/home/study，使用的 shell 是 bash。

```
[ root@ localhost ~]# cat /etc/passwd
root: x: 0: 0: root: /root: /bin/bash
(省略部分显示结果)
study: x: 500: 500: study: /home/study: /bin/bash
```

（2）新建用户 abc1（abc 代表你的姓名拼音字母，下同），为其添加密码 abc1。查看该用户账号密码的加密密文。

答：黑体部分即为账号密码的加密密文。

```
[ root@ localhost ~]# useradd chenzhibin1
[ root@ localhost ~]# passwd chenzhibin1
更改用户 chenzhibin1 的密码 .
新的 密码:
重新输入新的 密码:
passwd: 所有的身份验证令牌已经成功更新.
[ root@ localhost ~]# cat /etc/shadow|grep chenzhibin1
chenzhibin1:$6$9oWau/3F$q7lRtyyNWb/FAXMJhPIeNSknZ6VzltA0NpFjfSQCGWJ/oo/sPLR88
BYmdTjrWF95IqCVKwMPtGMTwt7xLOIoY. : 16678: 0: 99999: 7:::
```

357

（3）新建用户 abc2，并从 root 用户的身份切换到该用户身份。以 abc2 身份在其用户主目录下创建文件 test，然后再从该用户身份切换为 root 用户。

答：

```
[root@ localhost ~]# useradd chenzhibin2
[root@ localhost ~]# su chenzhibin2
[chenzhibin2@ localhost root]$ cd
[chenzhibin2@ localhost ~]$ touch test
[chenzhibin2@ localhost ~]$ su root
密码:
[root@ localhost chenzhibin2]#
```

（4）新建用户 abc3，将其设置为口令为空（即用户不需要输入密码即可登录），然后验证设置是否成功。

答：设置验证过程略，以该账号登录至系统以作测试。

```
[root@ localhost ~]# useradd chenzhibin3
[root@ localhost ~]# passwd -d chenzhibin3
清除用户的密码 chenzhibin3.
passwd: 操作成功
```

（5）以 root 用户身份新建用户 abc4，然后对其进行锁定，验证锁定成功后以 root 用户身份删除该用户。

答：

```
[root@ localhost ~]# useradd chenzhibin4
[root@ localhost ~]# passwd -l chenzhibin4
锁定用户 chenzhibin4 的密码
passwd: 操作成功
[root@ localhost ~]# userdel -r chenzhibin4
```

（6）先新建组群 abc5group，将用户 abc1 和 abc2 添加到该组群中。最后查看 abc1 和 abc2 的所属组群以确定是否设置成功。

答：

```
[root@ localhost ~]# groupadd chenzhibin5group
[root@ localhost ~]# usermod -G chenzhibin5group chenzhibin1
[root@ localhost ~]# usermod -G chenzhibin5group chenzhibin2
[root@ localhost ~]# id chenzhibin1
uid=510(chenzhibin1) gid=511(chenzhibin1) 组=511(chenzhibin1),514(chenzhibin5group)
[root@ localhost ~]# id chenzhibin2
uid=511(chenzhibin2) gid=512(chenzhibin2) 组=512(chenzhibin2),514(chenzhibin5group)
```

（7）添加一新用户 abc8 并设置用户主目录为"/home/abc"且密码为空，添加新用户组abc7group，指定其 GID 为 600（如果系统已使用该 GID 可选择设置另一个 GID），并将

abc7group 组群作为用户 abc8 的附加组群。最后查看 abc8 用户的基本信息以确定设置是否成功。

答：

```
[root@ localhost ~]# useradd -d /home/chenzhibin chenzhibin8
[root@ localhost ~]# passwd -d chenzhibin8
清除用户的密码 chenzhibin8。
passwd: 操作成功
[root@ localhost ~]# groupadd chenzhibin7group
[root@ localhost ~]# groupmod -g 600 chenzhibin7group
[root@ localhost ~]# usermod -G chenzhibin7group chenzhibin8
[root@ localhost ~]# id chenzhibin8
uid = 513( chenzhibin8)  gid = 515( chenzhibin8)  组 = 515( chenzhibin8),600( chenzhibin7group)
[root@ localhost ~]# passwd -S chenzhibin8
chenzhibin8 NP 2015-08-31 0 99999 7 -1 ( 密码为空)
```

（8）添加一新用户 abc9，设置用户密码为"123456"，修改 passwd 文件，设定 10 天内用户必须更改密码。注意做练习时可通过调整系统时间后用户登录系统来验证是否正确。

答： 下面结果示例的黑体部分已经说明更改生效，如需进一步验证可参考实训 6 中 chage 命令的相关示例更改系统时间进行验证。

```
[root@ localhost ~]# useradd chenzhibin9
[root@ localhost ~]# passwd chenzhibin9
更改用户 chenzhibin9 的密码
新的 密码:
无效的密码: 过于简单化/系统化
无效的密码: 过于简单
重新输入新的 密码:
passwd: 所有的身份验证令牌已经成功更新
[root@ localhost ~]#
[root@ localhost ~]# chage -M 10 chenzhibin9
[root@ localhost ~]# chage -l chenzhibin9
Last password change                              : Aug 31, 2015
Password expires                                  : Sep 10, 2015
Password inactive                                 : never
Account expires                                   : never
Minimum number of days between password change           : 0
Maximum number of days between password change           : 10
Number of days of warning before password expires        : 7
```

（9）参考综合实训案例 6.3，设置管理员组群，使组群成员能够通过 sudo 命令以 root 用户身份通过 cat、more、tail、head 等命令查看系统中的文件。

答案略，请参考综合实训案例内容完成练习题。请注意需要通过 which 命令确定 cat 等命令的绝对路径位置。

实训 7　文件管理

（1）查看"/etc/inittab"文件的权限属性，并指出该文件的所有者以及文件所属组群。

答：/etc/inittab 的所有者是 root，所属组群是 root。

```
[ root@ localhost ~]# ls -l /etc/inittab
-rw-r--r--. 1 root root 884   7 月   2 11:46 /etc/inittab
```

（2）新建文件 test，设置文件权限为 r--r-----。
答：

```
[ root@ localhost ~]# touch test
[ root@ localhost ~]# chmod 440 test
[ root@ localhost ~]# ls -l test
-r--r-----. 1 root root 4   9 月   7 20:45 test
```

（3）新建文件 test2，设系统中有用户 study 和用户组 studygrp（如没有该组群需自行增加），设置该文件的所有者为 study，所属组群为 studygrp。
答：

```
[ root@ localhost ~]# groupadd studygrp
[ root@ localhost ~]# touch test2
[ root@ localhost ~]# chown study: studygrp test2
[ root@ localhost ~]# ls -l test2
-rw-r--r--. 1 study studygrp 10240   9 月   7 21:15 test2
```

（4）查找"/etc"目录下所有大于 5KB 的普通文件。
答：

```
[ root@ localhost ~]# find /etc -size +5k -type f
/etc/kde/kdm/kdmrc
/etc/ld. so. cache
/etc/ltrace. conf
（省略部分显示结果）
```

（5）查找 root 用户所有以 t 开头的文件，并将查找结果保存在"/root/result"文件中。
答：

```
[ root@ localhost ~]# find / -user root -name "t*" > /root/result
```

（6）对"/etc"目录下的所有文件进行压缩并打包为文件 backupetc. tar. gz，并将该归档文件解压提取其中文件至"/tmp"下。
答：

```
[ root@ localhost ~]# tar -zcvf backupetc. tar. gz /etc
（省略命令输出结果）
[ root@ localhost ~]# ls -l backupetc. tar. gz
-rw-r--r--. 1 root root 8030426   9 月 14 10:04 backupetc. tar. gz
[ root@ localhost ~]# tar -zxvf backupetc. tar. gz -C /tmp/
（省略命令输出结果）
```

（7）在"/root"下建立"/etc/fstab"的符号链接文件，建立"/etc/inittab"的硬链接文件。

答：

```
[ root@ localhost ~]# ln -s /etc/fstab symfstab
[ root@ localhost ~]# ls -l /etc/fstab symfstab
-rw-r--r--. 1 root root 904   9 月 13 21:22 /etc/fstab
lrwxrwxrwx. 1 root root  10   9 月 14 10:46 symfstab -> /etc/fstab
[ root@ localhost ~]# ln /etc/inittab hdrinittab
[ root@ localhost ~]# ls -il /etc/inittab hdrinittab
132590 -rw-r--r--. 2 root root 884   7 月   2 11:46 /etc/inittab
132590 -rw-r--r--. 2 root root 884   7 月   2 11:46 hdrinittab
```

（8）新建文件 test，分别为其建立硬链接文件 hln 和符号链接文件 sln。指出硬链接文件的索引号与符号链接文件的索引号的差异。

答：硬链接文件的索引号与目标文件的相同，而符号链接文件的索引号与目标文件的不同。

```
[ root@ localhost ~]# touch test
[ root@ localhost ~]# ln test hln
[ root@ localhost ~]# ln -s test sln
[ root@ localhost ~]# ls -il test sln hln
268670 -rw-r--r--. 2 root root 0   9 月 14 10:54 h!n
268674 lrwxrwxrwx. 1 root root 4   9 月 14 10:54 sln -> test
268670 -rw-r--r--. 2 root root 0   9 月 14 10:54 test
```

（9）接上题，如果删去文件 test 后，那么访问硬链接文件 hln 是否会访问到 test 文件的内容，访问符号链接文件 sln 呢？如果重新建立文件 test 并写入新的内容，那么再次访问硬链接文件 hln 能够得到新 test 文件的内容吗？访问符号链接文件 sln 呢？请用命令操作讨论上述问题。

答：删去 test 后，硬链接文件 hln 仍会访问到 test 文件原来的内容，访问符号链接文件 sln 则不能得到 test 文件的内容：

```
[ root@ localhost ~]# echo hello > test
[ root@ localhost ~]# rm -f test
[ root@ localhost ~]# cat sln
cat: sln: 没有那个文件或目录
[ root@ localhost ~]# cat hln
hello
```

重新建立文件 test 并写入新的内容，那么再次访问硬链接文件 hln 获得的是原来 test 文件的旧内容，但访问符号链接文件 sln 就能够得到新的内容。

```
[ root@ localhost ~]# touch test
[ root@ localhost ~]# echo hello-2 > test
```

```
[ root@ localhost ~] # cat hln
hello
[ root@ localhost ~] # cat sln
hello-2
```

实训 8　文件系统管理

（1）查看当前系统中哪个文件系统已经使用的空间最多，这个文件系统挂载在哪里？

答：使用 df 命令查看得到结果如下，可知根文件系统已经使用的空间最多，它挂载在"/"下。

```
[ root@ localhost ~] # df -h
文件系统              容量      已用     可用     已用%    挂载点
/dev/mapper/VolGroup-lv_root
                      16G      5.5G     9.2G     38%      /
tmpfs                 758M     260K     758M     1%       /dev/shm
/dev/sda1             485M     29M      431M     7%       /boot
/dev/sdb5             664M     19M      613M     3%       /mnt/vdisk
/dev/sdb6             664M     720K     630M     1%       /mnt/vdisk-student
```

（2）演示挂载 U 盘和光盘，挂载点要求设置在"/mnt"目录下的一个子目录中。

答案略，可参考实训 8 中相关示例。

（3）参考综合实训案例 8.1，在虚拟机中为系统添加一个 2GB 硬盘，并将其格式化为 ext4 文件系统类型，并将其挂载在"/mnt"目录下的一个子目录中。

答案略，可自行参考综合实训案例 8.1。

（4）参考综合实训案例 8.2，利用空设备文件及回送设备文件创建一块 20MB 大小的虚拟硬盘，将其挂载在"/mnt"目录下的一个子目录中。

答案略，可自行参考综合实训案例 8.2。

实训 9　硬盘分区与配额管理

练习题答案略，可参考综合实训案例 9.2 完成练习题。

实训 10　逻辑卷管理

练习题答案略，该题是实训 8~实训 10 的综合练习，需要参考和模仿此 3 个实训的综合实训案例完成题目。

实训 11　进程管理

（1）列出当前系统中的所有进程，如何观察进程的优先级？

答：在 ps 命令的执行显示结果中，PRI 字段用于表示进程的优先级，数字越小代表优先级越高。

```
[ root@ localhost ~]# ps -el| more
F S     UID     PID   PPID   C PRI   NI ADDR SZ  WCHAN   TTY        TIME CMD
4 S      0       1     0    0  80   0  -     707  -       ?        00:00:02 init
1 S      0       2     0    0  80   0  -       0  -       ?        00:00:00 kthreadd
(省略部分显示结果)
```

（2）查看当前终端运行的 bash 进程的 PID,在当前终端启动 vim 编辑器并让其在后台执行,列出在当前终端中执行的进程的家族树。

答：当前终端的 bash 进程 PID 为 13527,当前终端中运行的进程以 bash 进程为根构成进程家族树：

```
[ root@ localhost ~]# ps
  PID TTY          TIME CMD
13527 pts/16   00:00:00 bash
13537 pts/16   00:00:00 ps
[ root@ localhost ~]# vim &              <==后台中执行 vim 编辑器
[1] 13539
[ root@ localhost ~]# pstree 13527
bash──┬──pstree
      └──vim
```

（3）请自行挂载 U 盘或光盘,然后列出与该设备关联的所有进程。

答：略,可参考 lsof 命令的示例。

（4）启动 top 命令后暂停对应进程的执行,然后查看该进程的 PID,最后通过 kill 命令发送信号让该进程终止执行。

```
[ root@ localhost ~]# top

top - 20:25:40 up 10:34,   4 users,   load average: 0.00, 0.00, 0.00
(省略以下内容,按 Ctrl + Z 组合键暂停进程的执行)

[2] +   Stopped                    top
[ root@ localhost ~]# ps
  PID TTY      TIME      CMD
13527 pts/16   00:00:00  bash
13539 pts/16   00:00:00  vim
13621 pts/16   00:00:00  top
13638 pts/16   00:00:00  ps
[ root@ localhost ~]# kill -9 13621      <==终止进程的执行
```

（5）利用 nice 程序启动 3 个 vim 程序,设置它们的谦让度分别为 5、10、15,使用 ps 命令观察这 3 个 vim 程序的优先级设置结果。

答：从结果可见,谦让度越高,进程的优先级数值越大,进程的优先级会越低。

```
[ root@ localhost ~]# nice -n 5 vim &
[1] 13682
```

```
[root@ localhost ~]# nice -n 10 vim &
[2] 13685

[1]+   Stopped                          nice -n 5 vim
[root@ localhost ~]# nice -n 15 vim &
[3] 13689

[2]+   Stopped                          nice -n 10 vim
[root@ localhost ~]# ps -l
F S    UID    PID    PPID    C PRI  NI ADDR SZ  WCHAN     TTY      TIME     CMD
0 S     0    13669   3349    0  80   0  -  1708    -      pts/18  00:00:00 bash
0 T     0    13682  13669    0  85   5  -  3156    -      pts/18  00:00:00 vim
0 T     0    13685  13669    0  90  10  -  3156    -      pts/18  00:00:00 vim
0 T     0    13689  13669    0  95  15  -  3156    -      pts/18  00:00:00 vim
4 R     0    13691  13669    2  80   0  -  1581    -      pts/18  00:00:00 ps

[3]+   Stopped                          nice -n 15 vim
```

（6）请通过 ps 命令指出当前系统中的一些守护进程，列出它们的 PID 以及谦让度。

答：以守护进程 sshd 为例，它的 PID 值为 2220，谦让度为 0。

```
[root@ localhost ~]# ps -el | grep sshd
5 S     0   2220      1  0 80  0 - 2060 -         ?              00:00:00 sshd
```

（7）查看守护进程 sshd 的当前状态，检查 sshd 服务在第 3、5 运行级下是否设置为启动。

答：从结果可知守护进程 sshd 在第 3、5 运行级下设置为启用。

```
[root@ localhost ~]# chkconfig --list  sshd
sshd            0:关闭  1:关闭  2:启用  3:启用  4:关闭  5:启用  6:关闭
```

（8）参考综合实训案例 11.1 和案例 11.2，利用案例所提供的 process.sh 脚本，启动 3 个进程并分别设置它们的谦让度为 -15、0 和 15，运行一段时间后观察这 3 个进程在累计占用 CPU 时间（TIME +）及占用 CPU 比率（% CPU）上的差异以及系统的平均负载的变化，然后暂停上述 3 个进程的执行，重新设置它们的谦让度为 -5、0 和 5，再次在运行一段时间后继续观察它们竞争 CPU 的表现。

答：答案略，请参考综合实训案例 11.1 和案例 11.2 完成题目。

实训 12 作业管理

（1）启动两个 vim 编辑器在后台执行，然后查看当前有哪些作业正在执行。

答：

```
[root@ localhost ~]# vim &
[1] 14712
[root@ localhost ~]# vim &
```

```
[2] 14713

[1]+    Stopped                         vim
[root@ localhost ~]# jobs -l
[1]- 14712 停止（tty 输出）            vim
[2]+ 14713 停止（tty 输出）            vim
```

（2）打开 ls 命令的帮助手册后，先暂停执行，再转出到前台重新执行，最后退出手册。

答：

```
[root@ localhost ~]# man ls

[1]+    Stopped                   man ls      <==按 Ctrl+Z 组合键将作业切换至后台并暂停执行
[root@ localhost ~]# jobs
[1]+    Stopped                   man ls
[root@ localhost ~]# fg 1                     <==将作业调至前台执行，然后退出
man ls
[root@ localhost ~]# jobs
[root@ localhost ~]#
```

（3）利用 at 命令向系统所有用户在当前时间之后的 3 分钟广播"hello"信息。

答案略，请参考 at 命令的相关示例。

（4）请定制如下一次性作业：于今天中午 12 点将"/root/tmp"文件备份为"/root/tmpbackup"，可自行新建 tmp 文件以作测试，需留意是否已有同名目录，若有则可将 tmp 文件改为其他名字。设置完毕后需要检查作业是否执行以及执行的实际效果。

答：假设当前系统时间是 2015 年 10 月 5 日：

```
[root@ localhost ~]# echo hellotmp > tmp
[root@ localhost ~]# at 12:00 10052015
at > cp /root/tmp /root/tmpbackup
at > <EOT>
job 43 at 2015-10-05 12:00
[root@ localhost ~]# date                        <==等到时间点来临，或者自行修改系统时间
2015 年 10 月 05 日 星期一 12:00:48 CST
[root@ localhost ~]# ls -l tmpbackup             <==查看作业执行结果
-rw-r--r--. 1 root root 9 10 月 05 12:00 tmpbackup
```

（5）请定制如下全局作业：设定每天中午 12 点将"/root/tmp"文件备份为"/root/tmpbackup"。设置完毕后需要检查作业是否执行以及执行的实际效果。

答：在/etc/crontab 文件中加入

```
0 12 *** root  cp /root/tmp /root/tmpbackup
```

然后调整系统时间以测试实际效果，除了可以查看是否有产生备份文件之外，还可以查看日志：

```
Oct  5 12:00:01 localhost CROND[15224]：(root) CMD (cp /root/tmp /root/tmpbackup)
```

说明该作业已被 crond 进程执行。作业完成后注意要重新设置好系统时间。

实训 13　软件安装与维护

（1）请列出当前系统中所有与 Samba 服务有关的 rpm 软件包。

答：

```
[root@localhost ~]# rpm -qa|grep samba
samba-client-3.5.4-68.el6.i686
samba-winbind-clients-3.5.4-68.el6.i686
samba-common-3.5.4-68.el6.i686
samba-3.5.4-68.el6.i686
```

（2）请查看当前系统中是否已安装软件 httpd。

答： 如果安装，将会有详细的软件信息。

```
[root@localhost ~]# rpm -qi httpd
（显示结果略）
```

（3）请在挂载 RHEL 安装光盘后，找到 vsftpd 软件包并对其进行安装。

答案略，请参考 13.2.2 节相关示例。

（4）请通过 RHEL（或其他 Linux 发行版本）的安装光盘配置本地 yum 容器。

答案略，请参考 13.2.3 节相关示例。

（5）13.2.4 节给出了 makehello 程序的相关代码，请为其增加 world3.h 和 hello3.c 两个文件，文件内容与前面的 world1.h 和 hello1.c 类似。修改 main.c 及 makefile 文件，利用 make 命令重新编译和安装 makehello 程序，使得新的 makehello 程序能在屏幕上多显示一行信息"hello world3"。

答： 由于 world3.h 和 hello3.c 的代码十分简单，此处不再重复给出，main.c 文件内容也请自行修改。makefile 文件中需要修改为：

```
all: makehello install clean
hello1.o:  hello1.c world1.h
     gcc -c hello1.c
hello2.o:  hello2.c world2.h
     gcc -c hello2.c
hello3.o:  hello3.c world3.h
     gcc -c hello3.c
main.o:  main.c world1.h world2.h world3.h
     gcc -c main.c
makehello:  main.o hello1.o hello2.o hello3.o
     gcc -o makehello main.o hello1.o hello2.o hello3.o
clean:
```

```
        @ rm -f main. o hello1. o hello2. o hello3. o
        @ echo "clear all temporary files. "
install:
        @ cp makehello /usr/local/bin
        @ echo "install finish. "
```

重新执行 make 命令即可编译并安装新的 makehello 程序,过程略,可参考 13.2.4 节示例。

实训 14   网络配置基础

(1) 修改配置文件将 eth0 设备的 IP 地址修改为同一局域网中的另一个 IP 地址(如 192.168.2.10),并且设置合适的子网掩码(如 255.255.255.0),然后启用该配置。

答:

```
[ root@ localhost ~]# ifconfig eth0 192.168.1.10 netmask 255.255.255.0
[ root@ localhost ~]# ifconfig eth0
eth0      Link encap: Ethernet    HWaddr 00: 0C: 29: 11: 3C: 4E
          inet addr: 192.168.1.10  Bcast: 192.168.1.255   Mask: 255.255.255.0
          inet6 addr: fe80:: 20c: 29ff: fe11: 3c4e/64 Scope: Link
          UP BROADCAST RUNNING MULTICAST   MTU: 1500   Metric: 1
          RX packets: 7158 errors: 0 dropped: 0 overruns: 0 frame: 0
          TX packets: 838 errors: 0 dropped: 0 overruns: 0 carrier: 0
          collisions: 0 txqueuelen: 1000
          RX bytes: 845672 (825.8 KiB)   TX bytes: 74588 (72.8 KiB)
          Interrupt: 19 Base address: 0x2424
```

(2) 通过修改配置文件,将当前系统中所配置的主机名修改为 abc(abc 代表你的姓名拼音字母)。

答:应修改"/etc/sysconfig/network"中的 HOSTNAME 参数值,例如:

```
[ root@ localhost ~]# cat /etc/sysconfig/network
NETWORKING = yes
HOSTNAME = chenzhibin
```

(3) 修改配置文件,将 www.kernel.org 的主机地址解析为本机地址,并通过 ping 命令验证设置是否成功。

答:应在"/etc/hosts"中加入如下解释:

```
[ root@ localhost ~]# cat /etc/hosts
127.0.0.1   localhost. localdomain   localhost
:: 1   localhost6. localdomain6 localhost6
127.0.0.1 www. kernel. org
[ root@ localhost ~]# ping www. kernel. org
PING www. kernel. org (127.0.0.1) 56(84) bytes of data.
64 bytes from localhost. localdomain (127.0.0.1): icmp_seq = 1 ttl = 64 time = 0.061ms
```

(4) 修改客户端的配置文件,将系统的 DNS 服务器配置修改为"8.8.8.8"。然后通过

dig 命令查询 www. kernel. org 的 IP 地址来验证是否配置成功。

答：应在"/etc/resolv. conf"文件中加入如下 DNS 服务配置,该行配置需要在其他配置行之前:

```
[root@ localhost ~]# cat /etc/resolv. conf
(省略部分显示结果)
nameserver 8.8.8.8
```

使用 dig 命令查询 www. kernel. org:

```
[root@ localhost ~]# dig www. kernel. org
(省略部分显示结果)
;; ANSWER SECTION:
www. kernel. org.              320   IN   CNAME   pub. all. kernel. org.
pub. all. kernel. org.   320   IN     A    198. 145. 20. 140
pub. all. kernel. org.   320   IN     A    149. 20. 4. 69
pub. all. kernel. org.   320   IN     A    199. 204. 44. 194


;; Query time: 64 msec
;; SERVER: 8.8.8.8#53(8.8.8.8)
;; WHEN: Tue Nov 17 21:19:43 2015
;; MSG SIZE   rcvd: 102
```

（5）列出系统中当前使用 TCP 协议的网络连接并且显示关于该连接的对应进程。

答：完成该题时需要自行在 Linux 中启动 SSH 服务器等,然后利用客户端连接服务器以产生 TCP 网络连接,举例如下:

```
[root@ localhost ~]# netstat -tp
Active Internet connections (w/o servers)
Proto Recv-Q Send-Q Local Address    Foreign Address      State        PID/Program name
tcp    1     0    192. 168. 85. 5:58237 42. 99. 254. 162: http CLOSE_WAIT   3025/clock-applet
```

（6）参考综合实训案例 14.2,为 eth0 添加一个设备别名 eth0:0,然后为其配置另一个 IP,请通过 ping 命令验证该设备别名能否正常工作。

答：答案略,可参考综合实训案例 14.2。

（7）参考综合实训案例 14.3,为系统添加一块虚拟网卡,该网卡的网络连接方式设置为 NAT 模式,为该网卡设置合适的网络参数,并通过 ping 命令验证网卡是否有效。

答：答案略,可参考实训综合案例 14.3。

实训 15 网络安全管理

（1）查看当前系统中的 SELinux 的工作模式,将其设置为宽容模式。

答：

```
[root@ localhost ~]# getenforce
```

```
Enforcing
[ root@ localhost  ~]# setenforce 0
[ root@ localhost  ~]# getenforce
Permissive
```

（2）以根用户身份在"/root"目录下创建一个文件,再以普通用户身份在其主目录下创建一个文件,对比这两个文件的安全上下文的差异。

答：root 用户创建文件的情况：

```
[ root@ localhost  ~]# touch root-test
[ root@ localhost  ~]# ls -Z root-test
-rw-r--r--.  root root unconfined_u: object_r: admin_home_t: s0 root-test
```

普通用户 student 创建文件的情况：

```
[ student@ localhost  ~]$ touch student-test
[ student@ localhost  ~]$ ls -Z student-test
-rw-rw-r--.  student student unconfined_u: object_r: user_home_t: s0 student-test
```

可见两者的安全上下文在类型上是不同的。

（3）查看当前与 Samba 服务有关的 SELinux 的布尔值设置情况。

答：

```
[ root@ localhost  ~]$ getsebool -a | grep samba
samba_create_home_dirs --> off
samba_domain_controller --> off
samba_enable_home_dirs --> on
samba_export_all_ro --> off
samba_export_all_rw --> off
samba_run_unconfined --> off
samba_share_fusefs --> off
samba_share_nfs --> off
use_samba_home_dirs --> off
virt_use_samba --> off
```

（4）查看 SELinux 布尔值 ftp_home_dir 的设置值,并将其设置为 on 状态。

答：

```
[ root@ localhost  ~]# getsebool ftp_home_dir
ftp_home_dir --> off
[ root@ localhost  ~]# setsebool ftp_home_dir on
[ root@ localhost  ~]# getsebool ftp_home_dir
ftp_home_dir --> on
```

（5）利用 iptables 命令在当前防火墙的 filter 表的 INPUT 链中增加一条规则,对进入的所有 ICMP 协议的数据包实施拒绝操作。

```
[ root@ localhost ~]# iptables -I INPUT 1 -p icmp -j REJECT
[ root@ localhost ~]# iptables -L INPUT
Chain INPUT ( policy ACCEPT)
target          prot    opt   source           destination
REJECT          icmp    --    anywhere         anywhere    reject-with icmp-port-unreachable
(省略部分显示结果)
```

在本机 ping 本地 IP 地址,并不能获取响应。

```
[ root@ localhost ~]# ping -c 1 192.168.2.5
PING 192.168.2.5 (192.168.2.5) 56(84) bytes of data.

--- 192.168.2.5 ping statistics ---
1 packets transmitted, 0 received, 100% packet loss, time 10000ms
```

（6）利用 iptables 命令在当前防火墙的 filter 表的 INPUT 链中增加一条规则,拒绝来自 192.168.2.0/25(即 192.168.2.0~192.168.2.127)网络的 HTTP 请求,注意上述网络地址可根据实际网络环境进行修改。然后参考综合实训案例 15.2 利用 nmap 工具检查防火墙设置是否生效,并且通过伪造数据包源地址的方法实现欺骗防火墙。

答: 假设当前主机 IP 地址为 192.168.2.5,通过如下命令添加防火墙规则。

```
[ root@ localhost ~]# iptables -I INPUT 1 -p tcp --dport 80 -s 192.168.2.0/25 -j REJECT
```

然后可在本机直接利用 nmap 工具扫描开放端口：

```
[ root@ localhost ~]# nmap -sS 192.168.2.5
(省略部分显示结果)
PORT        STATE       SERVICE
22/tcp      open        ssh
53/tcp      open        domain
80/tcp      filtered    http
(省略部分显示结果)
```

可见防火墙设置已经生效。再在另一台 Linux 主机(实际 IP 地址为 192.168.2.7)通过 nmap 伪造源地址为 192.168.2.128 的数据包：

```
[ root@ localhost ~]# nmap -sS 192.168.2.5 -S 192.168.2.128 -e eth0
(省略部分显示结果)
PORT        STATE       SERVICE
21/tcp      closed      ftp
22/tcp      open        ssh
53/tcp      open        domain
80/tcp      open        http            <== 如果 httpd 进程没有启动,则这里状态显示 closed
(省略部分显示结果)
```

实训 16　Samba 服务器

答案略,请参考综合实训案例内容完成练习题。

实训 17　DNS 服务器

答案略,请参考综合实训案例内容完成练习题。

实训 18　WWW 服务器

答案略,请参考综合实训案例内容完成练习题。

图 书 资 源 支 持

感谢您一直以来对清华版图书的支持和爱护。为了配合本书的使用，本书提供配套的资源，有需求的读者请扫描下方的"书圈"微信公众号二维码，在图书专区下载，也可以拨打电话或发送电子邮件咨询。

如果您在使用本书的过程中遇到了什么问题，或者有相关图书出版计划，也请您发邮件告诉我们，以便我们更好地为您服务。

我们的联系方式：

地　　址：北京市海淀区双清路学研大厦 A 座 714

邮　　编：100084

电　　话：010-83470236　010-83470237

客服邮箱：2301891038@qq.com

QQ：2301891038（请写明您的单位和姓名）

资源下载：关注公众号"书圈"下载配套资源。

资源下载、样书申请

书 圈

获取最新书目

观看课程直播